高等学校水利学科教学指导委员会组织编审

高等学校水利学科专业规范核心课程教材·农业水利工程

土壤学与农作学

主　编　东北农业大学　　　龚振平
副主编　河　海　大　学　　邵孝侯
　　　　西北农林科技大学　张富仓
主　审　中国农业大学　　　高旺盛

中国水利水电出版社
www.waterpub.com.cn

内 容 提 要

全书共 8 章并含 10 个实验，主要包括土壤形成与分类、土壤基本特性、土壤水分、土壤耕作与管理、低产田改良与合理利用、作物与水分关系、主要农作物的灌溉技术和节水农作制等内容。实验内容主要包括土壤基本参数测定及植物生理指标测定等。

本教材内容丰富，通俗易懂。可作为农业水利工程专业本科以及相关专业的教学用书，也可供从事相关工作的研究与技术人员参考。

图书在版编目（CIP）数据

土壤学与农作学/龚振平主编. —北京：中国水利水电出版社，2009（2023.7重印）

高等学校水利学科专业规范核心课程教材. 农业水利工程

ISBN 978-7-5084-6300-1

Ⅰ. 土… Ⅱ. 龚… Ⅲ. ①土壤学-高等学校-教材②耕作学-高等学校-教材 Ⅳ. S15 S34

中国版本图书馆 CIP 数据核字（2009）第 023070 号

书　名	高等学校水利学科专业规范核心课程教材·农业水利工程 **土壤学与农作学**
作　者	主　编　东北农业大学　龚振平 副主编　河海大学　邵孝侯　西北农林科技大学　张富仓 主　审　中国农业大学　高旺盛
出版发行	中国水利水电出版社 （北京市海淀区玉渊潭南路1号D座　100038） 网址：www.waterpub.com.cn E-mail：sales@mwr.gov.cn 电话：（010）68545888（营销中心）
经　售	北京科水图书销售有限公司 电话：（010）68545874、63202643 全国各地新华书店和相关出版物销售网点
排　版	中国水利水电出版社微机排版中心
印　刷	清淞永业（天津）印刷有限公司
规　格	175mm×245mm　16开本　21.5印张　496千字
版　次	2009年4月第1版　2023年7月第6次印刷
印　数	16001—19000 册
定　价	**59.00元**

凡购买我社图书，如有缺页、倒页、脱页的，本社营销中心负责调换

版权所有·侵权必究

高等学校水利学科专业规范核心课程教材
编审委员会

主　任　姜弘道（河海大学）

副主任　王国仪（中国水利水电出版社）　　谈广鸣（武汉大学）
　　　　李玉柱（清华大学）　　　　　　　吴胜兴（河海大学）

委　员

周孝德（西安理工大学）　　　　李建林（三峡大学）
刘　超（扬州大学）　　　　　　朝伦巴根（内蒙古农业大学）
任立良（河海大学）　　　　　　余锡平（清华大学）
杨金忠（武汉大学）　　　　　　袁　鹏（四川大学）
梅亚东（武汉大学）　　　　　　胡　明（河海大学）
姜　峰（大连理工大学）　　　　郑金海（河海大学）
王元战（天津大学）　　　　　　康海贵（大连理工大学）
张展羽（河海大学）　　　　　　黄介生（武汉大学）
陈建康（四川大学）　　　　　　冯　平（天津大学）
孙明权（华北水利水电学院）　　侍克斌（新疆农业大学）
陈　楚（水利部人才资源开发中心）　孙春亮（中国水利水电出版社）

秘　书　周立新（河海大学）

丛书总策划　王国仪

农业水利工程专业教材编审分委员会

主　任　杨金忠（武汉大学）

副主任　张展羽（河海大学）　　　　刘　超（扬州大学）

委　员

黄介生（武汉大学）　　　　　　　杨培岭（中国农业大学）
马孝义（西北农林科技大学）　　　史海滨（内蒙古农业大学）
张忠学（东北农业大学）　　　　　迟道才（沈阳农业大学）
文　俊（云南农业大学）　　　　　田军仓（宁夏大学）
魏新平（四川大学）　　　　　　　孙西欢（太原理工大学）
虎胆·吐马尔白（新疆农业大学）
杨路华（河北农业大学）

总 前 言

随着我国水利事业与高等教育事业的快速发展以及教育教学改革的不断深入，水利高等教育也得到很大的发展与提高。与 1999 年相比，水利学科专业的办学点增加了将近一倍，每年的招生人数增加了将近两倍。通过专业目录调整与面向新世纪的教育教学改革，在水利学科专业的适应面有很大拓宽的同时，水利学科专业的建设也面临着新形势与新任务。

在教育部高教司的领导与组织下，从 2003 年到 2005 年，各学科教学指导委员会开展了本学科专业发展战略研究与制定专业规范的工作。在水利部人教司的支持下，水利学科教学指导委员会也组织课题组于 2005 年底完成了相关的研究工作，制定了水文与水资源工程，水利水电工程，港口、航道与海岸工程以及农业水利工程四个专业规范。这些专业规范较好地总结与体现了近些年来水利学科专业教育教学改革的成果，并能较好地适用不同地区、不同类型高校举办水利学科专业的共性需求与个性特色。为了便于各水利学科专业点参照专业规范组织教学，经水利学科教学指导委员会与中国水利水电出版社共同策划，决定组织编写出版"高等学校水利学科专业规范核心课程教材"。

核心课程是指该课程所包括的专业教育知识单元和知识点，是本专业的每个学生都必须学习、掌握的，或在一组课程中必须选择几门课程学习、掌握的，因而，核心课程教材质量对于保证水利学科各专业的教学质量具有重要的意义。为此，我们不仅提出了坚持"质量第一"的原则，还通过专业教学组讨论、提出，专家咨询组审议、遴选，相关院、系认定等步骤，对核心课程教材选题及其主编、主审和教材编写大纲进行了严格把关。为了把本套教材组织好、编著好、出版好、使用好，我们还成立了高等学校水利学科专业规范核心课程教材编审委员会以及各专业教材编审分委员会，对教材编纂与使用的全过程进行组织、把关和监督。充分依靠各学科专家发挥咨询、评审、决策等作用。

  本套教材第一批共规划52种，其中水文与水资源工程专业17种，水利水电工程专业17种，农业水利工程专业18种，计划在2009年年底之前全部出齐。尽管已有许多人为本套教材作出了许多努力，付出了许多心血，但是，由于专业规范还在修订完善之中，参照专业规范组织教学还需要通过实践不断总结提高，加之，在新形势下如何组织好教材建设还缺乏经验，因此，这套教材一定会有各种不足与缺点，恳请使用这套教材的师生提出宝贵意见。本套教材还将出版配套的立体化教材，以利于教、便于学，更希望师生们对此提出建议。

高等学校水利学科教学指导委员会

中国水利水电出版社

2008年4月

前言

按照水利学科教学指导委员会对水利学科专业规范核心课程"十一五"教材建设规划的要求,我们编写了水利学科专业规范核心课程教材《土壤学与农作学》。

《土壤学与农作学》是农业水利工程专业的基础课教材,主要包括土壤学、植物生理学、作物栽培学与耕作学等多个学科的内容。在编写过程中,编者尽量满足农业水利工程专业对所需要的基础知识、基本理论和基本技能的学习实践要求。同时根据农业现代化和可持续发展的需要,以土壤水分变化为主线,阐述了土壤基本特性、土壤水分、土壤耕作与管理、低产田改良与合理利用、主要农作物的灌溉技术及节水农作制建设等内容,并在部分章节中介绍了国内外先进的新技术和新成果,以增加学生的知识面和创新意识。同时,增加了实验课内容,以加强学生的实践能力和动手能力。此外,我国幅员辽阔,南北方的土壤性质、种植作物的种类差别较大,编写时兼顾了南北地区的不同需要。

全书除绪论、前言、实验指导外,共包括 8 章。其中,第 1 章和第 2 章由太原理工大学马娟娟副教授编写;第 3 章由河海大学邵孝侯教授编写;第 4 章由东北农业大学龚振平教授编写;第 5 章由内蒙古农业大学冯素珍副教授编写;第 6 章由西北农林科技大学张富仓教授编写;第 7 章的 7.1 节、7.2 节由河海大学邵孝侯教授编写,7.3~7.7 节由东北农业大学马春梅副教授编写;第 8 章的 8.1 节、8.3 节由东北农业大学龚振平教授编写,8.2 节由西北农林科技大学张富仓教授编写;实验指导中的实验一、实验二由太原理工大学马娟娟副教授编写,实验三、实验四、实验

八、实验九、实验十由东北农业大学马春梅副教授编写，实验五、实验六、实验七由河海大学邵孝侯教授编写；前言、绪论由东北农业大学龚振平教授编写。全书由龚振平负责统稿。

本教材特请中国农学会耕作制度分会理事长、中国农业大学博士生导师高旺盛教授主审。

因水平所限，书中难免有不妥之处，恳请广大师生以及各位读者指正。

编　者
2008 年 12 月

目 录

总前言
前言

绪论 ·· 1

第1章 土壤形成与分类 ·· 6
1.1 基本概念 ·· 6
1.2 土壤形成过程与分类 ·· 7
1.3 土壤质地与组成 ··· 21
复习思考题 ··· 31

第2章 土壤基本特性 ··· 32
2.1 土壤酸碱反应 ·· 32
2.2 土壤交换吸收性能 ·· 37
2.3 土壤养分 ·· 43
2.4 土壤的结构性和孔隙性 ·· 52
2.5 土壤的通气性 ·· 58
2.6 土壤热状况 ··· 61
复习思考题 ··· 64

第3章 土壤水分 ··· 65
3.1 土壤水分类型 ·· 66
3.2 土壤水分能态 ·· 76
3.3 土壤水分运动 ·· 89
3.4 土壤墒情和田间墒情监测 ··· 96
复习思考题 ·· 102

第4章 土壤耕作与管理 ·· 103
4.1 概述 ··· 103
4.2 农田土壤水分的区域性和季节性变化 ······························· 112

  4.3 耕作与土壤水分关系 ·········· 120
  4.4 施肥与土壤水分关系 ·········· 138
  4.5 保护性耕作技术 ·········· 144
  复习思考题 ·········· 155

第5章 低产田改良与合理利用 ·········· 156
  5.1 盐碱土改良 ·········· 156
  5.2 风沙土与荒漠土壤改良 ·········· 171
  5.3 低产红壤土改良 ·········· 180
  5.4 渍害水稻土改良 ·········· 187
  复习思考题 ·········· 192

第6章 作物与水分关系 ·········· 193
  6.1 作物水分生理 ·········· 193
  6.2 作物与水的生态关系 ·········· 208
  6.3 作物需水规律及对灌溉排水的要求 ·········· 217
  复习思考题 ·········· 228

第7章 主要农作物的灌溉技术 ·········· 229
  7.1 概述 ·········· 229
  7.2 水稻灌溉技术 ·········· 233
  7.3 小麦灌溉技术 ·········· 245
  7.4 玉米灌溉技术 ·········· 253
  7.5 大豆灌溉技术 ·········· 264
  7.6 棉花灌溉技术 ·········· 273
  7.7 甜菜灌溉技术 ·········· 281
  复习思考题 ·········· 289

第8章 节水农作制 ·········· 290
  8.1 概述 ·········· 290
  8.2 作物节水增产的生物学依据 ·········· 293
  8.3 发展节水农作制 ·········· 299
  复习思考题 ·········· 304

附录 实验指导 ·········· 305
  实验一 土壤剖面观察与记载 ·········· 305
  实验二 土壤样品采集、处理与保存 ·········· 309
  实验三 土壤pH值、电导率与可溶性盐的测定 ·········· 311
  实验四 土壤含水量的测定 ·········· 315
  实验五 土壤水分常数的测定 ·········· 316
  实验六 土壤水分特征曲线的测定 ·········· 319
  实验七 土壤饱和导水率的测定（环刀法）·········· 322

实验八　植物组织含水量的测定 …………………………………………………… 324
　　实验九　植物组织水势的测定 …………………………………………………… 325
　　实验十　快速称重法测定作物蒸腾强度 …………………………………………… 327
参考文献 ……………………………………………………………………………… 329

绪 论

0.0.1 土壤

土壤对任何人来说都不陌生。人们从不同的角度，用不同的方法，对它进行了大量研究，积累了很多知识，也产生了一些不同的认识。例如，在土建和水利等工程建设中，土壤是承重受压的基础、堤坝的材料、水边的围床；经济学家认为土壤是一种自然资源和生产资料；生态和环境学者则认为土壤是生态系统中最重要的环境要素和组成成分之一。因此，工程技术人员常常把土壤作为一种物质材料来对待，他们认识和区别土壤的主要依据是它的组成和性质，特别是它的力学性质和物理性质。

在农业生产中，土壤是植物生长的基地，而其所以能生长植物，是由于它能够为植物生长提供必需的营养元素，即具有肥力。土壤的肥力及其作用效果，既有土壤本身内在的因素，也包括土壤的物质组成和一系列性质，也有外界的条件。其内在因素是由土壤本身的物质部分决定的，而外界条件则涉及地区的自然环境及土地的基本建设标准和耕作栽培等措施的质量。因此，认识土壤时应和土地的概念连在一起，把它周围的自然环境和它的历史经历，连同作为物质的土壤及其一系列性质表现，统一起来进行考虑。从这一基本观点出发，在认识和鉴别土壤时，必须观察分析影响土壤生成发展和决定土壤性质的主要因素。概括起来共有五个，即母质、生物、气候、地形及成土的年龄。此外，就农业土壤来说，还必须十分重视耕作和生产技术措施等各种人为因素对土壤所产生的影响。

近年来由于自然条件（尤其是气候条件）的变化，加上人类不合理的经济活动，例如对天然林的过度采伐、水利上灌溉水量过大、水利设施不配套、大量使用化肥与农药、草场过度放牧、工业生产排污等，不仅破坏了自然环境的生态平衡，而且也促使不少地区出现土壤沙化、荒漠化、水土流失、盐渍化、土壤污染等问题，使土壤生产力下降、枯竭。这对国民经济、农业生产、生态环境、人类生存的危害之大是不言而喻的。而且上述灾害一旦发生，再进行治理改良，所投入的人力、财力都是巨大的。

因此，对土壤的认识和利用，一定要遵循可持续发展的原则，增强生态建设与环境保护意识。尤其是土壤具有其他矿物资源所没有的特点：它具有再生能力，是可以连续利用的一种资源。因此，对土壤的利用不能仅仅对它索取，还要合理规划、加强管理、不断培肥、因地制宜地利用土壤。只有这样，它才能地力常新，始终处于良性循环状态，才能年复一年地养育人类。

0.0.2 农作学

农作学是研究建立合理农作制（系统）的技术体系及其理论的一门综合应用科学。随着社会生产力的发展、生产条件的改善，农作制逐步完善，同时又具有相对稳定性。显然，农作学是一门技术性很强的应用科学，但与社会生产条件有着密切关系，并含有关系到农业整体发展的软科学内容。

农作学的研究对象是农作制，它涉及到天（气候）、地（土地）、人（生产的主宰者）、物（作物及其他生产资料）和社会经济条件（社会需求、生产关系和生产力、各种生产条件）。农作学是综合有关农业科学基础知识，依照社会需要与资源可能，制订农业生产结构与种植业结构方案，确立有助于农业系统生产力提高和整体效益增进的农林牧布局、结构及作物配置方案。对此，从全局考虑，作出农业土地利用规划，调整种植业结构，确立相应的种植模式与种植体制，正确处理农业整体结构中的农、林、牧的关系，种植业结构内的粮、棉、油、瓜、果、菜的关系，社会对农业产品增长中的需求与有限资源生产力持续增进的关系，社会效益、经济效益与生态效益等的关系。凡此种种，都是农作学所致力的农作制度应该统筹兼顾的问题，它关系到农业全面发展与可持续发展的宏观技术决策问题。另外，农作制本身就是一个综合性技术体系，它集种植制度、养地制度与护地制度于一体，包括作物布局、复种、间作套种、轮作与连作、保护种植、土壤耕作、少免耕技术、覆盖栽培、轮作期间施肥制、农牧结合与物质良性循环技术、防风蚀、防水蚀和农田杂草防除等，都是农作制所致力的农业生产技术问题。由此可见，农作学是借助于农作制度的技术体系，是关系到农业发展中的全局性问题与生产中的技术问题，连成一个整体，成为农业科学的一门应用型的基础学科。

本课程是高等学校农业水利工程专业的基础课，但由于学时等方面的限制，在本课程中涉及农作学的内容主要是：土壤耕作与管理、低产田改良与合理利用、作物与水分关系、农作物的灌溉制度以及节水农作制等内容。

0.0.3 土壤学与农作学课程特点

土壤学与农作学是高等学校农业水利工程专业的基础课。课程内容除有关土壤学知识以外，还包括农作学方面的作物栽培学、耕作学、水土保持学以及植物生理学等相关学科知识。

1. 多学科交叉和相互渗透

土壤学与农作学虽然是一门专业基础课，但不像数学、物理、化学那样单一，而是包含了很多与之相邻、渗透、交叉的学科。

首先，土壤学是一门独立的自然科学，它包括土壤化学、土壤物理、土壤生物、土壤生物化学和土壤地理学等分支。它本身就需要很多的数学、物理、化学等基础知识。同时，随着近代土壤学不断的发展，从土壤在地球表面的位置和性质来看，土壤是地球表面重要的组成部分，因此与自然地理、地球化学、地质学等学科也有着紧密联系。

土壤学与生态学和环境学关系也很密切。在一个地区的自然环境中，植物—动物—微生物—土壤作为一个生态系统，一个地区的土壤情况又和构成这一地区生态系统的各种因素互相联系、互相制约，它们之间有着调节平衡关系。因此，土壤学与生态学有着紧密的相互关系。

人类生活在自然环境之中，对其周围的自然环境在不断地进行干预改造，使之有利于人类的生产和生活，建立起生态系统的动态平衡。但同时，人们的活动，也在有意或无意之间破坏自然生态平衡，而生态关系失调的后果，往往会给人类带来难以弥补的损失。例如土壤污染的结果，不仅会使农田荒芜，土壤生物系统改变，从而改变了农田生态系统的性质，甚至会导致物种的灭绝，还会对人类健康造成严重影响。因此，环境科学的发展已对土壤工作提出了新的课题——土壤污染防治与检测、处理措施以及净化标准的制定等，近代土壤学已成为环境科学中重要的组成部分。

在农业生产中，土壤是绿色植物生长的基地，它与植物生理学、作物栽培学、作物营养学、耕作学、农田水利学等学科也有着直接的联系。

在本课程的学习过程中，在强调掌握基本理论、基本知识和基本技能的同时，还应注意学科之间的交叉和联系，更要注意与相关学科相关知识的衔接和融合，从而拥有更宽的知识面。

2. 理论性与实践性相结合

土壤学与农作学针对"植物—气候—土壤"整个系统进行研究，将理论与农业生产紧密地联系起来，既要有很强的理论性，同时也要有很强的实践性。农田灌溉中涉及"植物—气候—土壤"整个系统，因为接受灌水的是土壤，而从土壤中吸水的是作物，灌溉的多少以及适宜的时期要考虑气候、作物、土壤而有所不同，这是一个直观的、广泛的、可操作的实践过程。这一过程自古以来都是农民去做，而在农业现代化条件下，要完成好这一过程，则需要有先进的科学理论与技术指导。因此，在土壤学与农作学课程内容中，必须加强实践课程内容，以增强学生的动手能力和生产实践能力，并在实验和实践中培养学生的创新意识和创新能力。

3. 与农业生产密切相关

农业生产的基本特点是生产出具有生命的生物有机体，其中最基本的任务是发展人类赖以生存的绿色植物生产（农作物）。农作物在生活上所需的基本因素中的养料和水分是通过作物根系从土壤中吸收，同时作物能经受风雨的侵袭而不倾倒，则是由于其根系伸展在土壤中，从而获得了土壤的机械支持之故。这一切都说明，土壤是农业生产的基础。

土壤学与农作学从内容上主要介绍了农业水利工程专业所需要的土壤学与农作学等方面的基本理论、基本知识和基本技能，以及现代土壤学和作物学的新成果。同时根据现代农业发展的需要，也涉及生态建设、环境保护和水文水资源等方面的基本知识。由于土壤学与农作学与农业生产的密切相关性，为了使土壤学与农作学发挥作为农业水利工程专业及其相关专业的基础课的作用，在学习过程中首先要掌握农业水利工程所需要的各种农业基础知识、基本理论和基本技能，更要注意相关理论知识在农业生产中的实际应用。

0.0.4 土壤学与农作学和农业水利工程专业的关系

众所周知，自然界的农作物、经济作物、森林和牧草的生长都需要大量的水分，而且不同时期，需水量不同，其来源主要依靠大气降水或江湖河流的地表径流及浅层地下水的供给。但是，大气降水和地表径流的供给经常是不尽如人意或不合时机的。这就需要水利工作者通过水利工程等措施进行人为调节，使其满足作物生长的需要。

在水利工作者的工作过程中，除了要掌握本专业的知识外，同时还需要了解相关学科的知识。因为他们工作的目的是调节土壤水分，而真正要吸收水分的是作物。因此，他们必须了解土壤与作物相关的基本理论、基本知识，尤其是水在土壤中存在的形态和运动规律，还要懂得作物生长发育的特点与需水特性等，才能完成好以上任务。

土壤学与农作学为农业水利工程专业和相关专业提供的基本知识是多方面的。例如，在农业水利工程中，土壤是承载水工建筑物的地基，是填筑堤坝的材料，是河水和渠水的围床，此时土壤起着材料的作用。为了对材料运用合适，需要了解土壤的颗粒组成，有关物理性质，尤其是力学性质。

在水利勘测与规划中，其中勘测需要了解土壤在空间的分布、土壤类型、质地等情况。而规划时要了解肥力状况以及是否退化、被污染和盐渍化等，才能正确地确定土壤的利用方向。

在灌排工程设计中，需要更多地了解土壤的孔隙性、结构性，尤其是土壤水分物理特性和水在土壤中的状态和运动规律。同时，还应了解作物对水分的需求与耐旱、耐涝、耐瘠薄和耐盐碱的特性。只有这样，才能设计出最优的农田水利工程。

农业水利制度的灌溉制度，不仅要适时、适量地满足各种作物对水分的需求，满足农业生产高产、优质、高效的要求，同时对水的利用要经济合理。要满足以上要求，不仅需要了解土壤的各种理化性质，包括土壤的耕作性、渗透性能、保水性能、养分状况等，还应了解作物的需水特性及抗逆性，才能选择最优的灌溉方法，制定出合理的节约用水的灌溉制度。

此外，利用水利措施治理改良盐碱荒地、沿海滩涂、低洼湿地、水土流失等，更需要水利措施与土壤、生物、化学等措施相结合，进行综合治理，同时还应本着人与自然和谐相处的原则，顺应自然规律，使生态系统中各有关环节都能走上良性循环的途径，才能取得时间短、成本低、效益高、最优化的改良效果。

在水资源评价与管理中，也应掌握有关土壤与作物等学科的知识。例如，评价某一区域的贮水量，需通过抽水试验测定该地区的垂直交换量，此时，还需要了解包气带（土壤层）的质地、孔隙、结构以及紧密度等。同时也要了解土壤表面生长植被的蒸腾强度和大气的温度、湿度和风力等，才能准确评价该地区水资源状况，从而制定出合理的管理制度。

还有一点要特别注意，就是水存在于生态系统的每个环节当中，并且起着极其重要的作用。因此，以往有很多学科，都在对水分运动规律进行不断的研究，但是，过去的研究往往只局限在本学科内，从而影响了人们对水分在整个生态系统中的运动规律的全面认识。从 20 世纪末开始，国内外采用能量观点来研究土壤水的运动规律，这不仅使土壤科学的发展前进了一大步，同时发现，土壤水的能量理论不仅仅只适用于土壤，同时也适用于植物和大气。这样就可以将土壤—植物—大气看成一个连续系统进行研究，从而使水利与土壤、植物、大气等学科相互结合得更加紧密。

复 习 思 考 题

1. 正确认识土壤在农业生产中的作用。
2. 简述土壤学与农作学课程特点及其在农业生产中的作用。
3. 简述土壤学与农作学和农业水利工程专业的关系。

第1章 土壤形成与分类

1.1 基本概念

1.1.1 土壤

关于土壤的概念，不同学科的专家，从不同的角度有不同的认识。地质学家认为土壤是破碎了的陈旧的岩石，是风化的产物。生物学家认为土壤是地球表层系统中，生物多样性最丰富，生物地球化学的能量交换、物质循环（转化）最活跃的生命层。环境学家认为土壤是重要的环境要素，环境污染物的缓冲带和过滤器。在水利、土木等工程建设中，工程技术人员认为，土壤是承重受压的基础，是一种物质材料。

在农林方面应用较多的，是从生物经济学的角度来认识土壤。在农业生产中，土壤是植物生长的基地。前苏联土壤学家威廉斯提出：土壤是地球陆地上能够生产植物收获物的疏松表层。随着人们对土壤基本物质组成的正确认识，土壤概念的解释得到进一步的完善。土壤是由矿物质、有机质、土壤水分（溶液）、空气和生物等所组成的能够生长植物的陆地疏松表层。

根据土壤的形成过程，通常把土壤分为自然土壤和农业土壤（或耕作土壤）。自然条件下，未经人类开垦耕作的土壤称为自然土壤。经过人类开垦、耕种以后，原有性质发生了变化的土壤称为农业土壤（或耕作土壤）。

1.1.2 土壤肥力

土壤之所以能生长植物，是因为它具有肥力。土壤肥力是土壤的本质属性。

土壤肥力是土壤具有的能同时不断地供应和调节植物生长发育所需的水、肥、气、热生活因素的能力。水、肥、气、热是水分、养分、空气和温度的简称，是土壤肥力的四大因素。其中水、肥、气是物质基础，热是能量条件。四大因素之间，相互联系，相互制约，任何一种土壤的肥力特征都是水、肥、气、热的综合反映。

土壤肥力是在土壤形成过程中逐渐发展和演变的。土壤在自然形成过程中所产生和发展起来的肥力称为自然肥力。自然肥力仅受自然因素的影响，只存在于没有开垦的荒地和原始森林中。由于人类尚未干预，所以这种肥力还不能得到充分开发利用，它的发展是很缓慢的。在自然肥力的基础上，经过人为活动以后而形成的肥力称为人工肥力。它是在耕作、施肥、灌溉、土壤改良和其他农业技术措施等人为因素影响下所产生的结果，并随着人类对土壤认识的不断深化及科学技术水平的不断提高而得到迅速发展。在耕作土壤中，土壤肥力是自然肥力和人工肥力的综合表现。人类生产活动可促使土壤熟化、退化，甚至产生质的改变，造就了菜园土、水稻土等人为土壤类型。

不同土壤的肥力有性质特征之差和高低肥瘦之分。保证农业生产高产、优质、高效需要肥沃的土壤，应具有充足、全面、持续地供应和调节植物生长所需要的水、肥、气、热的能力，使之能满足植物生长需求，抗拒不良外界条件的影响。

1.1.3 土壤生产力

土壤生产力是指在特定的耕作管理制度下，土壤生产特定的某种（或一系列）植物的能力。特定的耕作管理制度通常是指在一定的气候和地形条件下植物的种植期、施肥制度、灌溉计划、耕作和病虫害防治等多种农业技术措施的综合。土壤生产力的高低受土壤特性、植物种类及品种以及投入的人物力（特定的经营管理制度）多少的影响。因此，土壤生产力是影响作物产量的全部因素（包括土壤的和非土壤的）的综合反映。其实质上是一个经济学的概念。

土壤生产力和土壤肥力是两个不同的概念。两者互为联系，但并不相等。土壤生产力是由土壤本身的肥力属性和发挥肥力作用的外界条件所决定的。所谓发挥肥力作用的外界条件指的是土壤所处的自然环境条件（包括气候日照状况、地形及与其相关联的供水和排水条件、污染物的侵入等）及人为耕作、栽培等管理措施。由此可见，肥力只是生产力的基础，而不是生产力的全部。因此，高产的土壤必定是肥沃的，但肥沃的土壤并不一定高产。例如，干旱地区有许多肥沃的土壤，但在没有灌溉设施的经营管理制度下，对于玉米和水稻来说，作物的需水量不能满足，这些作物就不可能获得高产。

土壤内在的影响肥力因素的各种性质和土壤的环境条件，在生产力上互相联系、互相制约，从而启示人们：要充分挖掘土壤生产力（即提高作物产量），既要不断地培肥土壤，提高土壤肥力，又要重视农田基本建设，以改造土壤环境，其中包括平整土地、保证水源、修建渠（沟）道、筑堤防洪等农业工程项目，为发挥土壤肥力创造一个良好的外部环境条件。

1.2 土壤形成过程与分类

1.2.1 土壤形成过程

地球表面坚硬的岩石形成疏松的具有肥力的土壤，需要经过两个漫长的过程，即岩石的风化过程和土壤的形成过程。在岩石风化过程的同时，伴随着土壤的形成过程。两个过程同时进行，相辅相成。岩石经过风化作用，破碎形成母质。母质是形成土壤的基本材料。

1.2.1.1 岩石风化和土壤母质的形成

地球表面的岩石在空气、水、温度和生物活动的影响下，发生破碎，并使岩石的成分和性质等改变的过程，称为岩石的风化过程。受外力影响引起岩石破碎和分解的作用称为风化作用。

按照风化作用的因素和特点，可将风化作用分为物理风化作用、化学风化作用和生物风化作用三种类型。

(1) 物理风化作用是指岩石在物理因素作用下逐渐崩解破碎的过程。物理风化明显改变了岩石的大小形状，而其矿物组成和化学成分并未改变，但岩石却获得了通气透水的性质。引起物理风化的主要原因是地球表面温度的变化。此外，冰冻的挤压，流水的冲刷，风、冰川等自然动力对岩石的磨蚀，均能加速岩石的破碎。当岩石破碎到小于 0.01mm 时，物理风化作用明显减缓。通过物理风化，岩石具有了较好的通透条件，更有利于化学风化作用的进行。

(2) 化学风化作用是指岩石在水、二氧化碳和氧气等物质参与下，使已经破碎的岩石变成更细小的碎屑，而且改变其组成和性质，产生新的矿物和黏粒的过程。化学风化中水起主要作用。化学风化作用包括溶解作用、水化作用、水解作用、氧化作用等。风化的结果，使岩石进一步分解，彻底改变了原来的岩石矿物组成和性质，产生新的次生黏土矿物，其颗粒很细，一般小于 0.001mm，呈胶体分散状态，使母质开始具有吸附能力、黏结性和可塑性，并出现毛管现象，有一定的蓄水能力。同时也释放出一些简单的可溶性盐，成为植物养料的最初来源。

(3) 生物风化作用是指岩石在生物因素的作用下，进行崩解和分裂的过程。生物对岩石、矿物的破坏，一是机械破碎，二是生物化学分解。如岩石裂隙中的林木根系，对岩石有较强的挤压力。土壤动物、昆虫对岩石有机械搬运破碎作用；低等植物地衣对岩石穿插，化学溶解作用极强；菌丝体可深入岩石内数毫米，甚至连最难风化的石英也会呈鳞片状脱落。生物风化最为重要的影响是土壤中微生物能分泌各种酸类破坏岩石，释放出养分，积累有机质，为形成土壤，改善土壤肥力状况起着积极的作用。任何地区土壤的形成，都不可能在没有生物参加的条件下完成。

此外，人类的各种建设活动，如开矿、筑路、平整土地、开山造田、兴修水利等，都能使岩石遭受破坏，加速其风化过程。

在自然界中，三种风化作用同时并存、相互联系、相互促进，只是在不同的条件下，各种风化作用强弱有别。在我国少雨、干旱而又寒冷的北方地区，物理风化占优势，风化后所形成的矿物颗粒较粗大，以石砾、砂粒和粉砂粒占优势。而在多雨、湿热的南方地区，化学风化和生物风化作用强，风化较为彻底，风化后形成较细的黏粒。

矿物岩石经各种风化作用后形成的疏松多孔体称为成土母质。母质不同于岩石，其颗粒小，单位体积的比表面积增大，成土母质初步具备了提供养分、对水分的通透性和吸持保蓄性、对气热的调节能力。但是在母质中还没有植物生长所需要的氮素，可溶性的有效养分被淋溶，水、气、肥、热的状况还不能协调。因此，母质并不完全具备肥力的条件，但为土壤的形成和发展奠定了物质基础。

1.2.1.2 自然土壤的形成和发展

自然土壤的形成是风化作用与成土作用同时作用的结果，也可以说是微生物和绿色植物在土壤母质上活动的结果。其实质是物质的地质大循环和生物小循环的矛盾与统一。自然土壤形成过程示意图如图1-1所示。

1. 物质的地质大循环

岩石经风化形成大小不等的碎屑和黏土矿物（成土母质），同时产生一些可溶于水的矿质盐类，如磷、钾、钙、镁等释放出来并转变成氯化物、硫酸盐、碳酸盐、磷酸盐等。这些物质由于雨水的淋洗和地表径流不断地从高处向低处经过江河流入海洋。进入海洋的这些物质，除少数被海洋生物吸收外，大部分沉积在海底，参与沉积岩的形成。沉积岩经过漫长的地质年代，随着地壳的运动，海陆变迁，再自海底上升为陆地。这样，植物养料元素又存在于大陆，再次进行风化、淋溶、入海、沉积等过程。这种不断的循环过程，是在地质作用下进行的，不仅周期长，而且涉及的范围特别广，所以称为物质的地质大循环。

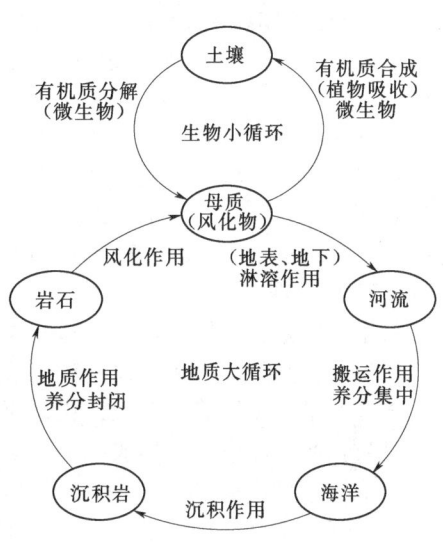

图1-1 自然土壤形成过程示意图

但是，仅有物质的地质大循环，还是不可能形成土壤。因为养分是构成土壤肥力的一个重要因素，在物质的地质大循环中，养料不能保蓄和集中在土壤中，因而肥力得不到发展，土壤不能形成。

2. 营养元素的生物小循环

岩石矿物风化产生的成土母质，松散多孔，通气透水，具备了植物生长所需的水、气和部分养分等条件，植物有了生长的可能性。在原始幼年的土壤母质上，只有一些低等植物（地衣类和苔类），它们从空气中吸收二氧化碳和氮制造有机物质，使母质中积累了一定的氮素养料。之后随着绿色植物的出现，由于其植物根系的选择性吸收作用，吸收了岩石中释放出来的可溶性养料，在微生物的参与下合成自身的有机物质。这些植物体死亡以后，有机物质在微生物的参与下分解，释放出可溶性的养料元素，供下一代植物吸收和利用。这样，有限量的养料元素经生物的作用，便发挥了无限的营养作用。由于生物的生存与死亡，有机物质的合成与分解，营养元素被吸收、固定和释放的这种循环过程，时间短、速度快、涉及范围都远比地质大循环小，所以称为营养元素的生物小循环。生物小循环过程，使土壤中富集了养料元素，使土壤肥力形成并不断发展。

可见，生物小循环是在地质大循环的基础上进行的，两者统一于母质上，生物小循环是土壤形成的动力。两者必须同时进行，互相促进，使营养物质释放出来，使母质具有肥力，形成土壤。所以说，土壤形成过程就是土壤肥力不断提高的过程。

1.2.1.3 主要成土过程

根据土壤形成中物质、能量的交换、迁移、转化、累积的特点，可将成土过程归纳为以下几个基本类型。

1. 原始成土过程

从岩石露出地面有微生物着生开始到高等植物定居之前形成土壤的过程，称为原始成土过程，它是土壤形成过程的起始点。原始成土过程可与岩石风化作用同步进行。

2. 有机质积聚过程

有机质积聚过程是指在各种植被下，有机质在土体上部积累的过程。有机质积累过程的结果，往往在土体上部形成一暗色的腐殖质层。由于植被类型、覆盖度以及有机质的分解情况不同，有机质积聚的特点也各不相同。

3. 黏化过程

黏化过程是指土体中黏土矿物的生成和聚积过程。包括淋溶淀积黏化和残积黏化。淀积黏化是指经风化和成土作用形成的黏粒，受水分的机械淋洗，由土体上层向下迁移到一定深度聚集。残积黏化是原地发生的黏化作用，未经迁移。黏化过程的结果一般为，在土体中下层形成一个相对较黏重的层次，称为黏化层。

4. 钙积与脱钙过程

钙积过程主要是指干旱、半干旱地区土壤中的碳酸盐发生淋溶、淀积的过程。由于土壤淋溶较弱，大部分易溶性盐类被淋洗，土壤胶体表面和土壤溶液多为钙（或镁）饱和。土壤表层残存的钙离子与植物残体分解时产生的碳酸结合，形成溶解度大的重碳酸钙，在雨季随水向下移动至一定深度，由于水分减少和二氧化碳分压降低，重新形成碳酸钙淀积于剖面的中部或下部，形成钙积层。

与钙积过程相反，在降水量大于蒸发量的条件下，土壤中的碳酸钙将转变为重碳酸钙溶于土壤水而从土体中淋失，称为脱钙过程，使土壤变为盐基不饱和状态。

5. 盐化与脱盐过程

盐化过程是指土体中各种易溶性盐类在土壤表层积聚的过程。除海滨地区外，盐化过程多发生在干旱、半干旱地区。当土壤中可溶性盐类聚积到对作物发生危害时，即成为盐渍土。

盐渍土由于降水或人为灌水洗盐，结合挖沟排水，降低地下水位等措施，可使其所含的可溶性盐逐渐降低或迁到下层或排出土体，这一过程称为脱盐过程。

6. 碱化与脱碱过程

碱化过程是指土壤胶体中钠离子饱和的过程，又称为钠质化过程。碱化过程的结果可使土壤呈强碱性反应，pH 值大于 9，土壤物理性质极差，作物生长困难，但含盐量一般不高。脱碱过程是指通过淋洗和化学改良，使土壤胶体中钠离子饱和度降低的过程。

7. 白浆化过程

白浆化过程是指土体中出现还原高铁高锰作用而使某一土层漂白的过程。主要发生在较冷凉湿润和质地黏重地区，使土壤表层逐渐脱色，形成一铁锰贫乏，板结和无结构状态的白色淋溶层——白浆层。该过程的发生与地形条件有关，多发生在白浆土中。

8. 灰化过程

灰化过程是指土体表层（特别是亚表层）三氧化二物及腐殖质淋溶淀积而 SiO_2

残留的过程。主要发生在寒温带针叶林植被条件下，残落物经微生物作用后产生酸性很强的富里酸及其他有机酸，使铁铝等发生强烈的络合淋溶作用而淀积于下部，而SiO_2则残留在土体的上部，从而使亚表层形成一个灰白色淋溶层次，称为灰化层。

9. 潴育化过程

潴育化过程是指土壤形成中的氧化还原交替进行的过程。主要发生在直接受地下水浸润的土层中，由于地下水位周期性的升降使土体中干湿交替比较明显，引起土壤中变价物质的氧化还原交替进行，并发生淋溶与淀积，在土体内形成一个具有锈纹锈斑、铁锰结核和红色胶膜的土层，称为潴育层。

10. 潜育化过程

潜育化过程是指土体中发生的还原过程。在排水不良的条件下，土壤长期渍水，形成嫌气状态，有机质进行嫌气分解形成了比较强烈的还原环境，使土壤矿物质中的高价铁锰转化为亚铁锰，从而形成一个呈蓝灰色或青灰色的还原层，称为潜育层。

11. 富铝化过程

富铝化过程也称富铁铝化作用，是指土体中脱硅富铁铝的过程。在热带、亚热带湿热气候条件下，由于硅酸盐矿物强烈分解释放出盐基物质，使风化液呈中性或碱性环境，可溶性盐、碱金属和碱土金属盐基离子及硅酸大量流失，而铁铝（锰）发生沉淀，造成铁铝（锰）在土体内相对富集的过程。它包括了脱硅作用和铁铝相对富集作用，所以一般也称为"脱硅富铝化"过程。

12. 熟化过程

土壤的熟化过程一般是指在人为因素影响下，通过耕作、施肥、灌溉、排水和其他措施，改造土壤的土体构型，减弱或消除土壤中存在的障碍因素，协调土体水、肥、气、热等，使土壤肥力向有利于作物生长的方向发展的过程。通常把旱作条件下的土壤培肥称为旱耕熟化过程，而把淹水耕作条件下培肥土壤的过程称为水耕熟化过程。熟化过程受自然因素和人为因素的综合影响，但以人为因素占主导地位。

1.2.1.4 土壤剖面

土壤剖面是一个具体土壤的垂直断面。它是在土壤形成过程中，成土母质与成土环境之间进行了一系列的物质和能量的交换和转化形成的，层次明显。一个完整的土壤剖面一般应包括土壤形成过程中所产生的土壤发生层以及母质层。土壤肥力是土壤内在属性的综合表现，而土壤剖面、发生层和土体构型则是土壤发育的外在特征表现。

1. 典型自然土壤剖面构造

自然土壤剖面构造如图 1-2 所示。土壤剖面自上而下基本层次一般有：

(1) 覆盖层（A_0）。森林土壤特有的层次，在剖面的最上部，由枯枝落叶、活苔藓组成。又可分为两个亚层：A_{00}层为枯枝落叶层；A_0为粗有机质层。

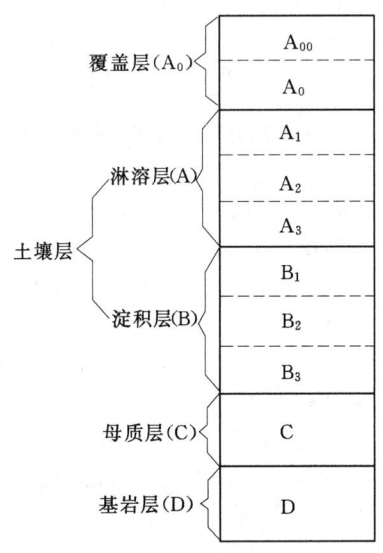

图 1-2 自然土壤土体构造模式图

(2) 淋溶层 (A)。受淋溶作用形成的,根据发育程度划分为两个亚层:腐殖质层 (A_1),有机质积累多,颜色深暗,微生物活跃,多具团粒结构,土质疏松;灰化层 (A_2),由于淋溶作用使易溶盐类、铁铝及黏粒均向下淋溶,石英残留下来,故颜色较浅,常为灰白色。这一层在森林土壤中较明显。在草原土壤中没有 A_2 层,常有一过渡 A_3 层。

(3) 淀积层 (B)。承受上层淋溶物质聚积的层次,根据发育程度可分成 B_1 层、B_2 层和 B_3 层。

(4) 母质层 (C)。风化的母质层,处于土体的最下部。

(5) 基岩层 (D)。基岩出露层。

以上介绍的 A、B、C 三层只是土壤中的基本发生层,由于自然条件和发育时间、程度不同,土壤剖面构造差异很大。

2. 典型农业土壤剖面构造

自然土壤上耕种,经过耕垦和长期利用就可以熟化演变成农业土壤的剖面形态。其土壤剖面构造如图 1-3 所示。

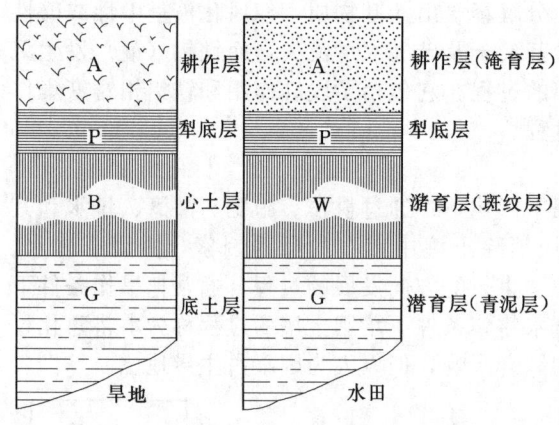

图 1-3 农业土壤土体构造示意图

(1) 旱地土壤的土体构型。旱地土壤一般可分为耕作层、犁底层、心土层和底土层。

1) 耕作层。又称表土层或熟土层,是人类活动影响最深的土层。耕作层含有机质较多,有效养分较丰富,颜色较深,土体较疏松,具有结构性,深度大约为 15~30cm。

2) 犁底层。在耕作层之下,颜色较浅,由于长期受农机具压力的影响,土层紧实,典型的犁底层有很薄的片状或扁平状结构,厚约 6~10cm。

3) 心土层。在耕作层或犁底层以下,深 20~40cm,含淀积物质,土体紧实,通透性较差,微生物活动微弱,有机质含量极少。

4) 底土层。是剖面的最下层,一般距地表 50~60cm,此层受外界气候、作物和耕作措施的影响很小,但受降雨、灌排影响仍很大,一般把此层称为生土层,即母质层。底土层的性状对整个土体水分的保蓄、渗漏、供应、通气状况、物质转运、土温变化仍有一定程度的影响,有时影响深刻。

(2) 水田土壤的土体构型。水稻土的剖面构型一般为耕作层、犁底层、潴育层、潜育层和母质层。

1) 耕作层(水耕熟化层)。直接受耕作、施肥、灌溉、排水等农业技术措施影响形成的土层,是水稻根系分布的主要土层。

2) 犁底层。水稻田的犁底层十分明显,较紧实,呈片状结构,有铁、锰斑纹及胶膜。其对水稻土保水、保肥有重要作用。

3）潴育层（斑纹层）。由灌溉水下渗或地下水上升引起物质淋溶、淀积而成，多为棱块结构，土体内常有铁锈、锈点，此层含有较多的黏粒、有机质、铁、锰与盐基等。

4）潜育层（青泥层）。是土壤长期渍水下形成的。此层中还原性物质聚积，不利于水稻生长。

5）母质层。因母土和水稻土的发展过程而不同。

以上农业土壤的层次划分是农业土壤发育的一般趋势，由于农业土壤的土体构型受农业生产条件和自然条件多因素的影响，因此其复杂多样，有的土层分化明显，有的则不明显或不完全。各层厚度差异也较大，因而在田间观察时，应根据具体情况进行划分。

1.2.2 土壤形成因素

成土因素学说基本理论认为，母质、气候、地形、时间、生物以及人类活动等因素对土壤的形成和发展产生重要影响。随着时代的发展，随着人们对土壤研究工作的深入和新研究结果的不断涌现，土壤形成因素学说在不断地发展。近年来，国内外一些学者根据最新的研究成果提出了土壤形成的深部因素的新见解。土壤形成的深部因素是指内发性的地质现象，如火山喷发、地震、新构造运动等。他们认为，深部因素虽然不是经常普遍地对所有土壤形成起作用，但有时却起着不同于地表因素的特殊作用。如火山喷发产生火山灰土，新构造运动对于土壤侵蚀与堆积过程的加速作用。本书中重点介绍成土因素学说的基本观点。

1. 母质

母质是构成土壤矿物部分的原始材料，是土壤的"骨架"，是植物矿质营养（氮素除外）的最初来源。母质的组成及其物理、化学等特性，均直接影响土壤的性状，对土壤形成有深刻的影响，两者之间具有"血缘"关系。如在页岩风化产物上形成的土壤，因其富含黏土物质，土壤质地较黏重，养分含量相对较高。花岗岩、片麻岩风化产物上发育的土壤，往往砂黏比例适中，富含钾素，在较强的淋溶条件下，极易淋失盐基离子，土壤呈酸性。砂岩风化产物上发育的土壤，砂性强，养分贫乏。富含盐基的石灰岩、紫色砂页岩常延缓土壤的发育过程。

一般来说，成土过程进行的越久，母质和土壤的性质差异也越大。但母质的某些性质却长期保留在土壤中。

2. 气候

气候条件对土壤的发生起着积极能动的作用，气候决定着成土过程的水、热条件。水分和热量不仅直接参与母质的风化过程和物质的地质淋溶等地球化学过程，而更为重要的是，它们在很大程度上控制着植物和微生物的生命活动，影响土壤有机质的积累和分解，决定着营养物质的生物小循环的速度和范围。

在我国南方热带地区，岩石风化强烈，除石英外大部分矿物质已彻底分解，有机质合成与分解速度很快，加速了土壤的形成与发展；而我国北方寒冷地区，岩石矿物的风化作用弱，有机质的合成分解速度缓慢，影响土壤肥力的发展状况及植物生长速度。两个地带在土壤形成过程的强度和方向上差异较大。在湿润地带，盐基遭到降水不断淋洗，土壤呈酸性；干旱地带则相反，盐基不断积累，产生不少盐碱化土壤。

3. 地形

地形不同，可以引起气候条件的明显差异，如水、热条件的变化，从而产生地表物质与能量的再分配过程的不同。它深刻地影响着土壤的形成和发育，不同的地形条件（如低洼地和丘陵地区）所形成的土壤类型是完全不同的。

4. 时间

时间的长短，决定土壤形成和发展的程度和阶段。土壤年龄有绝对年龄和相对年龄两种表示方法。在研究土壤的形成和发展时，一般用相对年龄来表示。相对年龄是指土壤的发育阶段或土壤的发育程度，常用土壤剖面分异程度加以确定。在自然条件下形成的土类，都是土壤形成过程中的各个发育阶段或发育时期，它们只是相对的稳定，经过长时间的变化，一个土壤形成阶段可以被另一个阶段所代替。

在一定区域内，土壤剖面发育程度越高，相对年龄就越大；反之亦然。

5. 生物

生物是土壤形成中最重要的因素。由于生物特别是绿色植物的作用，才能把分散的、易于淋失的营养元素，进行选择性的吸收、集中和积累，构成地质大循环基础上的生物小循环，促进土壤肥力的发生与发展。所以，在一定意义上说，没有生物的作用，就没有土壤的形成过程。

6. 人类活动

农业土壤是在自然条件与人为因素的综合作用下形成的。人类生产活动在农业土壤的形成与发展中起主导作用。

人类活动对土壤形成发展的影响极为深刻，它可通过改变某一成土因素和各因素之间的对比关系来控制土壤的发育方向。如对沼泽地进行人工排水，可改善土壤的水、气、热条件，促进土壤熟化，使其成为高产土壤；在盐化土壤区，通过深沟排水，降低地下水位，引淡水洗盐，改良了盐化土壤；通过耕作、施肥及其他农业技术措施等，可促进水、肥、气、热诸肥力因素的演变，使土壤进入一个新的阶段，并加速农业土壤的形成和发展。人类可以有意识有目的地对土壤进行利用、改造和定向培育，不断提高肥力，使土壤朝着有利于农业生产的方向发展。但当利用不合理时，也会引起土壤的退化，如土壤的沙化、次生潜育化、次生盐渍化等。

充分认识人类活动对土壤发生发展的影响，其重要意义在于尽可能避开人类活动对土壤影响的不利方面，充分发挥人类活动的积极因素，促使土壤向着高肥力水平的方向发展。

综上所述，自然土壤的形成，都是岩石先经过各种风化作用生成土壤的母质，成土母质再经过五种成土因素的作用，形成各种各样的土壤。应该说明，五种成土因素是相互作用的，而其中生物是起主导作用的因素。农业土壤不仅继续受到五种成土因素的影响，同时深刻地受到各项农业技术措施的影响。

1.2.3 土壤分类与分布

土壤分类是认识土壤、合理利用土壤和改造土壤的基础。

土壤分类的目的，在于阐明各土壤发育演变的主导过程及次要过程；揭示成土条件、成土过程和土壤属性之间的必然联系，并确立土壤发生演变的系统分类表；为合理开发利用土壤，发展和配置农、林、牧业生产以及有效地经营和管理土壤，提高土从对土壤分类的发展历史来看，不同时期的土壤分类反映了当时科学的发展水平，至今国际上还没有一个完善的统一的土壤分类系统。目前的土壤分类系统是依据人们对土壤已有的认识进行抽象概括而形成的。随着土壤分类所依据的土壤知识库的不断充实，土壤分类也将不断地革新。

1.2.3.1 我国土壤分类概况

我国地域辽阔，自然条件复杂，农业历史悠久，土壤种类繁多。1978年，提出了《中国土壤分类暂行草案》。1979年开始了全国第二次土壤普查工作。后经多次修改，于1992年确立了《中国土壤分类系统》，代表了全国土壤普查的科学水平，是目前国内通用的工作分类系统。

在美国土壤系统分类的影响下，由中国科学院南京土壤研究所牵头成立了课题组，进行了中国土壤系统分类的研究。经不断的修改补充，1995年提出了《中国土壤系统分类》（修订方案），2001年推出了它的第三版。这个修订方案主要是参照美国土壤系统分类的思想原则、方法和某些概念，吸收西欧、前苏联土壤分类中的某些概念与经验，针对我国土壤而设计的，以土壤本身性质为分类标准的定量化分类系统，属于诊断分类体系。中国土壤系统分类的研究，奠定了我国土壤系统分类的体系，但对于生产密切相关的基层分类的研究还比较薄弱，有待进一步提高。

1.2.3.2 我国现行的土壤分类系统

我国现行的土壤分类系统，是在1992年汇总第二次全国土壤普查成果编撰《中国土壤》时拟定的《中国土壤分类系统》，其共设土纲、亚纲、土类、亚类、土属、土种和变种七级分类单元，其中土纲、亚纲、土类、亚类属高级分类单元（表1-1），土属为中级分类单元，土种为基础分类的基本单元，以土类、土种最为重要。各级分类单元的划分依据如下。

表1-1　　　　　　　　　中国土壤分类系统高级分类表

土壤	亚纲	土类	亚类
铁铝土	湿热铁铝土	砖红壤	砖红壤、黄色砖红壤
		赤红壤	赤红壤、黄色赤红壤、赤红壤性土
		红壤	红壤、黄红壤、棕红壤、山原红壤、红壤性土
	湿暖铁铝土	黄壤	黄壤、漂洗黄壤、表浅黄壤、黄壤性土
淋溶土	湿暖淋溶土	黄棕壤	黄棕壤、暗黄棕壤、黄棕壤性土
		黄褐土	黄褐土、黏盘黄褐土、白浆化黄褐土、黄褐土性土
	湿温暖淋湿土	棕壤	棕壤、白浆化棕壤、潮棕壤
	湿温淋溶土	暗棕壤	暗棕壤、白浆化暗棕壤、草甸暗棕壤、潜育暗棕壤、暗棕壤性土
		白浆土	白浆土、草甸白浆土、潜育白浆土
	湿寒温淋溶土	棕色针叶林土	棕色针叶林土、灰化棕色针叶林土、表潜棕色针叶林土
		漂灰土	漂灰土、暗漂灰土
		灰化土	灰化土

续表

土壤	亚纲	土类	亚类
半淋溶土	半湿热半淋溶土	燥红土	燥红土、褐红土
	半湿温暖半淋溶土	褐土	褐土、石灰性褐土、淋溶褐土、潮褐土、塿土、褐土性土
	半湿温半淋溶土	灰褐土	灰褐土、暗灰褐土、淋溶灰褐土、石灰性灰褐土、灰褐土性土
		黑土	黑土、草甸黑土、白浆化黑土、表潜黑土
		灰色森林土	灰色森林土、暗灰色森林土
钙层土	半湿温钙层土	黑钙土	黑钙土、淋溶黑钙土、石灰性黑钙土、草甸黑钙土、盐化黑钙土、碱化黑钙土
	半干温钙层土	栗钙土	暗栗钙土、栗钙土、淡栗钙土、草甸栗钙、盐化栗钙土、碱化栗钙土、栗钙土性土
	半干温暖钙层土	栗褐土	栗褐土、淡栗褐土、潮栗褐土
		黑垆土	黑垆土、黏化黑垆土、潮黑垆土、黑麻土
干旱土	温干旱土	棕钙土	棕钙土、淡棕钙土、草甸棕钙土、盐化棕钙土、碱化棕钙土、棕钙土性土
	暖温干旱土	灰钙土	灰钙土、淡灰钙土、草甸灰钙土、盐化灰钙土
漠土	温漠土	灰漠土	灰漠土、钙质灰漠土、草甸灰漠土、盐化灰漠土、碱化灰漠土、灌耕灰漠土
	温暖漠土	灰棕漠土	灰棕漠土、石膏灰棕漠土、石膏岩磐灰棕漠土、灌耕灰棕漠土
		棕漠土	棕漠土、盐化棕漠土、石膏棕漠土、石膏岩磐棕漠土、灌耕棕漠土
初育土	土质初育土	黄绵土	黄绵土
		红黏土	红黏土、积钙红黏土、复盐基红黏土
		新积土	新积土、冲积土、珊瑚砂土
		龟裂土	龟裂土
		风沙土	荒漠风沙土、草原风沙土、草甸风沙土、滨海沙土
	石质初育土	石灰（岩）土	红色石灰土、黑色石灰土、棕色石灰土、黄色石灰土
		火山灰土	火山灰土、暗火山灰土、基性岩火山灰土
		紫色土	酸性紫色土、中性紫色土、石灰性紫色土
		磷质石灰土	磷质石灰土、硬磐磷质石灰土、盐渍磷质石灰土
		石质土	酸性石质土、中性石质土、钙质石质土、含岩石质土
		粗骨土	酸性粗骨土、中性粗骨土、钙质粗骨土、硅质粗骨土
半水成土	暗半水成土	草甸土	草甸土、石灰性草甸土、白浆化草甸土、潜育草甸土、盐化草甸土、碱化草甸土
	淡半水成土	砂姜黑土	砂姜黑土、石灰性砂姜黑土、盐化砂姜灰土、碱化砂姜灰土
		山地草甸土	山地草甸土、山地草原草甸土、山地灌丛草甸土
		潮土	潮土、灰潮土、脱潮土、湿潮土、盐化潮土、碱化潮土、灌淤潮土

续表

土壤	亚纲	土类	亚类
水成土	矿质水成土	沼泽土	沼泽土、腐泥沼泽土、泥炭沼泽土、草甸沼泽土、盐化沼泽土
	有机水成土	泥炭土	低位泥炭土、中位泥炭土、高位泥炭土
盐碱土	盐土	草甸盐土	草甸盐土、结壳盐土、沼泽盐土、碱化盐土
		漠境盐土	干旱盐土、漠境盐土、残余盐土
		滨海盐土	滨海盐土、滨海沼泽盐土、滨海潮滩盐土
		酸性硫酸盐土	酸性硫酸盐土、含盐酸性硫酸盐土
		寒原盐土	寒原盐土、寒原硼酸盐土、寒原草甸盐土、寒原碱化盐土
	碱土	碱土	草甸碱土、草原碱土、龟裂碱土、盐化碱土、荒漠碱土
人为土	人为水成土	水稻土	潴育水稻土、淹育水稻土、渗育水稻土、脱潜水稻土、漂洗水稻土、盐渍水稻土、碱酸水稻土
	灌耕土	灌淤土	灌淤土、潮灌淤土、表锈灌淤土、盐化灌淤土
		灌漠土	灌漠土、灰灌漠土、潮灌漠土、盐化灌漠土
高山土	湿寒高山土	高山草甸土	高山草甸土、高山草原草甸土、高山灌丛草甸土、高山湿草甸土
		亚高山草甸土	亚高山草甸土、亚高山草原草甸土、亚高山灌丛草甸土、亚高山湿草甸土
	半湿寒高山土	高山草原土	高山草原土、高山草甸草原土、高山荒漠草原土、高山盐渍草原土
		亚高山草原土	亚高山草原土、亚高山草甸草原土、亚高山荒漠草原土、亚高山盐渍草原土
		山地灌丛草原土	山地灌丛草原土、山地淋溶灌丛草原土
	干旱高山土	高山漠土	高山漠土
		亚高山漠土	亚高山漠土
	寒冻高山土	高山寒漠土	高山寒漠土

(资料来源：中国土壤，1998)

1. 土纲

根据成土过程产生的或影响主要成土过程的性质划分，是对某些有共性的土类的归纳与概括。如铁铝土纲，是将在湿热条件下，在富铁铝化过程中产生的黏土矿物以三氧化物、二氧化物和1∶1型高岭石为主的一类土壤，如砖红壤、赤红壤、红壤、黄壤等土类归集在一起，这些土类都发生过富铁铝化过程，只是其表现程度不同。

2. 亚纲

在土纲范围内，根据土壤形成的水热条件划分，反映了控制现代成土过程的成土条件，它们对于植物生长和种植制度也起着控制性作用。如铁铝土纲分成湿热铁铝土亚纲和湿暖铁铝土亚纲，两者的差别在于热量条件。

3. 土类

土类是高级分类中的基本分类单元。土类是根据成土因素、成土过程和由此发生的土壤属性来划分的。同一土类，应具有相同的成土条件及主导的成土过程和某些突出的土壤属性。土类之间，无论在成土条件、成土过程方面，还是在土壤性质方面，都具有质的差别。如砖红壤土类代表热带雨林下高度化学风化、富含游离铁、铝的酸性土壤；黑土代表温带湿润草原下发育的有大量腐殖质积累的土壤。

4. 亚类

在同一土类范围内的划分，反映土类范围内的较大差异性。一个土类中有代表土类概念的典型亚类，即它是在定义土类的特定成土条件和主导成土过程下产生的最典型的土壤；也有表示一个土类向另一个土类过渡的过渡亚类，它是根据主导成土过程以外的附加成土过程来划分的。如黑土的主导成土过程是腐殖质积聚，典型概念的亚类是（典型）黑土；而当地势平坦，地下水参与成土过程，则在心底土中形成锈纹锈斑或铁锰结核，它是潴育化过程，但这是附加的或称次要的成土过程，根据它划分出来的草甸黑土就是黑土向草甸土过渡的过渡亚类。

5. 土属

主要根据成土母质的成因类型与岩性，区域水文控制的盐分类型等地方性因素进行划分。如母质可粗略地分为残坡积物、洪积物、冲积物、湖积物、海积物、黄土状物质等；残积物根据岩性的矿物学特征细分为基性岩类、酸性岩类、石灰岩类、石英岩类、页岩类；洪积物和冲积物多为混合岩性，可根据母质质地分为砾石的、砂质的、壤质的和黏质的等。对不同的土类或亚类，所选择的土属划分的具体标准不一样。如红壤土可按基性岩类、酸性岩类、石灰岩类、石英岩类、页岩类划分土属；盐土根据盐分类型可划分为硫酸盐盐土、硫酸盐—氯化物盐土、氯化物盐土等。如果说土属以上的高级分类主要反映气候和植被这样的地带性成土因素及其结果的话，土属的划分主要反映母质和地形（地下水）的影响。

6. 土种

土种是低级分类单元，根据土壤剖面构型和发育程度来划分。一般土壤发生层的构型排列反映主导成土作用和次要成土作用的结果，由此决定了该土壤的土类和亚类的分类地位。但在土壤发育程度上，则因成土母质、地形等条件的差异，形成了在土层厚度、腐殖质层厚度、盐分含量多少、淋溶深度、淀积程度等方面的不一致性。根据这些量或程度上的差别，划分土种。如山地土壤根据土层厚度，分为薄层（<30cm）、中层（30~60cm）和厚层（>60cm）3个土种。盐化土壤的土种根据盐分含量以及缺苗程度划分为3级：轻度盐化（缺苗30%以下）、中度盐化（缺苗30%~50%）和重度盐化（缺苗50%以上）。

7. 变种

变种是土种范围内的变化，一般以表土层或耕作层的某些差异来划分，如表土层质地、砾石含量等，但这些变化具有一定的相对稳定性。

该分类系统的高级分类单元主要反映的是土壤在发生学方面的差异，而低级分类单元则主要考虑到土壤在其生产利用方面的不同。

1.2.3.3 土壤分布

地球陆地表面上的各种土壤是各种成土因素综合作用下的产物,在地球陆地表面,由于在不同纬度上,接收太阳辐射能不同,从两极到赤道,呈现出寒带、寒温带、温带、暖温带、亚热带和热带等有规律的气候带。同时,同一气候带内,由于海陆分布、地形起伏的变化,引起水热条件的再分配。水热条件的差异,必然会生长出与之相适应的不同植被类型,并呈现地理分布的规律性。而生物气候条件在地理上的规律性分布,就必然造成自然土壤有规律的地理分布。

人类农业生产活动给自然土壤地带分布规律性带来了新的影响。随着人为因素对土壤影响的深化,使农业土壤呈现以人类活动为中心的分布规律。

我国土壤类型繁多,但在地理上具有明显的地带性分布规律,表现为土壤分布的水平地带性、垂直地带性和区域分布。

1. 土壤分布的水平地带性

土壤分布的水平地带性是指土壤分布与热量的纬度地带性和湿度的经度地带性的关系,但大地形(山地、高原)对土壤的水平分布也有很大的影响。

(1) 土壤分布的纬度地带性。是指土壤随纬度不同而出现的变化。随着地球接收太阳辐射能自赤道向两极递减,所有的岩石风化、植被景观也都呈现出有规律的变化,使土壤的形成发育也相应发生沿纬度有规律的变化,从而使土壤的分布表现出明显的纬度地带性。

(2) 土壤分布的经度地带性。是指土壤随经度不同而出现的变化。由于距离海洋的远近不同及受大气环流的影响,形成海洋性气候、季风气候以及大陆干旱气候等不同的湿度带,这种湿度带基本平行于经度,而土壤亦随之发生规律的分布,称为土壤分布的经度地带性。

(3) 我国土壤水平地带性分布规律。我国土壤水平地带性分布规律主要是受水热条件的控制。我国位于北纬 $53°30'\sim3°58'$,由北到南跨占五个热量带,即寒温带、温带、暖温带、亚热带、热带。我国的气候具有明显的季风特点,冬季受西北气流控制,寒冷干燥;夏季受东南和西南季风的影响,温暖湿润。东南季风不仅影响东部沿海而且深入内陆,西南季风除影响青藏高原外,还可波及长江中下游地区。因此,热量由南向北递减,湿度由西北向东南递增,依次出现干旱、半干旱、半湿润、湿润四个地区。这种水热条件的分异,使我国东部形成湿润海洋土壤地带谱,而我国西部则形成干旱内陆性地带谱,如图 1-4 所示。

2. 土壤分布的垂直地带性

土壤分布的垂直地带性是指土壤随地势的增高而发生的土壤演替分布规律。土壤垂直地带性分布是由于山地生物气候条件随地势改变而造成的。随地形海拔高度的升高,水热条件发生有规律的变化,岩石风化、自然植被等也发生相应的变化,从而造成土壤分布有规律的变化。

山地土壤由基带土壤自下而上依次出现一系列不同的土壤类型,构成一个山地土壤垂直带谱。山体的大小与高低、山地所在的地理位置、坡向与坡度等都影响着土壤的发育分布,因而土壤的垂直带谱的类型和结构是复杂多样的。

随着山体高度的增加,相对高差越大,山地垂直结构带谱越完整。我国喜马拉雅

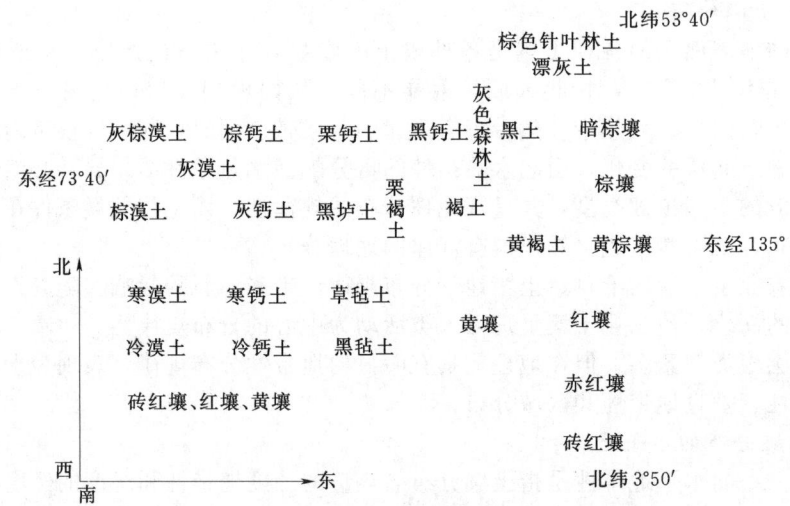

图 1-4 中国土壤水平地带谱示意（中国土壤，1998）

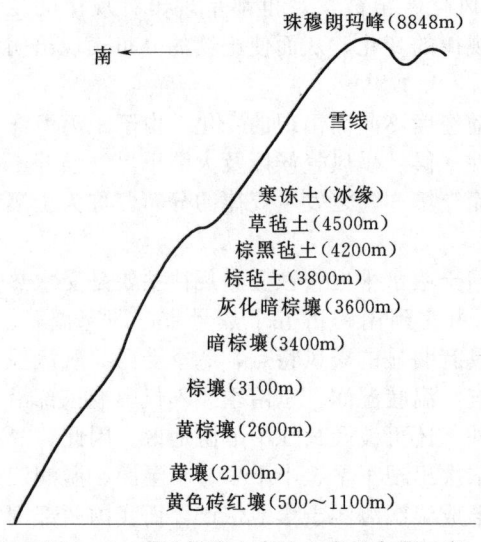

图 1-5 喜马拉雅山南坡土壤垂直带示意
（中国土壤，1998）
（西藏墨脱县多维拉南侧山地）

山的珠穆朗玛峰为世界最高峰，具有最完整的土壤垂直地带谱（图 1-5），为世界所罕见。

3. 土壤的区域性分布

土壤的水平地带性和垂直地带性是广域土壤的地理分布规律。在此基础上，尚有一系列土壤的区域分布。这种分布虽然因生物气候带不同而有所变化，但主要是由中小地形、水文地质条件、成土母质及人为改造地形而形成的。按区域面积大小分为中域和微域。

（1）土壤分布的中域规律。它主要受中地形支配，与中域地形呈有规律的结合。

在高原与低山丘陵地区，由于这些地区沟谷的发育，水系多呈树枝状伸展，自丘陵顶部到谷底沿水系形成类同的土壤组合，成为枝形组合。这种土壤组合有相应的地带性土壤、水成与半水成土壤组成，具体土壤组合的成分因所在地带不同而异，如在我国黄土高原区，干谷多呈树枝状伸展，由高原面向沟底延伸，可分别出现轻质灰垆土、黑垆土与黄绵土，部分地段可出现黄潮土。

在山麓的扇形地上，从扇形地上部的粗骨性土壤直到扇缘地区的草甸土、沼泽土或盐化土壤等构成扇形土壤组合。

盆形土壤组合也称同心圆状土壤组合，多见于内陆湖泊四周，随地形由四周向中心倾斜，水分状况也发生相应变化，以湖泊为中心向外扩展，依次出现沼泽土、草甸土与地带性土壤构成盆形土壤组合。这种土壤组合在干旱、半干旱地区尤为明显。

（2）土壤分布的微域规律。它主要由于小地形或母质的沉积特性造成，其土壤组合的规律往往在地表很难看出，多以土壤复区出现，如盐碱土区的"云彩地"。也有人为活动造成的复区，如山坡的梯田等。

1.3 土壤质地与组成

由岩石风化，经成土过程形成疏松的土壤，其大小不等的土壤颗粒叠结在一起形成许多土壤孔隙，水分和空气相互消长充满其间。所以，土壤是由固相、气相、液相三相物质组成。它们的数量、质量比例的变化直接影响着土壤肥力的高低。了解并掌握土壤的物质组成及其特性，是因土制宜、开发土壤生产力的基础。

1.3.1 土壤的三相组成

土壤是固液气三相物质组成的疏松多孔分散体系。一般土壤的基本组成（图1-6）是固相物质的体积约占50%，其中包括38%的矿物质和12%的有机质（包括土壤生物）。液相和气相的体积约占50%，两者共同存在于固相物质之间的孔隙中，形成一个互相联系、互相制约的统一整体，为植物提供必要的生活条件，是土壤肥力的物质基础。

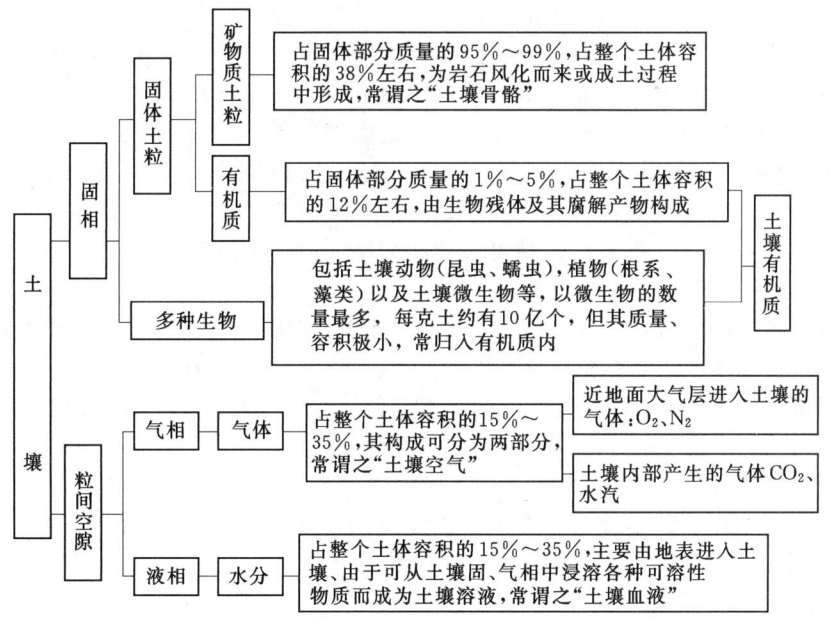

图1-6 土壤的基本组成概况

需强调的是，在农业生产实践中，不同类型的土壤，其三相物质的比例差异较大。如泥炭土，其有机质占固体部分质量可高达70%～80%；而砂质荒漠土，有机质占固体部分质量却低于0.5%以下。但对于某一种土壤来说，其固相部分的组成与比例具有相对稳定性，在一定的成土条件下不易变化。对于共存于土壤孔隙中的土壤空气和土壤水分，两者互为消长，在农业土壤中由于受人为耕种的影响，因此两者之间的比率变化更为频繁。水、气的变化直接影响土壤温度状况。土壤利用改良和培肥的各种技术措施，主要从改善土壤三相物质比例出发。

现将土壤的组成物质及其特点分述如下。

1.3.1.1 土壤矿物质

土壤中的固体部分由许多大小不同的颗粒组成。这些颗粒主要是岩石风化的产物，其物质组成95%以上都是矿物质，是构成土壤的骨架和植物养分的重要来源。土壤矿物质包括原生矿物、次生矿物以及一些分解彻底的简单的无机化合物。

原生矿物是指地壳上经过物理风化而未改变化学组成和结晶结构的一些原始成岩矿物。一般土壤中，原生矿物按含量多少排序主要有：石英、长石、云母、角闪石和辉石等，其中石英最难分解，常成为较粗的颗粒遗留在土壤中，构成土壤的砂粒部分。黑云母、角闪石、辉石等则容易风化成土壤的黏粒部分。

次生矿物是指原生矿物经风化和成土作用后，逐渐改变其形态、性质和成分而重新形成的一类矿物，包括各种次生层状硅铝酸盐（如高岭石、蒙脱石、伊利石等）和含水的硅、铁、铝等氧化物类。它们在土壤中均以黏粒形式存在，一般粒径小于$5\mu m$，具有胶体性质，是土体中最活跃的部分。

次生黏土矿物具有明显的地带性分布规律，它们是在特定的气候、生物和母质等条件下形成的，比较稳定。人类的耕作、施肥等生产活动对次生黏土矿物也有一定的影响。我国南方高温多雨，原生硅铝酸盐矿物风化比较彻底，土壤中以含高岭石和各种氧化铁、氧化铝为主，北方土壤中则以蒙脱石和伊利石较多。

土壤矿物质的组成、结构和性质对土壤的物理性质（结构、水分、通气、热量和耕性等）、化学性质（吸附性、酸碱性、氧化还原性和缓冲性等）都有很大的影响。以高岭石为主的土壤其塑性、黏结性、黏着性和膨缩性都很弱，而以蒙脱石为主的土壤具有很强的可塑性、黏结性、黏着性和膨缩性，但其耕性较差。

1.3.1.2 土壤有机质

土壤有机质广义的概念是指存在于土壤中的所有含碳的有机物质。它包括土壤中各种动物、植物残体，微生物及其分解和合成的各种有机物质。其狭义的概念是指有机物质残体经微生物作用形成的一类特殊的、复杂的、性质比较稳定的高分子有机化合物，即土壤腐殖质。土壤学中一般仅指后者，主要讨论与之有关的生物过程和影响因素。

1. 土壤微生物的种类和作用

土壤微生物主要包括细菌、真菌、放线菌、藻类及各种原生动物等。土壤微生物是土壤中活的有机体，其数量惊人，一般1kg土壤可含5亿个细菌、100亿个放线菌和近10亿个真菌、5亿个微小动物。一般说来，土壤越肥，就越具备微生物活动的条件，微生物数目也越多。

根据微生物对营养和能源的要求，可以分为四大类型：

（1）化能有机营养型。又称化能异养性，微生物自身生长所需的能量和碳源直接来自土壤有机物质，是土壤中数量和种类最多的微生物，包括几乎全部真菌和绝大多数的细菌。

(2) 化能无机营养型。又称化能自养性，无需现成的有机物质，能直接利用空气中二氧化碳或无机盐类生存的细菌。此类微生物在土壤中的数量不多，主要有亚硝酸与硝酸细菌、硫化细菌、铁细菌和氢细菌等，但它们对物质转化却起着重要作用。

(3) 光能有机营养型。又称光能异养性，以光能为能源，需要以有机化合物作为供氢体还原二氧化碳合成细胞物质。例如，深红红螺菌。

(4) 光能无机营养型。又称光能自养性，以光能为能源，以无机化合物作为供氢体还原二氧化碳合成细胞物质。藻类和大多数光合细菌都属于光能自养型。

根据微生物对氧气的不同反应，可分为三种类型：一种是必须要在有游离氧气的条件下才能生活的，称为好气性微生物。这类微生物活动结果，使土壤不断地释放养分，矿质化进行迅速。另一种是在生活中不需要游离氧气而能还原矿物质、有机质的，称为嫌气性微生物。嫌气性微生物活动的结果，矿质化极慢，有助于形成腐殖质，有利于养分的累积，但同时也积累一些对作物有害的还原性物质如硫化氢等。还有一种对氧气要求并不严格，在有氧和缺氧条件下都能生活的微生物，称为兼气性微生物。

土壤微生物在土壤有机质的合成与分解、土壤养分的转化等过程中起着决定性作用。在良好的旱地土壤，耕层上松下紧，上层有好气性微生物活动，下层有嫌气性微生物活动，在两者之间为兼气性微生物活动，即可源源不断地为作物生长供应养分。

2. 土壤有机质的来源与组成

自然土壤的有机质主要来源于土壤中的动物、植物残体以及生活在土壤中的微生物和动物等。农业土壤的有机质主要来源于人类生产活动，包括施入土壤的各种有机肥料以及植物遗留的根茬、还田的秸秆和翻压的绿肥等有机物质。

进入土壤的有机质一般呈现三种状态：

(1) 新鲜的有机质。是土壤中未分解的生物遗体。

(2) 半分解有机残余物。是新鲜有机质经微生物的部分分解作用，已破坏了原始形态和结构。以上两者在一般土壤中占有机质总量的 10%～15%，是土壤有机质的基本组成部分和作物养分的基本来源，也是形成土壤腐殖质的原料。

(3) 腐殖质。是有机质经过微生物分解和再合成的一种褐色或暗褐色的大分子胶体物质，它与矿物质土粒紧密结合，是有机质的主要成分，占土壤有机质总量的 85%～90%。

植物残体中含有大量的碳水化合物（单糖、淀粉、纤维素和半纤维素，容易分解）、含氮化合物（主要是蛋白质，容易分解）、木质素（带杂环的复杂结构、很难分解）和少量的树脂与蜡质（结构较复杂，难分解），它们含有植物需要的 16 种必需元素。

3. 土壤有机质的转化

进入土壤的有机质在微生物的作用下，进行着极其复杂的转化过程。这种转化可归结为两个方面：即有机质的矿质化过程和腐殖质化过程。矿质化过程就是有机质经微生物作用被分解成简单的无机化合物，并释放出矿质营养的过程。腐殖质化过程是指有机物质分解产生的简单有机化合物及中间产物形成新的、更为复杂的、较稳定的高分子有机化合物，使有机质及其养分保蓄起来的过程。这两个过程是互相联系和不可分割的，随条件的改变而互相转化。矿质化过程的中间产物是形成腐殖质的基本材料，腐殖质化过程的产物——腐殖质，在一定条件下可以再经过矿化分解释放其养分。

对于农业生产而言，矿质化作用为作物生长提供充足的养分，但过强的矿化作用，会使有机质分解过快，造成养分的大量损失，腐殖质难于形成，使土壤理化性质变坏，土壤肥力水平下降。因此适当的调控土壤有机质的矿化速度，促使腐殖质化作用的进行，有利于改善土壤的理化性质和提高土壤的肥沃度。必须辩证地认识两者的相互关系。

进入土壤的有机质和植物残体，在微生物的作用下，使有机物分解为简单的无机化合物，主要有二氧化碳、氨、水和矿质养分（磷、硫、钾、钙、镁等简单化合物或离子），同时释放出能量，为植物和土壤微生物提供了养分和能量，直接或间接地影响着土壤性质，并为合成腐殖质提供了物质来源。

土壤腐殖质的主要成分为胡敏酸和富里酸，其化学组成元素主要是碳、氢、氧、氮、硫等，含有羟基（—OH）、羧基（—COOH）、氨基（—NH_2）等多种功能团。腐殖质分子具有两性胶体的特性，在通常的土壤pH值条件下，腐殖质分子带负电，因而可吸附土壤中的盐基离子，腐殖质具有较大的阳离子代换量。胡敏酸的分子量、缩合程度及交换量均比富里酸高，且酸性较小，易凝聚，可增强土壤的吸收性能，促进团粒结构的形成，培肥土壤的作用较强。我国北方大多数土壤，其腐殖质以胡敏酸占优势，而南方土壤中一般以富里酸占优势。我国土壤由东向西，腐殖质的含量逐渐减少，胡敏酸的相对含量也逐渐降低。

4. 影响土壤有机质转化的因素

微生物是土壤有机质分解与转化的主要推动力，因此，凡是影响微生物活动及其生理作用的因素都会影响有机质分解转化的强度和速度。

（1）有机残体的碳氮比（C/N）。碳氮比是指有机物中碳素总量和氮素总量之比。氮是组成微生物体细胞的要素，而有机质中的碳既是微生物活动的能源，又是构成其体细胞的主要成分。一般来说，微生物组成自身的体细胞需要吸收1份氮和5份碳，同时还需20份碳作为生命活动的能源，即微生物生命活动过程中，需要有机质的C/N为25∶1。所以，一般要求土壤有机质的C/N为25∶1。当有机残体的C/N小于25∶1时，对微生物活动有利。有机质分解快，分解释放出的无机氮除被微生物吸收构成自己的身体外，还有多余的氮素存留在土壤中，可供作物吸收。当有机残体的C/N大于25∶1时，微生物自身就缺乏氮素营养，其发育受到限制，土壤中不仅有机质分解缓慢，而且会出现微生物和植物争夺土壤原有的有效氮素养分现象，使作物处于暂时缺氮状态。

各种植物残体的碳氮比不同，禾本科的根茬和茎秆的碳氮比为50∶1~80∶1，大于25∶1，植物残体分解较慢，为了防止植物缺氮，并促使植物残体迅速分解，在使用含氮量低的水稻、小麦等秸秆时应同时适当补施速效氮肥。豆科植物的碳氮比为20∶1~30∶1，接近25∶1，有利于微生物的活动，有机质分解迅速，能够供应作物生长所需要的氮素营养。

（2）土壤环境条件。有机质的矿质化过程和腐殖质化过程与土壤的环境条件密切相关。

有机质的分解强度与土壤含水量有关。当土壤在风干状态（只含吸湿水）时，微生物因缺水而活动能力降低,分解很缓慢;当土壤湿润时,微生物活动旺盛,分解作用加强。但若水分太多,使土壤通气性变坏又会降低分解速度。一般最适于微生物活动的土壤湿度约为田间持水量的 60%～80%,植物残体分解的最适水势在 -0.1～-0.03MPa 之间,当水势降到 -0.3MPa 以下,细菌呼吸作用迅速降低,而真菌一直到 -5～-4MPa 时可能还有活性。

土壤通气良好时,好气性微生物活跃,这时有机质进行着好气分解,其特点是速度快,分解较完全,矿化率高,中间产物累积少,有利于植物的吸收利用。但不利于土壤有机质的累积和保存;反之,在土壤通气不良时,嫌气性微生物活动旺盛,有机质分解的特点是速度慢,分解不完全,矿化率低,中间产物容易积累,还会产生甲烷和氢气等对作物生长有毒害影响的还原性气体,但有利于有机质的积累和保存。土壤通气性过盛或过差,都对土壤肥力不利,必须使土壤中好气性分解和嫌气性分解能够伴随配合进行,才能既保持适当的有机质水平,又能使作物吸收利用足够的有效养料。

土壤温度对有机质的转化也有明显影响。在 0～35℃ 范围内,有机质的分解随温度升高而加快。土壤微生物活动的最适宜温度范围为 25～35℃,超出此范围,微生物活性就会明显受到抑制。

总的来讲,土壤温度高,水分适宜,通风透气好,各种植物残体就容易进行矿质化;土壤积水温度低,通气不好,植物残体的矿质化就很慢,但易于腐殖质化。在生产上,常利用排水晒田、耕翻晒垡、落干等措施,使土壤水分散失,增温通气来加强土壤有机物质的矿质化,满足作物生育旺盛期对养分的需要。

5. 土壤有机质的作用与调节

土壤有机质虽然仅占土壤总量的很小一部分,但它在土壤肥力上却起着非常重要的作用。主要包括:

(1) 土壤有机质是植物和微生物营养的重要来源。土壤有机质含有植物需要的大量元素和微量元素,尤其是碳、氮、硫、磷的含量很高,为微生物活动提供了物质和能量。我国主要土壤表土中大约 80%～97% 的氮、20%～76% 的磷、38%～94% 的硫,都存在于土壤有机质中。随着有机质的逐渐矿化,这些潜在养分也逐渐转化为植物可以吸收的形态。由于土壤有机质同时进行着矿质化与腐殖质化过程,这使得土壤养分的供应能持续不断地发挥作用,土壤的肥效较长久平稳,容易避免作物生长中猛发和脱肥现象的发生,这是农业化肥所不及的。有机质分解时产生多种有机酸,可提高土壤矿物质的溶解度,有利于磷、钾等养分的有效化。

(2) 增强土壤的保水保肥能力和缓冲性能。腐殖质疏松多孔,具有胶体性质,能吸持大量水分,故能大大提高土壤的保水能力。腐殖质所带电性以负电荷为主,可吸附土壤中的交换性阳离子,如 K^+、NH_4^+、Ca^{2+}、Mg^{2+} 等,避免其随水流失,而且能在一定条件下被其他阳离子交换出来,供作物吸收利用。腐殖质是一种含有多种功能团的弱酸,其盐类具有两性胶体的作用,因此有很强的缓冲酸碱变化的能力。所以含腐殖质多的土壤,其缓冲酸碱变化的性能较强。

(3) 改善土壤的物理性质。腐殖质在土壤中主要以胶膜形式包被在矿质土粒的外表。由于它是一种胶体,黏结力和黏着力都大于砂粒,在砂土中施入后能增加砂土的黏性,可促进团粒结构的形成。在黏土中施入,由于它松软、絮状、多孔,黏结力和黏着力均比黏粒小，所以黏粒被它包被后，易形成散碎的团粒，使土壤变得比较松软而不再结成硬块。因此有机质能使砂土变紧，黏土变松，土壤的保水、透水性以及通气性都有所改变。同时使土壤耕性也得到改善，耕翻省力，适耕期长，耕作质量也相应地提高。另外，由于腐殖质是一种暗褐色的物质，它的存在能明显地加深土壤颜色，从而提高了土壤的吸热性。因此，在同样日照条件下，腐殖质含量高的土壤，土温相对较高，且变幅不大，利于春播作物的早发速长。

（4）促进植物的生理活性。在一定浓度下，腐殖酸盐的稀溶液能改变植物体内糖类代谢，促进还原糖的积累，提高细胞渗透压，从而增强作物的抗旱能力。据报道，富里酸是某些抗旱剂的主要成分。胡敏酸的稀溶液能提高过氧化氢酶的活性，加速种子发芽和养分吸收，从而增加生长速度。一定浓度（$10^{-8} \sim 10^{-6}$）的胡敏酸能加强作物的呼吸作用及提高吸收养分的能力，加速细胞分裂，促进根系的发育。

（5）减少农药和重金属的污染。腐殖质的多种功能团对重金属有很强的络合与富集作用，从而能使有毒的金属离子有可能随水排出土体，减少对作物的危害和对土壤的污染。胡敏酸和富里酸都能与重金属生成络合物，其中富里酸的络合物水溶性大。胡敏酸对农药等有机污染物有很强的亲和力，能使残留在土壤中的某些农药，如DDT、三氮杂苯等的溶解度增大，加速其淋出土体，减少污染和毒害。

要增加土壤中的有机质，就必须使土壤有机质的积累和分解这一对矛盾统一起来，以达到既能提高土壤有机质含量，使土壤基本肥力有所保证，又能以适当的分解速度向作物提供必需的养分。农业生产管理上主要措施有：一方面要增加土壤有机质的来源，如种植绿肥、实行绿肥与粮食作物轮作，增施有机肥料，秸秆还田等措施；另一方面则根据影响有机质积累和分解的因素，调节土壤有机质的分解速率，使土壤有机质的积累和消耗达到动态平衡。在生产中，通过灌排、耕作等措施，改善土壤水、气、热状况，是促进或调节土壤有机质转化的一种有效方式。

1.3.1.3 土壤溶液

土壤溶液是土壤水分及其所含溶质的总称。其浓度很低，一般仅为 $200 \sim 1000 mg/kg$，很少超过 $1g/kg$，渗透压往往低于 $0.1MPa$，是一种稀薄的不饱和溶液。它和土壤空气共存于土壤颗粒之间的孔隙中，是土壤中最活跃的组成部分。

土壤溶液中含有各种无机物（如 K^+、Na^+、Ca^{2+}、NH_4^+ 的盐类），有机物（如水溶性蛋白质、氨基酸、糖类等）及胶体物质（如铁、铝氢氧化物和硅酸等）。盐碱土的土壤溶液中则含有过多的氯化物、硫酸盐及碳酸盐等。

土壤溶液是不断变化的，其组成与浓度常受外界条件如灌溉、降雨、土壤温度、微生物活动及人为施肥等因素的影响，因此，土壤溶液浓度及酸碱性质常常不断变化。

1.3.1.4 土壤空气

土壤空气如同土壤水分和养分一样，是土壤肥力的重要因素之一。土壤空气组成与大气相似，但有差别（表1-2）。表现为：①土壤空气中二氧化碳含量高，通常是大气中二氧化碳含量的几倍至几十倍；②土壤空气中氧气含量低；③土壤空气中的水汽含量高于大气，其相对湿度高；④土壤空气中含还原性气体，在通气不良的情况下，往往有一些不利于作物生长的还原性气体的产生，如 H_2S、CH_4、H_2 等。

表1-2　　　　　　　　　土壤空气与大气组成的比较　　　　　　　　单位：%

气体	氧	二氧化碳	氮	其他气体（氩、氢、氖、氦）
近地面空气	20.94	0.03	78.08	0.95
土壤空气	20.03~10.35	0.14~1.24	78.8~80.24	—

（资料来源：《土壤学》北方本）

土壤空气的组成和数量处于变化中，常因气候条件、土壤特性、土层深度、土壤温度及农业技术措施等不同而变化。干燥土壤比潮湿土壤所含空气的量要多，在干燥土壤里又因土壤粗细、结构不同，空气含量也有差异：土粒空隙大，水分少，土壤空气含量就多；空隙小，水分多，空气就少。一般来说，随土层深度的增加，由于深层气体交换受阻，所以土壤空气中二氧化碳含量增加10%~19%，而氧气含量减少10%~12%。随温度的升高，土壤空气中二氧化碳含量增加，这是微生物活动的结果。同样的土质，耙松的土壤空气要比紧实的土壤空气多。

作物在不同生育期对空气含量和组成要求不同，人们可以通过松土、排水、镇压、灌溉、施肥等措施，调节土壤空气和水分的状况，满足作物生长发育的需要。

1.3.2　土壤粒级及划分

大小不同的单个土壤颗粒构成了土壤固相，这些土壤颗粒简称土粒。

土壤颗粒的大小相差悬殊可达一千倍以上，其化学组成、性质等也有明显差异。不同粒径范围的土粒，其不同比例组合，直接影响到土壤生产性状的好坏。为了认识大小不同颗粒在理化性质和生产性状上的差异，需要对土粒的大小进行分级。

1.3.2.1　土壤颗粒的分级

通常将粒径大小相近，性质相似的土粒分为一级，这种土粒大小的不同级别，称为粒级。粒级划分标准有多种，目前文献中常用的是美国制与国际制，我国多采用前苏联的卡庆斯基制（表1-3）。中国科学院南京土壤研究所等单位根据我国实际情况将土粒分为五级，各级土粒的名称及其相应的粒径见表1-4。表中所指的粒径，都是以假想的球径作为划分土粒的标准（称当量粒径或实效粒径）。

表1-3　卡庆斯基土粒分级标准　　　　　　单位：mm

粒级名称		粒径	
石砾		>3.0	
		3~1	
砂粒	粗砂	1~0.5	物理性砂粒
	中砂	0.5~0.25	
	细砂	0.25~0.05	
粉粒	粗粉粒	0.05~0.01	
	中粉粒	0.01~0.005	物理性黏粒
	细粉粒	0.005~0.001	
黏粒	黏粒	<0.001	
	细黏粒	<0.0001	

表1-4　我国土壤颗粒分级标准　　　　　　单位：mm

粒级名称		粒径
石块		>3
石砾		3~1
砂粒	粗砂粒	1~0.25
	细砂粒	0.25~0.05
粉粒	粗粉粒	0.05~0.01
	中粉粒	0.01~0.005
	细粉粒	0.005~0.002
黏粒	粗黏粒	0.002~0.001
	细黏粒	<0.001

从表1-3中看出：把粒径大于1mm的称为石砾；粒径在1～0.01mm的称为物理性砂粒；把粒径小于0.01mm的称为物理性黏粒。将物理性砂粒和物理性黏粒的分界线定在0.01mm这一数值上是有一定科学意义的。据研究，粒径大于0.01mm的粒级，无可塑性和膨缩性，但有一定的透水性，它的吸湿力、保肥力和黏结力都很弱；而粒径小于0.01mm的粒级，有明显的可塑性和膨缩性，但无透水性，其吸湿力、保肥力和黏结力很强。

1.3.2.2 各级土粒的化学成分

不同粒级大小所表现的特性有明显差异。一般土粒由粗到细，其矿物组成中的石英含量逐渐减少，云母含量逐渐增多。而在化学组成上则是SiO_2逐渐减少，CaO、MgO、P_2O_5、K_2O、F_2O_3等含量相应增加（表1-5），突出表现在0.01mm附近，化学成分变化明显。所以土粒粗细不同，所含的植物营养元素差异明显。

表1-5 各级土粒的化学组成

化学成分（％） 粒径（mm）	SiO_2	Al_2O_3	Fe_2O_3	CaO	MgO	K_2O	P_2O_5
1～0.2	93.6	1.6	1.2	0.4	0.6	0.8	0.05
0.2～0.04	94.0	2.0	1.2	0.5	0.1	1.5	0.1
0.04～0.01	89.4	5.1	1.5	0.8	0.1	2.3	0.2
0.01～0.002	74.2	13.2	5.1	1.6	0.3	4.2	0.1
<0.002	53.2	21.5	13.2	1.6	1.0	4.9	0.1

（据索柯洛夫斯基资料）

1.3.2.3 各级土粒的基本性质

土粒粗细不同，供应养分的潜在能力也大不相同。一般土粒由粗到细，其比表面积逐渐增加，通气、透水性逐渐减弱，吸湿性、膨胀性、可塑性、阳离子吸收性等则逐渐增强（表1-6）。

表1-6 各级土粒的一些理化性质

粒径 （mm）	比表面 （cm²/g）	最大分子 持水量 （％）	毛管水上 升高度 （cm）	渗透系数 （cm/s）	湿胀（％） （占原体积）	可塑性（％） 上限	可塑性（％） 下限	阳离子吸收量 （mmol/100g 土）
3～2		0.2	0	0.5		不可塑		
2～1.5	}1	0.7	1.5～3.0	0.2	—	不可塑		
1.5～1.0		0.8	4.5	0.12	—	不可塑		
1.0～0.5	2	0.9	8.7	0.072	—	不可塑		
0.5～0.25	4	1.0	20～27	0.056	0	不可塑		
0.25～0.10	8		50	0.030	5	不可塑		
0.10～0.05	20	2.2	91	0.005	6	不可塑		
0.05～0.01		3.1	200	0.0004	16	不可塑		约为1
0.01～0.005	}>40	15.9	—	—	105	40	28	3～8
0.005～0.001		31.4	—	—	160	48	30	10～20
<0.001	>1000	—	—	—	405	87	34	35～65

（据 В. Т. Ткаидк、Т. И. Коиернина 资料）

各级土粒的矿物组成不同,其物理特性也有明显差异:

(1) 石砾和砂粒。是岩石风化的碎屑,主要成分为原生矿物,且石英为主,无黏结性,不可塑性,无膨胀收缩性及胶体特性,矿质养分少且易淋失,通气透水性强,温度变幅大。

(2) 黏粒。主要是次生矿物,其中包括黏土矿物(高岭石、蒙脱石)及铁、铝、锰的氢氧化物与含水氧化物。颗粒小而高度分散,有巨大的表面积和很强的表面能。具有胶结性及很强的黏性、可塑性、吸水力和持水力、毛管性能、膨胀收缩性及离子代换吸收性能。矿质养分含量丰富,保肥力强,但通气透水性差,温度变幅小。

(3) 粉(砂)粒。兼有原生矿物和次生矿物,其颗粒大小界于砂粒和黏粒之间,故许多性状也界于砂粒与黏粒之间。

1.3.3 土壤机械组成和质地

任何一种土壤,都不是由单一粒级组成,而是由几个粒级组合在一起。把土壤中各种粒级的配合比例,或各粒级在土壤重量中所占的百分数,称为土壤的机械组成。根据不同机械组成所产生的特性而划分的土类就是土壤质地。质地是土壤稳定的自然属性,反映母质来源及成土过程某些特征,对肥力有很大影响。在生产实践中,土壤质地常常是作为认土、用土和改土的重要依据。

质地分类制,各国的标准也不统一。常用的有国际制、卡庆斯基制和中国制等。国际制土壤质地分类在欧、美等国使用较广,在新中国成立前我国多采用这种分类。目前,我国常采用的土壤质地分类标准,是根据卡庆斯基制的物理性砂粒和物理性黏粒而划分的(表1-7)。中国科学院南京土壤研究所等单位近年来也拟定了我国土壤质地分类标准,见表1-8。

表1-7　　　　　　　　土壤质地划分标准　　　　　　　　　　%

土壤质地名称	砂土类		壤土类			黏土类
	砂土	壤砂土	轻壤土	中壤土	重壤土	黏土
物理性砂粒含量	>90	80~90	70~80	55~70	40~55	<40
物理性黏粒含量	<10	10~20	20~30	30~45	45~60	>60

1.3.4 不同质地类型的肥力特性和利用改良

1.3.4.1 不同质地土壤的肥力特点和利用

土壤的质地不同,对土壤的水、肥、气、热状况,土壤的耕作性状及作物出苗难易、快慢、整齐度及成熟早晚等综合反应能力有较大影响。在生产上,必须因土制宜,合理利用与改良。

(1) 砂土类。物理性砂粒含量占80%以上,颗粒粗,比表面积小,粒间大孔隙多于黏土和壤土,毛管孔隙少,总孔隙低。因此,土壤通气透水性好,有机质分解快而累积少,保水保肥性差,容易造成水肥流失,水分蒸发快,造成土壤散墒,容易引起土壤干旱。土温昼夜温差大,土温升温快,降温也快,有"热性土"之称。黏性小,疏松好耕,耕作时省力,宜耕期长,比较适宜块根、块茎作物的种植。砂性土"口松",

表1-8　　　　　　　　　　我国土壤质地分类

质地组	质地名称	颗粒组成（粒径：mm）（%）		
		砂粒1～0.05	粗粉粒0.05～0.01	细黏粒<0.001
砂土	粗砂土 细砂土 面砂土	>70 60～70 50～60	—	<30
壤土	粉砂土 粉土 砂壤土 壤土 砂黏土	>20 <20 >20 <20 >50	>40 <40	<30 >30
黏土	粉黏土 壤黏土 黏土 重黏土	—	—	30～35 35～40 40～60 >60

出苗快、齐、全，但因养分贫乏容易造成作物中后期脱肥，早衰，因此，砂性土"发小苗不发老苗"。在管理上，要注意施有机肥，多灌水，灌溉、施肥时，应"少量多次"，分次进行。

（2）黏土类。物理性黏粒含量占60%以上，粒间孔隙小，毛管孔隙多，总孔隙相对高。保水保肥性强，但通气透水性差，易滞易涝，有机质分解慢，易累积，易产生还原性有毒物质。昼夜温差小，土性偏冷，有"凉性土"之称，尤其在早春不利发苗。因此，与砂性土相反，黏土"发老苗不发小苗"。可塑性强，耕性不良，宜耕期短。在含水量过多的情况下，作物往往会烂根烂种。在管理上，雨季要及时排除渍水涝水，并注意施有机肥以改良土壤。

（3）壤土类。是一种含黏含砂适中的土壤。它具有松而不散、黏而不硬、耕性良好、干湿都好耕等特点，宜耕期长，通气透水，保水保肥性较好，是农业生产上较理想的土壤质地。

1.3.4.2　土壤质地的层次性

土壤质地除了不同土壤种类之间有差别外，在同一土壤剖面的上、下层之间也可能有很大差别。土壤不同质地层次在土体中的排列状况，称为土壤质地剖面。形成土壤质地层次的原因主要有三方面：一是母质本身的层次性；二是成土过程中物质的淋溶和淀积；三是人为耕作管理活动。

土壤质地剖面复杂多样，一般的结构有通体均一型（上下层质地通体砂或通体黏或通体壤型）、上粗下细型、上细下粗型或粗细相间、成夹层型。土壤质地层次结构对土壤肥力有很大的影响。上粗下细的土壤，即耕层为砂壤—轻壤，下层为中壤—重壤，是较佳的质地剖面。上部通透性好，可以接纳较大降水，减少水土流失，利于养分转化。下部偏重的质地，能够起到保水托肥的作用。对水、气、热协调能力较强，有"蒙金土"之称。上细下粗型的土壤，即耕层为中壤质地以上的土层，下层为砂质、砂壤质等较轻土层，这是差的质地剖面。上层毛管孔隙多，保水强，通透性差，如有机质含量低,则易板结,耕性差。下层砂性强,上部的肥、水易流失,下部地下水不易向上运行。通体均一型的土壤,都因毛管孔隙与非毛管孔隙比例不适,影响土壤的水、气、热状况,需进行改良利用。

1.3.4.3 不良土壤质地的改良

对不同质地的土壤,首先要强调因土制宜地耕作和管理。这里着重介绍对于过砂或过黏土壤质地改良的主要途径。

1. 客土法

搬运别地土壤(客土),掺和在过砂或过黏的土壤里,使之相互混合,以改良本土质地的方法,称为"客土法"。这种方法消耗的人力物力较大,一般要就地取材、因地制宜。

2. 引洪漫淤法

自然洪水中所携带的淤泥主要是冲蚀地表的肥土,含养分丰富,是改良质地的好材料。通过人为办法,有目的地把洪流有控制地引入农田,使细泥沉积于砂质土壤中,以达到增厚土层,改良质地的目的,此法称为"引洪漫淤法"。所谓"一年洪水三年肥",就是指漫淤肥田的效果。引洪漫淤法适用于改良沿江河两岸的砂质土壤。

3. 增施有机肥,改良土壤结构

每年大量施用有机肥,不仅能增加土壤中的养分,而且能改善过砂过黏土壤的不良性质,促进土壤团粒结构的形成,增强土壤保水、保肥性能。

复 习 思 考 题

1. 什么是土壤、土壤肥力、土壤生产力?土壤肥力与土壤生产力两者有何联系与区别?
2. 土壤是怎样形成的?为什么说土壤形成过程就是土壤肥力的形成过程?
3. 什么是风化过程?风化类型有哪几种?影响岩石风化的因素有哪些?
4. 试述成土母质与土壤的区别。
5. 影响土壤形成的因素有哪些?它们是如何影响土壤形成的?
6. 土壤微生物的种类有哪些?它们在土壤的形成过程中所起的作用有哪些?
7. 土壤有机质的转化包括哪两个方面?两者之间有何关系?影响土壤有机质转化的因素有哪些?
8. 简述土壤有机质在肥力上的作用及其调节措施。
9. 简述砂土、壤土及黏土的主要肥力特征及因土制宜的管理措施。
10. 农业生产上,认土、用土和改良土壤的依据是什么?

第2章 土壤基本特性

在土壤形成过程中产生了一系列的物理化学特性,这些性质与土壤肥力、微生物活性以及作物根系吸收各种养分的性能密切相关,研究和了解土壤的基本理化性质,对合理利用土壤、促进农业生产的发展具有重要意义。

2.1 土壤酸碱反应

土壤酸碱反应是指土壤溶液呈酸性、中性或碱性的程度,是在土壤形成过程中产生的重要属性。不同的成土条件下土壤的酸碱反应不同。

在自然土壤中,土壤的酸碱反应是比较稳定的,但在人为栽培管理条件下,又是可变的土壤肥力因子。当土壤溶液中 H^+ 浓度大于 OH^- 浓度时,土壤呈酸性反应;当 OH^- 浓度大于 H^+ 浓度时,土壤呈碱性反应;两者相等时,土壤呈中性反应。土壤的酸碱反应是土壤胶体的固相性质与土壤液相性质的综合表现。

2.1.1 土壤酸性
2.1.1.1 土壤酸性的来源

土壤的酸性是由 H^+ 和 Al^{3+} 引起的。土壤中的 H^+ 主要来源于:①土壤中有机物的分解和植物根系、微生物的呼吸作用,产生大量 CO_2,溶于水形成 H_2CO_3,解离出 H^+;②土壤有机质分解时产生的各种有机酸(如醋酸、草酸、柠檬酸等)都可解离出 H^+;③施入土壤中的一些生理酸性肥料,如硫铵 $[(NH_4)_2SO_4]$ 和氯化铵 (NH_4Cl) 等水解产生 H^+;④酸性污水灌溉、酸雨等也可增加土壤的酸性。

在酸性较强的土壤中,土壤胶体上吸附有相当数量的交换性铝离子,这些铝离子是从黏土矿物中分解出来的。它们可通过阳离子交换作用进入土壤溶液,形成非中性盐类,这些盐经过水解作用产生氢离子。

2.1.1.2 土壤酸性的类型

根据 H^+ 在土壤中存在的位置不同,一般将土壤酸性分为活性酸度和潜在酸度两种类型。

1. 活性酸度

活性酸度是指土壤溶液中氢离子的浓度直接表现出的酸度。通常用 pH 值表示，pH 值是氢离子浓度的负对数值。根据 pH 值的大小，可将土壤酸碱性分为以下几个级别（表2-1）。我国土壤的酸碱性范围约在 4～9 之间。土壤 pH 值，由北向南呈逐渐降低的趋势。大致以长江为界，长江以南的土壤多为酸性或强酸性，长江以北的土壤多为中性或碱性。

表 2-1　　　　　　　　　　　土壤酸碱度的分级

土壤 pH 值	<4.5	4.5～5.5	5.5～6.5	6.5～7.5	7.5～8.5	8.5～9.5	>9.5
级别	极强酸性	强酸性	酸性	中性	碱性	强碱性	极强碱性

2. 潜在酸度

潜在酸度是指土壤胶体上吸附的致酸离子 H^+、Al^{3+} 所引起的酸度。在未被交换时，酸性并不显现，只有当土壤胶体上吸附的 H^+、Al^{3+} 通过离子交换作用进入土壤溶液时，才显示出酸性，所以称为潜在酸度。潜在酸度通常用 100g 烘干土中氢离子的毫摩尔数表示。土壤潜在酸度又可分为交换性酸度和水解性酸度，两者测定时所使用的盐类不同。

（1）交换性酸度。用过量的中性盐溶液（如 1mol KCl 或 NaCl 等）与土壤作用，将土壤胶体表面上的大部分 H^+、Al^{3+} 交换出来，再以标准碱液滴定溶液中的 H^+，这样测得的酸度称为交换性酸度。

$$[土壤胶体] H^+ + KCl \longleftrightarrow [土壤胶体] K^+ + HCl$$
$$[土壤胶体] Al^{3+} + 3KCl \longleftrightarrow [土壤胶体] K^+ + AlCl_3$$
$$AlCl_3 + 3H_2O \longrightarrow Al(OH)_3 + 3HCl$$

应当指出，用中性盐溶液浸提而测得的酸量只是土壤潜在酸量的大部分，而不是它的全部。

（2）水解性酸度。用弱酸强碱盐溶液（如 pH 值 8.2 的 1mol NaOAc）浸提土壤，从土壤中交换出来的 H^+、Al^{3+} 所产生的酸度称为水解性酸度。由于醋酸钠水解生成 NaOH，呈碱性反应（pH 值 8.5），其 Na^+ 可使胶体上更多的 H^+ 和 Al^{3+} 解离出来，所以土壤的水解性酸度一般高于交换性酸度。

$$CH_3COONa + H_2O \longrightarrow CH_3COOH + NaOH$$
$$[土壤胶体] H^+ + CH_3COOH + NaOH \longrightarrow [土壤胶体] Na^+ + H_2O + CH_3COOH$$
$$[土壤胶体] Al^{3+} + 3NaOH + CH_3COOH \longrightarrow [土壤胶体] Na^+ + Al(HO)_3 + CH_3COOH$$

改变土壤的酸度，必须中和土壤的总酸量，其中潜在酸是最主要的，通常用水解性酸度代表土壤的总酸量，改良酸性土施用石灰的量一般以水解性酸度作为计算依据。

土壤中的潜在酸比活性酸要大得多，但两者是处于一个平衡系统中的两种酸度。活性酸是土壤酸性的强度指标，而潜在酸则是土壤酸性的容量指标，两者可以相互转化，潜在酸被交换出来即成为活性酸，活性酸被胶体吸附就转化为潜在酸。

2.1.2　土壤碱性

2.1.2.1　土壤碱性的来源

土壤碱性反应一是由于土壤中有弱酸强碱的水解性盐类存在，其中最主要的是碳酸根和重碳酸根的碱金属（Na、K）及碱土金属（Ca、Mg）的盐类存在，它们水解后均呈强碱反应。二是当土壤胶体上交换性钠离子和钙离子的饱和度增加到一定程度时，引起钠离子的交换水解作用，而使土壤溶液呈碱性反应。

$$[土壤胶体]Na^+ + H_2O \longrightarrow [土壤胶体]H^+ + NaOH$$

不同盐类对土壤碱性大小的影响不同。在石灰性土壤中，因含有大量的碳酸钙，水解后产生OH^-，但其溶解度小，使土壤呈弱碱性反应。故一般石灰性土壤的pH值不高，多为7.5~8.0，最高达8.5左右。

$$CaCO_3 + 2H_2O \longrightarrow Ca(HCO_3)_2 + Ca(OH)_2$$
$$Ca(HCO_3)_2 + 2H_2O \longrightarrow 2H_2CO_3 + Ca(OH)_2$$

土壤中含有碳酸钠、碳酸氢钠等盐类时，其水解能力强，可使土壤的pH值高达8.5以上。

$$Na_2CO_3 + 2H_2O \longrightarrow H_2CO_3 + 2NaOH$$
$$NaHCO_3 + H_2O \longrightarrow H_2CO_3 + NaOH$$

2.1.2.2 土壤碱性的表示方法

土壤碱性除用pH值表示外，常用总碱度和碱化度来表示。

1. 总碱度

总碱度是指土壤溶液或灌溉水中碳酸根和重碳酸根的总量，用中和滴定法测定，是土壤碱度的容量指标，常以百克土壤中该物质的量来表示。

我国碱化土壤的总碱度占阴离子总量的50%以上，高的可达90%。总碱度一定程度上反映土壤和水质的碱性程度，故可作为土壤碱化程度分级的指标之一。

2. 碱化度

碱化度是指土壤胶体吸附的交换性钠离子占阳离子交换量的百分数，也称为土壤钠饱和度、钠碱化度、钠化率或交换性钠百分率。

$$碱化度(\%) = (交换性钠/阳离子交换量) \times 100\%$$

当土壤碱化度达到一定程度，可溶盐含量较低时，土壤就呈极强的碱性反应，pH值大于8.5甚至超过10.0。这种土壤土粒高度分散，湿时泥泞，干时硬结，结构板结，耕性极差。土壤理化性质上发生的这些恶劣变化，称为土壤的"碱化作用"。

土壤碱化度常被用来作为碱土分类及碱化土壤改良利用的指标和依据，见表2-2。

表2-2　　　　　　　　　　碱化土的划分标准

碱化程度	非碱化土	轻度碱化土	中度碱化土	强碱化土	碱土
钠化率（%）	<5	5~10	10~15	15~20	>20

（资料来源：朱祖祥主编《土壤学》）

2.1.3 土壤酸碱反应与土壤肥力和作物生长的关系

2.1.3.1 土壤酸碱反应与土壤养分的有效性

pH值对土壤养分的有效度影响明显，如图2-1所示。在中性偏碱条件下，N、Ca、Mg、K、S、Mo的有效性相对大；在中性条件下（pH值为6.5~7.5），P、B的有效性相对大；在酸性条件下（pH值<6.5），Fe、Mn、Cu、Zn、Co的有效性相对大。

2.1.3.2 土壤酸碱反应与土壤微生物活性

微生物在有机质转化中,尤其是N、P、S及其他灰分元素的分解与转化中起着重要作用。土壤酸碱反应影响土壤微生物的区系和分布。不同的微生物,适宜活动的pH值范围不同。土壤细菌和放线菌,均适于中性和微碱性环境,氨化作用适宜的pH值范围为6.5～7.5,硝化作用为6.5～8.0,固氮作用为6.5～7.8。真菌最适宜在酸性条件下活动。土壤pH值不同,微生物的数量、种类有差异,进而影响到土壤养分的转化和土壤肥力水平。

2.1.3.3 土壤酸碱反应与植物及农作物生长的关系

一般高等植物或农作物对土壤酸碱性的适应范围都较广,但有些植物只在某一定的酸碱范围内生长,这些植物能对土壤酸碱性起指示作用,被称为土壤酸碱性的

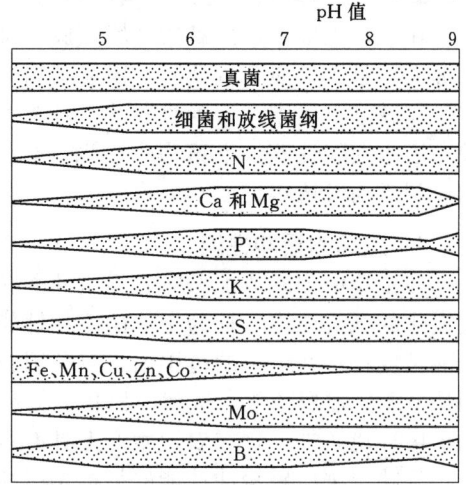

图2-1 土壤pH值与植物养料有效性及微生物活性的关系

(图中各条带的宽度,是指在不同pH值时各种元素的相对有效程度和微生物活性的相对程度,均没有绝对数量的含义)

"指示植物"。如茶树、杜鹃花、柑橘等只能在酸性土壤中生长,称为酸性土的指示植物;盐蒿、碱蓬等是盐碱土的指示植物;钙质土的指示植物有甘草、蒺藜等。表2-3是一些主要植物所适宜的pH值范围。

表2-3　　　　　　　　　　主要栽培植物适宜的pH值范围

大田作物	pH值	园艺植物	pH值	林业植物	pH值
水稻	5.0～6.5	豌豆	6.0～8.0	槐	6.0～7.0
小麦	5.5～7.5	甘蓝	6.0～7.0	松	5.0～6.0
大麦	6.5～7.8	胡萝卜	5.3～6.0	刺槐	6.0～8.0
玉米	5.5～7.5	番茄	6.0～7.0	白杨	6.0～8.0
棉花	6.0～8.0	西瓜	6.0～7.0	栎	6.0～8.0
大豆	6.0～8.0	南瓜	6.0～8.0	红松	5.0～6.0
马铃薯	4.8～6.5	桃	6.0～7.5	桑	6.0～8.0
甘薯	5.0～6.0	苹果	6.0～8.0	桦	6.0～8.0
向日葵	6.0～8.0	梨、杏	6.0～8.0	泡桐	6.0～8.0
甜菜	6.0～8.0	茶	5.0～5.5	油桐	6.0～8.0
花生	5.0～6.0	栗	5.0～6.0	榆	6.0～8.0
荞子	6.0～7.0	柑橘	5.0～6.5	侧柏	6.0～7.5
紫花苜蓿	7.0～8.0	菠萝	5.0～6.0	柽柳	6.0～8.0

(资料来源:熊顺贵《基础土壤学》)

2.1.3.4 土壤酸碱反应对土壤结构的影响

在酸性土壤中，如黏质红壤，胶体多吸附 H^+ 和 Al^{3+}，而 Ca^{2+} 易被代换出来遭到淋失。且有机质含量低时，团粒结构不易形成，造成酸性土壤易黏重板结，通透性差。在碱性土壤中，交换性钠多，土粒分散，形不成较好的土壤结构，或泥泞或僵硬，透水通气性差。土壤为中性时，Ca^{2+} 和 Mg^{2+} 得以保留，易形成较好的土壤结构，利于通气透水。

2.1.4 土壤的缓冲性能

在土壤中加酸或加碱时，土壤的酸碱反应并不因此而产生剧烈变化，这种对酸碱度变化的抵抗能力，称为土壤的缓冲性能。缓冲性能是土壤的重要性质之一。它使土壤酸碱度保持在一定的范围内，避免因施肥、根的呼吸、微生物活动、有机质分解等而使 pH 值强烈变化，这就为植物生长和土壤微生物的活动，创造了一个良好的稳定的土壤环境条件，这在农业生产上具有重要意义。

反映土壤酸碱缓冲性能的指标是缓冲容量，是指使土壤溶液的 pH 值改变一个单位所需要加入的酸量或碱量。缓冲容量越大，即 pH 值越不易变化，缓冲能力越强。

土壤具有缓冲性能的主要原因有以下几点。

1. 土壤胶体的代换性能

一般情况下，土壤胶体上吸附许多盐基离子，通过离子交换作用，可将土壤溶液中的活性酸转化成潜在酸。土壤胶体上吸收的盐基离子多，则土壤对酸的缓冲能力强。

$$[土壤胶体]M^+ + H^+ \longleftrightarrow [土壤胶体]H^+ + M^+$$

M 代表盐基离子，主要是 Ca^{2+}、Mg^{2+}、K^+ 等。

当土壤胶体上吸附的阳离子主要为氢离子时，对碱的缓冲能力强。

$$[土壤胶体]H^+ + MOH \longleftrightarrow [土壤胶体]M^+ + H_2O$$

2. 土壤中有多种弱酸及其盐类

土壤中存在的弱酸有碳酸、重碳酸、硅酸和各种有机酸。这些弱酸及其盐类等，对酸或碱具有缓冲能力。

$$H_2CO_3 + Ca(OH)_2 \longleftrightarrow CaCO_3 + 2H_2O$$
$$Na_2CO_3 + 2HCl \longleftrightarrow H_2CO_3 + 2NaCl$$

3. 两性有机及无机物质

蛋白质、腐殖质及氨基酸等是两性化合物，其中的氨基可中和酸，羧基可中和碱。它们对酸碱均有缓冲能力。

$$\underset{NH_2}{R-CH-COOH} + HCl = \underset{NH_3Cl}{R-CH-COOH} \text{（氨基酸氯化铵盐）}$$

$$\underset{NH_2}{R-CH-COOH} + NaOH = \underset{NH_2}{R-CH-COONa} + H_2O \text{（氨基酸钠）}$$

4. 酸性土壤中的铝离子

在 pH 值小于 4.0 的酸性土壤中常存在大量的铝离子，其中土壤溶液中的铝离子，常与 6 个水分子结合成 $Al(H_2O)_6^{3+}$ 形态存在。当外来碱进入土壤溶液时，就会有一两个水分子解离出 H^+，来缓冲 OH^- 基。当土壤溶液的 pH 值上升到超过 5.0 时，铝离子形成 $Al(OH)_3$ 沉淀，失去了对碱的缓冲能力。

2.1.5 土壤酸碱性的调节

对于不适宜作物生长的过酸或过碱的土壤，采取适当的调节改良措施是十分必要的。

2.1.5.1 酸性土的改良

酸性土通常以施用石灰或石灰粉来改良。沿海地区的蚌壳灰以及草木灰中和酸性土的效果也很好。

石灰与酸性土壤胶体的作用如下

$$[土壤胶体]-2H^+ + Ca(OH)_2 \longleftrightarrow [土壤胶体]-Ca^{2+} + H_2O$$

如果胶粒吸附的是铝离子，则

$$[土壤胶体]-2Al^{3+} + 3Ca(OH)_2 \longleftrightarrow [土壤胶体]-3Ca^{2+} + 2Al(OH)_3$$

施用石灰可中和土壤酸度，促进微生物的活动。此外，还为土壤增加了钙，有利于改善土壤结构，减少磷的固定，提高磷的有效性。

2.1.5.2 碱性土的改良

碱性土通常采用施用石膏、硫磺、明矾、硫酸铁、有机肥料等方法进行改良。

（1）施用石膏。用钙将土壤胶体上的钠代换下来，并随水排出，从而降低土壤的 pH 值，改善土壤的理化性状。

$$[土壤胶体]-2Na^+ + CaSO_4 \longleftrightarrow [土壤胶体]-Ca^{2+} + Na_2SO_4（淋洗排出）$$

（2）施用硫磺、硫酸铁、明矾等。硫磺、硫酸铁在土壤中可被氧化，生成硫酸；明矾在土壤中水解后也产生硫酸，硫酸能中和碳酸钠或胶体上钠离子造成的碱性。

（3）施用有机肥料。利用有机肥分解时释放出的大量二氧化碳、有机酸降低土壤 pH 值。

2.2 土壤交换吸收性能

土壤具有保肥性和供肥性能（即土壤中养分得以保存、积累以及不断供给作物生长所需养分的能力），其机制在于土壤中普遍存在的胶体现象。土壤胶体是土壤中最活跃的物质，它具有带电性，能对土壤溶液中的各种离子进行吸附和交换。土壤的交换吸收性能是土壤的重要化学性质之一。

2.2.1 土壤胶体

2.2.1.1 土壤胶体的种类

土壤胶体通常是指颗粒直径在 1～100nm（在长、宽、高三个方向，至少有一个方向在此范围内）的固态颗粒。土壤胶体按成分和来源可分为无机胶体、有机胶体和有机无机复合胶体三种。

1. 无机胶体

无机胶体又称矿质胶体。主要是原生矿物在风化和成土过程中产生的次生矿物，包括层状硅酸盐类的黏土矿物（如高岭石类、蒙脱石类、蛭石类和水云母类等）和铁、铝、硅等的氧化物及其水合物类的黏土矿物（如三水铝石 $Al_2O_3 \cdot 3H_2O$ 等）。其中黏土矿物是组成土壤无机胶体的主要成分。

2. 有机胶体

土壤有机胶体主要是腐殖质（胡敏酸、富里酸等），它含有多种功能团，如羧基（—COOH）、羟基（—OH）、甲氧基（—OCH$_3$）等，解离后所带电量也大，一般带负电，对土壤胶体电荷影响很大。但有机胶体易受微生物的作用而分解，不如无机胶体稳定，因而要经常通过施用有机肥来补充。

3. 有机无机复合胶体

土壤中的无机（矿质）胶体和有机胶体很少单独存在，因为土壤腐殖质中的活性功能团能与矿质黏土表面的活性原子团或化学键产生物理的、化学的或物理化学的作用而将两者结合在一起，形成稳定性不等和性质不同的有机无机复合胶体。因此，土壤中有 50%~90% 的有机胶体与无机胶体结合。

有机无机复合胶体的结合过程与机制比较复杂，主要的结合方式有下列几种：

（1）有机无机胶体通过钙结合。通过 Ca^{2+} 结合的有机无机复合胶体与水稳性结构的形成有关，对土壤肥力起着良好的作用。

（2）有机胶体与铁、铝的结合。胡敏酸与 Fe^{3+}、Al^{3+} 结合，形成铁或铝胡敏酸化合物，也可与铁、铝氧化物黏粒结合形成凝胶。在高温多雨和冷湿地区的土壤中，有机胶体与铁、铝的结合对土壤结构的稳定性有很大的意义。

（3）有机胶体与无机胶体的直接结合。有机、无机胶体之间可通过离子吸附、分子吸附、氢键、极性化合物的定向排列而结合。有机胶体可直接渗入黏粒矿物的晶层或包围整个晶体的外部。新形成的腐殖质也可把矿质胶体包围起来，经过高温、干燥、冷冻或氧化作用之后，即可形成一层胶膜。

土壤有机无机复合胶体的存在，有利于土壤团粒结构的形成，改善土壤理化性质及水、肥、气、热状况。此外，还可对有机化合物产生保护作用，以免受生物的破坏。

2.2.1.2 土壤胶体的性质

1. 具有巨大的表面积

土壤胶体的总表面积包括外表面和内表面。外表面指黏土矿物、氧化物和腐殖质胶体暴露在外的表面；内表面指蒙脱石类膨胀型黏土矿物层间的表面。比表面积是指单位重量或单位体积土壤胶体所拥有的表面积。比表面积更能反映胶体的表面性质。

当物质由粗粒分割为细粒时，它的总表面积和比表面积将随其颗粒不断变细而迅速增加。以球形颗粒为例（表 2-4），可以看出，粗砂粒和细黏粒总表面积相差达 1000 倍，土壤中很多黏粒矿物的粒径比 0.0001cm 还小，其总表面积相差可达 10000 倍以上。

一定重量或一定体积的物体，土壤越细，胶体颗粒越多，表面积越大，表面能也越大，吸附能力也越强。

表 2-4　　　　　　　　　球体大小与总表面积的关系

球体直径 (cm)	相当的土壤粒级*	总表面积 (cm^2)	球体直径 (cm)	相当的土壤粒级*	总表面积 (cm^2)
1	粗砾	3.14	0.002	细粉粒	1570.80
0.1	粗砂粒	31.42	0.0002	粗黏粒	15708.00
0.05	细砂粒	62.83	0.0001	细黏粒	31416.00
0.01	粗粉粒	324.16			

* 粒级名称按《中国土壤》(第二版)有关标准作相应改变。　　　　(资料来源:《土壤学》北方本,1983)

2. 土壤胶体的带电性

所有土壤胶体都带有电荷。土壤胶体一般带负电荷,但在某些情况下也会带正电荷。胶体的种类不同,产生电荷的机制也不一样。

(1) 电荷的种类和来源。根据电荷产生的机制不同,可将其分为永久电荷和可变电荷。

1) 永久电荷。在黏粒矿物形成时,晶格内发生同晶置换作用而产生的电荷。同晶置换作用,是指黏土矿物在形成过程中,矿物晶格中的离子(硅氧片或水铝片中的配位中心离子)被半径相近而原子价不同的其他离子所替代,而不破坏其晶形构造。例如硅氧片的 Si^{4+} 被 Al^{3+} 所取代,水铝片中的 Al^{3+} 被 Mg^{2+} 所取代,使矿物晶体电性产生剩余负电荷。由于同晶置换作用是在黏粒矿物形成过程中产生在黏粒晶格内部,所以这种电荷一旦产生后就不会改变,它不再随液相介质 pH 值的变化而变化,因此称为永久电荷。

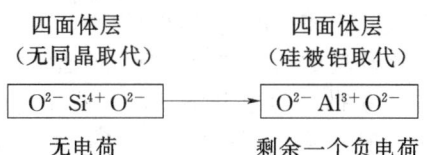

2) 可变电荷。是指电荷形成后不是永久不变的,即它的数量和性质随着介质的 pH 值而改变。产生可变电荷的主要原因是胶核表面分子或原子团的解离。如含水氧化硅 (H_2SiO_3) 胶体外层的硅酸分子解离出 H^+,而 $HSiO_3^-$ 和 SiO_3^{2-} 则留在胶体表面而使其带负电荷。

含水氧化硅胶体表面分子的解离,与介质的 pH 值有密切关系。土壤溶液越偏碱性,它的解离度越大,所带的负电荷越多,即胶体带电荷的数量随介质的 pH 值增高而增多。

土壤中也有一些两性胶体,如含水氧化铁和含水氧化铝胶体,在酸性条件下,胶体表面解离出 OH^-,从而使胶体带正电荷。pH 值越低,所带正电荷数量越多。而在碱性条件下则又可带负电荷。

通常将解离出 H^+ 而带负电荷的胶体,称为酸胶体。把解离出 OH^- 而带正电荷的胶体称为碱胶体。一般情况下,土壤中的酸胶体多于碱胶体,故土壤胶体经常带有负电荷。

晶格断裂也是产生可变电荷的原因之一。矿物在风化过程中由于晶体的晶格破裂，使晶体边角上的断键增加而产生游离电荷。一般认为，晶格断裂是引起高岭石带电的主要原因。腐殖质胶体也常发生碳键断裂，从而产生剩余负电荷。晶格破裂断键产生游离电荷的数量，随矿物的破碎程度而增加。

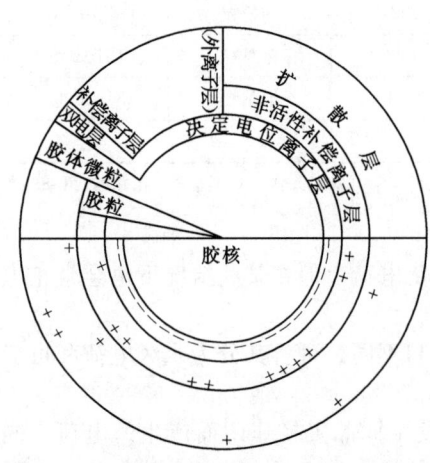

图 2-2 土壤胶体微粒构造示意图

(2) 土壤胶体的双电层构造。土壤胶体分散在电解质溶液中，构成胶体分散体系，它包括胶粒和粒间溶液两大部分。胶体的构造如图 2-2 所示。胶粒由以下几个部分构成。

1) 胶核（微粒核）。在胶体微粒的内部，是胶粒的基本部分，主要由黏粒矿物、氧化铁、氧化铝、二氧化硅、铝硅酸盐、腐殖质等分子组成。表层土壤多以有机无机复合胶体的形式为主，下层土壤以无机矿物为主。

2) 双电层。胶核外围为双电层，由核表面一层分子的解离引起，形成符号相反而电量相等的两层电荷，称双电层。包括：

a. 决定电位离子层。固定在核表面而决定胶粒的电荷符号和电位大小的一层离子，也称双电层内层。它决定着土壤的交换吸附性能。土壤胶体决定电位离子层一般带负电。

b. 补偿离子层。胶核表面的决定电位离子层解离带电，产生静电引力，吸附微粒间溶液中带相反电荷的离子，形成补偿离子层，又称双电层外层。其中，距离近的受静电引力大，离子活动性小，只能随胶核移动，称非活性补偿离子层，与胶核及决定电位离子层共同构成胶粒。距离远的受静电引力小，离子活动性大，疏散分布，称扩散层。扩散层可以与周围环境的离子进行交换，即通常所说的离子交换作用，易被植物吸收利用。胶体微粒由扩散层过渡到溶液，其所显示的电位，由扩散层电位决定。因土壤胶体多带负电，补偿离子层多是阳离子，因而土壤中以阳离子交换作用为主。

3. 土壤胶体的凝聚性与分散性

土壤胶体分散在土壤溶液中，由于胶粒有一定的电动电位（是指胶体固相表面液体不活动层与扩散层之间分界面上的电位），有一定厚度的扩散层相隔，而使之能均匀分散呈溶胶态，这就是胶体的分散性。当加入电解质时，胶粒的电动电位降低趋近零，扩散层减薄进而消失，使胶粒相聚成团，此时由溶胶转变为凝胶，这就是胶体的凝聚性。胶体的凝聚性有助于土壤结构的形成。

胶体的分散和凝聚主要与加入的电解质种类和浓度有关。不同的电解质使胶体呈现不同的电动电位，一般是一价离子＞二价离子＞三价离子。电动电位大的离子，分散性强，凝聚性弱；反之，则分散性弱，凝聚性强。实践证明，含 Na^+ 过多的土壤胶体经常处于分散状态，而 Ca^{2+} 饱和的土壤，一般结构性较好。因此在农业中常用钙作凝聚剂。例如，在我国南方一些烂泥田，土粒分散呈溶胶态，施用石膏或石灰后会使稀泥下沉，促使秧苗扎根返青。另外，电解质浓度增大，也可降低电动电位，使扩散层减薄，有利于转化为凝胶。例如，农业生产上常用烤田、晒垡、排水等措施增加土壤溶液中电解质的浓度，以促进土壤胶体的凝聚，改善土壤的结构。

一般讲，一价阳离子如 K^+、Na^+、NH_4^+ 等引起的凝聚是可逆的，当这些电解质浓度降低后，凝胶又转变为溶胶。因此，由这类物质形成的团聚体是不稳定的。由 Ca^{2+}、Fe^{3+} 等二、三价离子引起的凝聚作用，一般是不可逆的，可形成稳定性强的团聚体。

2.2.2 土壤交换吸附性能

土壤交换吸附性能是指分子或离子在固相表面的富集过程。它是土壤的重要特性，对于土壤的形成和发展、土壤水分状态、植物营养与土壤肥力等，均起着极为重要的作用。

按照吸附机理，交换性吸附是土壤吸附性能的主要类型，是土壤胶体所特有的物理化学作用。土壤胶体扩散层中的离子与土壤溶液中的离子进行交换，保持一定的动态平衡。植物吸收的养分，绝大多数都是离子态的，如 K^+、Ca^{2+}、Mg^{2+}、NH_4^+、$H_2PO_4^-$ 等。施入土壤中的有机肥料一般要转化成离子态，一部分为植物吸收利用，一部分为此种作用所保持，供植物长期吸收利用。这是土壤保持植物养分的主要方式，对土壤保肥、供肥等都有极其重要的意义。

2.2.2.1 土壤对阳离子的吸附与交换作用

由于土壤胶体一般是带负电荷的，静电引力使阳离子集中在胶体表面及附近，与扩散层以外溶液离子浓度产生差异。阳离子交换作用，就是带负电荷的土壤胶体表面所吸收的阳离子与土壤溶液中的阳离子相互交换的作用。

1. 土壤阳离子交换作用的特征

(1) 阳离子交换是一个可逆反应。土壤胶体与土壤溶液间的离子平衡关系是相对的，可逆。当溶液中的离子组成或浓度发生改变时，胶体上的交换性离子和溶液中的离子就要产生逆向交换，已被胶体表面吸附的离子重新归还到溶液中，直至建立起新的平衡。农业生产中利用这一原理，可通过施肥等措施来调节供肥和保肥之间的矛盾，保证作物的正常生长。

(2) 阳离子交换遵循等价离子交换的原则。交换反应是等量电荷对等量电荷的反应。例如，一个二价的钙离子可以交换两个一价的钾离子。同样，1mol 的 Fe^{3+} 离子需要 3mol 的 H^+ 或 Na^+ 离子来交换。

(3) 阳离子交换受质量作用定律支配。在一定温度下，对于任何一个阳离子交换反应，根据质量作用定律有

$$K=\frac{[产物1][产物2]}{[反应物1][反应物2]} \quad (K 为平衡常数)$$

根据这一原理，离子价数较低、交换能力较弱的离子，如果提高其浓度，可以交换出离子价数较高、吸附力强的离子。这对于保持土壤阳离子养分具有重要意义。如施用铵态氮肥，增加 NH_4^+ 离子浓度，可把土壤胶体表面吸附态 Ca^{2+} 离子代换出来，而将 NH_4^+ 保存在胶粒表面，不至随水流失。

2. 土壤阳离子交换能力

一种阳离子把其他阳离子从胶体颗粒上交换出来的能力，称为阳离子交换能力。土壤中常见的阳离子交换能力顺序如下：$Fe^{3+}>Al^{3+}>H^+>Ca^{2+}>Mg^{2+}>K^+>$

$NH_4^+ > Na^+$。

3. 土壤阳离子交换量与盐基饱和度

(1) 土壤阳离子交换量 (CEC)。土壤阳离子交换量是指在中性条件下每千克干土所能吸附的全部交换性阳离子的厘摩尔数，以 cmol（＋）/kg 表示。阳离子交换量与土壤胶体的比表面积和表面电荷有关，可表示为

$$CEC = S\delta$$

式中：S 是胶体的比表面；δ 为表面电荷密度。

阳离子交换量大的土壤，其吸肥、保肥和供肥能力强。一般认为 CEC 大于 20cmol（＋）/kg 为保肥力高的土壤；CEC 在 10～20cmol（＋）/kg 之间为保肥力中等的土壤；$CEC<10$ cmol（＋）/kg 为保肥力弱的土壤。影响土壤阳离子交换量大小的因素主要有三个：①土壤质地。质地越黏重，土壤胶体数量越多，所带的负电荷量越多，土壤阳离子交换量越大。②土壤胶体的类型。不同黏粒矿物阳离子代换量顺序为：有机胶体＞蛭石＞蒙脱石＞伊利石＞高岭石＞含水氧化铁、铝。③土壤的 pH 值。pH 值增加，土壤的可变负电荷增加，吸附的阳离子数量也增加。

我国土壤的阳离子交换量有由南向北，由东向西呈逐渐增加的趋势。南北差异的原因主要是由于黏土矿物的组成不同所致，东西的差异与土壤质地有关。北方土壤以蒙脱石、伊利石为主，阳离子交换量大，在 20cmol（＋）/kg 以上。南方红壤以高岭石、含水氧化铁铝为主，阳离子交换量小，一般在 20cmol（＋）/kg 以下。

(2) 盐基饱和度。土壤胶体上吸附的阳离子分两类：一类是致酸离子，包括 H^+ 和 Al^{3+}；另一类是盐基离子，如 Ca^{2+}、Mg^{2+}、K^+、NH_4^+、Na^+ 等。盐基饱和度是指土壤的交换性盐基离子占阳离子交换量的百分数。

盐基离子基本上都是植物需要的养分，土壤盐基饱和度越高，盐基离子的有效性也越高，所以盐基饱和度是反映土壤肥力水平的重要指标之一。一般认为，盐基饱和度大于 80% 的土壤是肥沃的土壤，在 50%～80% 之间的是肥力中等的土壤，而饱和度低于 50% 的是肥力低的土壤。盐基近饱和的土壤常为中性或碱性，盐基饱和度低的土壤则为酸性。

我国土壤的盐基饱和度有由北向南逐渐减小的趋势。北方土壤由于干旱少雨，盐基淋溶少，盐基饱和度较大，养分丰富，酸性弱，pH 值较高；南方红壤由于高温多雨，盐基淋溶多，盐基饱和度较小，养分缺乏，酸性强，pH 值较低。

由此可见，土壤阳离子交换量和盐基饱和度是土壤保肥、供肥和稳肥的两个重要指标。

2.2.2.2 土壤对阴离子的吸附与交换作用

土壤胶体一般带负电，具有对阳离子的交换吸收作用。但在某些条件下，土壤胶体也可带正电荷，如含水氧化铁、铝等两性胶体在酸性条件下带正电荷，产生对阴离子的交换吸收作用。一般来说，阴离子交换作用比阳离子交换作用要弱得多。

根据阴离子在土壤中吸附能力的大小，可将它们分为以下三类。

1. 易被吸附的阴离子

如磷酸根离子（$H_2PO_4^-$、HPO_4^{2-}、PO_4^{3-}）、硅酸根离子（$HsiO_3^-$、SiO_3^{2-}）及一些有机酸根。这类阴离子常和阳离子起化学反应，形成难溶性化合物。

2. 极少吸附的阴离子

如氯离子（Cl^-）、硝酸根（NO_3^-）、亚硝酸根（NO_2^-）。

3. 介于两者之间的离子

如硫酸根（SO_4^{2-}）、碳酸根（CO_3^{2-}）。

土壤中各种阴离子代换力顺序如下：草酸根离子＞柠檬酸根离子＞磷酸根离子＞硫酸根离子＞氯离子＞硝酸根离子。可见，磷酸根离子易被吸附，导致土壤中磷的有效性降低；土壤对硝酸根离子的吸附力最弱，容易发生流失。根据阴离子吸收的特点，在施肥时宜采取相应措施，磷肥施用防止固定，硝酸态氮肥施用防止流失。

2.3 土 壤 养 分

对于大多数植物来说，当前公认的必需元素有16种：碳、氢、氧、氮、磷、钾、钙、镁、硫、氯、铁、硼、锰、锌、铜、钼。根据必需元素在植物体内质量分数的多少，一般将它们分为大量营养元素和微量营养元素。大量营养元素的质量分数在0.1%（占干重）以上，有碳、氢、氧、氮、磷、钾、钙、镁、硫9种元素；微量营养元素的质量分数在0.1%以下，有的只有0.1μg/g，它们是氯、铁、硼、锰、锌、铜、钼。在植物必需营养元素中，碳、氢、氧主要由大气和水提供，其他元素主要依靠土壤提供，把依靠土壤提供的营养元素称为土壤养分。

在16种必需营养元素中，大量元素或微量元素在植物生长发育过程中所起的作用是同等重要，不可被其他元素代替的。

2.3.1 土壤大量元素

2.3.1.1 土壤氮素

氮是植物需求量最多、质量分数最高的营养元素之一。我国耕地土壤中的全氮质量分数多数在0.05%～0.1%之间。

1. 土壤中氮素的来源

土壤中的氮素并非来源于土壤矿物，因为绝大多数岩石、矿物中不含氮素。在自然土壤中，氮素主要来源于土壤中固氮微生物所固定的氮素，其次是自然降水带入土壤中的铵盐和硝酸盐，以及地下水上升带给上层土壤的氮素；对于耕作土壤，氮素主要来源于人工施入的氮肥与有机肥料，另外，灌溉水中也含有一定量的硝态氮。

2. 土壤中氮素的形态

土壤中的氮素形态可分为有机态氮和无机态氮两大类。

（1）无机态氮。又称为矿质态氮，主要以NH_4^+—N、NO_3^-—N和NO_2^-—N的形式存在。一般无机态氮只占全氮的1%～2%。

（2）有机态氮。是土壤氮素存在的主要形态，一般占全氮量的95%以上。根据有机氮的水溶性和水解性的难易程度，将有机态氮分为：

1）水溶性有机态氮。主要是一些简单的氨基酸、酰胺等，它们在土壤溶液中很容易水解释放出氨或直接被植物吸收利用，是植物速效氮的重要来源，但其含量一般不超过全氮量的5%。

2) 水解性有机态氮。是指在酸、碱或酶的作用下，可水解转化成植物可吸收利用的氮素，如蛋白质、多肽、氨基酸类和核酸等，它们是土壤有效氮的直接来源。

3) 非水解性有机态氮。主要包括胡敏酸、富里酸及其他杂环化合物中所含的氮，一般占有机态氮的50%左右。这些物质性质稳定，难以被分解，属于植物难以利用甚至无效的有机态氮。

土壤全氮量是衡量土壤氮素供应的重要指标。现在常用测定土壤水解性氮含量，来确定土壤中近期可被植物利用的有效性氮。

3. 土壤中氮素的转化

土壤中存在的有机态氮、铵态氮、硝态氮等，在物理、化学和生物因素的作用下，可以相互转化，主要表现为以下几个方面。

(1) 有机态氮的矿化。在微生物的作用下，土壤中含氮的有机化合物分解成无机态氮NH_3或NH_4^+的过程，称为有机态氮矿化作用。例如蛋白质的矿化过程为

$$蛋白质 \xrightarrow{蛋白酶} 多肽 \xrightarrow{肽酶} 氨基酸、酰胺、胺等 \longrightarrow RCHOHCOOH + NH_3$$

影响矿化作用强度和速度的因素有土壤通气条件、温度、湿度、pH值和C/N等。在土壤温度为20~30℃，土壤湿度为田间持水量的60%~80%，土壤反应为中性，C/N等于或小于25∶1时，土壤有机氮的矿化作用最为旺盛，有机质分解释放氨。

(2) 硝化作用。在通气良好的条件下，氨（铵）在土壤中经微生物的作用，最后可生成硝态氮。这个由铵转化成硝态氮的过程称为硝化作用。参与硝化作用的细菌有亚硝化细菌和硝化细菌，整个过程分两步进行：第一步在亚硝化细菌的作用下，将铵转化成亚硝态氮（称亚硝化作用）；第二步由亚硝态氮转化成硝态氮，反应在硝化细菌作用下进行。

$$2NH_4^+ + 3O_2 \xrightarrow[6e^-]{亚硝化细菌} 2NO_2^- + 2H_2O + 4H^+ + 热量$$

$$2NO_2^- + O_2 \xrightarrow[2e^-]{硝化细菌} 2NO_3^- + 热量$$

在整个硝化过程中，亚硝化作用和硝化作用相互衔接，因此，一般土壤中很少有亚硝态氮的积累。

(3) 土壤无机氮的损失。

1) 氨的挥发损失。氨的挥发是指氨从土壤表层释放到大气的过程。土壤中的NH_4^+在土壤溶液中存在着与NH_3之间的动态平衡，即

$$NH_4^+ + OH^- \Longleftrightarrow NH_3 + H_2O$$

上述平衡点受pH值和NH_4^+浓度的影响。据研究表明，当pH值小于6时，几乎所有的氨被质子化，以NH_4^+形态存在，氨挥发损失少。增加土壤溶液中NH_4^+浓度及较高的土壤pH值都会使平衡体系中NH_3的分压增大，从而增加NH_3的挥发损失。

我国北方大部分土壤含有较多的碳酸钙，pH值高，土壤氮素的挥发损失是个突出的问题。试验表明，在石灰性土壤上，硫酸铵撒于表土，在6~9天内氨的挥发损失量可达7.5%~12.9%。土壤碱性越强，质地越粗，阳离子交换量低以及风大气温

高，氨的挥发损失也越严重。

2）反硝化作用。在通气不良条件下，由于反硝化细菌的作用，土壤中硝态氮还原产生气态氮化物 N_2O 或 N_2 的反应称反硝化作用。其反应过程如下

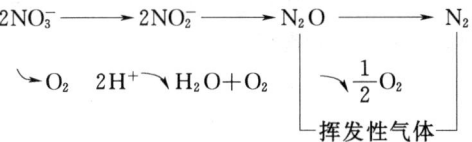

不同土壤条件下生物反硝化速率不同。土壤水分过多的嫌气条件，反硝化作用强烈。水田反硝化氮素的损失可达氮肥用量的 30%～50%。在旱地土壤中，虽说通气条件较好，也会出现局部的嫌气情况而产生反硝化作用。因此，在农业生产上，应采取合理措施，对土壤中的氮素状况进行管理调节，保持土壤应用的通气性，控制有效氮的供应速度，抑制反硝化作用的进行。

3）硝酸盐的淋失。NO_3^- 和 NO_2^- 不能被带负电荷的土壤胶体吸附保存，故易随水流失。近年来世界性调查结果显示，在各种农业生态系统中，氮素淋失量大多为施肥量的 10%～40%。

在我国南方降雨量多，水田多，硝态氮淋失严重，因此，很少施用硝态氮肥。北方雨量不多，硝态氮的淋失较少，但应注意合理灌溉，特别是对一些氮肥用量较大的轻质砂性土壤，要防止大水漫灌，以减少硝态氮的淋失。

另外，无机态氮也可以通过一些途径被固定，但这是暂时的，在一定条件下，它们被释放出来后，又可被植物利用。

4）氮的同化作用。微生物和植物吸收由矿质化过程所生成的氨态氮、硝态氮和某些简单氨基态氮，使其转化为有机态氮。从土壤氮素循环看，微生物对速效氮的吸收同化，有利于土壤整个氮素的保存和周转。

土壤中氮的转化如图 2-3 所示。

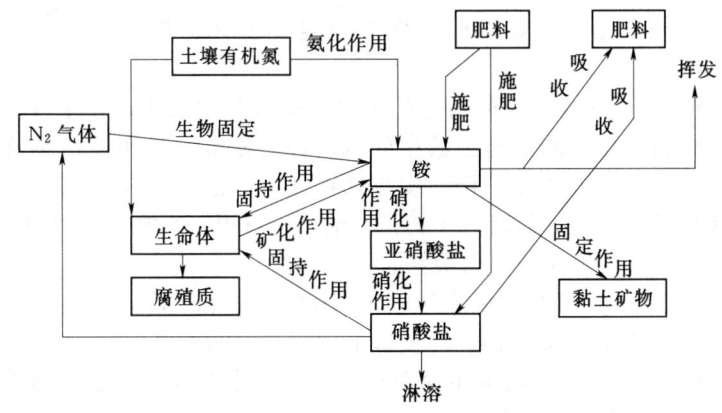

图 2-3 土壤中氮素的转化

2.3.1.2 土壤磷素

自然土壤中的磷素主要来源于成土矿物。除此之外，耕作土壤的含磷量主要受耕

作、灌溉和施肥水平等农业措施的制约,因此,即使在同一地域磷素含量的空间变异性也较大。

表示土壤磷素含量的指标有全磷量和有效磷两种。土壤中的全磷量是指土壤中所有形态磷素的总量,其中主要为迟效性磷;土壤中有效磷是指能被当季植物吸收利用的磷。土壤速效磷含量是衡量土壤磷素供应状况的较好指标,它在土壤诊断和耕作施肥方面具有重要意义。

1. 土壤中磷素的形态

土壤中磷素的形态主要分为有机态和无机态两大类。

(1) 无机态磷。其种类多,主要以正磷酸盐存在。其数量占土壤中全磷量的 $2/3 \sim 3/4$ 以上。按其溶解度可分为两大类:一类是难溶性磷酸盐,包括磷酸钙(镁)类、磷酸铁和磷酸铝类以及闭蓄态磷。北方石灰性土壤中常见的有:磷灰石 $Ca_5(PO_4)_3 \cdot F$、羟基磷灰石 $Ca_5(PO_4)_3 \cdot OH$、磷酸三钙 $Ca_3(PO_4)_2$ 和磷酸八钙 $Ca_8(PO_4)_6 \cdot 5H_2O$、磷酸十钙 $Ca_{10}(PO_4)_6 \cdot (OH)_2$;酸性土壤中常见的有:粉红磷铁矿 $Fe(OH)_2 \cdot H_2PO_4$、磷铝石 $Al(OH)_2 \cdot H_2PO_4$。该类磷酸盐溶解度很小,难以被植物利用。另一类是易溶性磷酸盐,包括水溶性和弱酸溶性磷酸盐两种。水溶性磷酸盐主要是一价磷酸的盐类,如磷酸一钙 $Ca(H_2PO_4)_2$,为速效态。此类磷酸盐易被植物吸收利用,但在土壤中存在的数量一般很少,只有百万分之几至百万分之几十。

(2) 有机态磷。一般耕作土壤中,有机磷含量占全磷量的 $25\% \sim 56\%$。土壤中有机态磷主要以磷脂类、植素类、核酸类、核蛋白类及其降解产物的形态存在。其中除少部分能被植物直接吸收利用外,大部分需经微生物作用,矿化分解,转化成无机态磷,才能被植物吸收利用。

2. 土壤中磷素的转化

土壤中磷素的转化包括难溶性磷的有效化和有效磷的固定过程。这两个过程在一定条件下可以相互转化,相互转化的速率和方向决定着土壤的供磷能力以及磷肥的有效施用。

(1) 有效磷的固定。有效磷化合物在土壤中很容易被固定。主要有以下几种形式:

1) 化学固定。由化学作用所引起的土壤中磷酸盐的转化。在中性、石灰性土壤中,水溶性及弱酸溶性磷酸盐与土壤中的水溶性钙镁盐、代换性钙镁及碳酸钙镁作用,很快生成磷酸二钙;磷酸二钙继续与钙镁作用,渐渐形成溶解度很小的磷酸八钙;最后又慢慢地生成稳定的磷酸十钙。在酸性土壤中,水溶性、弱酸溶性磷酸盐与土壤中铁、铝作用,生成难溶性磷酸铁、铝沉淀。

2) 阴离子代换固定(吸附固定)。在我国南方土壤中,无机胶体表面有较多的 OH^-,通过阴离子代换吸附作用,可使磷酸固定在胶体表面。

3) 生物固定。土壤微生物的生命活动也需要磷素营养,被微生物吸收固定在其体内的磷素只是暂时失去了有效性,待微生物死亡,通过分解,仍能释放出来供植物吸收利用。

4) 闭蓄态固定。是指磷酸盐被溶解度很小的无定形铁、铝、钙等胶膜所包被的过程。

(2) 有机磷的有效化。土壤中绝大多数有机态含磷化合物的转化过程需经磷细菌的作用,逐步水解释放出磷酸后才能供植物吸收利用。凡影响土壤微生物活性的因素,都影响土壤中有机磷的转化速度。例如春季土温低,植物往往有缺磷症状,待天气转暖后,土壤微生物活性提高,有机磷矿化快,缺磷现象也随之消失。除温度外,湿度、pH值等因素也影响微生物的活性,进而影响有机磷的转化。在生产上,土壤的干湿交替过程可以显著地促进有机物质的矿化。

(3) 难溶性磷的有效化。土壤中难溶性磷酸盐,在一定条件下可转化成溶解度较大的磷酸盐或非闭蓄态磷,供植物吸收利用。如石灰性土壤中难溶性磷酸钙盐,可借助植物、微生物分泌的有机酸,产生 CO_2 和无机酸的作用,逐渐转化为有效度很高的磷酸盐,直至产生水溶性磷酸一钙。南方水田中,由于土壤通气性差,导致土壤还原过程强烈,使高价铁还原为低价铁,活性大增,促使土壤中的粉红磷铁矿水解,释放出磷酸,提高了磷的有效性。

2.3.1.3 土壤钾素

我国各地土壤全钾质量分数差异很大,一般在 0.5～25g/kg。由于受成土母质和黏土矿物种类等的影响,我国土壤全钾质量分数大体呈北高南低、西高东低的趋势。

1. 土壤中钾素的形态

根据土壤中钾素对植物的有效性不同,可将土壤中钾分为三大类:

(1) 无效态钾。也称矿物态钾,指的是存在于矿物晶格中或深受晶格束缚的钾,约占土壤全钾量的90%～98%。这种形态的钾,植物不能直接吸收利用,只有经过长期的风化过程后,才能变为速效性钾。

(2) 缓效态钾。也称非交换钾,是指占据黏粒层间内部位置以及某些矿物晶穴中的钾,一般占土壤全钾量的2%～8%。缓效态钾是速效态钾的储备库,在一定条件下逐渐释放出来补充速效态钾。

(3) 速效态钾。包括土壤溶液中的钾离子(水溶性钾)和土壤胶体上所吸附的可代换性钾(交换性钾)。它们易被植物吸收利用。速效态钾一般占土壤全钾量的0.1%～2%,其中90%是交换性钾,不过交换性钾与水溶性钾处于同一平衡体系中,它们可以相互转化。

2. 土壤中钾素的转化

土壤中钾素的转化包括钾的释放与钾的固定作用。

(1) 钾的释放。一般是指土壤中缓效态钾转变为速效态钾的过程。由自然因素引起,但可用人为措施来促进。通过排水措施使土壤高度脱水、灼烧以及冻融交替均能促进钾的释放。

(2) 钾的固定作用。主要是指速效态钾转变为缓效态钾的过程。当土壤速效态钾较多时,在一定条件下,如干湿交替、冻融交替等,代换性钾进入2:1型黏土矿物晶架间六角形网穴中,在一定的外力作用下,土壤干旱脱水引起收缩,K^+ 被陷入其中,暂时被固定失去被交换出来的可能性,成为缓效态钾。土壤中钾素的转化如图2-4所示。

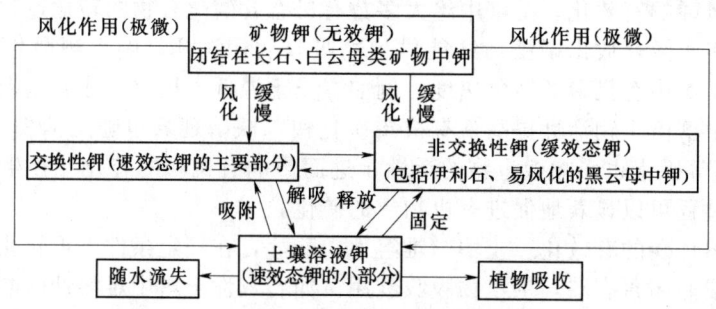

图 2-4 土壤中钾素的转化

2.3.1.4 土壤钙素

我国土壤全钙含量因成土母质、风化淋溶强度等的不同而差异明显。从我国汉中盆地北缘沿秦岭划一条通过河南省南端与淮河相接的线,此线以北的土壤均含碳酸钙(称石灰性土壤),全钙量较高,通常在 10g/kg 左右,有的达 100g/kg。其中以漠钙土和灰漠钙土含量最高。此线以南的土壤碳酸钙含量甚微,如红壤、黄壤的全钙量在 4g/kg 以下,这是高温多雨湿润地区,在漫长的风化、成土过程中,钙淋溶的结果。

1. 土壤中钙素的形态

根据土壤中钙的存在位置,将其分为矿物态钙、交换性钙和水溶性钙三种。

(1) 矿物态钙。存在于土壤矿物晶格中,不溶于水,也不易为溶液中其他阳离子所代换,一般占全钙量的 40%~90%。

(2) 交换性钙。吸附于土壤胶体表面的钙离子,通过阳离子交换作用到土壤溶液中,供植物利用。土壤中交换性钙含量很高,变幅也大,有的不足 10mg/kg,有的高达 300mg/kg。交换性钙占土壤全钙量的 5%~60%,一般在 20%~30%。pH 值对钙离子的饱和度影响很大,在酸性土壤中,钙离子饱和度低于 5%,而碱性土中则大多在 60% 以上。

(3) 水溶性钙。存在于土壤溶液中的钙离子,是土壤溶液中含量最高的离子,为镁的 2~8 倍,钾的 10 倍。

交换性钙和水溶性钙之和称为有效态钙,水溶性钙一般只占有效态钙的 2%。

2. 土壤中钙素的转化

土壤中钙素的转化,可示意如下

$$\text{矿物态} \xrightleftharpoons{\text{风化}} \text{水溶态} \xrightleftharpoons{\text{离子交换作用}} \text{交换态}$$

矿物态钙经化学风化以后,以钙离子进入土壤溶液。其中一部分为胶体所吸附称为交换态离子。进入溶液中的钙离子可能随排水而淋失或为生物所吸收,或吸附在颗粒周围,交换性钙与水溶性钙呈平衡状态,水溶性钙随交换性钙饱和度的增加而增加,也随 pH 值的升高而增加。水溶性钙因植物吸收或淋失浓度降低时,交换性钙即释放到溶液中,土壤交换性钙的释放取决于交换性钙的总量、交换性钙的饱和度、土壤黏粒的类型、吸附在黏粒上的其他阳离子性质。

2.3.1.5 土壤镁素

土壤全镁量在 1~40g/kg 之间，平均为 5g/kg，其含量主要受成土母质和风化条件等的影响。我国土壤中镁的含量有自北向南呈降低的趋势。南方热带和亚热带地区，土壤全镁含量低，平均只有 3.3g/kg。华中地区红壤的土壤镁含量，高于华南地区的砖红壤和赤红壤土壤镁含量，红壤中土壤镁含量最低，平均为 2.3g/kg，北方土壤全镁含量为 5~20g/kg。

1. 土壤中镁素的形态

（1）水溶性镁。存在于土壤溶液中的镁离子，其含量一般为每千克几毫克至几十毫克，有的高达几百毫克，在土壤溶液中含量仅次于钙。

（2）交换性镁。被土壤胶体吸附的镁，是植物可以利用的镁。交换性镁含量与土壤的阳离子交换量、盐基饱和度以及矿物性质等有关。交换量高的土壤，交换性镁亦高；交换性镁一般占交换性盐基的 10%~40%，多数在 30% 左右。

（3）非交换性镁（或称酸溶性镁、缓效性镁）。非交换性镁可作为植物能利用的潜在有效态镁，它比矿物态镁更具有实际意义，但它的成分和含义还不十分明确。非交换性镁含量占全镁量的 10% 以下。

（4）矿物态镁。存在于原生矿物和次生黏土矿物中的镁。它是土壤中镁的主要来源，占全镁量的 70%~90%。

此外，土壤中还存在少量的有机态镁，主要以非交换态存在，只占全镁量的 0.5%~2.8%。

2. 土壤中镁素的转化

土壤中各种形态镁之间的关系，可示意如下

$$矿物态 \xleftrightarrow{风化} 非交换态 \xleftrightarrow{缓慢} 交换态 \xleftrightarrow{迅速} 水溶态$$

矿物态镁在化学和物理风化作用下，逐渐发生破碎和分解，分解产物则参加土壤中各种形态镁之间的转化和平衡。交换性镁和非交换性镁之间存在着平衡关系，非交换镁可以转化释放为交换性镁，交换性镁也可以转化为非交换镁而被固定，土壤溶液中的镁和交换性镁之间也是一个平衡关系，但其平衡速度较快。水溶性镁随交换性镁和镁的饱和度的增加而增多。

土壤镁素从非交换态释放出来，成为镁的有效化过程。

2.3.1.6 土壤硫素

我国土壤全硫量大致在 100~500mg/kg 之间。雨量丰沛地区的含量要比干旱地区少，城市及工业区附近土壤含硫量往往较高。

1. 土壤中硫素的形态

硫在土壤中以无机和有机形态存在。

（1）无机硫。土壤中的无机硫按其物理和化学性质可划分为以下 4 种形态。

1）水溶态硫酸盐。溶于土壤溶液中的硫酸盐，如钾、钠、镁的硫酸盐。除干旱地区外，大多数土壤易溶硫酸盐的含量约占土壤全硫量的 25% 以下，而表土约占 10% 以下。

2）吸附态硫。吸附于土壤胶体上的硫酸盐。由于土壤硫酸盐受淋洗作用影响，常积累在表土以下，表土吸附态硫的含量通常仅占土壤全硫量的10%以下，而底土含量有时可占全硫量的1/3。

3) 与碳酸钙共沉淀的硫酸盐。在碳酸钙结晶时混入其中的硫酸盐与之共沉淀而形成，是石灰性土壤中硫的主要存在形式。

4) 硫化物。土壤在淹水情况下，由硫酸盐还原而来（如FeS），及由有机质嫌气分解而形成（如H_2S）。

(2) 有机硫。土壤中与碳结合的含硫物质。湿润地区在排水良好的非石灰性土壤上，大部分表土中的硫是有机态的，一般有机硫占全硫量的95%左右，有机硫是土壤储备的硫素营养。

2. 土壤中硫素的转化

土壤中含硫物质在生物和（或）化学作用下发生无机硫和有机硫的转化，如图2-5所示。

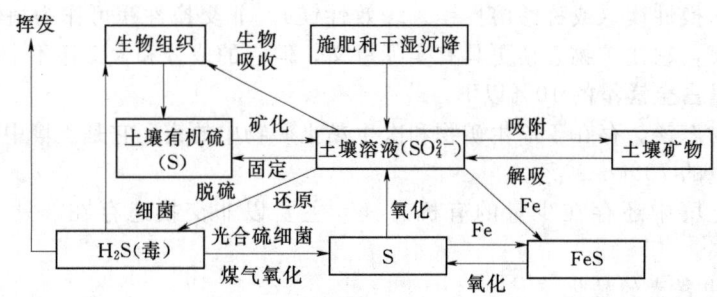

图 2-5 土壤中硫素的转化

(1) 无机硫的转化。包括硫的还原和氧化作用。

1) 无机硫的还原作用。在生物作用下硫酸盐（SO_4^{2-}）还原为H_2S的过程。

2) 无机硫的氧化作用。在硫氧化细菌作用下，生物固定还原态硫（如S，H_2S，FeS等）氧化为硫酸盐的过程。影响土壤中硫氧化作用的因子有温度、湿度、土壤反应、微生物数量等。

(2) 有机硫的转化。土壤有机硫在各种微生物作用下，经过一系列的生物化学反应，最终转化为无机（矿质）硫的过程。在好气情况下，其最终产物是硫酸盐；在嫌气条件下，则为硫化物。

2.3.2 土壤微量元素

2.3.2.1 土壤中微量元素的含量

土壤中微量元素的含量以铁最高，其次是锰、锌、铜、硼，钼含量最低（表2-5）。其主要受成土母质和土壤pH值、Eh值、土壤有机质含量及土壤质地等的影响。

2.3.2.2 土壤中微量元素的形态

土壤中微量元素的形态非常复杂，主要分为水溶态、代换态、有机结合态、矿物态等。

表 2-5　　　　　　　　土壤微量元素含量范围及主要来源

元素	我国土壤含量（mg/kg）		土壤中的矿物来源	主要有效形态
	范围	平均		
Fe	变幅很大	—	氧化物、硫化物、铁镁硅酸盐类	Fe^{3+}、Fe^{2+} 和它们的水解离子
Mn	42～3000	710	氧化物、碳酸盐、硅酸盐	Mn^{2+} 及其水解离子
Zn	<3～790	100	硫化物、氧化物、硅酸盐	Zn^{2+}
Cu	3～300	22	硫化物、碳酸盐	Cu^{2+}，$Cu(OH)^+$ 及 Cu^+
B	0～500	64	含硼硅酸盐、硼酸盐	$B(OH)_4^-$（即 $H_2BO_3^-$ 的水合离子）
Mo	0.1～6	1.7	硫化物、钼酸盐	MoO_4^{2-}，$HMoO_4^-$

1. 水溶态

通常指土壤溶液中或水浸提液中所含有的微量元素。其含量很低，每克中只有几纳克，高的也只有几微克。水溶态微量元素主要是简单的无机阳离子及其水解离子，它们可与一些小分子有机物形成络合物，也可溶解在溶液中。

2. 代换态

指吸附在土壤胶体表面而可被溶液中的离子交换下来的那部分微量元素。一般土壤中交换态微量元素含量不高，每克中少的不足 $1\mu g$，多的可达几十微克。

3. 有机结合态

指在土壤中与胡敏酸和富里酸形成络合物形式存在，微生物将有机物分解后又会释放出这类微量元素。

4. 矿物态

指存在于矿物晶格中的微量元素，其有效性受土壤 pH 值影响很大。一般在酸性条件下微量元素有效性增加，而钼则在碱性条件下易从矿物中溶解出来。

5. 与土壤中其他成分相结合、共沉淀而成为固相的一部分或被包被在新形成的固相中的微量元素

如 Fe、Mn、Cu、Zn 可以通过共沉淀或吸附作用与碳酸盐作用而被固定。土壤中的铁、锰氧化物以胶膜、锈斑、结核或颗粒间胶结物形态存在时，对微量元素的吸附作用很强，也可产生共沉淀现象，以这些形态存在的微量元素不能被水浸提或交换出来。

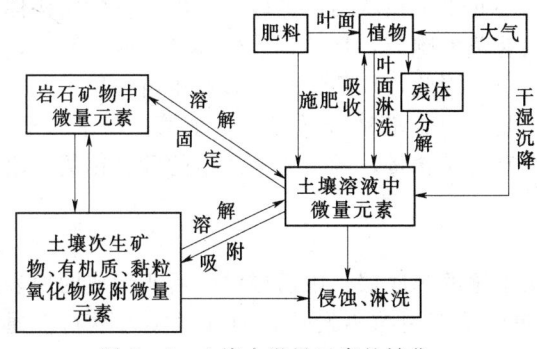

图 2-6　土壤中微量元素的转化

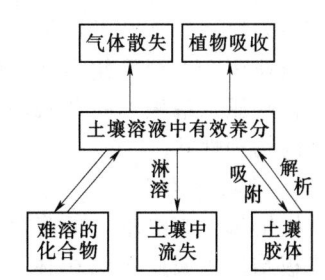

图 2-7　土壤有效养分转化概况图

2.3.2.3 土壤中微量元素的转化

微量元素在土壤中的转化，可用图 2-6 来表示。

2.3.3 土壤养分的动态平衡

根据以上各种土壤养分的转化过程，可知土壤养分各形态之间是处于一个动态平衡体系。土壤溶液中的养分是有效养分，有效养分的迁移转化概况图如图 2-7 所示。

2.4 土壤的结构性和孔隙性

自然界中的土壤固体颗粒很少以单粒形式存在。土粒在内外因素的综合作用下，相互团聚成大小、形状和性质不同的团聚体（土团、土块、土片等），这种团聚体统称为土壤结构体。这些结构体在土壤中的数量、大小、形状、性质及其排列情况及孔隙状况等综合特性通常称为土壤结构性。

土壤的结构性和孔隙性都是土壤重要的物理性质。土壤结构性的好坏，往往反映在土壤孔隙性（数量、质量）方面，结构性是孔隙性好坏的基础之一。土壤的孔隙性直接反映土壤三相物质存在状态和容积比例，对土壤水、肥、气、热、扎根条件的变化和协调，具有重要影响。

2.4.1 土壤结构体的形成与类型

2.4.1.1 土壤结构体的形成

土壤结构体的形成，大体上可分为两个阶段：第一阶段是土壤单粒在胶体凝聚、水膜黏结以及胶结作用下形成次生单粒（或微团聚体）；第二阶段是次生单粒进一步逐级黏合、胶结、团聚，同时在干湿交替、耕作及根系的穿插、挤压等外力作用下，形成结构体。

2.4.1.2 土壤结构体的类型

目前国际上尚无统一的土壤结构分类标准。按结构体的形态、大小及其对土壤肥力的影响来划分，常见的土壤结构有以下几种。

1. 块状结构体和核状结构体

两者均属于立方体型，长度、宽度及高度大体相等。块状结构体直径一般大于 3cm，而核状结构体直径较小，一般为 1~3cm。块状结构体多在黏重而缺乏有机质的表土中出现。在黏重而缺乏有机质的心底土中核状结构体较多。由于块状结构体和核状结构体之间孔隙大，易造成水分快速蒸发跑墒，且结构体内部易干燥且紧实，遇水也不易散开，不利于种子的出苗和扎根。因此，块状结构体多有压苗作用。

农业生产上消除此类结构体的方法是，可在墒情合适时进行耙糖；冬季冻土后，可进行碾压。最根本的办法是提高土壤有机质含量，调节土壤质地的砂黏比例，改善土壤的物理性状。

2. 片状结构体

横轴远大于纵轴，呈薄片状。农田土壤的犁底层，雨后或灌溉后所形成的地表结壳或板结层均属此类结构体。片状结构体垂直裂隙不发达，内部紧实，不利于通气透水。

消除片状结构体的最好办法是松土，施用有机肥，适墒中耕。

3. 柱状结构体和棱柱状结构体

纵轴大于横轴，土体直立。棱角不明显的称柱状结构体，棱角明显的称棱柱状结构体。前者常见于半干旱地带的心土层和底土层中，以碱土和碱化土层最典型；后者常见于黏重而又干湿交替的心土层和底土层中，这种结构体大小不一，紧实坚硬。其内部无效孔隙占优势，根系难伸入，通气不良，微生物活动微弱；而在结构体之间形成的大裂隙，漏水漏肥。

此种结构体可通过深耕施肥或深翻种植绿肥得以改良。

4. 团粒结构体

包括团粒和微团粒。是在腐殖质和其他外力作用下，形成的球形或近似球形疏松多孔的小土团，直径在 0.25~10mm 之间，直径小于 0.25mm 的土团称微团粒，有人将小于 0.005mm 的复合黏粒称为黏团。团粒结构一般在耕层较多，它在一定程度上标志着土壤肥力水平。

在上述几种结构体中，块状、核状、片状、柱状和棱柱状结构体按其性质、作用均属于不良结构体，不利于作物生长，生产上需要改良。团粒和微团粒都是土壤结构体中较好的类型。改良土壤结构性就是指促进团粒结构的形成。

2.4.2 土壤团粒结构

2.4.2.1 团粒结构与土壤肥力

在团粒结构发达的土壤中，具有多级孔隙。团粒之间排列疏松，接触面积较小，因而形成的孔隙较大，多为空气占据，而团粒内部则为较小的毛管孔隙（图 2-8）。这使得团粒结构多的土壤在肥力因素上有很好的协调作用。

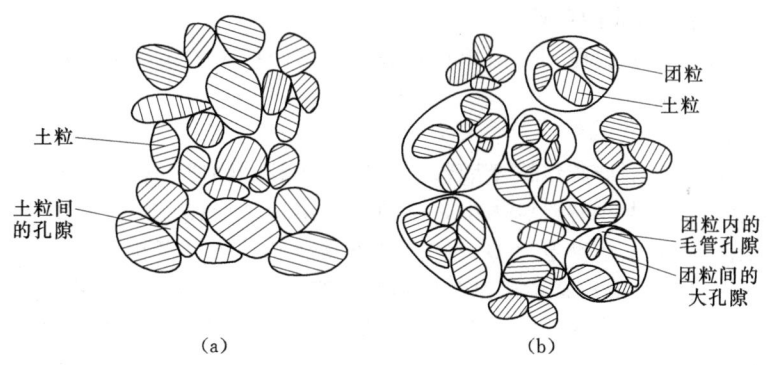

图 2-8 团粒与非团粒结构土壤中的孔隙状况
(a) 单粒结构；(b) 团粒结构

1. 能协调土壤水分和空气的矛盾

具有较好团粒结构的土壤，大大改善了土壤的透水通气和保水能力。当降雨或灌溉时，水分通过通气孔隙迅速进入土壤，当水分经过团粒附近时，能较快地渗入团粒内部并为毛管孔隙容纳保持，多余的水继续下渗湿润下面的土层，减少了地表径流造成的冲刷侵蚀。当降雨或灌溉停止后，粒间大孔隙迅速被外界新鲜空气占据，保证了良好的通气状况。当土壤水分蒸发时,由于团粒间毛管通路较差,而且地表层团粒干缩后,切断了与下面团粒的联系,形成保护层,使水分蒸发减缓。

由此可见,团粒结构多的土壤,不但能接纳较多的降水或灌溉水,而且蒸发也少,蓄水保水能力大大增强,起到了一个"小水库"的作用。土壤中不仅有足够的水分,而且还有充足的空气,解决了土壤中水、气之间的矛盾。

2. 能协调土壤养分的消耗和积累的矛盾

具有团粒结构的土壤,团粒内毛管孔隙经常保持较多的水分,缺乏氧气,嫌气微生物活动活跃,有机质缓慢分解使养分得以保存。而团粒间形成一定数量的通气孔隙,有充足的氧气供给,好气微生物活动活跃,有机质分解快,养料转化迅速。团粒间好气性分解越强烈,耗氧越多,团粒内部越缺乏氧气,使分解越慢。因此,具有团粒结构的土壤,是由团粒外层向内层逐渐释放养分,嫌气、好气微生物同时作用,养分累积、释放协调进行,使植物源源不断地获得营养,起着"小肥料库"的作用。

3. 能稳定土温,改善土壤温度状况

团粒结构中水、气协调,有机质较多,土色比较深暗,土壤温度变化较小,整个土层的温度得到土壤水分的调节。因为水的比热大,不易升温或降温,所以昼夜、上下土层的土温变幅小,利于植物发根生长。

4. 改良土壤耕性,改善植物扎根的土壤条件

有团粒结构的土壤,黏结性、黏着性都降低。土壤疏松多孔,大大减少耕作阻力,耕性好。同时,松软多孔的土壤,根系穿插阻力小,根系能较均匀分布,扩大吸收水分和养分面积,利于根系生长。

总之,有团粒结构的土壤,土壤肥力要素水、肥、气、热状况比较协调,耕性及扎根条件也好,能满足农作物生长发育的要求,有利于获得稳产高产。

2.4.2.2 团粒结构形成的条件

由土壤结构体的形成可知,由单粒形成具有多级孔隙的团粒结构体,必须具备下列条件。

1. 胶结物质

其作用是将单个土粒胶结成微团粒。土壤中的胶结物质主要有有机胶体、无机胶体和胶体凝聚物质三类。有机胶体中,腐殖质、多糖是形成水稳性团粒的最重要胶结剂。有机胶结物质的生物稳定性差,易被微生物分解,需要不断补充才能保持其胶结作用。无机胶体中,由黏土矿物胶结的团粒结构稳定性差,而由铁铝氧化物胶结的团粒结构稳定性强。含有 Ca^{2+} 的胶体物质其水稳性好,而含有 Na^+ 的胶体物质其水稳性差。

2. 成型动力

初级复粒或微团粒进一步紧密结合而成为较大的团粒结构体的外力。这些推动成型的外力主要有土壤生物的作用(根系的穿插挤压和穴居动物对土壤的搅动和松动力)、干湿交替、冻融交替和晒垡作用,以及适时耕作等。

2.4.3 土壤孔隙特性

孔隙特性是土壤固体颗粒间所形成的大小形状、性质各异的孔隙的数量、比例及在土层中分布情况的综合反映。

土壤水分和空气同时存在于土壤孔隙中,且两者互为消长。为了满足作物对水分

和空气的需要，有利于根系的伸展和活动，在农业生产上，不仅要求土壤中孔隙的容积要适当，而且要求大小孔隙的数量比例及在土层中的分布要合理。

2.4.3.1 孔隙度和孔隙比

1. 孔隙度

孔隙度是指单位土体内孔隙所占体积的百分数，它表示土体中大小孔隙的总和。

由于土壤孔隙复杂多样，要直接观察并测量孔隙度是很困难的，所以通常通过土粒容重和土壤容重进行计算。

(1) 土粒容重。土粒容重是指单位体积（不包括孔隙体积）固体土粒的干重，单位为 g/cm^3 或 t/m^3。土壤比重是指单位体积（不包括孔隙体积）固体土粒的干重与同体积标准状况水的质量之比，无量纲。因在4℃时，水的密度为 $1g/cm^3$，故土粒容重与土壤比重在数值上是相等的。在实际工作中，常进行土壤比重的测定，并将其值作为土粒容重值。土壤比重值大小取决于组成土粒的矿物质与有机质的含量。我国大多数土壤的比重差异不大，一般在2.6~2.7之间，因此土粒容重常取其平均值2.65作代表。

(2) 土壤容重。土壤容重是指自然状态下单位体积（含土粒和孔隙体积）固体土粒的干重，单位为 g/cm^3 或 t/m^3。土壤容重大小与土壤的孔隙状况密切相关，疏松的土壤孔隙数量大，容重较小；紧实的土壤，孔隙数量小，容重较大。一般土壤质地细，有机质含量高，容重较小。黏性土容重多在 $1.1\sim1.5g/cm^3$，砂性土容重多在 $1.2\sim1.8g/cm^3$，壤性土介于两者之间。土壤结构性好，土质疏松容重较小。此外，土壤容重大小还受灌溉、排水及农业耕作等措施的影响。一般表层土壤的容重小而下层土壤的容重较大。

土壤容重是一个十分重要的基本参数，常用于计算土壤的孔隙度，进行土壤容积与土壤重量的换算，以及单位面积土壤的水分、有机质、养分和盐分含量等计算，为灌溉排水、养分和盐分平衡计算和施肥提供依据。

(3) 孔隙度的表示。

$$
\begin{aligned}
孔隙度(\%) &= (孔隙容积/土壤容积) \times 100\% \\
&= [(土壤容积 - 土粒容积)/土壤容积] \times 100\% \\
&= (1 - 土粒容积/土壤容积) \times 100\% \\
&= (1 - 土壤容重/土粒容重) \times 100\%
\end{aligned}
\qquad(2-1)
$$

一般土壤的孔隙度在30%~60%之间，对旱作土壤来说，其耕层孔隙度在50%或稍大于50%较好。

2. 孔隙比

孔隙比指原状土壤中孔隙容积与土粒容积的比值。其值为1或稍大于1为好。

2.4.3.2 孔隙的分级

孔隙度和孔隙比只能说明土壤"量"的问题，而不能反映孔隙"质"的好坏。为了更好地分析孔隙大小、分布及性质等，通常按孔径的大小和作用进行分级。

1. 孔隙分级标准

由于土壤孔隙的形状和连通情况十分复杂，孔径大小变化多样，无法测定真实孔径，因此通常是采用与一定水吸力相当的孔径，称为"当量孔径"或"实效孔径"。

它与孔隙的形状及其均匀性无关。其计算公式为

$$d = \frac{3}{S} \tag{2-2}$$

式中：d 为孔隙的当量孔径，mm；S 为土壤水所承受的吸力（土壤水吸力），hPa。

由式（2-2）可以看出，当量孔径与土壤水吸力呈反比，孔隙越小，土壤水吸力越大。每一当量孔径与一定的土壤水吸力相对应。如土壤水吸力为10hPa时，当量孔径为0.3mm，此时的土壤水分保持在孔径0.3mm以下的孔隙中，大于0.3mm孔径的孔隙中则无水。

2. 土壤孔隙的分级

根据当量孔径的大小及其作用，将孔隙分为以下三类：

(1) 非活性孔隙（无效孔隙）。一般将孔径小于0.002mm的孔隙规定为非活性孔隙。由于此类孔隙过小，几乎总是被土粒表面的吸附水所充满，孔隙水受土粒吸力很大，在1.5×10^5Pa以上，水分移动困难，植物难以利用，因此称为无效水。这类孔隙没有毛管作用，也不能通气，植物根毛难以伸入，微生物在此类孔隙中活动困难，因此又称为无效孔隙。非活性孔隙占土壤体积的百分数称为非活性孔隙度。

(2) 毛管孔隙。是指当量孔径为0.02~0.002mm的孔隙，相应的土壤水吸力为$1.5 \times 10^4 \sim 1.5 \times 10^5$Pa。具有明显的毛管作用。能将水分保持在毛管中，并且水分能在其中迅速运动，供给植物不断的需求，所以毛管水是对植物最有效的水分。毛管孔隙的数量用毛管孔隙度来表示，是指毛管孔隙体积占土壤体积的百分数。毛管孔隙度大，则蓄水性能强。

(3) 通气孔隙。指当量孔径大于0.02mm的孔隙，相应的土壤水吸力小于1.5×10^4Pa。这类孔隙孔径较大，水分不受毛管力吸持作用，难以保持，因而成为通气透水的通道。通气孔隙占土壤体积的百分数，称通气孔隙度（或空气孔隙度）。其大小和数量直接影响土壤通气透水性能。通气孔隙发达的土壤，可大量吸纳雨水、灌溉水，减少地面径流或上层滞水，有利于水土保持。

土壤孔隙度是以上三种孔隙度的总和。

2.4.3.3 孔隙在土体中的分布

土壤的通气性、保水保肥性、透水性以及植物根系的伸展，不仅受大小孔隙搭配的影响，而且与孔隙在土体中上下土层的分布密切相关。对于旱耕地，当土壤上层（0~15cm）质地较轻，具有适当的通气孔隙，通气透水性好；而下层（15~30cm）质地较重，毛管孔隙占优势时，保水保肥性好。这种"上虚下实"的土体中，具有上层通气孔隙较多而下层毛管孔隙较多的层次分布，土壤的水、肥、气、热状况协调，是生产上较为理想的孔隙分布类型，群众常称为"蒙金土"。在生产中，犁底层土壤黏重而紧实，非活性孔隙多而通气孔隙少，影响通气、透水，妨碍根系下扎，不利于作物根系的生长。因此在生产中要注意采取相应措施打破犁底层，为作物根系生长创造有利条件。

2.4.4 土壤结构评价与管理
2.4.4.1 土壤结构的评价

在评价土壤结构性时，一般从两个方面考虑：一是从土体的整体来看，如土壤结

构体的类型、数量和总孔隙度等方面，要求团粒和微团粒的结构多，土壤的总孔度较大，大小孔隙分配适当等；二是从结构体的个体来看，主要是结构体的稳定性（水稳性、机械稳定性和生物学稳定性）。近20年来的研究表明，后者是土壤结构体好坏"质"的指标。

结构体的水稳性是指在降雨、灌溉水的冲击和浸泡作用下土壤结构体不易分散的性能。结构体的机械稳定性是指土壤结构体抵抗机械压挤破碎的能力。生物学稳定性是指结构体抵抗微生物分解破坏的能力。

良好的土壤结构体应具有稳定而持久的适宜的孔性，能协调蓄水和通气之间的矛盾。因此，土壤结构体的稳定性很重要。团粒和微团粒一般都具有较好的水稳性。旱田土壤以具有稳定的团粒结构较为理想。但并不是水稳性结构体含量越高，土壤肥力也一定越高。对于水田土壤来说，由于经常处于淹水状态，而且实行带水耕耙，所以它的结构特点与旱地不同。水田不可能形成较大的团粒结构，通常以小于1mm的小团粒及微团粒较多为好。熟化程度越高，这类团粒的数量越大。根据对红壤的研究表明，水田土壤中，以0.001～0.05mm的微团粒较多作为肥地的标准；而旱地土壤中，以0.05～0.25mm的微团粒的累积作为肥地特征。

由此可见，针对不同农业地区、不同耕作条件（水田或旱地）及不同质地的土壤，其结构体评价标准不同，宜根据当地实际进行试验，就地总结。

2.4.4.2 土壤结构的管理

受耕作和施肥等的影响，团粒结构体容易遭到破坏，因此，必须进行合理的土壤结构管理。根据团粒结构的形成过程及条件，改善和恢复团粒结构主要的农业措施有以下几项。

1. 精耕细作，增施有机肥

在适耕期内进行深耕、耙、耱等耕作，结合干湿、冻融交替等方法，可促进团粒结构的形成。通过耕作形成的团粒多为非水稳性团粒，但若及时精耕细作可使非水稳性团粒破坏后及时恢复，使土壤保持良好孔性。腐殖质是形成水稳性结构的最重要的胶结物质。生产实践中，精耕细作并增施有机肥，种植绿肥或牧草等，可使耕作层的有机胶结物质（腐殖质）不断增加，促进水稳性团粒结构的形成。研究表明，新鲜有机物料直接还田，对水稳性团粒结构的形成和恢复效果更佳。

2. 合理灌溉

灌水方法对土壤结构影响较大。大水漫灌和畦灌都易引起团粒破坏，喷灌和沟灌对土壤团粒也有一定的破坏作用，地下灌溉对团粒结构的破坏作用最小。在只能采用畦灌的条件下，宜改大畦为小畦，减轻对团粒的破坏作用，且灌后要适时中耕松土，防止板结。

3. 合理轮作与间作、套作

各种作物的生理特点和管理措施都不尽相同，对土壤结构的影响也不同。例如，块根、块茎作物在土中膨大能破坏团粒体，水耕水耙和淹水种稻使团聚体大量解体，棉花、玉米、烟草等中耕次数多的作物也容易破坏土壤结构；而耕作次数少的密植作物、豆科作物和多年生牧草能促进土壤结构体的形成。因此，禾本科与豆科作物间作、轮作，农作物与绿肥间作、套作、轮作，水旱轮作等都有利于保持和促进土壤结构体的形成。

4. 调节土壤酸碱性

土壤过酸或过碱都容易使团聚体分散成单粒。因此，酸性土施用石灰，碱性土施用石膏，不仅能够调节土壤近中性反应，并通过增加土壤中 Ca^{2+} 促进土壤结构体的形成，改善土壤的结构性和孔隙性。

5. 适当应用结构改良剂

使用土壤重量的万分之几至千分之几的结构改良剂，就能快速形成稳定的土壤团聚体。

按原料来源结构改良剂可分为三类：人工合成高分子聚合物类，其中较便宜、效果较好、有推广前途的是聚丙烯酰胺，目前西欧诸国应用较多；自然有机制剂类，由自然有机物料加工而成，常见的有醋酸纤维、棉籽胶、芦苇胶、田青胶、树脂胶、胡敏酸盐类及沥青制剂等，自然有机制剂类的施用量大，形成的团聚体稳定性差；无机制剂类，利用硅酸钠、膨润土、氟石、氧化铁（铝）、硅酸盐等的某些理化性质来改善土壤的结构性。由于结构改良剂比较贵，目前难以大面积推广，大多用在经济价值较高的作物上。

2.5 土壤的通气性

2.5.1 土壤的通气性

土壤的通气性是指土壤空气与近地面大气之间以及土体内部的气体交换的性能。

2.5.1.1 土壤通气性的重要性

通气性是土壤的重要特性之一。其重要性在于，通过土壤空气与大气交换，不断排出 CO_2，同时从大气中获得新鲜 O_2，使土壤空气不断得到更新；土体内部的气体交换，可使土体内部各部分的气体组成趋向均一。这是保证土壤空气质量，使微生物能进行正常生命活动，作物能够大量吸收水分，作物根系和地上部分能够正常生长等必不可少的条件。如果土壤没有通气性，土壤空气中的氧在很短时期内就可能被全部耗尽，作物根系无法正常生长，更谈不上作物的产量了。土壤通气性不良时，会降低有机质的分解速度及养分的有效性，若长期处于这种状态，还会使土壤酸度提高，引起致病霉菌的发育，易使作物感染病虫害。

2.5.1.2 土壤通气性的机制

土壤通气性产生的机制有两种：一是气体扩散，即个别气体成分由于该成分的分压梯度而产生的移动；二是气体的整体流动（对流），即土壤空气与大气之间所存在的总压力梯度而产生的气体整体流动。其中气体扩散是主要的。

1. 气体扩散

是由组成空气的各个气体成分本身的分压而引起的。通常情况下，土壤空气和大气的总压力是相等的。由于土壤中生物活动不断消耗 O_2、产生 CO_2，使土壤空气中的 CO_2 浓度上升，O_2 浓度下降，于是就出现了土壤空气与大气的 CO_2、O_2 分压不等，从而产生了 CO_2 分压梯度和 O_2 分压梯度，这两个梯度的方向相反，它们分别驱使

CO_2 分子不断从浓度高的土壤空气向大气扩散，而 O_2 分子不断从大气向土壤空气扩散。这种扩散（土壤从大气中吸 O_2，同时排出 CO_2）称为"土壤呼吸"，其结果使土壤空气不断得到更新。

2. 气体的整体流动

气体的整体流动方向总是从高压区流向低压区，是受温度、气压、风力以及降水和灌溉水的挤压作用等的影响而产生的。大气压的变化、温度梯度、地表风力等都能产生总压力梯度。大气压上升使一部分大气进入土壤孔隙，大气压下降，土壤空气膨胀而进入大气。气温高，压强大；气温低，压强小。因此，气体从高温处向低温处流动。白天，大气温度高于土壤空气温度，大气流向土壤空气；相反，夜间土壤空气流向大气。

降水和灌溉也能引起土壤空气的整体流动。降雨或灌溉时，水分能快速占领大孔隙，排出其中的土壤空气。降雨或灌溉结束后，大孔隙中的重力水很快排出土体，大气又进入其中，实现了整体流动。

2.5.1.3　土壤通气性的指标

通常采用的土壤通气性指标有以下几项。

1. 土壤呼吸系数（RQ）

指一定时间内，一定面积土壤表面扩散出的 CO_2 容积与消耗 O_2 容积的比率。它可用来衡量土壤中生物活动的总强度。正常情况下，RQ 接近于 1。

2. 土壤中氧的扩散率（ODR）

每分钟内扩散通过每平方厘米土层的氧的克数（或微克数）。其大小反映了土壤空气中氧的补给更新速率的快慢。一些研究表明，当 ODR 降至约 $20\times10^{-8}\,g/(cm^2\cdot min)$ 时，大多数植物的根系停止生长；当 ODR 保持在 $30\times10^{-8}\sim40\times10^{-8}\,g/(cm^2\cdot min)$ 时，植物生长正常。

3. 土壤通气量

指在单位时间内，单位压力下，进入单位体积土壤中的气体总量（CO_2 和 O_2）。土壤的通气量大，表明土壤通气性好。

4. 土壤通气孔隙度

通气孔隙的数量是影响土壤气体交换快慢的主要因素之一，因此常采用土壤的通气孔隙度作为通气性能好坏的一个指标。实践表明，当土壤通气孔隙度小于 10% 时，多数作物会减产，茶树在通气孔隙度小于 8% 时就死亡。小麦、燕麦的最适通气孔隙度为 10%～15%，大麦、甜菜、马铃薯为 15%～20%，棉花为 30%。因此，10% 常作为是土壤的临界通气孔隙度。

2.5.2　土壤氧化还原反应

土壤中存在着一系列的氧化性和还原性物质，两类物质相互作用的结果决定土壤氧化还原电位（用 Eh 值表示）的高低。土壤的 Eh 值一般在 $-300\sim+700\,mV$ 之间。Eh 值越大，土壤的氧化状态越强，Eh 值越小，土壤的还原状态越强。

2.5.2.1　土壤中的氧化还原反应

在土壤溶液中，氧化反应和还原反应是同时进行的，是一个反应的两个方面。土

壤中的一系列氧化还原物质，参与和推动着土壤的氧化还原过程，主要的有

	氧化态		还原态
氧体系	O_2	→	$2O^{2-}$
铁体系	Fe^{3+}	→	Fe^{2+}
锰体系	MnO_2	→	Mn^{2+}
硫体系	SO_4^{2-}	→	SO_3^{2-}
	SO_3^{2-}	→	S^{2-}
氮体系	NO_3^-	→	NO_2^-
	NO_2^-	→	NH_4^+
氢体系	$2H^+$	→	H_2

有机物体系　　包括能起氧化还原反应的有机酸类、酚类和醛类等化合物

在反应过程中，失去电子的反应为氧化反应，物质呈氧化态；得到电子的反应是还原反应，物质呈还原态。可用公式表示

$$\text{氧化态}^m + ne \longrightarrow \text{还原态}^{m-n}$$

反映土壤氧化还原状况的最常用强度指标是氧化还原电位（E_h），单位为 mV 或 V。其计算公式为

$$E_h = E_0 + \frac{59}{n}\lg\frac{[\text{氧化态}]^m}{[\text{还原态}]^{m-n}} \text{(mV)} \qquad (2-3)$$

式中：E_h 为土壤溶液的氧化还原电位，mV；E_0 为标准氧化还原电位，指在标准条件下，该体系中氧化剂和还原剂浓度相等时的电位；各体系值可在化学手册中查到；n 为物质氧化还原过程中电子得失数。

土壤溶液中氧化态和还原态物质的相对浓度主要取决于土壤溶液的氧压或溶解态氧的浓度，这直接与土壤的通气性相联系。所以，氧化还原电位可作为土壤通气性的指标。

2.5.2.2 影响氧化还原反应的因素

1. 土壤通气性

土壤通气性是影响土壤氧化还原反应的最主要因素。通气性好，土壤空气与大气的交换快，土壤空气中氧的浓度就高，与之相平衡的土壤溶液中的氧浓度也必然高，促使氧化还原反应中氧化态物质浓度增加，土壤的 Eh 值升高。反之，Eh 值降低。

2. 易分解有机质的含量

土壤有机质的分解主要是耗氧过程，使土壤的 Eh 值下降。在一定条件下，土壤中易分解的有机质越多，耗氧越多，土壤 Eh 值越低。

3. 微生物活动

土壤氧化还原反应是在微生物的参与下进行的。微生物的活动主要是耗氧过程，既可以消耗气态氧，也可以夺取化合物中的氧，结果使土壤溶液中的氧压降低、还原态物质的浓度增加，Eh 值下降。因此，土壤微生物的活动越强，耗氧越多，土壤的 Eh 值越低。

4. 植物根系的代谢作用

植物根系的分泌物质直接或间接地影响到根际的氧化还原电位。如水稻的根系，可分泌氧，而使根际土壤的 Eh 值高于周围，这对改善水稻根际的土壤营养环境有重

要作用。根系分泌的有机酸等物质,能影响根际微生物区系,进而影响氧化还原电位。

此外,土壤的氧化还原反应还受土壤pH值等的影响。在一定条件下,土壤的Eh值是随着pH值的升高而下降的。

2.6 土壤热状况

土壤热状况是土壤肥力的重要因素之一。它不仅对植物的生长发育及产量的形成有直接作用,同时影响土壤水分、空气的运动,土壤微生物的活动和土壤中养分的转化。土壤温度是土壤热量的具体表现形式和强度指标。其值高低决定于土壤热量的收支情况和热特性。

2.6.1 土壤的热性质

土壤本身具有热学性质。标志土壤热学性质的热特性指标主要有土壤吸热性、土壤散热性、土壤热容量、土壤导热性、土壤导温性等。

2.6.1.1 土壤吸热性

土壤吸收太阳辐射热的性能,称为吸热性。土壤的吸热性与土壤颜色、湿度、地形和地貌有关。土色愈深,吸热性越强,土温越高。含腐殖质的土壤,土温比较高。湿度大的土壤增温慢,这与水分的热学性质有关。

2.6.1.2 土壤散热性

散热性是土壤向大气散失热量的性能。土壤白天吸热,温度上升;夜间散热,土温下降。

土壤散热性主要与下列因素有关。

1. 土壤含水量和大气相对湿度

土壤水分蒸发时,失去热量,土温降低。大气相对湿度小时,土壤水分蒸发强,失水多,散热降温快。

2. 天气情况

晴天白天吸热,夜间散热降温。因此,夏季有露水,晚秋有霜冻。城市地区向大气放出大量烟尘、灰尘、二氧化碳、水汽,土壤散热量少,降温慢、温度相对增高。

2.6.1.3 土壤热容量

指单位质量(重量)或容积的土壤每改变1℃所需要的热量。土壤热容量有两种表示方法:一是质量热容量,用C代表,单位为J/(g·℃);二是容积热容量,用C_v代表,单位为J/(cm^3·℃)。两种土壤热容量的关系为

$$C_v = C\gamma \qquad (2-4)$$

式中:γ为土壤容重,t/m^3。

热容量是影响土温的重要热特性。当得到相等热量时,热容量大的土壤升温慢。

土壤是固、液、气三相物质的组成,所以土壤热容量应为各相组成物质的容积热容量与其所占容积的乘积之和

$$C_v = C_{固} V_{固} + C_{液} V_{液} + C_{气} V_{气} \qquad (2-5)$$

表2-6　　　　　　　　　　　土壤组成物的热容量

土壤组成分	重量热容量 [J/(g·℃)]	容积热容量 [J/(cm³·℃)]	土壤组成分	重量热容量 [J/(g·℃)]	容积热容量 [J/(cm³·℃)]
土壤空气	1.004	1.225×10^{-3}	高岭石	0.975	2.410
土壤水分	4.184	4.184	石灰	0.895	2.435
腐殖质	1.996	2.515	Fe_2O_3	0.682	—
粗石英砂	0.745	2.163	Al_2O_3	0.908	—

由表2-6可以看出，土壤固、液、气三相物质的容积热容量差异很大，其中土壤水分的容积热容量最大，空气的容积热容量很小，两者相差3000多倍，土壤固相颗粒的容积热容量介于两者之间。对于某一土壤来说，土壤固相矿物质和有机质的含量比较稳定，因此，其对土壤热容量的影响也比较稳定。土壤水分和空气却经常变化，由于土壤空气的热容量很小，可忽略不计，故土壤容积热容量的大小取决于土壤水分的多少。因此，土壤水分多空气少时，热容量大，土温变化慢。砂土有"热性土"之称，而黏土有"冷性土"之称，其原因就是由于砂土的毛管孔隙少，黏土的毛管孔隙较多，在同样的降水或灌溉条件下，砂土的含水量比黏土低，热容量比黏土小，因此砂土在早春白天升温较快，称为"热性土"。而黏土则相反，称为"冷性土"。根据土壤水分热容量较大这一特性，生产上常以水调节土温。例如，稻田在早春晴天时排水增温，夏季高温时灌水降温等。

2.6.1.4　土壤导热性

土壤吸收一定热量后，土温升高，上下土层之间就产生了温差，热量就从温度高的地方流向温度低的地方。土壤这种具有传导热量的性质称为土壤的导热性。土壤导热性的强弱用导热率表示。导热率是指单位厚度（1cm）的土层，土温相差1℃时，每秒钟通过面积为1cm²断面的热量，单位是J/(cm·s·℃)。

土壤导热率的大小同样决定于土壤固、液、气三相物质的组成及其比例。土壤的固体颗粒组成成分不同，其导热率有明显差异（表2-7）。土壤固相的导热率最大，空气的导热率最小，水的导热率介于两者之间，水分的导热率约是空气导热率的25倍。通常土壤的固相组成变化不大，因此，土壤导热率的大小，主要受土壤质地、土壤含水量、松紧度和孔隙状况等因素的影响。

表2-7　　　　　　　　土壤不同组成分的导热率　　　　　　　单位：J/(cm·s·℃)

土壤成分	土壤空气	土壤水分	腐殖质	石英	湿砂砾	干砂砾
导热率	2.092×10^{-4}	5.021×10^{-3}	1.225×10^{-2}	4.427×10^{-2}	1.674×10^{-2}	1.674×10^{-3}

（资料来源：黄昌勇《土壤学》）

湿土的导热率明显大于干土的导热率，是由于湿土孔隙中，水分代替了空气，所以导热率增加。不同质地的土壤，其导热率随含水量增加而增加的趋势不同。质地粗的土壤，不需要很多的水分，就可以形成水膜，使热量容易通过，所以干土最初湿润时导热率显著增加，持续供水，导热率很快接近最高的导热率；而黏重的土壤正好相反。土壤导热率随容重的增加而增加，在同一容重条件下，湿土比干土的导热率大，且容重越大,这种差异越明显,热量越容易传导。在土壤含水量很低的条件下,土壤导热率随容重增加缓慢增加;而在含水量较高的条件下,导热率随容重增加快速增加,说明土壤含水量对导热率的影响比土壤容重的影响显著。

2.6.1.5 土壤导温性

土壤导温性是土壤吸收一定热量之后,使其温度产生不同程度升高的一种性能。导温性常以导温率来表示,又称土壤导热系数或热扩散率。它是指在标准状况下,当土层在垂直方向上每厘米距离内,1℃的温度梯度下,每秒钟流入 $1cm^2$ 土壤断面面积的热量,使单位体积($1cm^3$)土壤所发生的温度变化,单位是 cm^2/s。土壤导温率与土壤导热率成正比,而与容积热容量成反比,即

$$K = \lambda/C_v \quad (2-6)$$

式中:λ 为土壤导热率;C_v 为土壤容积热容量。

导温率可以用来衡量土温的变幅。对于土壤来讲,凡影响 λ 和 C_v 的土壤因素如质地、松紧度、结构和孔隙状况等都对 K 有影响。但必须注意,这些因素对 λ 和 C_v 影响的程度不同,自然也就使它们的 K 值不同。

土壤水分对导温率的影响也十分明显,当土壤含水量由小渐增到某一值时,导温率 K 逐渐增加至最大值,但当土壤含水量继续增大时,K 反而减小了。

2.6.2 土壤的温度变化

土壤的温度变化有季节性变化、昼夜变化和土壤上下层的垂直变化。

2.6.2.1 土壤温度年变化特点

全年土壤温度变化过程呈类似正弦波动规律。随土层深度的增加,土壤温度的年变化幅度逐渐减小,并有一定时间的滞后。土表温度一般在 1~2 月最低,7~8 月最高,随纬度变化有差异。土温的年变化对安排作物播种、生长和收获时期极为重要。

2.6.2.2 土壤温度日变化特点

土温随昼夜发生的周期变化称为土温日变化。土温的日变化过程与年变化具有类似的特点。日出后土壤吸热升温,土表温度的最高值出现在 13:00~14:00;此后降温,日出前土表温度最低,具体时间随季节有所不同。随土层深度的增加,土壤温度的日变化幅度逐渐减小,且土壤温度最高(最低)值滞后明显。通常每加深 10cm,滞后 2.5~3.5h。一般土壤中土温日变化影响深度不超过 1m。所以温度对作物生长的影响,往往局限于耕层土壤。

2.6.2.3 影响土壤温度的因素

土壤温度变化受天文及气象因素、自然地理位置、土壤特性及地面状况等多种因素影响,十分复杂。

1. 天文及气象因素

如与地面辐射有关的纬度、季节及昼夜交替、大气组成、密度及其混浊度、与蒸发有关的风速、气压、相对湿度等。高纬度地区,太阳照射倾斜度大,地面接收的太阳辐射能少,因此,土壤温度一般低于低纬度地区。

2. 自然地理位置

随着海拔高度的增加,大气的密度逐渐稀薄,透明度不断增加,散射快,土壤吸收太阳辐射的热量增多,所以高山上的土温比气温高。在山区,由于地面裸露,地面

辐射增强，所以随着高度的增加土壤温度低于平地。坡度与坡向不同，接受阳光照射的时间不同。在北半球南坡照射时间长，受热多，土温高于北坡。

3. 土壤特性

如土壤颜色、质地、土壤松紧及孔隙状况等。深色土壤吸热多，土温易升。早春在菜田、苗床覆盖草木灰、炉渣等深色物质可提高土温。砂性土，又称"热性土"，早春土温增温快，生产上常提早播种；相反，黏性土，由于早春表土增温慢，因此播种必须推迟。疏松多孔的土壤，导热率低，土表温度上升快；紧实少孔的表土，导热率高，土温上升慢。

4. 地面状况

当地面有覆盖时，土壤表层接受太阳直接照射少，同时地面蒸发而损失的热能也少，土温变化较小。在农业生产实践中，霜冻前常在地面加覆盖物以保土温。秸秆覆盖在冬季有利于保温，夏季有利于降温。

根据土壤的热性质及影响土温的因素，采取各种措施（如耕作施肥、灌溉排水等）调节土壤温度，使其有利于作物正常生长，对于实现高产优质农业具有重要意义。

复习思考题

1. 引起土壤酸性和碱性的原因是什么？如何改良酸性土和碱性土？
2. 简述土壤酸碱性和氧化还原状况对土壤养分有效性的影响。
3. 什么是土壤的缓冲性能？它有何生产实践意义？
4. 土壤胶体具有哪些性质？影响土壤胶体凝聚和分散的因素有哪些？
5. 论述离子交换对土壤养分性状的影响。
6. 土壤养分中的大量元素和微量元素各有哪些形态？其有效性如何？
7. 试根据土壤氮素、磷素和钾素的转化过程，分析并提出提高这三种肥料利用率的措施。
8. 土壤结构体有哪些类型？其土壤肥力状况如何？
9. 简述土壤孔隙的类型及作用。农业生产上对土壤孔隙性有何要求？
10. 简述土壤结构性的评价指标及其管理措施。
11. 什么是土壤的通气性？衡量土壤通气性的指标有哪些？
12. 简述土壤的热容量、导热率与导温率的概念以及三者间的关系。
13. 试分析土壤温度对作物生长有何影响？如何调节土壤温度？

第3章 土壤水分

植物扎根于土壤中，从土壤中吸取其所需水分。降水、地表水和地下水都必须在形成土壤水之后才能被植物利用。土壤水分又是土壤肥力的重要组成部分，其水分物理特性制约着植物对水分的有效利用。不同的学科对土壤水的研究主体不同。在水文地质上，土壤水作为包气带水，通常把它与地下水合为一个组成整体来研究。在农业水文学中，土壤水作为水文循环中的一个组成环节和降水产流的一个组成部分，是地表水与地下水相互转化的一个中间环节。在农业用水上，土壤水则自成为一个向植物直接供水的独立水体。在水量平衡分析上则可以与地下水联系起来，视地下水在根系层以下的埋深而定。作为一种水资源来看，以田间持水量与凋萎系数间的水容量差作为土壤有效水分的土壤水库容。在现代农业灌溉中，对于地下水埋深较大的旱作地区，可以春旱冬抗，即利用冬季较富余的地表水尽可能多地灌入根系层及以下的深层土壤中，打足底墒，以提高土壤的抗旱能力和减少种植期内的灌溉负担。近几年一些专家学者研究表明：我国北方地区，特别是西北地区，如果能使大面积的裸地保持一定的土壤水，则有利于生态环境的改善和沙尘暴的防治。基于土壤水的这种现实意义，土壤水库的概念在农业水资源的调度中得到公认，其作用受到越来越多的重视。土壤水分的丰缺状况，直接影响作物的生长发育和产量，水多涝、水少旱，"有收无收在于水"，可见水在农业生产中的重要性。

土壤水分是土壤的主要组成物质之一。水分在土壤形成过程中起着极其重要的作用，在很大程度上参与土壤的物理、化学和生物化学过程，如矿物的风化、有机质的分解与合成，大多数成土作用的发生等。土壤水并非纯水，而是稀薄的溶液，不仅包含各种溶质，又有溶解的气体，而且还有胶体颗粒悬浮或分散于其中。土壤中所有物质的运转，包括植物从土壤中吸收养分在内，都离不开土壤水分的作用。就农田水利而言，一切农田水利措施，归根到底都是为了对农田土壤水分进行有效调节、控制和管理，使其有利于改善土壤条件，促进作物稳定高产。因此，了解土壤水分的特性是十分必要的。

3.1 土壤水分类型

土壤水分是土壤的液相组成部分，是作物生长发育所需水分的主要供给源。主要来源于大气降水（包括雨、雪、冰雹）和人工灌水。此外，大气中水汽的凝结和地下水的上升，也能补给一定的土壤水分。

土壤水分按其物理形态可以分为固态、气态和液态三种。其中液态水是土壤水分的主要形态。这种形态的水在土壤中由于受到各种不同吸力的作用，又会呈现出不同的状态。因此，土壤水分的类型是较复杂的，可按其存在的状态分为各种类型。不同类型的水，其存在的条件及具有的性质各不相同，它们与植物的关系也不一样。

3.1.1 土壤的保水性

这里要讨论的土壤水，是指存在于土粒表面和土粒间孔隙中的水，也就是在105～110℃下从土壤中驱逐出来的水分，不包括化合水和结晶水。这些水分在不同的温度条件下，可以是固态（冰）、液态、气态（水汽）。

通过降雨或灌溉等途径进入土壤的水分，之所以能保持在土壤中，是因为它受到了土壤中各种力的作用。水分进入土壤后，由于受三种不同的力的作用被保持在土壤中：一是土粒和水界面上的吸附力；二是水和空气界面上的弯月面力（毛管力）；三是地心引力（重力）。

土粒和水界面上的吸附力由两种力所组成：一种是水分子与土粒间的分子吸力，包括固相表面剩余表面能对邻近水分子的作用，极性分子间的相互吸引——范德华力，它包括水分子与土粒表面的氧原子形成的氢键；另一种是胶体表面对极性水分子的静电引力。两种力作用的结果，使水分子牢固地被吸附在土壤颗粒的表面上。

水气界面上的弯月面力，是指水分子在土粒间很细的毛细管中，由于土粒对水分子的吸力超过水分子之间的吸力，发生水分对土壤的浸润，从而在土粒、水和空气的交界面上形成凹形弯月面，其曲率半径为 R。弯月面使液面产生压力差，形成弯月面力。弯月面力（T）的大小与曲率半径（R）和水的表面张力（δ）及湿润角（α）的关系是：$T=\dfrac{2\delta}{R}=\dfrac{2\delta}{r}=\cos\alpha$。湿润角（除有机质土粒外）对矿质土粒—水—空气体系来说，近似于0，所以 $T=\dfrac{2\delta}{r}$。这表明，弯月面力与水的表面张力成正比，与毛管半径成反比。该力是土壤能够保蓄植物必需的有效水分的根本原因。

毛管作用是人们常见的自然现象。将一支毛细管插入水中，可以见到在露出水面的那段毛管中有一上升水柱，在水柱顶端固、气、水交界处出现一个凹向空气的弯月面，这就是毛管作用，或称毛细作用。毛管作用是由毛管力所引起的。所谓毛管力实质上是毛管内固、气、水界面上产生的负压力，也称弯月面力。毛管力的大小与毛管孔径成反比。

土壤中土粒间的孔隙大小不一，相互交错相连，构成土壤中极其复杂的孔隙网络，保持在这些孔隙里的水受到毛管力的作用，这部分水称为毛管水。毛管水完全具有液态水的性质，可以在孔隙中自由流动，是土壤水中最活跃的部分，也是农业生产中最有价值、最宝贵的水分。

3.1.2 土壤水分类型

土壤水是指吸附于土壤颗粒和存在于土壤孔隙中的水,在不同气象条件下液态水、固态水(寒冷季节形成)及气态水都可能存在。当水分进入土壤后,受到三种力的作用,即土壤颗粒表面的分子吸引力、土壤颗粒之间水和空气接触的毛管力(液体弯月面的表面张力)以及重力的作用。这些力对水分的作用随着土壤水量的变化而变化。按所受作用力的类型划分,土壤水可分为以下几种类型。

3.1.2.1 吸湿水

在室内经过风干的土壤,看起来似乎是干燥了,而实际上还含有水分。如果把这种风干的土壤样品放在烘箱里,在105℃的温度下烘烤,或者把它放在带有吸湿剂(例如磷酸酐)的干燥器中,每隔一段时间拿出来称重一次,就会发现土壤样品的重量逐次降低,直到称至恒重时,这时的土壤才算是干燥了,称为烘干土。如果把烘干土重新放在常温、常压的大气之中,土壤的重量又逐渐增加,直到与当时空气湿度达到平衡为止,并且随着空气相对湿度的高低变化而相应地作增减变动。上述现象说明土壤有吸收水汽分子的能力。土颗粒表面的分子对水分子的吸引力称为分子力。分子吸力很大,使很干的土颗粒能吸收空气中的水汽而具有吸湿性。这种由分子吸引力吸附的水分称为吸湿水。

土壤的吸湿性是由土粒表面的分子引力作用所引起的,这种引力把偶极水分子吸引到土粒的表面上。土壤吸附力的大小和吸湿水的多少,主要取决于单位质量土壤的表面积、胶粒及可溶性物质的数量。因此,土壤的比表面积越大、土壤质地越黏重、胶粒越分散、吸附力越强,它的吸湿能力也越大,吸湿水含量就越高。反之,砂质土的颗粒直径相对较大、比表面积小,吸湿水含量就低。引起吸湿现象的引力作用距离很短,只等于几个水分子的直径,但作用力很大,因而不仅能吸收水汽分子,并且能使水分子在土粒表面密集。吸湿水对溶质没有溶解能力,导电性极弱甚至不导电,冰点下降达-78℃。它被紧紧束缚于土壤颗粒表面,不能作液态流动,也不能被植物吸收利用,重力也不能使它移动,只有在转变为气态的先决条件下才能运动,因此又称为紧束缚水。

不同粒级范围内土壤吸湿水含量与空气相对湿度成正比(图3-1)。空气相对湿度越大,吸湿水含量越高,当空气湿度达到饱和时,土壤吸湿水达到最高值。这时的土壤含水量称为吸湿系数或最大吸湿量。

土壤的含盐量和盐分的组成对吸湿水也有影响。土壤的含盐量高,尤其含吸湿性强的盐类如$CaCl_2$、$MgCl_2$越多,则吸湿系数越

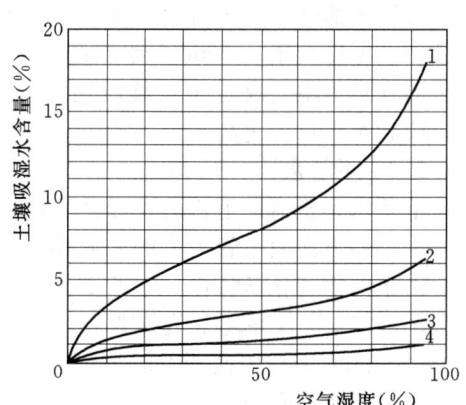

图3-1 土壤吸湿水含量与空气湿度及土粒大小的关系

1—小于0.002mm的粒径;2—0.002~0.006mm的粒径;3—0.006~0.02mm的粒径;4—大于0.02mm的粒径

大。不同质地土壤的吸湿水量见表3-1。

表3-1　　　　　　　　　　不同质地土壤的吸湿水量

土壤质地	细砂土	壤质砂土	砂壤土	轻壤土	中壤土	黏土	重黏土	泥炭土
吸湿水量（%）	0.034	1.060	1.400	2.090	3.00	5.40	6.54	18.42

3.1.2.2　薄膜水

当土壤吸湿水达到最高值时，土壤颗粒分子引力已不能再从空气中吸附水分子，但在土壤颗粒表面仍有剩余的分子引力，这种力量虽然已不能够吸着动能较高的水汽分子，但是仍可以继续吸附一部分液态水。在土粒周围的吸湿水层外围形成薄的膜状液态水称为薄膜水。

图3-2　薄膜水及其移动方向

薄膜水受分子吸力作用，不受重力影响，但可由水膜厚的土粒向水膜薄的土粒缓慢移动（图3-2）。薄膜水受分子吸力较吸湿水要小，约为3.1～0.625MPa。薄膜水的内层紧靠吸湿水，所受引力较大。随着水膜厚度加大，所受引力逐渐减小，逐步过渡为自由的液态水。不过移动的速度非常缓慢，一般为0.2～0.4mm/h。随着水膜厚度变薄，速度逐步减慢。因此，与吸湿水（紧束缚水）相比，这种水又称为松束缚水。

薄膜水可以被植物吸收利用，但由于部分膜状水所受吸引力，超过植物根系的吸水能力；又由于薄膜水移动速度太慢，不能及时补给，所以高等植物只能利用土壤中薄膜水的一部分。当土壤还含有全部吸湿水和部分薄膜水时，高等植物就已经发生永久萎蔫了。

薄膜水的性质介于自由的液态水和吸湿水之间。水分子受土粒的引力而排列的比较紧密，密度大于1g/cm³，冰点在-15℃左右，具有较高的黏滞性而无溶解性。薄膜水的含量也主要决定于土壤质地和有机质含量，土壤质地越黏重，有机质含量越高，膜状水含量也越高。

3.1.2.3　毛管水

毛管水是指借助毛管力，吸持和保存在土壤毛细孔隙系统中的液态水，它可以从毛管力小的方向向毛管力大的方向移动，并能够被植物根系吸收利用。毛管水具有一般自由水的物理化学特性，它所受到的土壤吸力要比作物小得多，因此可以被作物吸收利用。既能被土壤毛管孔隙保存，又能在土壤中进行多方向运动，并且移动速度快（10～300mm/h），因而能及时足量地满足作物根系吸水的要求。

一般当土壤孔隙直径为0.0006～0.03mm时，毛管作用明显；当土壤孔隙直径大于8mm时，毛管力的大小可用拉普拉斯（Laplace）方程计算，即

$$P = 2T/r \tag{3-1}$$

式中：P为毛管力，即毛管压或弯月面的正常负压，$10^{-5} N/cm^2$；T为表面张力，$10^{-5} N/cm^2$；r为毛管半径，cm。

由式（3-1）可知，土壤质地越细，毛管半径越小，毛管力就越大。毛管水的存

在与下列情况有关：

（1）由于水分子本身引力的作用，而具有明显的表面张力。

（2）土粒在吸足膜状水后尚有多余的引力。

（3）土壤的孔隙系统是一个复杂的毛管系统（有些地方大小孔隙互相通连，另一些地方又发生堵塞），致使土壤具有毛管力，并能吸持液态水。

毛管水可分为毛管悬着水和毛管上升水（支持毛管水），如图3-3所示。

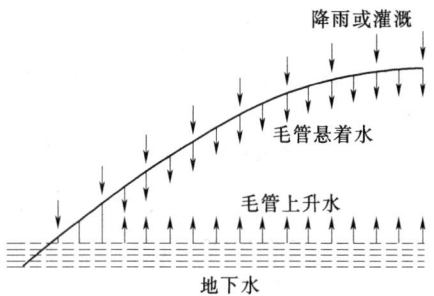

图3-3 毛管水分类示意图

1. 毛管悬着水

毛管悬着水是指依靠毛管合力（向上与向下的毛管力之差）支持的那部分毛管水。这部分水悬吊于毛细孔隙中，并不与地下水面接触，只受地表水源补给的影响，即只受大气降水或灌溉的影响。壤土和黏土的毛管系统发达，毛管悬着水主要存在于毛管孔隙中，但也有一部分存在于下端堵塞的非毛管孔隙内。砂土及砾质土的毛管系统不发达，大孔隙多，毛管悬着水主要是围绕在土粒或石砾相互接触的地方。有时水环融合在一起，有时互相不连通，统称为触点水（图3-4）。在均质土壤中，当毛管悬着水处于平衡状态时，土壤上下各处的含水量基本一致。

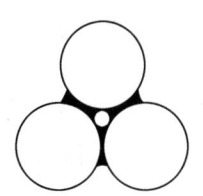

图3-4 触点水示意图

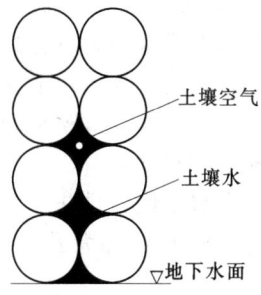

图3-5 上升毛管水

2. 毛管上升水

毛管上升水是指土壤中由地下水源支持，受毛管力的作用而上升到一定高度的毛管水，即地下水沿着土壤毛管系统上升并保持在土壤中的那一部分液态水（图3-5）。毛管上升水在地下水面以上通常形成一个不均匀的水分分布带，称为毛管水活动层，该活动层随地下水位的升降而升降。

毛管上升水在土壤中的含量是在毛管水上升高度范围内自下而上逐渐减少的，直到一定限度为止。造成这种现象的原因是：土壤的孔隙有大有小，形成的上升管道有粗有细，在粗的管道中水上升的高度小，在细的管道中水上升的高度大，所以接近地下水位处的上升毛管水几乎充满所有孔隙。离地下水位越远，上升毛管水越少。

土壤中毛管水上升的最大高度，理论上可由下式计算

$$H = 75/d \qquad (3-2)$$

式中：H 为毛管水上升高度，mm；d 为土粒平均直径，mm。

由式（3-2）可知，粗粒间隙中的毛管水上升高度小，细粒间隙中的毛管水上升高度大（表3-2）。如果取直径为 0.001mm 的土粒按式（3-2）计算，理论上毛管水上升高度应达 75m。但从自然界观察结果看来，这个数值从未被证实。即使是在黏土中，毛管水上升高度也很少达到 5～6m，一般都不超过 3～4m。这可能是由于毛管直径过小时，土壤孔隙通道易被膜状水所堵塞。

表 3-2　　　　在均一的土粒中毛管水上升的观察值与计算值　　　　单位：mm

土粒直径	毛管水上升高度		土粒直径	毛管水上升高度	
	观察值	计算值		观察值	计算值
5～2	25	21	0.2～0.1	428	5002
2～1	65	50	0.1～0.05	1055	1000
1～0.5	131	100	0.05～0.02	2000	2100
0.5～0.2	246	210			

3.1.2.4　重力水

当土壤水的含量超过土壤颗粒的分子引力和毛管力作用范围而不能被土壤保持时，在重力作用下沿着土壤孔隙流动，这部分水称为重力水。它能传递压力，在任何方向只要有静水压力差存在，就可以产生水流运动。当大气降水或灌溉后重力水垂直向下渗透，到达不透水层时就会集合而使一定厚度的土层饱和，形成饱水带。当它与地下水面接触时，就可补充地下水而使地下水面升高。前述的土壤饱和含水量是以重力水为主，包括毛管水、薄膜水和吸湿水在内。有时因为土壤黏重、紧实，重力水一时不易全部排出，暂时滞留在土壤的大孔隙中，称为上层滞水。重力水虽然可以被植物吸收，但因为它很快就消失，所以实际上被利用的机会很少。当重力水暂时滞留时，却又因为占据了土壤大孔隙，有碍土壤空气的供应，反而对高等植物的生长不利。

在灌溉过程中，应尽量防止根系层以下出现下渗重力水，以提高灌溉效率。但重力水又能补充地下水，增加地下水资源。水稻灌区要建立合理的排灌系统，以保证水田具有适当的下渗量和控制地下水埋深。

3.1.3　土壤水分常数

按照土壤水分的形态概念，土壤中各种类型的水分都可以用数量进行表示，把在某些特征条件下的土壤含水率，称为土壤水分常数。它是标志土壤水分形态和性质的特征值。

1. 吸湿系数

也称最大吸湿量，是指在饱和空气中土壤能吸附的最大水汽量。它表示土壤吸着气态水的能力。这时水在土壤内构成无效水分储量，在土粒牢固的吸持下，植物完全不能利用。

2. 最大分子持水量

由土壤分子力所吸附的水分最大量称为最大分子持水量（它包括吸湿水和薄膜水的总和）。薄膜水厚度在此时达到最大值。一般土壤的最大分子持水量约等于吸湿系数的2～4倍。

3. 凋萎系数

也称凋萎含水量。由于植物的吸水和散发，土壤水分不断消耗，当土壤水达到不能满足植物的需要时，叶子会卷缩下垂，这种现象称为凋萎。若补充水分或减少蒸发，植物的叶片又舒展起来，这种凋萎称为临时凋萎。如果补充水分和把植物置于饱和水汽的大气中，这种现象仍不消失，称为永久凋萎。出现永久凋萎时的土壤含水量称为凋萎系数[图3-6（a）]。凋萎系数常作为植物可利用水量的下限。植物根系的吸力约为1.5MPa，即当土壤对水分的吸力等于根系的吸力时的土壤含水率即为凋萎含水量。显然，大于凋萎含水量的水分才是参加水分交换的有效水量。

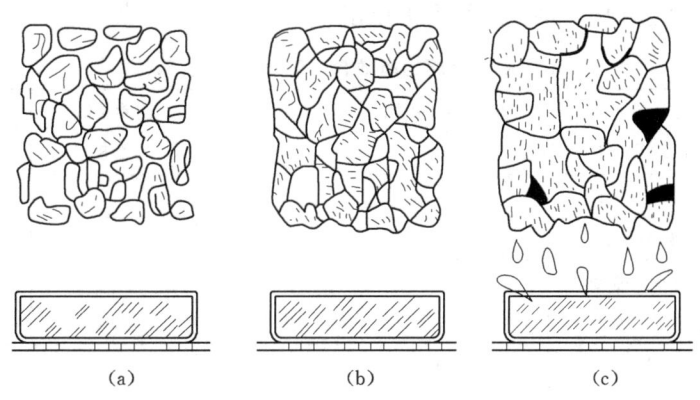

图3-6 不同含水量的形态
（a）凋萎系数；（b）田间持水量；（c）饱和含水量

凋萎系数大于吸湿系数，小于最大分子持水量，约等于吸湿系数的1.5～2倍。也就是说，薄膜水一部分能被植物吸收利用，一部分不能被植物吸收，两者的分界线是凋萎系数。

4. 毛管断裂含水量

土壤中的毛管悬着水由于作物吸水和表土蒸发，其数量不断减少。当减少到一定时候，其连续状态开始断裂，从而毛管悬着水的运动也告终止。这时候的土壤含水率称为毛管断裂含水量。若土壤含水率大于此值时，悬着水就能向土壤水分的消失点或消失面（被植物吸收或蒸发）运行。低于此值时，连续供水状态遭到破坏，其土壤水分为结合水与薄膜水。此时，土壤水将以薄膜水和水汽形式进行水分交换。土壤水分的运动速度大大减低，向植物的供水数量迅速减少，吸水满足不了植物耗水的需要，植物的生长受到抑制。因此，这时的土壤含水量也称为生长障碍点。在农田水利上通常把毛管断裂含水量作为灌水的下限。

5. 田间持水量

在灌溉或降水条件下，田间一定深度的土层中所能保持的最大毛管悬着水量。当土壤含水率超过这一限度时，过剩的水分将以重力水的形式向下渗透。田间持水量包括吸湿水，薄膜水和毛管悬着水，其数量是三者数量的总和。田间持水量是划分土壤持水量与向下渗透量的重要依据，是指导灌溉的重要依据，对水文学亦有重要意义。

在地下水埋藏较深和排水良好的土地上，当充分降水或灌溉之后，地表水完全入渗，并防止蒸发，经过几天时间（不同土壤的稳定时间有一定差异，一般为1~3天左右，砂土时间短，黏土时间长），土壤剖面含水量基本能稳定地保持最大值，此即田间持水量［图3-6（b）］。田间持水量是土壤所能稳定保持的最高土壤水含量，也是对植物有效的最高土壤含水量。就特定的土壤来说，它可视为一个常数，常用作灌溉上限和计算灌水定额的标准。因此，土壤水的有效范围为

$$\theta_e = \theta_f - \theta_o \tag{3-3}$$

式中 θ_e 为土壤中的有效含水量；θ_f 为田间持水量；θ_o 为凋萎系数。

表3-3列出了中国农业大学及其他单位在一些地区测定的几种不同土质的有效含水量，可供相近地区、同类土壤参考使用。

表3-3　　　　　　不同质地土壤的有效含水量（干土重,%）

质地	地区和土壤	<0.01mm 颗粒	田间持水量	凋萎系数	有效含水量
细砂土	辽西风沙土	2.8	4.5	1.8	2.7
面砂土	辽西风沙土	2.7	11.7	4.2	7.5
砂粉土	嫩江黑土	12.8	12.0	6.6	5.4
粉土	晋西黄绵土	25.0	17.4	6.4	11.0
粉壤土	蒲城垆娄土	—	20.7	7.8	12.9
黏壤土	武功𪊺土	50.8	19.4	9.2	10.2
粉黏土	嫩江黑土	67.8	23.8	17.4	6.4

由此可计算出灌水定额，其土壤有效储水量为

$$M_I = 10^4 H_p(\theta_f - \theta_o)r_d \tag{3-4}$$

式中　M_I 为灌水定额，m³/hm²；r_d 为土壤容重，t/m³；H_p 为计划灌溉湿润深度，m；θ_f 为田间持水量，%；θ_o 为灌溉初的土壤含水量，干土重，%。

$$M'_I = H_p(W_f - W_o)r_d \tag{3-5}$$

式中：M'_I 为灌水定额，即灌溉水在田面上形成的平均水层厚度，mm；H_p 为计划灌溉湿润深度，m。

式（3-4）和式（3-5）可以相互换算。

$$M_I = \frac{3}{2}M'_I \tag{3-6}$$

在农田中，根系活动层中土壤的有效储水量为

$$M_e = 10^4 H_p(\theta_i - \theta_o)r_d \tag{3-7}$$

式中：M_e 为根层厚为 H_p 时土壤内有效储水量，m³/hm²；θ_i 为 H_i 深度范围的土壤平均含水量，%，（占干土重）；θ_o 为凋萎系数，%，（占干土重）。

6. 饱和含水量

土壤中孔隙全部被水充满时的土壤含水量，称为饱和含水量（又称全持水量）。

它的数值等于土壤的孔隙率[图3-6(c)]，属饱和渗透水流特性。把土壤水的分类以及土壤水分常数综合起来，图3-7表示出它们相互之间的关系。

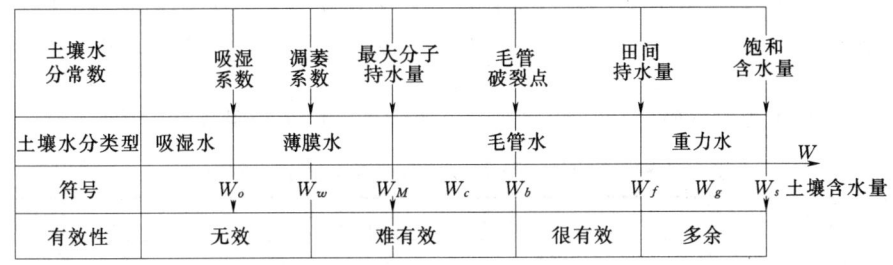

图 3-7 土壤水分类型及水分常数

各种水分常数，决定于土壤的种类、性质和质地，可以通过实验方法确定。表3-4列出华北地区的实测结果，可供参考。但土壤水分常数不是不变的，它随着当地的耕作情况、土壤结构和施肥情况（有机质的含量）的改变而变化。

表 3-4 华北平原不同土壤质地的几种水分常数（干土重，%）

质地名称	最大吸湿量	凋萎系数	田间持水量	饱和含水量
紫砂土	—	—	16~22	—
砂壤土	1~2	4~6	22~30	30~40
轻壤土	1~2	4~9	22~28	28~40
中壤土	2~3	6~10	22~28	30~38
重壤土	2~3	6~13	22~28	28~38
轻黏土		15	28~32	32~40
中黏土	—	12~17	25~35	35~40
重黏土	—	—	30~35	38~42

3.1.4 土壤水分含量与有效性

土壤水分含量是表征土壤水分状况的一个指标，可以用来描述土壤中含有的水量的绝对数目，又称为土壤含水量、土壤含水率、土壤湿度等。土壤水分有效性是指土壤水分能否被作物利用及其被利用的难易程度。不能被植物吸收利用的水称为无效水，能被植物吸收利用的水称为有效水。

3.1.4.1 土壤水分含量

土壤水分含量又称土壤湿度，它是指在一定量的土壤中所含水分数量的多少。土壤水分含量是研究土壤水分的基本指标和依据，无论在土壤水分状况、农田灌排或植物蒸腾等方面的研究中都是一项重要指标。

土壤所含水分数量占干土重量的百分比称为土壤含水量，亦即含水率。用以表示土壤的湿度，是分析土壤水及产生径流不可缺少的参数，有以下两种表示方法。

1. 土壤重量含水率（θ_m）

$$\theta_m = \frac{M_w}{M_s} \times 100\% = \frac{M - M_s}{M_s} \times 100\% \tag{3-8}$$

式中：θ_m 为土壤重量含水率；M_w 为水的质量；M_s 为干土质量；M 为原土样质量（湿土质量）。

由于 M_w 及 M_s 利用称重法即可得到，因此利用质量的百分比来表示土壤的含水率容易求得。但它是相对指标，不能表示含水量的绝对值，对不同土壤含水率难以比较。

我国几种主要农作物播种出苗期间对土壤含水率的要求见表 3-5。

表 3-5　几种主要农作物播种出苗期间对土壤含水率 θ_m 的要求

含水率下界	作物	黏土	壤土	砂壤土	砂土
一般农作物适墒的土壤含水量 θ_m	大多数作物	22~30	18~23	16~20	12~16
最低含水率 θ_m 界限（低于此限，播种后不能保证出苗）	小麦	16~17	13~14	11~12	9~10
	玉米	16~18	14~16	11~13	10~11
	高粱	14~15	12~13	10~11	7~8
	谷子	14~15	12~13	9~10	6~7
	棉花	18~20	15~17	12~14	10~12

2. 土壤容积含水率（θ_v）

$$\theta_v = \frac{V_w}{V} \times 100\% \tag{3-9}$$

式中：θ_v 为土壤容积含水率；V_w 为水的容积；V 为土样总容积。

因土壤水分体积不易在现场直接测定，故先求土壤水分重量百分比，再转换为体积百分比。

$$\theta_v = \frac{V_w}{V} = \frac{\frac{M_w}{\gamma_w}}{V} = \frac{M_w}{V\gamma_w}\frac{M_s}{M_s} = \gamma_o \omega \tag{3-10}$$

式中：γ_w 为水的容重，一般 $\gamma_w = 1.0$；γ_o 为土壤容重（M_s/V）（在有些文献中称干容重）。

θ_v 对砂性土壤，一般为 40%~50%，中等质地土壤为 50%，黏性土壤约为 60%。

如用土层中的水深表示土层含水总量，则用

$$h = Z\theta_v \tag{3-11}$$

式中：Z 为土层厚度，mm。

3. 饱和度

土壤水的体积与土壤孔隙体积的比值，表示土壤孔隙被水充满的程度。

3.1.4.2　土壤水分有效性

土壤水分有效性是指土壤水分是否能被作物利用及其被利用的难易程度。土壤水分有效性的高低，主要取决于它存在的形态、性质和数量，以及作物吸水力与土壤持水力之差。

当土壤中的水分不能满足作物的需要时，作物便会出现凋萎状态。作物因缺水从开始凋萎到枯死要经历一个过程。夏季光照强,气温高,作物蒸腾作用大于吸水作用,叶子会卷缩下垂,呈现凋萎,但当气温下降,蒸腾减弱时,又可恢复正常,作物的这种凋萎称为临时(暂时)凋萎。当作物呈现凋萎后,即使灌水也不能使其恢复生命活动,这种凋萎称为永久凋萎。所谓凋萎系数就是当作物呈现永久凋萎时的土壤含水量。当土壤水分处于凋萎系数时,土壤的持水力与作物的吸水力基本相等(均约为1.5MPa),作物吸收不到水分,因此,凋萎系数是土壤有效水分的下限。

在旱地土壤中,土壤所能保持的水分的最大量是田间持水量。当水分超过田间持水量时,便会出现重力水下渗流失的现象。因此,田间持水量是旱地土壤的土壤有效水分的上限。

由此可见,土壤有效水就是由田间持水量到凋萎系数之间的水分,即

土壤最大有效水量(%)=田间持水量(%)-凋萎系数(%)

对作物而言,土壤中所有的有效水都是能够被吸收利用的,但是,由于它的形态、所受的吸力和移动的难易有所不同,因此,其有效程度也有差异(图3-8)。

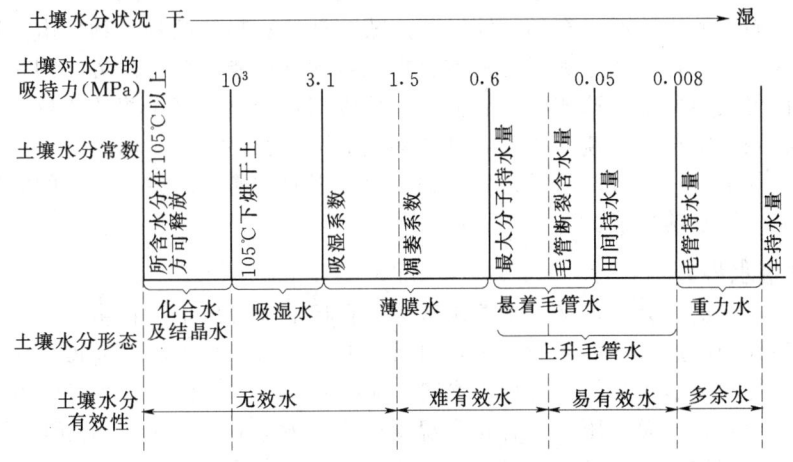

图3-8 土壤水分常数与土壤水分有效性的关系

自凋萎系数到毛管断裂含水量之间的水分所受的吸力虽小于作物的吸水力,但因其移动缓慢,作物只能吸收这部分水分来维持其蒸腾的消耗,而不能满足作物生长发育的需要,故一般称为难有效水。因此,在确定是否应进行灌水时,其下限不能以凋萎系数做标准,而应参照毛管断裂含水量来确定。

从毛管断裂含水量到毛管持水量之间的水分,因受土壤吸力很小,可沿着土壤毛管孔隙自由移动,能够不断地满足作物的需要,故一般称为易有效水。

土壤有效水量的多少主要受土壤质地、结构、松紧状况和有机质含量的影响。在土壤有机质含量低的土壤中,决定的因素是土壤质地。一般以壤质土的有效水含量最多,砂质土含量最少。质地黏重、结构不良的黏质土,其田间持水量虽高,但因其凋萎系数亦高,故有效水的含量并不高。

在SPAC系统中,土壤水有效性不仅决定于土壤含水量或土壤水吸力与根吸水力的大小,同时,还取决于由气象因素决定的大气蒸发力以及植物根系的分布密度、

深度和根伸展的速度等，例如在同一含水量或土壤水势时，大气蒸发力弱，根系分布密而深，根伸展速度也大时，植物可能得到一定水分而不发生永久萎蔫。反之，大气蒸发力强，根系分布浅而稀，根伸展的速度慢，植物虽然仍能吸到一部分水，但因入不敷出，最终会发生萎蔫。通过加深耕层、培肥土壤、促进根系发育，是提高土壤水有效性、增强抗旱能力的根本措施。

3.2 土壤水分能态

在 3.1 节简述了土壤中各种类型的土壤水所受到的作用力及其对植物的有效程度。然而，土壤水的类型仅仅表明了土壤水的存在状态和存在数量，很难反映土壤水的运动规律，不能反映土壤水和大气水、地表水以及地下水之间的相互转化关系，也不能描述自然界中土壤—水—植物—大气系统的循环过程。

土壤水和自然界中的其他物体一样，也具有不同形式和数量的能，处于一定的能量状态，能自发地从能量高的地方向能量低的地方运动，最后达到平衡。根据物理学原理，自然界中的物体所具有的"能"的形式有动能和势能两种。物体由于运动所产生的能量为动能，在其状态和温度的变化中也包含有动能的变化。势能则是由于物体在力场中位置或内部条件造成的。它们之间可以相互转化。当土壤的质量一定时，由于土壤水在孔隙中移动的速度很慢，其动能一般可以忽略不计。因此，在研究土壤水的大多数过程中，一般可以只考虑势能的变化。因此，通常所说土壤水的能量状态时主要指的是土壤水的势能。

3.2.1 土壤水势

根据国际土壤学会的定义，土壤水势为：在标准大气压下，将单位数量的水等温可逆地移动到相应点（标准参照状态）时所做的功。水分从土壤移动做功所需的能量即为该系统的土壤水势能或简称土水势（soil water potential）。在势的概念中，所谓相应点一般是指在大气压下具有相同温度的自由水表面。在自由水面的选定方面，常常是选择空旷的水池的自由水表面或是地下水的水表面作为自由水面。用这些水表面作为相应水位，其水势为零。

土水势在决定土壤中水的状态和运动上有着极为重要的作用。可应用于土壤中水分运动的所有过程，如渗透、排水以及毛管水上升等。土壤中两点间水的势能差造成水分在土壤中流动的趋势，土壤水分就是从势能较高的部位向势能较低的部位运动，并在这一移动的过程中释放能量。这个运动一直持续到其总土水势在土壤中所有部分都相等为止。了解等温系统中势能的差，就可决定水流的方向，而且还能定量地计算出使水流动所必须做的功。这就是用势能观点来研究土壤水分的优点。

标准参照状态是指一定高度处、某一特定温度（常温或与土壤水相同温度）下，承受标准大气压（或当地大气压）的纯自由水（不含溶质、不受固相介质作用）。

土壤水势用公式表示如下

$$\psi = ah \qquad (3-12)$$

式中：ψ 为水势，J/kg；a 为加速度，m/s^2；h 为距相应水位处的高度，m。

从定义上来讲，土壤水受到若干力的作用，这些力都不同程度地改变了土壤水的

能量状态。因此，总土水势是土壤中所有各种作用力产生的分势的总和，即

$$\psi = \psi_m + \psi_s + \psi_p + \psi_g + \psi_T \quad (3-13)$$

式中：ψ为总土水势；ψ_m为基质势；ψ_s为溶质势；ψ_p为压力势；ψ_g为重力势；ψ_T为温度势。

1. 基质势（Matrix Potential）

基质势（亦称基膜势、毛管势）由土壤基质对水分的吸持作用引起。水和土壤骨架之间的毛管力和吸附力将土壤水束缚在土壤中，要使土壤水移动，必须克服这种吸持作用做功（图3-9）。将土壤水移动到标准参照状态（自由水，无束缚）时，对土壤水所做的功称为土壤水的基质势。基质势是土壤固相物质影响的度量，它包括了通过固相物质对水所产生的全部作用力，如毛管力、表面分子吸引力等对水所产生的一切作用。土壤含水越少，其固相物质所产生的力将土壤水分吸持得越强烈，于是水分越难从土壤中抽吸出来。在一个具有地下水的土壤中，假若土壤

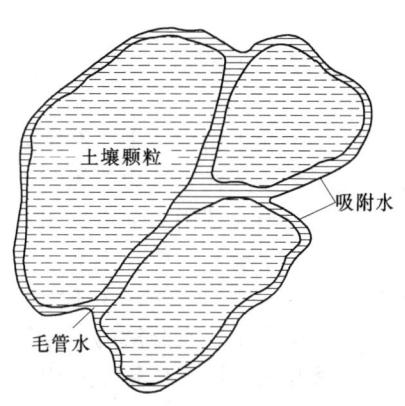

图3-9 共同引起基质势的水的两种形式

水分在土壤中达到能量平衡而处于静止状态时，则不产生土壤水分运动。此时，距地下水表面相应点的高度越大，基质势的负值也越大。

基质势在土壤水势中是一个很重要的分势，它对饱和土壤中水分的保持和运动有极其重要的作用。可直接用张力计在田间测定，在实验室除张力计外，还可以用压力薄膜仪测定。基质势的符号与重力势相反，为负号。

2. 溶质势（Solute Potential）

由可溶性物质（如盐类）溶解于土壤溶液中，降低了土壤溶液的势能所导致。由于溶质对水分子具有吸引力，将水分移动到标准参照状态（纯自由水）时必须对土壤水做功。这种溶液与纯自由水之间存在的势能差，称为溶质势。溶质势相当于从土壤溶液中，透过半透膜抽吸单位数量的水所做的功。盐土中的盐浓度，可以导致含盐土层从其临近的土层中聚积水分。因此，溶质势在盐渍土中常具有较大的意义。

溶质势是由于土壤溶液中所有的溶质共同作用引起的，因此其意义与渗透压、渗透吸力、溶质吸力相似，但符号相反。如果溶液中所有成分的浓度和影响都知道的话，溶质势可以计算出来。但因为各种盐类的离子化程度随着浓度而改变，且在有其他盐分存在时，其离子化程度也会变化，所以很难精确测定每一种溶质的浓度。

由于溶质势和渗透压数值相同，符号相反，因此可通过测定渗透压来确定溶质势。若以压强来表示，溶质势可按下式求得

$$\psi_s = -cRT \quad (3-14)$$

式中：c为溶液浓度，mol/L；R为气体常数；T为绝对温度，K。

3. 压力势（Pressure Potential）

压力势由土—水系统中的压力超过参照状态下的压力而引起的土水势。通常将标准参照状态下的压力定义为标准大气压或当地大气压，相对于大气压力所存在的势能

差，为压力势。

当土壤水分饱和时，由于存在滞水层或悬着水柱，就是其下的土—水系统的任一点上超过参照压力的静水压力，而使其下的土壤水势增加。若以静力压强来表示压力势，则

$$\psi_p = \rho g h \text{（饱和）} \tag{3-15}$$

式中：ρ 为水的密度，kg/m^3；g 为重力加速度，一般取值为 $9.8m/s^2$；h 为水层的深度，m。

在非饱和土壤中，土壤孔隙处与大气相通，各处的土壤水均受到与参照压力相同的大气压力，因此，压力势为零。

但是，当土壤中局部有封闭气体时，它与土壤水平衡的气压可能与大气压不同，此时，对于土壤水的能量就会产生影响。由这种平衡气压改变而产生的压力势，称为气压势。气压势通常为一个不大的正值。

当土壤水中含有分散的悬浮胶体使得土水比重大于1，从而产生静水压力；或者土壤显著膨胀，因土体膨胀对周围土壤产生压力所引起的土水势，称为荷载势。

4. 重力势（Gravitation Potential）

将单位数量的土壤水从某一点移动到标准参照状态（或参考状态）水平处，而其他各项维持不变时，土壤水所做的功，即为该点土壤水的重力势（图3-10）。土壤水一直是处在地球重力场的影响之下，若以重量作为单位，则重力势就表现为位置的高度。因此，重力势与土壤本身的性质无关，它仅取决于所研究点与参照面之间的垂直距离。重力势的符号通常为正，即

$$\psi_g = \rho g Z \tag{3-16}$$

式中：ψ_g 为重力势，Pa；ρ 为水的密度，kg/m^3；Z 为距离基准面的高度，m；g 为重力加速度，一般取值为 $9.8m/s^2$。

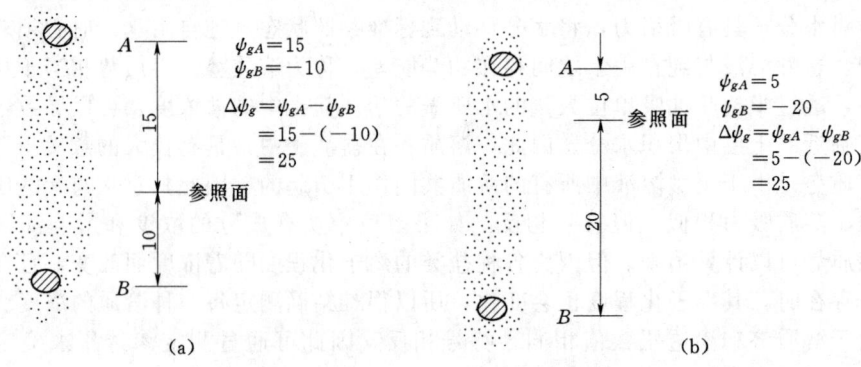

图 3-10 重力势示意图（单位：cm）

5. 温度势（Temperature Potential）

由温度场的温差引起。土壤中任一点土壤水分的温度势由该点的温度与标准参照状态的温度之差所决定。

一般情况下，由于非饱和土壤中，$\psi_p = 0$，而 ψ_s 与 ψ_T 对土壤水分运动的影响都

可忽略，则土壤中的水势一般主要由基质势和重力势组成。

故式（3-13）常被简化为

$$\psi = \psi_m + \psi_g \tag{3-17}$$

在饱和土壤中，只存在压力势和重力势，即

$$\psi = \psi_p + \psi_g \tag{3-18}$$

在盐土以及研究土壤—植物水分关系时，应包括重力势、基质势和溶质势。

土水势的定量表示是以单位数量土壤水的势能为准。单位数量可以是单位质量、单位容积或单位重量。单位质量的土水势也称比水势，其单位为 J/kg，通常被视为土壤水势的标准表示单位。

在实际应用中，单位容积或单位重量的土壤水势更常用。单位容积土壤水的势能值用压力单位表示，标准单位为帕（Pa），也可用千帕（kPa）和兆帕（MPa），习惯上也曾用巴（bar）和大气压（atm）表示；单位重量土壤水的势能值用相当于一定水柱高的厘米数表示。他们之间的关系是

$$1Pa = 0.0102 cm\ H_2O$$
$$1atm = 1033 cm\ H_2O = 1.0133 bar$$
$$1\ bar = 0.9896 atm = 1020 cm\ H_2O$$

6. 土壤水吸力（Soil Water Suction）

描述土壤水分运动时通常还用土壤水吸力来表示土壤水的结合强度。土壤水吸力是表示土壤水分能态的另一个概念，它是指土壤水在承受一定土壤吸力的情况下所处的能态，简称吸力（suction）。土壤水吸力可用压膜法来测定，即在一钢室内引入一定的压缩气体，使钢室保持一定的压力。平衡后，钢室内土壤水吸力低于这个压力所保持的土壤水均被排出钢室外，然后测定钢室内土壤样本的含水量即为在这个压力下土壤所保持的水分。换而言之，也就是在这个土壤含水量下，土壤水吸力等于上述钢室内所保持的压力。变换钢室的气压，就可以得出不同吸力下土壤水的含量。土壤水吸力相当于基质势和溶质势的总和，即

$$S = -(\psi_m + \psi_s) \tag{3-19}$$

式中：S 为土壤水吸力（bar 或水柱高）。

土壤水吸力的数值为正值，和基质势对照时，其符号应与基质势相反。使用这个概念，可以避免使用土壤水势负值带来的不便。当土壤水吸力的值用厘米水柱高表示时，其数值变化很大。为了方便，常取厘米水柱高度的常用对数值表示，称作 pF 值。即

$$pF = \lg S \tag{3-20}$$

式中：S 为土壤水吸力值，$cm H_2O$。

pF 值、厘米水柱高、大气压的单位表示关系见表 3-6。

7. 平衡系统中的水势

在一个平衡的土—水系统中，水力势 ψ_h 在各个位置上都应是一个常数。因其水力势梯度为零，故在系统内的土壤水分不会发生流动。如图 3-11 所示，一个 U 形土柱的一端浸在水槽内，水槽水面保持不变。另一端防止蒸发，土柱内的水分处于平衡状态。现分析图 3-11 中土柱中各点的土水势，为了方便其势均值用 $cm H_2O$，即

水柱高度的厘米数表示。

表 3-6　　　　　　　　　　土壤水吸力表示单位

单位水柱高度 (cm)	pF 值	大气压 (约数)	单位水柱高度 (cm)	pF 值	大气压 (约数)
1	0	0.001	31623	4.5	31
10	1	0.01	100000	5	100
300	2.5	0.3	1000000	6	1000
1000	3	1	10000000	7	10000
10000	4	10			

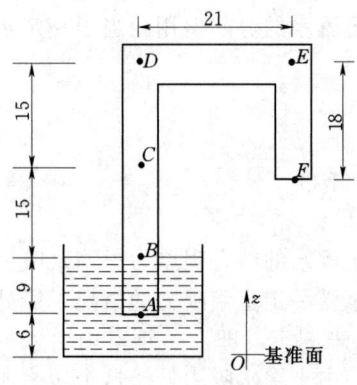

图 3-11　土柱中各点的土—水势各分势（单位：cm）

将参照面选在水槽槽底，土柱中 B 点的水力势最容易计算。由于 B 点正处于自由水面，故其基质势和压力势都等于零，即

$$\psi_{mB} = \psi_{pB} = 0$$

其重力势等于参照面的垂直距离，因此

$$\psi_{gB} = 6 + 9 = 15 (\text{cm})$$

故 B 点的水力势 ψ_{hB} 为

$$\psi_{hB} = \psi_{gB} + \psi_{mB} + \psi_{pB} = 15 + 0 + 0 = 15 (\text{cm})$$

因各点的水力势相等，故可以写为

$$\psi_{hB} = \psi_{hA} = \psi_{hC} = \psi_{hD} = \psi_{hE} = \psi_{hF} = 15 \text{cm}$$

各点的重力势与参照面的垂直距离为

$$\psi_{gA} = 6 \text{cm}$$
$$\psi_{gB} = 6 + 9 = 15 (\text{cm})$$
$$\psi_{gC} = 6 + 9 + 15 = 30 (\text{cm})$$
$$\psi_{gD} = 6 + 9 + 15 + 15 = 45 (\text{cm})$$
$$\psi_{gE} = 6 + 9 + 15 + 15 = 45 (\text{cm})$$
$$\psi_{gF} = 6 + 9 + 15 + 15 - 18 = 27 (\text{cm})$$

在水位以上各点的压力势均为零，因此

$$\psi_{pB} = \psi_{pC} = \psi_{pD} = \psi_{pE} = \psi_{pF} = 0$$

这样，就已有足够的资料求出从 B 到 F 各点的基质势（ψ_m）了。

因为 $\psi_m = \psi_h - \psi_g - \psi_p$，故各点的基质势为

$$\psi_{mB} = 15 - 15 - 0 = 0 (\text{cm})$$
$$\psi_{mC} = 15 - 30 - 0 = -15 (\text{cm})$$
$$\psi_{mD} = 15 - 45 - 0 = -30 (\text{cm})$$
$$\psi_{mE} = 15 - 45 - 0 = -30 (\text{cm})$$
$$\psi_{mF} = 15 - 27 - 0 = -12 (\text{cm})$$

A 点是在水位以下，因而

$$\psi_{mA} = 0$$

A 点的压力势为

$$\psi_{pA} = \psi_{hA} - \psi_{gA} - \psi_{mA} = 15 - 6 - 0 = 9 \text{(cm)}$$

现将上面所计算的各种势值（cmH_2O）换算成 Pa，列表 3-7。

表 3-7　　　　　　　　　中各点的土—水势各分势值　　　　　　　　单位：Pa

土—水势各分势	土壤中各点的势值					
	A	B	C	D	E	F
压力势（ψ_p）	882	0	0	0	0	0
基质势（ψ_m）	0	0	-1470	-2940	-2940	-1176
重力势（ψ_g）	588	1470	2940	4410	4410	2646
水力势（ψ_h）	1470	1470	1470	1470	1470	1470

由上可见，在平衡的水—土系统中，自由水面以上各点的基质势为各点到自由水面距离的负值。而自由水面以下各点的压力势，则为各点到自由水面距离的正值。因而，若将参照面选在自由水面处，这时各点的水力势均为零，因为自由水面以上各点的重力势恰好与基质势相抵消。

3.2.2　土壤水分特征曲线
3.2.2.1　土壤水分特征曲线的概念

土壤对水的吸力和毛管力是产生基质势的原因。当水分进入土壤并保持于土壤中时，这种吸引力逐步得到满足，水势（基质势）亦随着含水量增加而相应增加。土壤脱水过程则相反，随着水分逐步消失，水分脱离土壤所需的功亦相应增加，其水势下降。因此，在土壤水分的保持与释放过程中，其含水量与水势均有相应的关系。表征这种关系的曲线，称为土壤水分特征曲线。这一关系曲线反映了土壤水分状况的基本特征，对分析和评价土壤水分的保持和运动具有很重要的意义。

当水势以吸力表示时，它和含水量的关系恰与水势和含水量的关系相反，即吸力随含水量增加而下降。当土壤中的水分处于饱和状态时，含水率为饱和含水率 θ_s，而吸力 S 或基质势 ψ_m 为零。若对土壤施加微小的吸力，土壤中尚无水排出，则含水率维持饱和值。当吸力增加至某一临界值 S_a 后，由于土壤中最大孔隙不能抗拒所施加的吸力而继续保持水分，于是土壤开始排水，相应的含水率开始减小，如图 3-12 所示。饱和土壤开始排水意味着空气随之进入土壤中，故称该临界值 S_a 为进气吸力，或称进气值。一般的说，粗质的砂性土壤或结构良好的土壤，其进气值比较小，细质的黏性土壤的进气值相对较大。由于粗质的砂性土壤有大小孔隙，故进气值的出现往往较细质土壤明显。当吸力进一步提高，次大的孔隙接着排水，土壤含水率随之进一步减小。随着吸力不断增加，土壤中的孔隙由大到小依次不断排水，含水率越来越小。当吸力很高时，只在十分狭小的孔隙中才能保持着极为有限的水分。

土壤水吸力与含水量的关系常用下式表示

$$S = a\theta^b \tag{3-21}$$

式中：S 为土壤水吸力；θ 为含水量；a、b 为常数，因土壤不同而异。

土壤水吸力一般随含水量增加而下降（图 3-13），但其关系因土壤而异。各种土壤的持水性质，只能由其自身的特征曲线来描述，如图 3-13 所示。

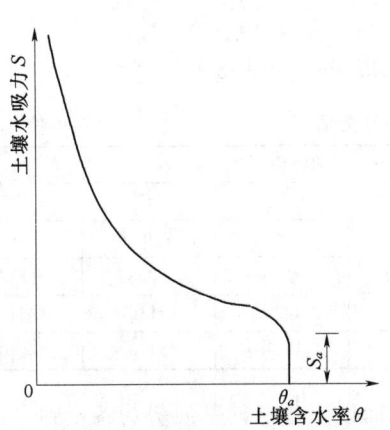

图 3-12 土壤水分特征曲线示意图

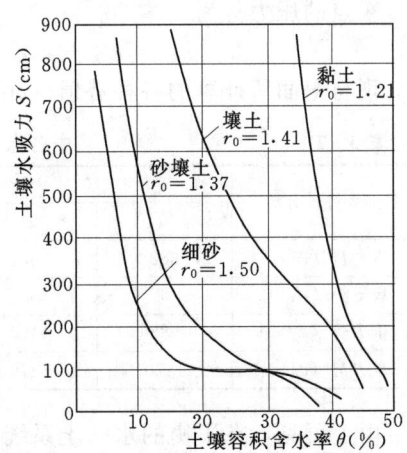

图 3-13 不同土壤的水分特征曲线
（低吸力脱湿过程）

3.2.2.2 影响土壤水分特征曲线的因素

1. 土壤质地

土壤水分特征曲线反映土壤水的基质势和含水量的关系，因此它必然受土壤质地的影响。不同质地的土壤，其水分特征曲线各不相同。一般说黏粒含量越高，任何吸力下土壤含水量都较大，因为黏质土中细孔隙较多，表面能较大，故吸持的水分比较多。砂质土中孔隙较大，水分容易排走，保持的水分较少。在曲线的斜率上，因黏土中孔隙大小分布比较均匀，因此，当吸力增加时，含水量的减少比较缓慢，其曲线的斜率较小。而砂质土中绝大部分孔隙都较大，一旦达到一定的吸力时，这些大孔隙中的水分一下都排空，土壤中只剩下少量水分，故曲线的斜率较大（图 3-14）。

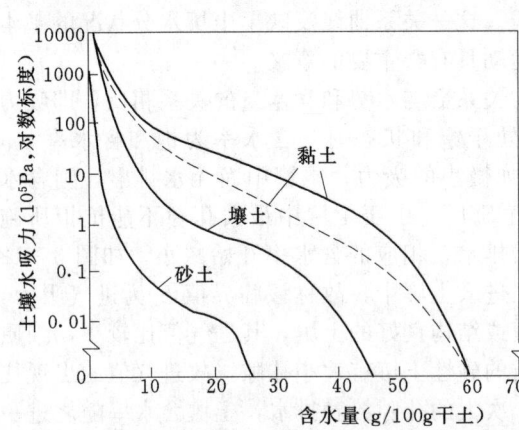

图 3-14 三种不同质地土壤的水分特征曲线
（实线为脱水曲线，虚线表示吸水曲线，两条黏土线之间的差异归因于滞后作用）

2. 土壤结构

土壤结构对水分特征曲线也有影响，这种影响在基质势高时尤为明显。因为这时水分的保持主要取决于毛管作用和孔隙大小，而结构状况不同，其毛管作用和孔隙大小差异显著，故结构对持水的影响比较强烈。随着基质势的降低，吸附作用的影响越来越大，因而土壤质地和土壤比表面积的影响也就越来越大。压紧土体会使土壤结构破坏，土壤孔隙状况发生变化，因此对水分特征曲线也有影响。土壤经过压紧会使团聚体间的大孔隙显著变小，因而使土壤的饱和含水量明显降低。而中等大小的孔隙在压紧后有所增加，小孔隙受影响较小。因此，压紧后的水分特征曲线在低基质势（高吸力）范围时基本不变。

3. 土壤温度

温度升高时，水的黏滞度和表面张力下降，土水势升高，土壤水吸力降低。因此在一定水势下，温度高时土壤保持的水量较少，温度低时则较多。温度对土水势的影响在土壤含水量低时尤为明显，在细质地土壤中也较粗质地土壤明显。

3.2.2.3 土壤水分特征曲线的测定

土壤水分特征曲线的测定，就是测定土壤的一系列含水量和对应的基质势。用从饱和开始增加吸力使土壤逐渐脱水的方法所得到的曲线称为脱水曲线，而用从干燥开始降低吸力使土壤逐渐吸水的方法所得到的曲线则称为吸水曲线。

测定水分特征曲线的方法有很多种，现仅介绍张力计法和压力薄膜法两种。

1. 张力计法

张力计（图 3-15）的下端为一多孔陶土杯，溶质和水能够自由通过，土粒不能通过。陶土杯上端连接集水管，充满水分，其上接负压表（或装有水银的 U 形管）。当将陶土杯插入不饱和土壤后，土壤通过陶土杯从张力计中吸收水分，因而造成一定的真空度（负压即小于大气参照压力的压力），平衡后从负压表或 U 形管读数测出土壤基质势，再测出陶土头周围的土壤含水量，就得到一组基质势和含水量相应的数据。多次变更土壤含水量，分别测出对应的基质势或吸力，就可完成水分特征曲线的测定。

其测定的原理是：由于张力计陶土杯与测点土壤处于同一位置，故重力势可忽略不计，又因多孔陶土杯的微孔所形成的膜为全透性膜，即水分与溶质均能通过的膜，故溶质势亦可忽略不计，这样当平衡时，整个体系的水势必然相等，即

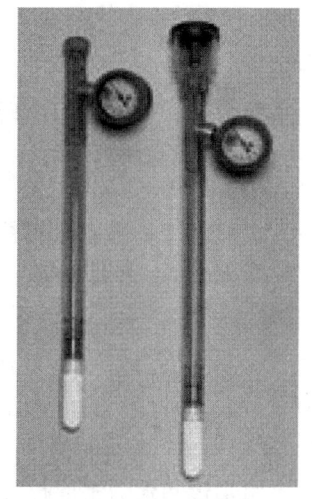

图 3-15 指针式张力计

$$\psi_{wS}（土壤水势）= \psi_{wD}（张力计中的水势）$$

因为

$$\psi_{wS} = \psi_{pS} + \psi_{mS}$$
$$\psi_{wD} = \psi_{pD} + \psi_{mD}$$

当平衡时有

$$\psi_{pS} + \psi_{mS} = \psi_{pD} + \psi_{mD}$$

由于土壤中的压力计为参照压力，故 $\psi_{pS} = 0$

由于张力计中没有土壤，故 $\psi_{mD} = 0$

所以 $\psi_{mS} = \psi_{pD}$

张力计中的压力小于参照压力，故仪器中水面上的压力与大气压之差为负值，形成负压，其大小可以从负压表或 U 形管反映出来。所以，通过张力计中自由水的压力势即可测得土壤水的基质势。

此法可应用于脱水过程，也可用于吸水过程；可在室内测定扰动土样和原状土样，也可以在田间进行测定。由于张力计测定的吸力范围为 0.08MPa，故此法只能

测定低吸力范围的水分特征曲线。但对大多数耕作土壤来说，这个范围包括了土壤有效水的范围，因而在实际工作中特别是在指导农田灌溉中张力计法已被广泛应用。

用张力计法测定土壤基质势的仪器主要有两种类型：一种是水压力计式张力计；另一种是水银压力计式张力计。对于水压力计式张力计来说，若基质势以水柱高度来表示，即

$$\psi_m = -h$$

由于这种张力计不能进入土壤中安装并取得读数，故常用真空表来代替水压计来测定土壤基质势。

对于水银压力计式张力计，即

$$\psi_m = -Z_{Hg} \frac{\rho_{Hg}}{\rho_w} + Z$$

式中：ρ_{Hg} 为水银密度，$13.6 \times 10^3 \text{kg/m}^3$；$\rho_w$ 为水的密度，$1 \times 10^3 \text{kg/m}^3$；$Z_{Hg}$ 为水银柱高度，m；Z 为水银柱顶部到陶瓷头中心的距离，m。

将 ρ_{Hg} 和 ρ_w 的数值代入上式，则得

$$\psi_m = -13.6 Z_{Hg} + Z$$

式中距离 Z 随着水银柱高度 Z_{Hg} 的变化而改变，但是，从水银池的表面到陶瓷头中部的距离 Z_0 对任何张力计来说则是一个常数，如果以 $Z = Z_0 + Z_{Hg}$ 代入上式，则

$$\psi_m = -Z_{Hg} \frac{\rho_{Hg}}{\rho_w} + Z_{Hg} + Z_0$$

此式亦可写成

$$\psi_m = -Z_{Hg} \left(\frac{\rho_{Hg}}{\rho_w} - 1 \right) + Z_0$$

用水银和水的密度代入上式，则

$$\psi_m = -12.6 Z_{Hg} + Z_0$$

2. 压力薄膜法

压力薄膜法的测定装置主要是由加压系统、压力室及排水量水系统三部分组成，如图 3-16 所示。

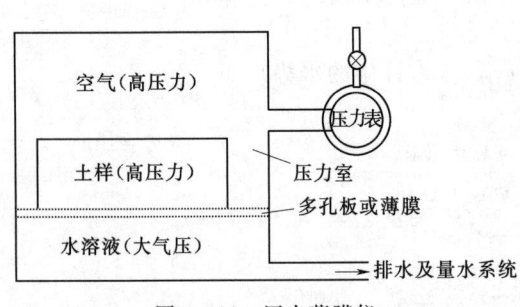

图 3-16 压力薄膜仪

当向压力室加压时，土样中的水就受压而排出，排水停止后，所加压力之负值即为该土壤水的基质势。亦可认为土样中的总土水势 ψ_S 与多孔板下边的自由水的总水势 ψ_w 相等，即

$$\psi_S = \psi_w$$

而自由水所受压力为大气压，即 $\psi_{pw} = 0$，其基质势也为零，即 $\psi_{mw} = 0$，溶质势和重力势均相等，故 $\psi_{mS} + \psi_{pS} = 0$。

因此，$\psi_{mS} = -\psi_{pS}$ 说明压力室中土壤的基质势等于室中土壤的压力势的负值，而这个压力势就是所施加的气压值 P。同时，在已知土样初始含水量的情况下，用量得的排出水量就可以算出相应的土壤含水量。增加压力值，重复上述过程，就可得到一

系列相应的土壤水吸力（土水势）与土壤含水量的相关数据，从而可获得土壤的脱水曲线。若将加压过程改为减压过程，排水系统改为供水系统，就可测得土壤由干到湿的吸水曲线。

陶土板一般只能承受 $1\sim 2$ MPa 以下的压力，如果要做到更高吸力范围的水分特征曲线的线段，可在陶土板上再加铺一层醋酸纤维膜，它能在 2MPa 以上的压力下透水而不透气，可测得高吸力段的特征曲线。

在测定过程中，温度变化要维持在 ± 1℃ 以内，土样可以是扰动的，也可以是原状的。

3.2.2.4　土壤水分特征曲线的应用

土壤水分特征曲线是研究土壤水文特征的重要资料，它可以应用于以下几个方面。

1. 进行土壤基质势与含水量的换算

通过水分特征曲线可以对土壤基质势和含水量进行相互换算。但是如前所述，基质势与含水量的关系复杂，到目前为止，还没有比较满意的理论可以从土壤基本性质来预测基质势和含水量的关系。曾有人将水分特征概括为经验公式，但显然它们只能说明某些土壤和在有限的吸力范围内的土壤水分特征。如威塞尔（Visser）1966年曾提出下列公式

$$\psi = a(f-\theta)^b/\theta^c \tag{3-22}$$

式中：ψ 为基质势；f 为空隙度；θ 为容积含水量；a、b、c 为常数，威塞尔得出 b 为 $0\sim 10$，a 为 $0\sim 3$，c 为 $0.4\sim 0.6$。

加德奈等在1970年也提出了一个经验公式

$$\psi = a\theta^{-b} \tag{3-23}$$

式中：b 为常数（细砂土为4.3）。

式（3-23）只符合特征曲线的一部分，只适合于含水量范围狭窄的过程。

2. 土壤基质势与当量孔径的关系

在不收缩的土壤中，根据水分特征曲线可以计算出有效孔径（或当量孔径）的分布。

在一个非饱和的土—水系统中，设定基质势（或基质吸力）主要由土壤中某种孔径的圆形毛细管作用的结果。如基质吸力由 S_1 增加到 S_2 时，就有相当容积的水释放出来。这个释放出来的水的容积就等于有效半径在 r_1 和 r_2 之间的孔隙容积。S 和 r 的关系为

$$S = \frac{2T}{r} \text{ 或 } D = \frac{4T}{S}c_\theta - S \tag{3-24}$$

式中：T 为水的表面张力，室温下一般为 72×10^5 N/cm；r 为毛管孔隙半径，mm；S 为吸力，hPa；D 为毛管孔隙直径，mm。

因此，土壤中的毛管孔径的大小可以用来表示土壤水势或土壤水吸力的大小。但实际土壤中孔径是不均匀的，形状也是不规则的，因此，根据式（3-24）计算得到的孔径相应于该吸力 S 的当量孔径，以区别于土壤中的真实孔径。

当量孔径 D 和吸力 S 成反比，表示毛细管越细，所相应的土壤水吸力越大。例

如 S 为 10hPa (10mbar),土壤水可保持在当量孔径为 0.3mm 以下的孔隙中,当量孔径大于 0.3mm 的孔隙中则没有水分。因此,根据当量孔径和吸力的关系,可以分析在一定吸力条件下水分在土壤不同大小孔隙中的分布情况。

由于当量孔径与吸力的关系,可将水分特征曲线图中吸力 S 坐标换算为当量孔径坐标。(图 3-17)当吸力为 S_1 时,土壤中凡是大于有效孔径 D_1 的所有毛管中保持的水分被排出土体,只有在孔径小于 D_1 的毛管孔隙中才充满水分,这时相应的含水量为 θ_1;当吸力增加为 S_2 时,相应的有效孔径为 D_2($D_2 < D_1$),此时孔径大于 D_2 的毛管中的水分被排出,只有在孔径小于 D_2 的毛管中才有水分,这时相应的含水量为 θ_2;这说明吸力变化范围 $S_1 \sim S_2$ 时,土体中有效孔径的那一部分孔隙排水,相应的这部分孔径的孔隙容积为 $\theta_1 - \theta_2$。

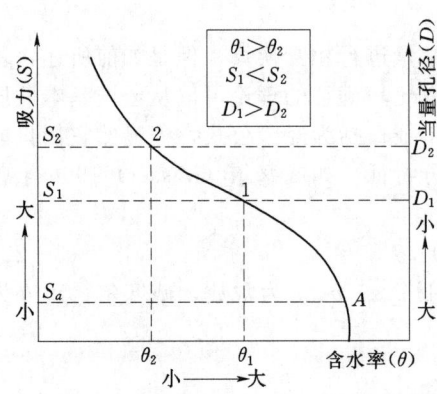

图 3-17 土壤水吸力与当量孔径的关系

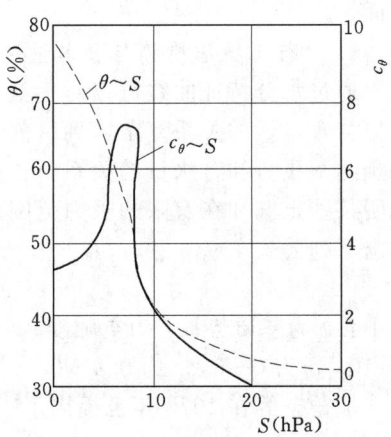

图 3-18 水分特征曲线及容水度 c_θ—S 关系曲线

3. 计算土壤的容水度

土壤水分特征曲线的斜率是每单位基质势(或基质吸力)的变化所导致的含水量的变化,一般称为土壤容水度或比水容量,以 c_θ 表示

$$c_\theta = \frac{d\theta}{d\psi} \text{ 或 } c_\theta = -\frac{d\theta}{dS}$$

容水度 c_θ(即水分特征曲线斜率的负数)随吸力的不同而异,这主要是由于土壤中各种不同孔径的孔隙所占的比例不同之故。图 3-18 中 c_θ—S 关系的峰值,表明其相应的当量孔径的孔隙在该土壤中占优势。容水度与土壤水分储量和对植物的有效程度有关,是土壤的一个重要水分物理性质。

由上可见,土壤水分特征曲线能够间接地反映出土壤中各种大小的当量孔隙的分布情况,以及在不同基质势或基质吸力范围内土壤所保持或释放的水量,这对估计土壤水分对植物吸收的有效性是十分有用的。

3.2.2.5 土壤水分的滞后作用

在测定土壤水分特征曲线时发现,土壤水吸力与土壤含水量的关系不是单值的关系,它因水分变化过程的方向—吸水过程与脱水过程而不同,即在同一土壤水吸力下,脱水过程的含水量总比吸水过程的含水量高,这种现象称为滞后作用(图

3-19)。当土壤从饱和 A 点开始脱水时,曲线沿箭头所指的轨迹达到最高点 C,再由 C 点开始使土壤重新吸水,曲线又沿着另一轨迹回复到 A 点附近。这便可得到两条不同的水分特征曲线,前一条为脱水曲线,后一条为吸水曲线。以后,如再发生干、湿过程,则还会出现另外的特征曲线,不过它们只可能处于原先两条主曲线形成的圈(AC—CA)内,这个由两条主曲线所形成的圈称为滞后圈,AC 曲线与 CA 曲线则称为扫描曲线。

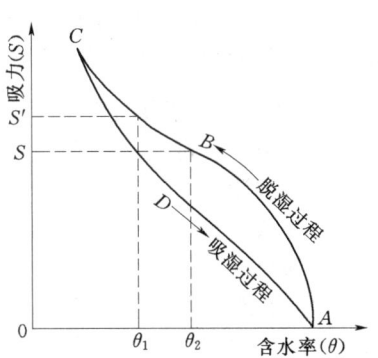

图 3-19 水分特征曲线的滞后现象

滞后现象表明,利用土壤水分特征曲线资料以土壤水吸力推求土壤含水量(或以土壤含水量推求土壤水吸力)时,必须根据土壤脱水或吸水过程的方向来选用。一些测试资料表明,滞后圈最宽的地方,土壤含水量的差值可达 6% 左右。如选取两条扫描曲线的中间值作为土壤水吸力—土壤含水量的相关曲线,其误差可达到±3%左右。因此,如果不依据干、湿过程来利用这一关系,得到的结果将会有较大的误差,如要精确获得土壤含水量或精确获得土壤水吸力,则最好是分别应用测定土壤含水量或土壤水吸力的方法。

对滞后现象产生的原因有多种解释,其中有一种"瓶颈"作用的解释最有意义。这种解释认为:土壤充水孔隙之间通常是由狭窄的小孔隙连接的。孔隙本身就像"瓶腔"一样,狭窄的小孔通路则似"瓶颈"。如图 3-20 所示。设"瓶腔"的半径为 R,"瓶颈"的半径为 r,根据土壤水吸力与孔隙半径的关系,则

$$S_R = \frac{2T}{R} \quad (3-25)$$

$$S_r = \frac{2T}{r} \quad (3-26)$$

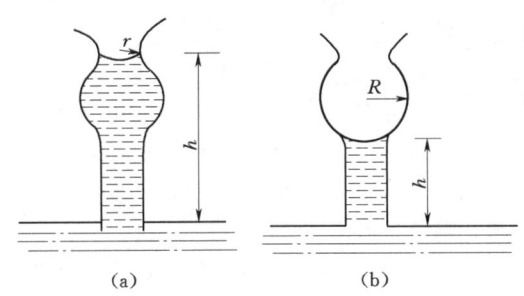

图 3-20 土壤孔隙形状对吸水和脱水过程的影响
(a)脱水过程;(b)吸水过程

式中:S_R 为"瓶腔"的吸力;S_r 为"瓶颈"的吸力;T 为水的表面张力。

因为 $R>r$,所以 $S_R<S_r$。在脱水过程中,充水孔隙内的水要排出必须通路畅通,即首先必须排掉"瓶颈"部分的水,而"瓶颈"部分脱水,则取决于 S_r 值,只有当吸力达到 S_r 值时,"瓶颈"才能打通。因此,尽管在脱水过程中,吸力达到 S_R 值时,"瓶腔"就可以排水,但因其强度不足以使"瓶颈"排水($S_R<S_r$),通路堵塞,所以水分仍然积聚在"瓶腔"中而不能排出。然而在吸水过程中,"瓶腔"充水则不会受"瓶颈"阻碍,当吸力降至 S_r 时,"瓶颈"先充水,当吸力再降至 S_R 时"瓶腔"会接着充水。

由此可见,土壤在脱水过程和吸水过程中,当吸力接近值 S_r 时,"瓶腔"内的水分状况是完全不同的。即在脱水过程时"瓶腔"内是充水的,而在吸水过程时则是空的。这就是为什么在同一吸力值下脱水过程的含水量总是比吸水过程高的原因。

一般容重较小和质地较轻的土壤在低吸力阶段的滞后作用较为明显，土壤的孔隙粗细不均匀的程度高，"瓶颈"作用更甚。

3.2.3 土壤水能态测定方法

土水势的测定方法很多，主要有张力计法、压力薄膜法、冰点下降法、水气压法等。它们或测定不饱和土壤的总土水势，或测定基质势。饱和土壤的土水势，仅包括压力势和重力势，只要测量与参比高度的距离并确定好正负值就行了。

现简单介绍一种土水势的测定方法——热电偶湿度计法。

将一个很小的多孔陶土室埋入土壤中，由于水汽易于通过陶土室，故陶土室内的水汽压与土壤空气水汽压保持平衡。根据热力学原理，同一系统中，各相的自由能应相等，因此，系统中的液态水（土壤水）的自由能和陶土室中水汽的自由能相等。所以，这也就是土壤水以自由水为基准的摩尔自由能。如果用势值表示就是土壤水的总势值。因为势在恒温恒压条件下进行，可忽略温度势、压力势和重力势。这时土壤水的自由能主要包括基质势和溶质势，所以可得

$$\psi_w = \frac{RT}{V_m} \ln \frac{P}{P_0} \qquad (3-27)$$

式中：ψ_w 是土水势，如不考虑溶质势的影响（如在非盐碱地区），$\psi_w \approx \psi_m$；R 为气体常数；T 为绝对温度；V_m 为水的摩尔容积，$18 cm^3/mol$；P/P_0 就是陶土室内的相对湿度，只要测出陶土室内的相对湿度和温度，根据式（3-27）即可计算出土水势。这样可以直接测试土壤根际（半透膜存在条件下）的土水势。

土水势又是在不同条件下土壤水各个分势的代数和。因此，只要准确测得土壤水的各个分势，就可以计算出土壤的总土水势。测定土壤水分势的方法很多。

在没有半透膜存在的情况下，饱和土壤中的土水势，仅包括压力势和重力势两个分势。饱和土壤中的压力势等于被测点到地面的垂直距离（mm），量纲为 mmH_2O。压力势为正值。重力势的测定方法是量取被测点与参比高度的垂直距离，量纲与压力势同。在参比高度以上的被测点的重力势为正值，相反为负值。

测定基质势最常用的方法主要有张力计法、压力薄膜法两种。张力计法在田间、盆栽和室内均可使用。张力计的构造如图 3-21 所示。它的底部是一个细孔陶杯，孔径在 $1.0 \sim 1.5 \mu m$ 之间，其上连接一个塑料管或抗腐蚀的金属管，管上连一水银压力计或真空压力表。使用时把陶杯和管内都装满无气水，并使整个仪器密闭，然后埋入土中，使陶杯与土壤紧密接触。这样杯内水通过细孔与土壤水相连并逐渐达到平衡，此时仪器内的水承受与土壤水相同的吸力，其数值可由真空压力表或水银压力表显示出来。特别应该注意的是，张力计的水柱内不能有气泡，整个仪器必须

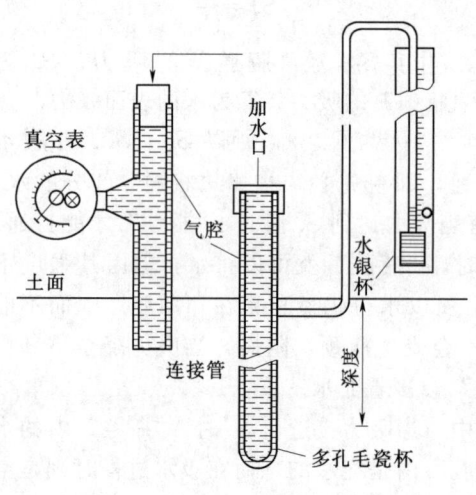

图 3-21 张力计结构示意图

密闭,保持真空,不能与大气相通。由于陶头的中心位置与真空表、压力表水银面的距离经常有变化,因此,张力计在安装和计算前必须进行零点校正。由于陶土杯的孔径限制,一般只能测定$-85\sim 0$hPa范围内的土壤基质势,超过-85kPa时就有空气进入陶土杯而失效。田间植物可吸收的土壤水大部分在张力计可测范围内。水银真空压力计还可以作为自动灌水系统的调控器,所以它有一定的实用价值。

用压力薄膜法可以测量更大范围的土壤基质势值,不过需要采集原状土样在室内进行。根据压力膜装置本身设计能力的限制,它的测量范围为$-1.5\sim 0$MPa。用压力薄膜法可以测定土壤的吸水(细润)曲线和脱水(释水)曲线。

3.3 土壤水分运动

3.3.1 土壤液态水运动

土壤液态水的流动是由于一个土层和另一个土层存在土壤水势的梯度而发生的。流动的方向则是从较高的水势流向较低的水势。土壤液态水的运动有两种情况:一种是饱和土壤中的水流,简称饱和流,即土壤孔隙全部充满水时的水流,这主要是重力水的运动;另一种则是非饱和土壤中的水流,简称不饱和水流或非饱和水流,即土壤只有部分孔隙中有水时的水流,这主要是毛管水和薄膜水的运动。

1. 饱和流

在土壤中,有些情况下会出现饱和流,如大量持续降水和稻田淹灌时会出现垂直向下的饱和流,地下泉水涌出属于垂直向上的饱和流;平原水库库底周围则可以出现水平方向的饱和流。以上各种饱和流方向也不一定完全是单向的,大多数是多向的复合流。

饱和流的推动力主要是重力势梯度和压力势梯度,基本上服从饱和状态下多孔介质的达西定律,即单位时间内流经单位面积土壤的水量——土壤水通量与土水势梯度成正比。如在单向一维流的情况下,达西定律可表示为

$$Q = -K_s \frac{\Delta H}{L} \tag{3-28}$$

式中:Q为通量;ΔH为总水势差;L为水流路径的直线长度;K_s为土壤饱和导水率;负号"—"表示水流方向与压力势梯度方向相反。

土壤饱和导水率反映了土壤的饱和渗透性能,任何影响土壤孔隙大小和形状的因素都会影响导水率。因为在土壤孔隙中总的流量与孔隙半径的4次方成正比,所以通过半径为1mm的孔隙的流量相当于通过10000个半径0.1mm的孔隙的流量,显然大孔隙将对饱和水运动起主导作用。

土壤质地和结构与导水率有直接关系,砂质土壤通常比细质土壤具有更高的饱和导水率。同样,具有稳定性(水稳性、力稳性)强的团粒结构的土壤,比具有稳定性差的团粒结构的土壤传导水分要快得多,后者在潮湿时结构就破坏了。细的黏粒和粉砂粒甚至能够阻塞较大孔隙的连接通道,天气干燥时龟裂的细质地土壤起初能让水分迅速移动,但过后,这些裂缝因尘粒膨胀而闭塞起来,会把水的移动减少到最低程度。

土壤中的饱和水流也受有机质含量和无机胶体性质的影响，有机质有助于维持大孔隙高的比例，有些类型的黏粒特别有助于小孔隙的增加，这就会降低土壤导水率。例如，含蒙脱石多的土壤就比1∶1型黏粒多的土壤通常具有低的导水率。从实用观点看，饱和水流的情况对排水不良的土壤显得更重要一些。

2. 非饱和流

土壤非饱和流的推动力主要是基质势梯度和重力势梯度。它可用非饱和达西定律来描述

$$Q = -K(\varphi)\frac{d\varphi}{d\chi} \quad (3-29)$$

式中：$K(\varphi)$ 为非饱和导水率；$\dfrac{d\varphi}{d\chi}$ 为总水势梯度；负号"—"表示水流方向与总水势梯度方向相反。

非饱和条件下土壤的水流的数学表达式与饱和条件下的类似，两者的区别在于：饱和条件下的总水势梯度可以用差分的形式，而非饱和条件下则用微分的形式。饱和条件下的土壤导水率 K_s 对特定的土壤是一常数，而非饱和导水率 $K(\varphi)$ 则是土壤含水量或基质势 ψ_m 的函数。

非饱和导水率是土壤含水量或基质势 ψ_m 的函数，土壤水吸力和导水率之间的一般关系如图3-22所示。在土壤水吸力为零或接近于零时，也就是饱和水流出现时的吸力，其导水率比在 $S\geqslant 0.1\text{MPa}$ 时的导水率大几个数量级。在低吸力水平时，砂质土中的导水率要比黏土中的导水率高些；在高吸力水平时，则与此相反。这是因为在质地粗的土壤里促进饱和水流的大孔隙占优势，相反，黏土中的很细的孔隙（毛管）比砂土中突出，因而助长更多的非饱和水流。

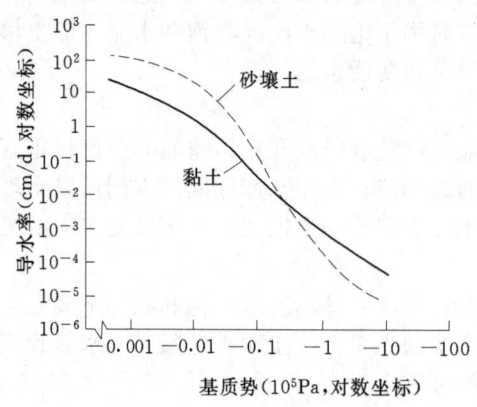

图3-22　砂质土和黏质土的吸水力与导水率之间的关系

3.3.2　土壤气态水运动

前面介绍的主要是关于液态水的运动，土壤中保持的液态水可以汽化为气态水，气态水也可以凝结为液态水。在一定条件下，两者处于互相平衡之中。土壤气态水的运动表现为水汽扩散和水汽凝结两种现象。

水汽扩散运动的推动力的是水汽压梯度，这是由土壤水吸力梯度或土壤水势梯度和温度梯度所引起的。其中温度梯度的作用远远大于土壤水吸力梯度，温度梯度是水汽运动的主要推动力。所以，水汽运动总是由水汽压高处向水汽压低处，由温度高处向温度低处扩散。当水汽由暖处向冷处扩散遇冷时便可凝结成液态水，这就是水汽凝结。水汽凝结有两种现象值得注意：一是"夜潮"现象；二是"冻后聚墒"现象。

"夜潮"现象多出现于地下水埋深较浅的"夜潮地"。白天土壤表层在大气蒸发力的作用下，水分因不断蒸发而减少。夜间降温，使得底土温度高于表土，水汽由底土

水汽压高处向水汽压低处的表土方向移动，遇冷便凝结，使白天晒干的表土又恢复潮湿。这对作物需水有一定补给作用。

"冻后聚墒"现象是我国北方冬季土壤冻结后的聚水作用。由于冬季表土冻结，水汽压降低，而冻层以下土层的水汽压较高，于是下层水汽不断向冻层集聚、冻结，使冻层含水量不断增加，这就是"冻后聚墒"现象。虽然它对土壤上层增水的作用有限（2%~4%），但对缓解土壤春季旱情有一定意义。"冻后聚墒"的多少，主要决定于该土体的含水量和冻结的强度。含水量高、冻结强度大，"冻后聚墒"就比较明显。

在土壤含水量较高时，土壤内部的水汽移动对于土壤给作物供水的作用很少，一般可以不加考虑，但在干燥的土壤给耐旱的漠境植物供应水分时，土壤内部的水汽运动就可能具有重要的意义，有许多漠境植物能在极低的水分条件下生存。

另外，土壤水还不断以水汽的形态由表土向大气扩散而逸失的现象称为土面蒸发。土壤蒸发的强度由大气蒸发力和土壤的导水性质共同决定，将在后面详述。

3.3.3 土壤水入渗与分布

1. 水分入渗

入渗是指液态水进入土壤的过程，通常是指水自土表向下进入土壤的过程，但也不排斥如沟灌中水分沿侧向甚至向上进入土壤的过程。它决定着降水或者灌水进入土壤的数量，不仅关系到对当季作物的供水数量，而且还关系到供水以后或者来年作物利用的深层水的储量。在山区、丘陵和坡地，入渗过程还决定着地表径流和流入土内水分两者的数量分配。

在地面平整及上下层质地均一的土壤上，水进入土壤的情况由两方面因素决定：一是供水速率；二是土壤的入渗能力。在供水速率小于入渗能力时（如低强度的喷灌、滴灌或降雨时），土壤对水的入渗主要是由供水速率决定的。当供水速率超过入渗能力时，则水的入渗主要取决于土壤的入渗能力。土壤的入渗能力是由土壤的干湿程度和孔隙状况（质地、结构、松紧等）决定的。例如，干燥的土壤、质地粗的土壤以及有良好结构的土壤，入渗能力就强。相反，土壤越湿、质地越细和越紧实的土壤，入渗能力就越弱。另外表面易结皮、结壳及有黏土隔层者，或当非饱和条件下有粗砂隔层，会阻碍入渗水流运动。

但是，不管入渗能力是强还是弱，入渗速率都会随入渗时间的延长而减慢，最后达到一个比较稳定的数值，如图3-23所示。这种现象在壤质和黏质土壤上都很明显。土壤入渗能力的强弱，通常用入渗速率来表示，即在土面保持有大气压下的水层，单位时间通过单位面积土壤的水量。单位是 mm/s、cm/min、cm/h 或 cm/d 等。在土壤学上常使用的三个指标为最初入渗速率、最后入渗速率、入渗开始后1h的入渗速率。对于某一特定的土壤，一般只有最后入渗速率是一比较稳定的参数，故常用其表达土壤渗水强弱，又称为透水

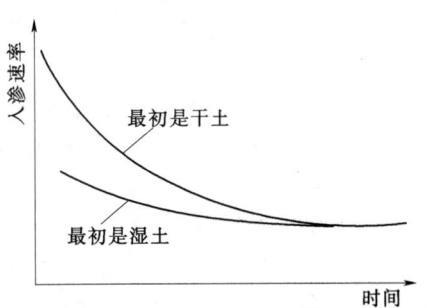

图3-23 土壤入渗速率与时间的函数关系

率(或渗透系数)。表3-8给出了几种不同质地土壤的最后稳定入渗速率参考范围。

表3-8　　　　　几种不同质地土壤的最后稳定入渗速率

土壤类型	砂	砂质和粉质土壤	壤土	黏质壤土	碱化黏质土壤
最后入渗速率(mm/h)	>20	10~20	5~10	1~5	<1

对于层次性土壤,如北方常见的砂盖垆(粗土层下为细土层)和垆盖砂,其入渗情况略有不同。砂盖垆最初的入渗速率高,当湿润前锋(简称湿润锋,即入渗水与干土交界的平面)达到细土层时,入渗速率急剧下降,因为细土层的导水率低(指饱和导水率),如供水速度快,在细土层上可能出现暂时的饱和层。在垆盖砂的情况,最初的入渗速率是由细土层控制的,当湿润锋到达粗土层时,由于湿润锋处的土壤水吸力大于砂土层中粗孔对水的吸力,所以,水并不立即进入砂层而在细土层中积累,待其土壤水吸力低于粗孔的吸力时,水才能进入砂层。因砂土饱和导水率高,渗入的水很快而向下流走,无论表土下是砂土层还是细土层,在不断入渗中最初都能使上层土壤先积蓄水,以后才下渗,入渗后,水在均一质地的土壤剖面上的分布情况如图3-24所示。

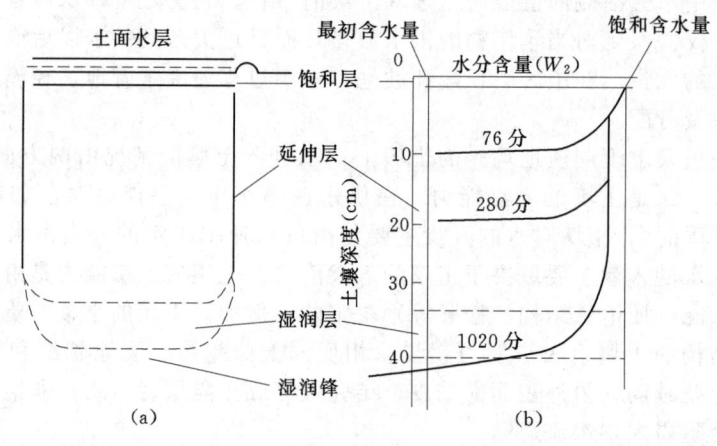

图3-24　入渗中土壤水剖面
(a) 土壤水剖面示意图;(b) 土壤水含量随深度变化示意图
(Hillel, 1971 和 Bodman, 1944)

从图3-24可以看出,入渗结束时表土可能有一个不太厚的饱和层(有时没有),在这一层下有一个近于饱和的延伸层或过渡层,延伸层下是湿润层,此层含水量迅速降低,厚度不大。在湿润层的下缘,就是湿润锋。

2. 土壤水再分布

在地面水层消失后,入渗过程即告终止。由于土壤水入渗而被湿润的土层内的水分在重力梯度、吸力梯度和温度梯度的作用下即在水势梯度作用下还将继续运动。在土壤剖面深厚,没有地下水出现的情况下,这个土壤水运动过程,被称为土壤水的再分布过程。土壤水再分布过程也是随时间推移而速率逐渐变慢的,但其过程很长,可达数十天乃至几个月十几个月甚至 1~2 年或更长的时间。再分布过程是近些年才明确的，它对研究植物从不同深度土层吸水有较大意义，因为某一土层中水的损失量，不完全都是植物吸收的，而是上层来水与本层向下再分布的水量以及植物吸水量三者共同作用的最终结果。

土壤水再分布过程中，土壤剖面的上层释水，下层吸水，经过一定时间之后，起初吸水的地方又逐渐释水。因此，某些土层经历着吸水—脱水以至再吸水—再脱水的交替过程，这必然涉及到滞后作用。也就是说，同一土层在吸水和释水时，其含水量和相应的基质势值不是单值关系，可能有很大的区别。特别在粗质地土壤上这种滞后现象更为明显。

根据入渗再分布理论可知，田间土壤水分由饱和到非饱和以及此后相当长的时间内，在水势梯度推动下，不停地运动，一直持续进行着，短期内不可能到一个绝对稳定的数值。如此看来，前面所介绍的田间持水量并非是一个常量，除土壤的基模特征（如质地的粗细、结构的好坏、胶体的类型等）之外，影响田间持水量的因素还有土壤湿润层厚度、土壤温度、地下水埋深以及剖面层次不均一等。如果原来土壤就比较湿润，则被包围在孔隙中的空气就少，湿润层也厚，于是持水量的数值就会偏高；同样地下水埋深较浅，地下水面之上处于平衡毛管上升水也必然导致所测田间持水量值偏大。

由此可见，田间持水量并没有准确的物理含义，它不是一个常数，而且重现性又很差，因此，不少土壤物理学家主张停止使用这一概念。但是在实际中，它仍然具有一定作用，当土壤含水量达到田间持水量时，土面蒸发和作物蒸腾损失的速率起初很快，而后逐渐变慢；当土壤含水量降低到一定程度时，较粗毛管中悬着水的连续状态出现断裂，但细毛管中仍充满水，蒸发速率明显降低。在壤质土壤中它相当于该土壤田间持水量的 75% 左右。如果这时正是作物生长旺盛时期，蒸腾速率很快，作物虽能从土壤中吸取到一定水分，但因补给减缓，也可能出现水分入不敷出，暂时出现萎蔫现象，应注意及时补墒。灌水超过田间持水量后，会造成水分的浪费，因此田间持水量又是农田灌水的参考标准。

3. 土壤水的渗漏

在地下水埋深较浅时，土壤水通过剖面上的再分布可能达到地下水，从而补给地下水，促使地下水位抬高，或者随着地下水流侧向排到它处。这时人们将再分布进一步延续的过程称为"内排水"，也称土壤水的渗漏。

3.3.4 土壤水分平衡

1. 土壤蒸发

土壤中所含水分以气态水的形式跃入大气，并向近地表空气中扩散的现象，称为土壤蒸发。它是自然界水循环的重要一环，也是造成土壤水分损失、导致干旱的一个主要因素。土壤蒸发的强度由大气蒸发力（通常用单位时间，单位自由水面所蒸发的水量表示）和土壤的导水性质共同决定。例如太阳辐射强度大、温度高、空气湿度小、风速大、土壤导水率高，土壤蒸发的强度就大；反之则小。

要使蒸发过程持续进行，需具备以下三个前提条件：①不断有热能到达土壤表面，以满足水的汽化热需要（15℃时 1g 水的汽化热约为 3.47kJ）；②土壤表面的水汽压须高于大气的水汽压，以保证水汽不断进入大气；③表层土壤须能不断地从下层得到水的补给。

前两个条件是由气象因素决定的，一般指太阳辐射、空气湿度、气温和风速等。这些因子综合在一起，统称为大气蒸发力（或称潜在蒸发力），表示在土表得到充分水源前提下能被大气夺走的最大水量。第三个条件是由土壤性质决定，这主要指土壤导水率。由此可见，土面蒸发的强度实际上是由大气蒸发力和土壤导水率两个方面所制约的，当能满足第三个条件时，蒸发强度就由大气蒸发力所决定；相反，如果土壤没有什么水可供蒸发，或者它的导水率很低，再强的大气蒸发力也无济于事，这时的蒸发强度主要由土壤性质所决定。

表层土壤蒸发是土壤耗水的重要途径，应尽量减少。在一定条件下，蒸发还可以引起土壤沙化或盐渍化。一年生农田作物的幼苗期、幼龄果园及休闲地等，其地表大部或全部都裸露，极易丧失水分，尤其在干旱地区。土壤蒸发强弱通常用蒸发率（mm/d）表示。在土壤水分从饱和到干燥的过程中，土壤蒸发率的变化可分为以下三个阶段：

（1）土壤蒸发率恒定阶段。土壤含水量约在田间持水量的70%（或毛管水联系断裂湿度）以上，水分近饱和，土壤导水率高，它足以补偿蒸发消耗。此时土面蒸发率保持不变，主要受外界气象条件控制，称大气蒸发力控制阶段。此阶段历时一般不是很长，有时仅几小时或几天。大量的土壤水因蒸发而损失，在质地黏重的土壤上尤为明显，因此灌后（或雨后）及时中耕覆盖，是减少水分损失的重要措施。

（2）土壤蒸发率急剧下降阶段。当土壤含水量低于田间持水量的70%（或毛管水联系断裂湿度）以后，随着含水量降低，输水通道减少，更由于输水孔径由大变小，其导水率很快下降，使得向表土层蒸发面供水不足而土壤蒸发率急剧下降。这时下层向地表传导多少水，就蒸发掉多少水，蒸发率随着导水率降低将逐渐减少。

（3）水汽扩散阶段。当蒸发率越来越小时，土面的水汽压逐渐降到与大气的水汽压平衡，表土就接近于气干，出现一层干土层。表土失水出现干土层以后，上下土层间液态水传输停止，此时土壤水分只能以水汽扩散方式向干土层蒸发面运动。同时，干土层又是时间热传导的不良导体，用于蒸发的热能大大减少，土壤蒸发率极低而稳定（图3-25）。

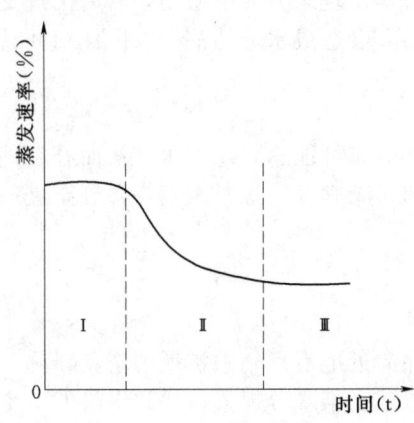

图3-25 土壤蒸发的三个阶段

要减少土壤水分的蒸发损耗，应在蒸发第一阶段采取各种耕作保墒措施。如早中耕，其目的是使浅表薄层土壤迅速变干，脱离与下层湿土层的毛管联系，减少蒸发，使耕层土壤能保存较多水分。此外，用地面覆盖物来减少土壤蒸发，效果显著。在进行农田灌溉时，为使表土不经常处于过度湿润状态，只要土壤持水性能允许，灌水次数不宜过多，尽量深灌。当地下水位高，由于毛管上升水源源不断地供应，而使土壤蒸发一直处在第一阶段时，在水质良好条件下，地下水可作为作物根系层的水源。但是在地下水含盐量高的地区就会导致土壤盐渍化，因此，应进行排水以降低地下水位，使土壤蒸发速率降低。

2. 植物蒸腾

植物根系从土壤中吸水，经植物组织传输到叶面，并经过气孔扩散至大气，它是一个连续过程。假定大气蒸发条件不变，植物体中水流是稳态水流，则供水良好的土壤水势在$-0.03MPa$左右，根水势为$-0.3MPa$，叶水势为$-1.5MPa$。通常大气中水汽不饱和，其相对湿度为80%时的大气水势约为$-30MPa$，极端干旱时可达$-100MPa$，因此整个蒸腾过程中系统水势是：土水势＞根水势＞叶水势＞大气水势。

植物蒸腾作用的全过程主要是由大气干燥形成的水势梯度引起的，并非植物本身生理活动的结果，因而在植物生理学上称为植物被动吸水（占植物吸水量的90%以上）。只有不到10%的吸水是由于植物细胞渗透压差造成的，称为主动吸水。

3. 土壤排水

一般由田间排水网汇集并排出土壤中多余的水，经输水沟网送至容泄区（或河流）。也可通过土壤中埋设的多孔暗管，将水排入地下沟网，再抽水排入河流。

4. 田间土壤水分收支平衡

土壤水是自然界水分循环的一个重要环节。大气降水或灌溉水进入地面，一部分可能通过地表径流汇入江河湖泊，另一部分则入渗成为土壤水。前面讲过，入渗进入土壤的水分经再分布，形成土壤含水剖面，土壤水进一步下渗，补充地下水（即所谓内排水）。另外，在有植被的地块，根层周围土壤水经作物根系吸收并由叶面蒸腾，以及地面水分蒸发等途径又回到大气中。因此，土壤水在自然环境中有着许多收支水流过程，也就是土壤水分平衡过程。要了解土体含水状况及其周年变化情况，以便为农业生产管理提供依据。

尽管田间的各种水流过程错综复杂，但仍遵守质量守恒定律。田间土壤水分平衡，是指对于一定面积和厚度的土体，在一段时间内，其土壤含水量的变化应等于其来水项与去水项之差，正值表示土壤储水增加，负值表示减少。

图3-26是一田间土壤水分收支平衡示意图。据此可列出其土壤水分平衡的数学表达式

$$\Delta W = P + I + U - E - T - R - I_n - D \quad (3-30)$$

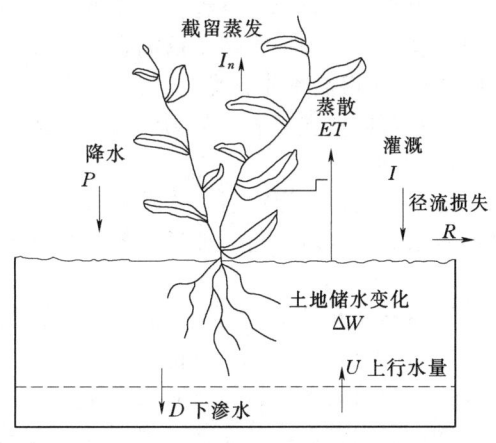

图3-26 田间土壤水分收支示意图

式中：ΔW为计算时段末与时段初土体储水量之差，mm；P为计算时段内降水量，mm；I为计算时段内灌水量，mm；U为计算时段内上行水总量，mm；E为计算时段内土面蒸发量，mm；T为计算时段内植物叶面蒸腾量，mm；R为计算时段内地面径流损失量，mm；I_n为计算时段内植物冠层截留量，mm；D为计算时段内下渗水量，mm。

降雨量和灌溉量可用雨量筒和水表定量。为简便起见，两者可以合并，以 P 表示。田间蒸腾和蒸发很难截然分开，常合在一起，统称蒸散 W_{ET}。因截留是降水或喷灌时被植冠所截获而未达到土表的那部分水量，苗期自然很少，但生长中后期有时可占降水量的 2%~5%，这部分来水未参与土面蒸发而直接从植冠上蒸发掉，因此又常合并写成 W_{ETI}。因截留量较难统计，且数量不大，许多情况下予以忽略。地表径流与截留有着同样的情况，不过对于平坦地块来说，不出现暴雨或降雨强度不太大时，也可以忽略，$R=0$ 和 $I_n=0$，于是式（3-30）可简化为

$$\Delta W = P + U - W_{ET} - D \tag{3-31}$$

土壤水平衡公式在实践中很有用处，根据式（3-3）或式（3-4），用已知项可以求得某一未知项（如蒸散量等），这就是所谓的土壤水量平衡法，在研究土体水分状况周年变化、确定农田灌溉时间以及研究 SPAC 体系中的水分行为时常用到。

3.4 土壤墒情和田间墒情监测

3.4.1 土壤墒情的概念

农业中通常把土壤水分状况称为墒情。土壤墒情，即作物根系层的土壤含水量状况。土壤含水量的多少直接影响着作物的正常生长及其产量、产品的形成。快速、准确地测定农田土壤水分，对于探明作物生长发育期内土壤水分盈亏，做出节水灌溉、施肥决策或排水措施等，最终实现高产、高效、优质农业具有重要意义。在世界范围内水资源日益紧缺的情况下，土壤墒情的监测和预报研究，是建立农业节水、优化配置水资源、提高灌区灌排管理水平中一个很重要的内容，也是实现灌溉现代化的一个基础性的工作，已引起国内外学者的极大关注。土壤墒情对土壤耕作、播种、作物生长关系很大，所以常在耕种前或作物生长期间进行验墒，即根据土壤湿润程度、土色深浅和揉捏成形等来判断土壤的含水量及其有效性，以便采取相应的农业技术措施。

3.4.1.1 土壤墒情的分类

通常可以把土壤墒情分为汪水、黑墒、黄墒、潮干土和干土。

1. 汪水

汪水指大雨或灌水后，土壤成过湿状态，表土有积水现象，相当于田间持水量以上的含水量。这时旱地不能进行耕种。多余的水分渗失后，便是黑墒。

2. 黑墒

黑墒指含水量丰富的土壤，约为田间持水量 75% 以上，土色发暗，手捏土壤容易成团（砂土除外），手上有湿印和凉感。这种墒情含水偏多，不宜耕作，但水分移动较快，为速效水。如春播时为黑墒往往土温偏低，幼苗生长缓慢，但在夏季作物生长旺盛，需水较多，对作物有利。由于墒多，可能造成空气不足，耕作时容易出现坷垃。

3. 黄墒

黄墒指含水量比黑墒稍低的土壤。一般壤质土含水量在田间持水量的 50%~75%，土色发黄，手捏成团，扔在地上约有一半散开，手上稍有湿印和凉感。这种墒情最适于旱地耕、种，故北方有"麦播黄墒"的说法。这时土壤的水、气、热比较协

调，有利于种子发芽和幼苗生长，但是由于粗毛管中的水柱断裂，水分运动比较缓慢。当夏天作物生长旺盛，耗水量大时，中午前后可能因水分供不应求而出现暂时萎蔫现象。

4. 潮干土

潮干土又称灰墒，指含水量比黄墒更少的土壤，含水量约为田间持水量的50%以下，呈半干半湿状态，手捏不成团，容易散开。土壤水分为迟效水。除抗旱力较强的高粱、谷子勉强可以播种外，应设法灌水补墒或借墒抢播。

5. 干土

干土指含水量很少的土壤，一般在萎蔫系数以下，是无效水，不能进行耕作和播种。干土层厚度为土壤干旱程度的重要指标之一，其厚度超过播种深度则种子无法出土，超过分蘖节深度则作物将严重受旱。

同一土壤的不同墒情其含水量和有效性有很大不同。不同质地土壤的同一墒情，其含水量也有很大差异。如同样是黄墒，不同质地土壤的含水量分别为：砂壤土9%～13%，轻壤土11%～15%，中壤土13%～18%，重壤土14%～19%等。含水量随质地变黏而增加。表3-9是不同质地和墒情下的土壤含水量的参考范围。

表3-9 华北地区几种不同质地和墒情下的土壤含水量（干土重，%）

土壤质地	田间持水量	黑墒（速效水）	黄墒（弱效水）	潮干土（迟效水）	干土（无效水）
壤土	24～28	>18～20	14～19	11～14	<11
中壤土	22～26	>17～19	13～18	9～13	<9
轻壤土	20～24	>14～16	9～15	6～9	<6
砂壤土	16～20	>12～14	9～13	5～9	<5
砂土	10～14	>8	5～8	3～5	<3

3.4.1.2 土壤墒情的层次性

土壤墒情具有明显的季节性变化和剖面层次性差异。表层墒情变化最大，随着土层深度加大，墒情变化减缓。田间验墒时，不仅要看表层，有时还要查看下层。为方便计，把旱地土壤1m深度内的墒情分为三层，即表墒、底墒和深墒。

(1) 表墒（0～20cm）。相当于耕层的厚度，这一层墒情最重要。它受气候、作物和农业措施等的影响最大，变化最剧烈。

(2) 底墒（20～50cm）。受气候、作物和农业措施等的影响渐弱，但仍然是主要根系分布层。它对水、肥、气、热变化起承上启下的作用，对作物生长关系最大。

(3) 深墒（50～100cm）。受气候、作物和农业措施等的影响更少，但作物根系仍有少量分布，尤其对深根作物影响较大。此层墒情变化较小，深墒丰富时，对底墒和表墒有一定的补给作用。

由上可知，应把表墒、底墒、深墒作为一个整体来考虑。

3.4.1.3 田间验墒

田间验墒一般要着重考虑以下四个方面内容：

(1) 干土层的厚度和整地质量。一般干土层在3cm左右，其下能保持适宜的墒情（如黄墒），则可以播种，且能正常出苗，干土层达 6cm 左右，其下墒情也差，将影响播种和作物生长；干土层在 10cm 左右，则旱情严重，作物生长受到抑制。要及时进行灌水补墒。表土整地质量的好坏将会影响保墒效果和播种作业质量。

(2) 表墒、底墒、深墒的含水量及其相互补给作用。

(3) 作物生长情况。作物所处的生育期，植株长相，根系分布和耗水的深度以及作物对墒情的要求等。

(4) 近期天气变化情况。预测墒情的变化和旱情发展的趋势。

总之，应根据这些内容看天、看地、看庄稼，进行墒情综合分析，然后采取有效措施，做好抗旱保墒工作。

3.4.2 田间墒情监测

3.4.2.1 墒情监测的意义

(1) 墒情监测可以为农业结构调整和重要农事活动提供科学的指导和直接的服务。根据土壤墒情的时空演变规律，一是可以为政府部门准确地引导和组织农民，进行农业结构调整和生产布局，做出科学的宏观决策；二是可以为农技推广部门和农民适时制定和采取补水灌溉及农田蓄水保墒措施，做到因土视墒施肥，为提高旱地补水施肥效益提供科学依据；三是可以因地制宜地指导旱作农业田间基础设施建设，提高国家基本建设投资效益。

(2) 墒情监测可以为验证国家项目建设投资和农技服务成效提供评价依据。土壤墒情监测是发展旱作农业的一项基础性公益事业，涉及内容多、技术含量高、生产适用性强。发展旱作农业重在加强旱区农田的基础设施建设，提高综合生产能力。而墒情监测水平和土壤墒情状况，就可以反映出基础设施建设质量和国家投资成效的情况。

(3) 墒情监测可以为农业节水技术和抗旱减灾增效技术的研究和集成提供参考依据。随着我国旱作农业的发展，高效低耗节水技术及抗旱减灾适应性种植技术的研究开发，必将成为各有关部门关注的重点。通过土壤墒情监测信息的积累和演变规律的探索，可以为新技术的创新及成果的转化提供丰富的依据。

3.4.2.2 墒情监测点的建立

土壤墒情监测点的建立应遵循以下几项原则：

(1) 按照农业区划、降水量分布、地形地貌、土壤特性、种植制度、农业生产水平等综合考虑，选择代表性强、采样方便、工作人员责任心强、农户愿意合作的地方建点。

(2) 旱作农业项目核心示范区必须建点。

(3) 监测点必须保证能 3～5 年或更长时期的稳定。

(4) 以省为单位进行网络化布点，以县为单位具体实施。县级布点时也可以建立一个简单的监测网络。

3.4.2.3 墒情的监测技术

从水资源的观点来看，测定土壤含水率的目的是为了弄清农田中不同土壤类型，不同情况下的水分动态变化及其规律，以及它们的时空分布特征。因此，首先要测定单点的含水率，然后再进行空间及时间上多点的综合分析，经过分析计算给出合适的土壤墒情预报。土壤含水量的测定方法主要有烘干法、电阻法、γ射线法、张力计（负压计）法、中子仪法、时域反射仪法（TDR法）和遥感监测法。为了更好地预测未来土壤水分的变化趋势，经常同时还要进行气象要素和地下水位的观测。现将各种不同的单点土壤含水量的观测方法简述如下。

1. 烘干法

目前国际上仍在沿用的标准方法。其测定的简要过程是：先在田间地块中选择具有代表性的取样点，按所需深度用土钻（或在土壤剖面上用采样刀）分层采集土样，放入铝盒并立即盖好盖（以防水分蒸发），尽快称重（即湿土加空铝盒重，记为 W_1），打开盖，置于烘箱中，在 105~110℃ 条件下，烘至恒重（需 6~8h），再称重（即干土加盒重，记为 W_2）。设空铝盒重为 W_3，该土壤质量含水量为

$$(W_1 - W_2)/(W_2 - W_3) \times 100\%$$

一般应采 3 个以上平行土样，求取平均值。

烘干法一直是公认的最经典和最精确的测定土壤含水量的方法，因操作简单，得到广泛应用。其缺陷是深层取土比较费力、测定时间长、破坏土壤结构、难以实现定点连续监测土壤水分的动态变化。

另外，还包括红外线烘干法、微波炉烘干法、酒精燃烧法等。这些方法虽可缩短烘干和测定的时间，但需要特殊设备或消耗大量药品。同时，也不能避免深层取土比较费力、难以实现定点连续监测土壤水分的动态变化等缺陷。

2. 张力计（负压计）法

张力计法又称负压计法。在非饱和土壤中。土壤的溶质势可忽略不计时，把张力计插入待测土体中一段时间至平衡。此时土壤水分与其所受的基质势具有一一对应的关系，因此，用张力计法监测土壤含水量时，通常是先在室内测定所测土壤的土壤水分特征曲线，然后根据土壤水分特征曲线。由张力计测得的土壤基质势反算出土壤含水量。

由于张力计法结构简单、易于制造、易于操作，使用较为广泛。但易受环境温度影响，仪器稳定性较差。同时由于负压计具有滞后性，往往不能及时反映土壤水分状况，对太过干燥的土壤不适用。

3. 中子仪法

中子水分仪是以测量快中子与土壤水分中氢原子碰撞而转化为慢中子的数量来感知土壤水分状况的，通过仪器可以将计数器的计数转换为土壤含水量值。中子仪法测定土壤含水率是 Gardner 等于 20 世纪 50 年代提出的。此法是把一个快速中子源和慢中子探测器置于埋入土内的封闭套管中。其中的中子源（如镭—铍、镅—铍源）以很高速度放射出快中子，当这些快中子与水中的氢核质子碰撞时，就会改变运动的方向，并失去一部分能量而变成慢中子。土壤水越多，氢核质子越多，产生的球形慢中子云的密度就越高。慢中子被探测器和一个定标器量出显示数据，经过标定公式求出土壤水量。

该方法具有操作简便、不扰动土壤、可在同一地点进行多次连续定位监测、不受季节限制、不受滞后影响，具有与自动记录系统和计算机连接等优点。此法虽较精确，但目前绝大多数的设备只能测出较深土层（10cm 以下）中的水分含量，而不能

用于表层土壤水分的测量。另外在有机质多的土壤中,短时间有机质含量变化大的土壤,会影响含水量测定的精度。中子水分仪是集现代高科技、智能化于一体的一种先进的野外土壤水分测量仪器。目前,在我国已被广泛地应用于水利、土壤地理、农林、气象、环境、水文地质、建筑工程等领域。由于中子仪测湿过程中慢中子的飘逸问题严重地影响到浅层土壤含水率的测定精度,所以利用实地率定试验资料数据首先确定出中子水分仪探测半径范围显得尤为必要。

4. γ射线法

γ射线法是利用γ射线透射土壤后的衰减程度来测定土壤水分状况的。当固体物质不变时,γ射线辐射程度的变化基本上决定于土壤含水率。含水量越高,γ射线吸收得也越多。γ射线透射法具有测量迅速,可实现在线测量,不破坏土体,层间分辨率高,且量测精度较高等优点。近年来,用γ射线法在线量测土壤含水量,得到国内不少科研院所的青睐。

射线仪装置一般由量测设备、放射源自动测架、计算机控制系统三部分组成。量测设备包括放射源、探头和定标器;自动测架由电机带动进行点位控制;计算机控制系统与定标器、自动测架相连,并通过专用软件对测量系统进行控制,同时自动采集实验数据。该装置可进行二维平面测量。工作人员可通过计算机对测量系统进行远距离控制,避免了放射性物质对人体的危害。所测数据直接由计算机采集,并转化成 Excel 表格,有利于对实验资料进行整理分析。

γ射线法对被测体(土壤)的要求较高,如土壤厚度不宜太大,射线源与接收板严格对中,防护要求高等,影响了仪器的实际应用。此种装置在实验室内应用较多,效果较好,在野外使用的较少。

5. 时域反射仪法(TDR 法)

TDR(Time Domain Refiectometry)是一种远程遥感测定技术,早期它主要应用于通信方面的线路检测。20 世纪 70 年代末,科学家们才开始把它应用于土壤电特性的测定,并由测定的土壤介电常数来推算土壤含水量。时域反射仪法是利用时域反射原理定点微波测量技术测量某一土层内的土壤水分情况。即通过考察电磁脉冲在土壤介质中的通过时间间接测定土壤含水量,而土壤水的电磁测定又是基于土壤的介电特性。

TDR 法的优点是测定快、安全、可靠、精度高,不受矿物含量、矿化度、温度等影响,携带、安装方便,土样也不受扰动,可反复多次测量。更为突出的优点是能完成定时多点(可达 265 个)自动观测和计算,并能同时完成多项(水分、溶质、电导率和温度等)内容的观测。数据自动采集和远程遥控更显现出它广阔的应用前景。它是目前世界上比较先进的测量方法,但价格较高。

6. 电阻法

电阻法是根据在间距较小的两个电极间水分含量的不同,其电阻也不同的原理来测定土壤含水率。在两电极中嵌以某种有孔介质材料(如石膏、尼龙或玻璃纤维)构成电阻盒,并事先求出含水量与电阻间的关系曲线。此法在测定非盐碱土上的土壤含水量时,可取得较精确的结果。其原理是:把合适的电极放在一个由石膏、尼龙或玻璃纤维等多孔体制成的块状传感器内,然后把它埋在待测的土壤中。多孔体土壤中吸水并与土壤水达到平衡，其吸水的数量因土壤含水量而异。把安置在传感器中的电极用导线连到一个测定电阻的装置上测出电阻。利用已校订的土壤含水量与所测电阻的关系，便可求得土壤含水量。

电阻法设备简单，操作容易，可以和中子仪法一样可定点连续测定，所测土壤含水率的范围较大。易受化学物质、有机物质影响，一般精度不高。要注意施肥前后，因土壤水中的溶质浓度变化而影响测试结果。

7. 遥感监测法

遥感监测法主要是利用气象卫星的热通道资料来反演土壤的含水量，是一种大范围的土壤墒情监测方法。遥感监测常用方法有热惯量法和作物缺水指数法等，前者主要用于裸露土壤或作物生长前期，后者虽可用于作物生长旺盛期，但其计算复杂，要求地面气象因素较多，在实践应用中有较大困难。陈怀亮等参考前人的有关研究成果，提出了遥感监测土壤墒情的植被温度条件指数法，该方法同时考虑了多年作物生长状况和地表温度变化特点，能够反映出作物对水分胁迫和温度变化的敏感性，用于监测土壤墒情具有简单、直观等特点，并能够克服热惯量法和作物缺水指数法的一些不足。

3.4.2.4 墒情预报方法

土壤含水率监测的目的是为了了解不同土壤类型在不同条件下的水分动态变化规律，以及它们的时空分布特征和在径流形成过程中的作用。因此首先要测定单点土壤的含水率，然后再进行时空（地区）上各点的综合分析。

墒情预报是对作物根系层土壤水分增长和消退过程进行预报，是进行适时适量灌水的基础。影响土壤水分状况的因素很多，有气象、土壤、作物和田间用水管理等。国内外学者对作物根层土壤水分与其影响因素之间的关系进行了研究，在此基础上建立了土壤墒情预报方法，可分为确定性方法和随机性方法两大类。确定性方法是从土壤水分运移、转化所遵循的物理规律（如质量守恒）出发，建立土壤水动态模型。包括经验公式法、土层水量平衡法、土壤水动力学法、消退系数法等。确定性方法大多把土壤水分变化规律作为确定性过程，因此，该方法适宜于研究分析土壤水分变化与其影响因素之间的物理机制及短时期内随时间变化的消长规律。在用于预报时，因气象因素的变化是随机的，主要受其影响的土壤水分变化也包含随机成分，因而预报结果会有一定的误差。张胜平等根据山东省土壤水试验站和常设墒情站的实测资料，对平原区及山丘区土壤水的动态规律进行了分析研究，提出了土壤墒情的预报模型。高福栋等根据水量循环平衡原理，引用北京市旱情监测资料，建立了增、退墒经验模型，以此编制了不同土壤类型、不同作物和不同季节的墒情预报。随机性方法则考虑了土壤水分变化的随机特点，用随机模拟方法来探讨田间土壤水分的变化过程。如随机性水量平衡模型，是在水量平衡模型的基础上，考虑有关模型输入（降水、腾发等）与参数（土壤特性）的时域随机性与空间变异性而得到的。由于土壤水增加和消退的影响因素很多，土层水量变化复杂，因此，土壤墒情预报常见方法中，有些虽在理论上较为成熟，但实际却很难应用。如土壤水动力学方法和土层水量平衡法，前者由于实际土壤构成复杂而难以应用，后者由于所需观测项目较多而难以应用；经验公式法虽观测项目不多，但不易推广应用，且要建立经验公式，观测的系列不能太短。

针对这一状况，蒋洪庚等运用平原水文模型，参考不同作物不同生长期蒸散发特点及土层结构和土层蓄水量与土壤墒情之间的关系，构建了区域土壤墒情模型，并利用山西省洪洞县实测土壤墒情资料对该模型进行了检验。检验结果表明，模型物理概念明确，可连续模拟或预报区域土壤墒情，且预报精度高。

从现有的研究成果来看，目前，国内的土壤墒情预报研究成果多以点预报为主，缺乏较大尺度的区域和宏观预报方法。今后，应加强这一方面的研究。

复习思考题

1. 简述土壤中主要水分类型。
2. 简述吸湿水、薄膜水、毛管水、重力水的概念与主要特征。
3. 简述土壤水分常数的概念与类型。
4. 如何理解土壤水分含量及有效性？
5. 如何理解土壤水势的概念，构成土壤水势的分势有哪几种？
6. 如何理解土壤水分特征曲线，影响土壤水分特征曲线的因素有哪些？
7. 叙述土壤水分运动过程。
8. 叙述土壤蒸发的三阶段。
9. 土壤墒情有哪些，土壤验墒应考虑哪几方面的内容？

第4章 土壤耕作与管理

4.1 概　述

土壤是作物生活的基质，它不仅给作物以物理支持，而且提供作物生活所必需的水分和养分。因此，它主要从肥力条件与肥力因素两个方面决定作物产量的高低。在土壤肥力特性的复杂关系中，土壤的物理性质起着主导作用。土壤耕作就是通过农机具的机械力量作用于土壤，调整耕作层和地面状况，以调节土壤水分、空气、温度和养分的关系，为作物播种、出苗和生长发育提供适宜土壤环境的农业技术措施。

土壤耕作是农业生产活动的一项主要内容。调查表明，农业生产劳动量中约有60%从事于各种土壤耕作，农业生产资金中约有1/3消耗于土壤耕作。因此，研究采取适宜的土壤耕作技术进行土壤管理，对减少劳动量、节约能源、提高耕作效益、保持水土、改善环境都具有重要的意义。

4.1.1 土壤耕作与管理的意义

土壤耕作与管理的实质是通过农机具的物理机械作用创造一个良好的耕层构造和适度的孔隙比例，以调节土壤水分存在状况，协调土壤肥力各因素间的矛盾，建立保持水土的土壤管理技术体系，形成高产土壤，实现农业生产的高效持续发展。据此，土壤耕作与管理的主要任务表现为以下几个方面。

1. 调整耕层三相比，创造适宜的耕层构造

耕层（又称熟土层）是指农业耕作经常作用的土层，也是作物根系分布的主要层次，通常厚约15~25cm。耕层构造是指耕层内各个层次中矿物质、有机质与总孔隙之间以及总孔隙中毛管孔隙与非毛管孔隙之间的比例关系。它是由各层次中的固相、液相和气相的比例所决定的，对协调土壤中水分、养分、空气、温度等因素具有重要作用。

作物根系生长同时需要有适当的水分、空气、养分、热量的供应，缺一不可。其中水分和空气的矛盾是主要的，它们主要影响到养分与温度。水分和空气都存在于土壤的孔隙中，它们基本上是互不相容的，水来气走，水去气存。水的传热力和热容量

都比空气大，如果进入土壤孔隙的水分少，或持续时间短，可促进土壤气体交换更新，而且地温容易提高，有利于作物的生长；如土壤的水分多，持续的时间长，则空气得不到交换，氧气消耗多，常常造成土壤的缺氧状态，而且地温偏低。由于土壤中水、气、热条件的变化，使土壤微生物的种类和生物化学活性的强度以及养分的积累和释放也发生相应的变化。当土壤温度降低时，微生物的生物化学活性弱。大多数土壤微生物在常温下的最适湿度为田间最大持水量的60%～80%。湿度加大，空气减少，有机质好气分解过程变成嫌气积累过程，直接影响土壤养分的供应。只有土壤湿度、温度和空气状况适宜时，好气性微生物活动旺盛，土壤潜在养分迅速转化。若温度或湿度高于或低于适宜点，有机质分解减弱。当其中的一个数值增大，而另一个减小时，有机质分解强度则受最小量的因素所制约。由此可知，土壤养分供应的多少，也受土壤水分和空气矛盾的影响。

解决上述几种矛盾，达到水、肥、气、热诸因素协调供应作物，关键是要求土壤的三相具有适宜的比例，即固、液、气三相在耕层占据合适的位置和结构。土壤大空隙是土壤空气存在的地方，毛管空隙是土壤水分存在之处，它们之间的比例适合，包括毛管孔隙和非毛管孔隙在内的总固相部分的比例也要合适。决定土壤三相比的重要因素是土壤质地与耕层构造。适宜的土壤耕作措施，并不直接向土壤增加任何肥力因素，但通过机械作用，改变了耕层土壤存在的状况，调整了各种孔隙的数量和比例，改善了土壤通透性能，利于土壤水分的蓄纳和保存、土壤热状况的调节、土壤微生物的活动和营养物质释放以及作物根系的呼吸和生长。

上述分析表明，土壤耕作的中心任务是调节并创造良好的耕层结构，即适宜的三相比例，从而协调土壤水分、养分、空气和温度状况，以满足作物的要求。前苏联及日本学者也有类似的结论。因此，生产实践中通过各种耕作措施的配合，动态地调节耕层构造至关重要。

2. 创造深厚的耕层与适宜的播床

作物地上部生长发育与地下部生长关系极大。一般而言，根深根多植株健壮，根浅根少植株弱小，产量亦如此。土壤疏松，耕层深厚，土壤水分和养分供应充足，都有促进根系生长、增大根冠比的作用。根系分布越深，吸收水分、养分的领域越广，越有利于地上部生长发育。但是，耕层加深受到动力和农机具性能的影响。如一般畜力只能耕14～16cm的深度，中等马力（50～75马力）拖拉机最大耕深22～25cm，深松机最大耕深27～50cm。同时，它还受到以下因素干扰：一是作业成本，耕层每加深3cm约增加机耕费用20%；二是有些地区气候、土壤条件限制着耕作深度，如风沙或干旱地区深耕要选择季节，避风防旱；山坡地活土层浅，不应一次加深等；三是作物增产与耕深不完全呈直线相关，耕深从原来的14～16cm增加到20～25cm，增产效果显著，但是超过25～30cm时，增产效果不显著；四是增加耕层必须与施肥配合。虽然如此，耕作层加深到25cm，乃至30cm，仍是土壤耕作的方向。因为作物吸收水分和养分是连续不断的，而降水、灌溉、施肥等条件与措施都具有间断性，加深耕层可以形成较稳定的水分和养分库容，弥补了上述的不足。因此，在应用机械力的同时，如何有效地利用有机物、微生物、作物根系等生物改土作用，是实现作物高产稳产的一个重要方面。

在播种前，土壤耕作的任务是精细整地，为作物的播种和种子萌芽出苗创造适宜的土壤环境。一般要求播种区内地面平整，土壤松碎，无大土块，表土层上虚下实，使种子播在稳实而不再下沉的土层中，种子上面又能盖上一层松碎的覆盖层，促进毛管水不断流向种子处。整平地面可以使播种深浅一致，保证出苗整齐均匀。小粒作物种子（如油菜、苜蓿、芝麻等）对细碎要求更为严格，而大粒作物种子（如玉米、小麦、水稻等）则可稍粗糙些。

3. 翻埋残茬、肥料和杂草

作物收获后，田间常留有一定数量的残茬落叶、茎秆等，为了便于播种并翻埋肥料，需要通过翻耕将它们翻入土中，并通过耙地、旋耕等措施的搅拌作业，将肥料与土壤混合，使土肥相融。

杂草不仅与作物争夺水分、养分，也争夺阳光。作物病虫害对作物的威胁更大。通过耕作措施直接杀死杂草或将杂草种子、害虫卵及某些病菌深埋入土，减少危害是土壤耕作的主要作用之一。通过翻耕，使杂草、病虫等处于缺氧条件，使其窒息死亡，也可将躲藏在土中的地下害虫、病菌等翻到地表，经曝晒或冰冻而死亡。当杂草种子翻入土中后遇到疏松湿润的土壤环境，可促使其发芽并随后予以消灭。

4. 保持水土、培肥地力

耕地质量是决定耕地生产力或农作物产量的基础。受水资源、地形和土壤条件的限制，我国耕地总体上质量不高。虽然长江流域及其以南地区的水资源量占全国的80%以上，但耕地只占全国耕地的38%；淮河流域及其以北地区，水资源量不足全国的20%，而耕地却占全国的62%。水土资源空间分布的不均衡，是导致我国耕地质量不高的重要原因之一。山地、丘陵面积大，平原仅占国土面积的17%，是我国耕地资源质量总体上不高的原因之二。土壤瘠薄、盐碱等障碍因素多是我国耕地资源质量总体上不高的原因之三。

4.1.2 土壤耕作的基本方法
4.1.2.1 平翻耕法

平翻耕法是世界上运用历史最久、最广泛的一种土壤耕作类型。从畜力农具到机引农具，运用这种土壤耕作类型较多。为区别后来发展起来的新耕作方法，也有称它为传统耕法，或翻—耙—耢（耱或耖）耕法。因为这种耕法的主要特点在于上下土层翻转和地面始终保持平坦。为了与垄作的垄翻区别，故通称平翻耕法。其作业环节如下。

1. 翻地

又称犁地、翻耕，是平翻耕法中的基本耕作环节。平翻作业一般采用四种方式（图4-1），第一种方式是在前茬收获后，直接以单层铧式犁翻转土层。这种方式掩盖残茬杂草不严密，土垡大而长，甚至杂草还能继续生长。第二种方式是在作物收获后，用带有小前铧的复式犁翻地，掩盖残茬及杂草严密，土垡小而少，易于散碎。小前铧先翻转约10cm深的表土作为底土，留下拐把形土体由犁体翻转，在拐把形土体翻转过程中和翻转后，产生裂隙，在土垡因重力跌落犁沟时也有碎土作用，翻地后，上下土层不混合，底土散碎，没有大土块架空，利于形成连通性毛管孔隙和提墒。第三种方式是在翻地前先进行耙地（浅耕灭茬）耙碎表土和残茬，深约10cm，然后翻地。第四种方式是在灭茬基础上带小前铧的复式犁翻地，上下土层混合，耕作质量好。这四种翻地方式在形成良好耕层构造，作业进度和作业成本方面，各有特点（图4-1、表4-1）。在一个生产单位作物布局中，收获期一致的作物比例大时，翻地时间集中，而农时又紧张，就不得不采用第一种方式。如东北杂粮地区中耕作物占绝大多数，麦、豆产区小麦面积大；华北地区二年三熟或一年二熟小麦面积大；长江流域水稻面积大，这些都使翻地作业集中。因此，多采取第一种粗放方式，出现许多问题。如从保证作业质量和良好的耕层构造来看，仍以第二种方式为宜。

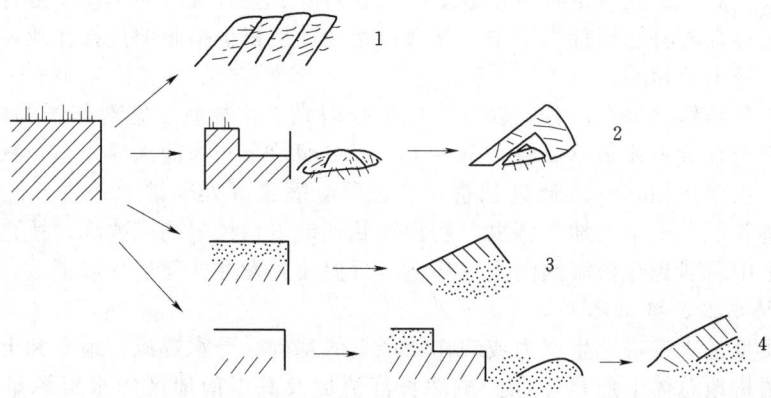

图4-1 四种翻地作业程序

1—直接翻地；2—带小前铧翻地；3—耙茬＋直接翻地；4—耙茬＋带小前铧翻地

（沈菖蒲，1991）

表4-1　　　　　　　　　　　四种翻地优点的顺位

评定项目	翻地方式			
	第一种	第二种	第三种	第四种
作业质量	4	3	2	1
耗油量少	1	2	3	4
作业阻力小	4	3	2	1
作业速度快	1	2	3	4
整地次数少	1	2	3	4

（资料来源：沈菖蒲，1991）

（1）翻地时期。翻地必须在播前或收获后田间没有作物生长的时期进行。从全国农业季节来看，一年四季都有翻地作业。随着种植制度的不同，长江流域稻麦两熟地区有麦收后的春翻和麦播前的秋翻；双季稻一年三熟地区，在三抢（抢收、抢翻、抢插秧）期间有早春翻、夏翻到秋翻的1年3次翻地。华北地区二年三熟地区麦收后的5、6月翻地，夏作物收后的秋翻和次年春作物收后，夏播前的夏翻。在一年一熟的东北地区，有麦收后的伏翻和中耕作物收获后的秋翻，由于是一年一熟，翻地的时期不如南方季节紧张，有选择翻地时期的余地。如夏收后可伏翻，多雨时可延至秋翻，还可延至来年种植中耕作物前春翻。但从耕地贮水与底土层在地面矿化来看，仍以伏翻为好。因伏翻时高温多雨，可多次消灭土壤中出土的杂草种子。中耕作物以秋翻优于春翻。翻地作业应力求在土壤宜耕状态下进行，既省工又能保证质量。但在抢季节或应翻地的面积过大，不容拖延农时，往往出现旱田湿翻、湿耙或稻田的滥耕、滥耙，作业质量极差，且在长时间内不能恢复土壤原有的结构。翻地时期和翻地质量的矛盾，在我国从南到北旱田和水田都有存在。

（2）翻地深度。一般翻地深度为20～30cm；深翻为22～24cm；浅翻为18～20cm。除依据不同土类和下茬作物的要求外，翻地深度还决定于土壤剖面构造和翻地时期，如土层较深厚的可深翻，底土有砂砾石和白浆层要浅翻，翻地距下茬作物播种近的宜浅翻，反之宜深；北方春翻宜浅，秋翻宜深；土壤干燥而又必须及时翻地时宜浅。吉林省农业科学院翻地深度试验（表4-2）表明，耕层达到22～25cm深时，作物产量均比浅翻12～14cm时高。在水田条件下，由于土壤阻力较大，北方翻地15～16cm，南方老稻田底层还原性强的，为了消灭犁底层，采取各年逐渐加深的办法，每年加深1～2cm。

表4-2　　　　　　　　　　　　翻地深度与作物产量

翻地深度 (cm)	大豆	高粱	谷子	翻地深度 (cm)	大豆	高粱	谷子
12～14	100	100	100	19～21	149	128	124
15～18	117	118	114	22～25	177	144	130

注　以翻地深度12～14cm为100。　　　　　　　　　　　　　　　（资料来源：吉林省农业科学院）

（3）翻地次数。通常翻地后底土层保持松土有1～2年的后效。在东北和新疆一熟地区是连年翻还是隔年翻要根据土类而定，近年多采取隔年轮翻。在西北和华北地区，在铁木农具限制下，有的还依照古农法，每次翻地要进行"三犁、三耙（耢）"或采取多次套耕翻地，以期达到深耕而不损坏农具。在应用机引铧式犁后，两季接茬期间仍沿用多翻多耙的传统。在一年二熟或二年三熟条件下，1年有2次翻地或2年3次翻地，而每2次翻地又是三犁、三耙。由此可见，耕整地的次数极多，而且时间长，若在这较长的翻、耢期间遇雨则更延迟播种。长江以南为多熟制地区，不论是旱田或是水旱兼作，基本上是每收一季作物进行翻地一次。因此，翻地时间紧迫，形成了三抢（抢收上季、随之抢翻、其后抢插水稻或种冬小麦）。

2. 耙地

翻地后土垡较大，孔洞也大，地面不平整，必须配合辅助性耕作才能创造出良好的耕层构造，如有翻前灭茬，翻地带小前铧作业，翻后的底土松碎，辅助作业实际上只是0～10cm的表土作业，耙地是第一次辅助作业。根据垡片大小和碎土深度的要求可分别采用钉齿耙、圆盘耙（轻耙）或缺口（重耙）。耙地作业方式，有和翻地方向一致的顺耙，或垂直于翻地方向的横耙，或与翻地方向成45°角的斜耙。顺耙作业速度快，可争取少失墒与农时，但开闭垄处难以耙平；横耙平地碎土效果好，但机组振动大；斜耙碎土、平土、效率等在顺耙和横耙之间，是生产上应用较多的耙地方式。

耙地的次数各地很不一致。土壤呈宜耕状态时，要耙1～2次，翻后未及时耙地时，表土垡块干硬，则需耙3～4次。在土壤质地黏重、有机质含量少而又干硬时，更需增加耙地次数。稻田翻地时土壤含水量一般在近饱和状态，垡条较长，为争取农时多采取水耙，作业省工，碎土效率高。但是对土壤结构的破坏作用极大，在悬浮的土粒沉淀后，会影响土壤的通气性和增加土壤的还原性。

3. 耢地

又称耱或耖，是继翻地、耙地后进一步碎土和平土的一次辅助作业。一般在旱田多用木铁制耢地工具，单独牵引，或在圆盘耙后，挂耢地工具。在南方水田泡田后，用"而"字铁耙耢地，称为耖田，使土地更加平整，便于以后控制水层。

4. 镇压

又称压地，在耙地、耢地后距播种时期尚早，或耙地深度超过播种深度，或种床底土过于疏松时，为减少大孔隙，防止土壤水分大量蒸发和增加小孔隙，促使土壤提墒，应进行镇压。镇压也是进一步压碎地面土块，或把土块压入土层使其吸水而疏解的作业，同时还能进一步平地，以保证播种深度一致。镇压的农具主要是各种镇压器。

5. 中耕

中耕作物在发育期间，行间有较宽的未被作物荫蔽的条带，为了防止土壤水分蒸发、生长杂草以及雨后出现不透气板结层，和使作物根系向纵深分布，需要及时进行行间中耕，以改善土壤通气状况。平翻耕法的中耕，从作物出苗至冠层封行期间，一般进行2~3次，深度多在8~10cm。由于地面平坦，中耕起土量较大，易于伤根、压苗。中耕的各次深度应先浅、后深，最后再浅。行距较窄的，因封行早，抑制蒸发和杂草生长的作用提前，中耕次数可减少；反之，中耕次数应增加。

4.1.2.2 垄作耕法

垄作耕法是我国东北地区的固有耕法。沿用年代较久，而与西汉时代（公元前20年）所推广的代田法近似。

1. 地面特征

垄作耕法是创造人为小地形，常年垄型。在作物收获后，垄高约为14~18cm，标准垄型为方头垄。一年中，垄型有方头垄、张口垄及碰头垄的垄型变化。垄距60~70cm，超过这一垄距抗旱抗涝能力增强，但不能合理密植；小于该垄距耕层不够深厚，不耐旱涝，而且易被冲蚀。

2. 垄作耕法的农具（图4-2）

原始的农具主要是木制大犁（犁杖），犁铧成三角形，其农艺是半翻转土层，很少产生垡块，作业省力。作业深度6~8cm，作成的垄体耕层深度16~18cm，垄沟松土8~10cm。播种农具有耩耙和点葫芦。目前将原始的木制大犁改进成配套拖拉机的铁制犁，进行起垄和中耕作业，播种作业应用播种、施肥等多项作业一次完成的播种机。

3. 垄作耕法的作业环节

（1）扣种。扣种是一种垄翻作业，其方法有多种，主要用于大粒种子作物，如玉米、大豆等。典型的扣种作业的第一步是破茬（破垄），将根茬和原垄台上部的表土翻入垄沟，在上年垄沟的松土上播种，然后在破茬处再趟一犁（掏墒），将松土覆于种子上，最后用磙子镇压。可根据气候调节破茬和掏墒的深度而改变播种深度与覆土厚度。如春季多雨，地温偏低，可深破茬，浅掏墒，提高播种位置和降低覆土厚度；若春季干旱，地温高，可浅破茬，深掏墒，降低播种部位，增加覆土厚度，以后可根

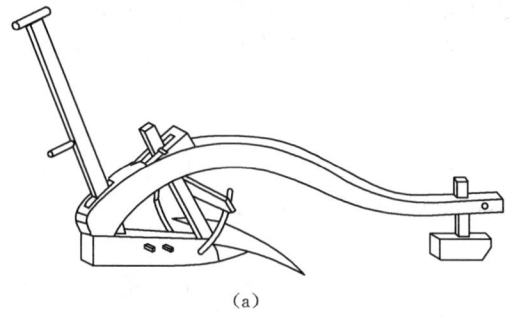 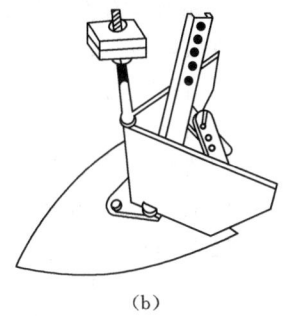

图 4-2 垄作农具与部件
(a) 犁杖；(b) 七铧犁部件

据覆土情况采取辅助作业，例如出苗前耢去部分覆土等。

为加深耕层也常采用三犁串垄的扣种形式，先在原垄沟趟一犁，然后破茬、掏墒、加深垄台的耕作层，此方法三犁成一垄，称做三犁串垄。在特别干旱地区或干旱年份，为了增强抗旱能力，常在原垄沟中直接播种，然后破垄进行覆土起垄。该方法因为种子播在低处，且种子下土壤紧实提墒力强，特别抗旱。

目前生产上机械化作业，第一年秋季施肥一次扣空垄（倒垄），镇压后过冬，第二年春季在扣成的空垄上用播种机进行播种作业，并同时施种肥。

(2) 耧种。一般沟台不换位置，用耧耙在原垄台开沟播种的方法。原始的耧种程序是：耧耙开沟—点葫芦播种—踩底格子（播种沟镇压）—施粪肥—收子（拉子）覆土—平磙子压垄台。有两种作业法：

1) 靠山耧。上年原垄留茬越冬，当年早春耢碎残茬，而后直接用耧耙在垄侧播种。此法虽然耕作粗放，但原垄未动，提墒能力强，种子部位较高，争取了温度，及时发芽出土。

2) 耢垄耧。留茬越冬，播种前先耢去一层原垄干土，将残茬、草籽耢入垄沟，而后在垄中间较湿的垄心土上开沟播种。此法播位较低，抗旱性增强，草也较少。多用于小粒种子作物，如高粱、谷子等。

生产上，因用耧耙开沟、点葫芦点种的老式畜力作业效率低，该方式已很少应用。耧种的方法主要是原垄耢茬（前茬为豆茬）或旋耕灭茬（玉米茬等），然后沿原垄用播种机直接播种，在播后出苗前混喷灭生性除草剂与土壤处理剂防除杂草，因该方法杂草出苗比较早，效果比较理想。

(3) 中耕。中耕主要是铲耥两项措施，是垄作耕法出苗后田间管理措施之一，为垄沟部位的深耕与中耕相结合的重要作业。铲即用锄头入土 3~5cm 疏松垄台，消灭垄肩的杂草和板结层，然后在垄沟中进行大犁耥地，作物在铲后 1~2 天内耥地。一般耧种地因系原垄，多为三铲三耥，扣种多为两次铲耥。三次耥地深度都必须达到犁底层，为了防止压小苗和垄台透风，三次耥地要更换犁铧，头遍地采用窄犁铧，以后再用宽铧。第一次铲趟将土培至垄帮，即"张口垄"，即可避免压苗又有助于降雨存贮于苗带中。最后一次耥地将土培至垄台上，并使松土在垄上相遇形成碰头垄。

在东北地区除草剂被广泛使用，中耕作业中铲地作业越来越少，但耥地是很必要的。一是耥地具有很强的灭草能力，进行耥地可以控制草荒，提高除草剂效果；二是耥地具有破除板结、松土与培土的功能，可以为作物的后期生长创造适宜的环境。

4.1.2.3 深松耕法

1. 由来

深松耕法是黑龙江省为了进一步稳产、高产和加速田间作业机械化进程的要求而研究产生的一种新耕法。它是以深松铲间隔深松，局部打破犁底层，形成纵向虚实并存耕层结构的耕作方法。

在长期运用平翻耕法或垄作耕法后，在耕作层与心土层之间都形成了一层坚硬的、封闭式的犁底层。犁底层的厚度可达 6~10cm，它的总孔隙度比耕作层或心土层减少 10%~20%，阻碍了耕作层与心土层之间水、肥、气、热梯度的连通性，降低了土壤的抗灾能力。同时，作物根系难以穿透犁底层，根系分布浅，吸收生活因素体积减小，抗灾力弱，易引起倒伏早衰等，以致影响产量。因此，消灭犁底层成为重要措施。除了人为造成的犁底层需要人为的措施去消灭它以外，在土壤自然形成时，在土层 30cm 以下，也有形成难透水气的黏盘层，为了增强土壤和作物的抗灾能力，也需要采取人为措施消除它，深松就是这样一项措施。

深松是不翻转土层，保持原有土壤层次，作业深度超过犁底层或黏盘层分布深度，有的是在运用平翻耕法或少耕法中的一项不定期的措施，有的是按一定的理论要求作为常年的措施。根据松土的深度有深松和浅松，深松是指疏松深度超过犁底层分布深度，浅松保留了原犁底层构造。

2. 作业方法

在垄作条件下，垄沟、垄台、垄帮均可以进行局部深松，平作条件下采取耙茬间隔深松，消灭部分犁底层（图 4-3）。为适应不同作物、气候和土壤的要求与特点，

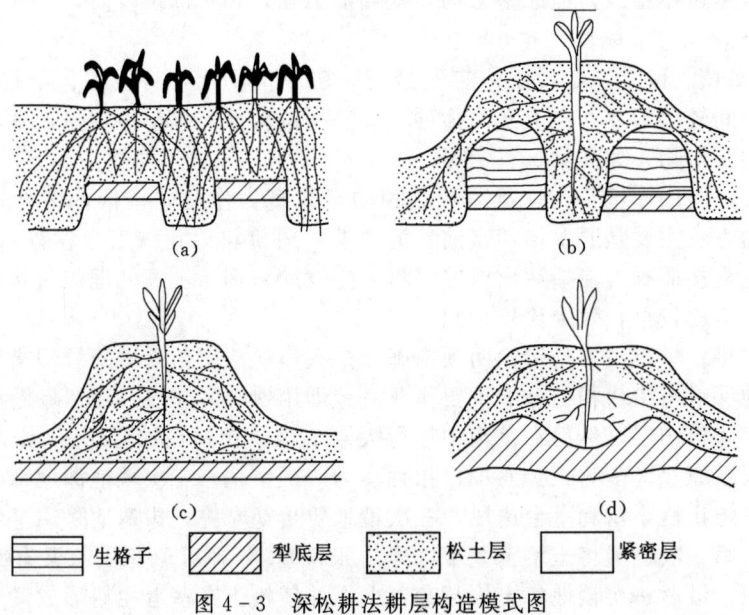

图 4-3 深松耕法耕层构造模式图
(a) 耙茬深松；(b) 垄翻深松＋垄沟深松；(c) 平翻耕法；(d) 垄作耕法

有多种耕作法，形成各种纵向虚实比例的耕层结构。

（1）垄作深松。主要有垄沟深松、垄底深松、垄帮深松等形式。

1）垄沟深松。在秋收后、播种同时，或作物幼苗期均可垄沟深松。东北地区在第一次中耕时深松效果最佳，因这时正值雨季来临，可以蓄积大量雨水。总之，垄沟深松应在雨季前进行，若松后没有降雨，反而加重土壤失水。

2）垄底深松。在倒垄时，先在原垄沟深松而后倒垄，也可配合新垄的垄沟再进行深松（图4-3）。

3）垄帮深松。在第一次中耕时，结合垄沟深松的同时以2cm宽的深松铲在垄帮上深松，深松深度14～16cm，消灭部分生格子。

（2）平作深松。主要有耙茬深松、松耙松等形式。

1）耙茬深松。在平作地一般以70cm间隔深松，可形成1∶0.8虚实比的耕层结构。

2）松耙松。在较黏重土壤的平作地上，先深松一个行距内的某个部位，后耙表土，最后深松另一个部位，一次作业完成。

4.1.2.4 少耕体系

少耕体系的概念是针对平翻耕法的多耕而言的。主要是去掉有缺点的或不必要的耕作措施和作业次数，以便达到节省能量和降低成本。当前实施的各种少耕法都为了达到上述目的，所以说少耕是一个体系。

1. 保留翻地环节的少耕

（1）保留翻地而去掉耙耢环节的少耕法。翻后直接播种，以免表土过于松碎引起风蚀。该耕作法必须在土壤宜耕状态翻地，翻地质量较好而没有大堡块，底土贮水较多的条件下采用。

（2）保留翻、耙、耢作业环节，去掉中耕的少耕法。西方普遍认为中耕的目的就是除草，因而用除草剂可以代替中耕，中国传统农业认为中耕是调整土壤孔隙和除草。中国科学院林业土壤研究所巴逢辰在黑龙江黑土区的测定结果表明，铲耥的土壤中CO_2少。东北三省1980～1983年的少耕联合试验结果，在翻地基础上连续1～4年减少中耕次数，以不少于两次为宜。美国普渡大学（Purdue University）实验中，有四年中耕增产，一年减产，认为中耕可增加贮水，破除板结和坡地上减轻水土流失。各地的结果不尽相同，减少中耕应根据各地的具体条件而定。

2. 免去翻地环节的少耕

（1）去掉翻地，连年耙茬。黑龙江省九三农场管理局科研所谢民泽经多年试验研究，并在该局推广应用，收到了节省能源和增产的效果。由于九三地区黑土层厚，有机质达到4%～6%，土壤质地适中，并有长期冻耕作用，没有必要疏松深层土壤。

（2）凿形犁少耕。欧美国家在旱田使用凿形犁（凿形铲）全面深松较多。一般耕层达到20～25cm，全耕层疏松，可将残茬的2/3混于土层，1/3留在地面覆盖土壤，防止风蚀。

（3）旋耕。用旋耕机全面旋松10cm土层，属浅土层耕作，省工、省力，降低成本。但是连年旋耕，失掉了底土的深耕后效，底土过硬。

（4）免耕垄作。为避免秸秆覆盖后，影响表土的增温作用，将秸秆覆于垄沟中，垄台裸露，继续保持垄台的增温作用，年年不破垄台，直接在耢过垄台上播种，每年在秸秆覆盖下进行中耕两次。秸秆覆盖垄作的优点是防止机轮对土壤的压实和保水、培肥土壤的作用。

以上归纳了几种少耕方式，无非是在深耕、整地或中耕环节上减少作业次数。决定运用哪一种耕作方式，离不开当地土壤特性和人为创造的耕层结构对缓冲不良气候因素对作物生长的影响。

4.1.2.5 免耕法

1. 免耕法的由来

美国过去是沿用平翻耕法及铧式犁为主的一套农具作业，由于平翻后要进行多次表土作业才能达到播种状态，在不旱而多大风的地区和坡地上，造成了严重的风蚀和水土流失。1933年5月12日，长期运用平翻耕法的美国南部地区发生了一次前所未有的"黑风暴"，以60~100km/h的速度持续5个小时，从美国西部大草原横跨美国国土的2/3刮起尘暴，带走3亿t肥沃的农田表土，严重地威胁农业生产。美国农业研究部门和农民一起研究风蚀的原因，他们认为西部地区毁林和毁草开垦为农田是风蚀原因之一，同时传统的土壤耕作（平翻耕法）表土裸露、过松、过碎也是原因之一。经过几个阶段减少耕作次数和改变耕作方法的研究，认为免耕而利用作物秸秆覆盖可保护土壤，但因草荒严重而无适宜的除草剂难以成功。至20世纪60年代，多种高效除草剂相继发明和应用、在秸秆覆盖下的免耕播种机的研制成功，终于使免耕在美国得以推广应用。

2. 免耕法的技术措施

（1）生物措施。利用秸秆、残茬或死亡牧草覆盖地面，减少雨水对土壤冲击及其对土壤的沉实作用，代替表土耕作和施有机肥；以作物根系穿插、排挤和土壤生物作用代替土壤耕作的深层疏松土壤作用。

（2）化学措施。利用除草剂代替全部耕作除草，利用杀虫剂和杀菌剂代替耕作翻埋虫害与病菌等作用。

（3）机械措施。由于地面长期秸秆覆盖，必须有特殊的播种机切碎播种行上的秸秆，避免堵塞开沟器和影响覆土，保证播种质量。另外，必须配备防除杂草、防虫、防病的植保机械，以及具有秸秆切碎覆盖功能的相应收获机械。

4.2 农田土壤水分的区域性和季节性变化

土壤水分的重要意义正如农谚所说："有收无收在于水，收多收少在于肥"，它的重要性是众所周知的。水是作物体的重要组成成分，在正常情况下一般作物体大多会有60%~80%的水分，瓜果蔬菜的含水量可达90%以上。作物生命活动的代谢作用必须有水参加，水是光合作用的原料之一，植物体内有机物的合成与分解、转化、运输也必须有水参加才能进行；植物生长发育所需的矿质营养必须是先溶于水，而后才能被植物吸收并输送到其体内各个部分等。

土壤水分在农业生产中不仅直接影响作物生长，而且也控制着土壤形成与肥力发展变化。尤其是我国地处季风带，北方地区年降雨量少，旱涝季节明显，即所谓"春旱、夏涝、秋后旱",旱涝灾害往往成为农业生产的严重威胁。所以控制土壤水分、消除旱涝灾害,对北方地区的农业生产有着特别重要的意义。

4.2.1 降水对农田土壤水分的影响

4.2.1.1 我国的降水特点

我国季风气候在降水上表现的非常明显,降水的水汽主要依靠季风输送,这使我国降水出现以下显著特点。

(1) 我国年降水量的分布特点。我国年降水量总的趋势是由东南沿海向西北内陆逐渐减少,华南为1500~2000mm以上,长江中下游在1000~1400mm之间,淮河流域及秦岭山地在750~1000mm之间,黄河下游到海河流域为500~750mm,东北小兴安岭以西约为300~500mm、以东大于500mm,长白山脉的南部达1000mm以上,内蒙古及河西走廊一般少于250mm,北疆为100~300mm,南疆在100mm以下,塔里木盆地及吐鲁番盆地不足50mm,四川盆地在1000~1200mm之间,云贵高原除云贵北部为750~1000mm外,其他都在1000~1500mm以上,西藏境内降水差异很大,从藏东南的4500mm以上减少到藏北地区的100mm以下。

400mm等降水量线自大兴安岭起,向南偏西,经呼和浩特,过陕北到兰州,再到雅鲁藏布江河谷。将我国分为湿润和干旱地区两部分,此线以东降水丰沛,为我国主要农业区;此线以西,除一些高山地区降水稍多外,一般都比较干旱,主要为牧业及旱地农业、灌溉农业区。

(2) 雨季起止日期和季风进退日期基本上是一致的。例如,华南夏季风盛行开始于4月下旬,结束于9月下旬,雨季也是始于4月末,止于9月下旬。夏季风盛行5个月,雨季也是5个月;在华中,夏季风始于6月上旬,结束于9月中旬,雨季始于6月上旬,止于9月上旬,夏季风盛行3个月,雨季也是3个月;在华北,夏季风始于7月上旬,止于9月上旬,雨季始于7月上旬,止于8月末。

(3) 各地降水季节分配有一定差异。各地降水季节分配并不一致,大部分地区降水集中在夏季风盛行时期,少数地区四季降水均匀。广大江南地区春雨较多;华北和东北夏雨最多,春旱严重;西南地区夏秋多雨;新疆伊犁河谷四季降水均匀;台湾东北角冬雨最多,夏季少雨。

(4) 降水量年际变化大。降水量年际变化大是季风气候的一个特点,每年季风进退时间的迟早和在某一地区停留时间的长短都使得降水量出现年际差异。一般说,降水量多的地区,降水的年际变化较小,一年中降水量多的时期变率也不大。反之,变率就大,降水量年际变化大对农业生产是很不利的。全国年降水相对变率最大的西北干旱地区,一般都在30%~40%以上;华北为20%~30%;东北的山地和长江流域以南地区为15%以下;东南沿海地区由于台风而降雨变化大,使这一地区的降水相对变率增至15%~20%;西南地区变率为全国最小,有些地区不到10%;青藏高原降水变率在10%~20%之间。

4.2.1.2 农田土壤水分平衡

农田土壤中有多种水分流动过程存在,如植物利用的水分、渗漏、土壤水分蒸发、地面径流等。土壤水分平衡是指某一时期一定土壤体积内所得到的水分和被作物用去的、流失的水分之间的平衡关系。一般以在一定时间内,作物根部范围一定深度的土层得到与失去的水分差额表示。

农田土壤水分的来源主要是降水、灌溉和毛管上升水；农田土壤水分消耗主要是渗漏到土层以下的水分量、作物蒸腾量、土壤水分蒸发量、地面径流量。影响土壤水分的最主要因素是降水量与土壤蒸发量，特别是无灌溉地区；毛管上升水的水源是贮藏在土壤底层的雨水，受降水的强烈影响；由于降水强度的不同，直接影响地表径流的产生与否。渗漏到土层以下的水分量和土壤水分蒸发量受耕作方式影响较大，降雨若能快速渗漏到土壤中贮存，产生的径流水比较少，非雨期毛管上升水量充足；土壤水分蒸发主要是通过土壤耕作的保墒、散墒以及覆盖措施进行管理；作物蒸腾量主要决定于种植的作物种类。

4.2.2 农田土壤水分的区域性与季节性变化
4.2.2.1 农田土壤水分的区域性

降水量、蒸发量、灌溉是影响土壤水分的主要因素，根据干燥度及年降水量将我国自东南沿海向西北内陆依次有湿润、半湿润、半干旱、干旱地区（表4-3）。土壤水分随着降水、灌溉区域分布呈现明显的地域性特点。

表4-3 干湿状况的划分指标

地 区	干 燥 度	年降雨量（mm）	植 被
湿润	<1.00	>800	森林
半湿润	1.00～1.50	400～800	森林草原
半干旱	1.50～4.00	200～400	草原
干旱	≥4.00	<200	荒漠

华南区大部分地区年降水量为1500～2000mm。东部降水主要受东南季风影响，降水量由东向西逐渐减少。西部（滇西南）降水主要受西南季风影响，降水量由南向北逐渐减少。山地迎风坡降水更多，如台湾山地、戴云山、莲花山、云开大山、十万大山和五指山等东南坡，年降水量达到2500～4000mm，其中台湾火烧寮多年平均降水量达6489mm，为全国降水最多的地方。长江中下游在1000～1400mm，而且在初夏北方冷空气与南方暖湿气流相遇于长江附近，形成"梅雨"，往往连续一个月以上。由于华南与长江中下游地区降水丰沛，温热湿润，土壤水分充足，水田面积分别占到80%和71%。

西南区因受东南季风和西南季风控制，加上地形影响，降水充沛，年降水量为750～1200mm，降水量从东南和西南向内陆减少。在地处向风面的四川盆地西缘和大巴山、武陵山、乌蒙山等南坡，降水量可达1300～1500mm，其中峨眉山高达1900mm，而处在背风面的陕南、陇南和乌蒙山以西滇北等地，降水量仅为500～600mm。西南区农业生产以种植业为主，水稻、小麦、玉米和甘薯是本区的主要粮食作物。水稻和小麦主要分布在四川盆地，其次是云南东部、贵州中部的河谷平原，多实行水旱轮作；降雨相对较少的陕南、陇南等地以旱作物为主。

淮河流域及秦岭山地的年降水量在750～1000mm之间，黄河下游到海河流域为500～750mm，黄土高原为400～700mm，东北地区为400～1000mm，长白山地一带为东北地区降水量最为丰富的地区,年降水量达1000mm以上。这些地区主要是旱作物,水田面积小,主要分布在沿河两岸和低洼地。

内蒙古及长城沿线地区属于干旱、半干旱地区,大部分地区降水量在250~400mm,降水量从东南向西北递减,东南边缘可达500mm,西北部仅200mm。本区地处季风气候边缘区,降水年际变率大,多在50%左右,且年际变率由东南向西北递增,西北部最大变率可达100%。蒸发量大,一般为降水量的2~8倍,从而导致地表水、地下水资源贫乏。农业以草原畜牧业为主,农牧交错带农牧兼营,主要种植谷子、胡麻等抗旱作物。

甘新区远离海洋,湿润气流难以到达,降水稀少,气候干燥,大部分平原地区年降水量少于250mm,干燥度在2.5以上,其中一半以上地区年降水量小于100mm,干燥度在4以上。新疆降水分布规律明显,北疆多于南疆,西部多于东部,山地多于平原,迎风坡多于背风坡,且降水量随海拔上升而增加。阿尔泰山、天山、昆仑山、祁连山等高山区降水量比较丰富。如天山、祁连山年降水量达400~600mm;在海拔3500m以上的高山区广泛分布着永久积雪和现代冰川,成为高山区的固体水库,夏季部分消融补给河川。冰雪融水成为山麓地带农田灌溉的主要水源,而且依靠冰雪融水补给的山区河流水量比较稳定。因此,绿洲的大小基本上与河流径流量大小相吻合,是独特的绿洲生态灌溉农业,作物种类多。

4.2.2.2 农田土壤水分的季节性变化

我国季风气候在降水上表现的非常明显,降水的水汽主要依靠季风输送,降水量的季节分布与季风的进退规律一致,季节分布差异大。土壤水分季节性分布,也与降水、蒸发表现规律性变化。

1. 华南地区农田土壤水分季节变化

张秉刚等人在广东赤红壤定位点研究结果表明(表4-4):在丘陵赤红壤水分循

表4-4 观测试区的降雨量和蒸发量

地点	年份	降雨量					蒸发量				
		年总量(mm)	旱季		雨季		年总量(mm)	旱季		雨季	
			季总量(mm)	占年总量(%)	季总量(mm)	占年总量(%)		季总量(mm)	占年总量(%)	季总量(mm)	占年总量(%)
广州东郊	1994	1833.8	245.6	13.39	1588.2	86.61	1297.9	519.8	40.04	778.1	59.96
	1995	1834.2	322.5	17.58	1511.7	82.42	1074.5	377.9	35.17	696.6	64.83
	1996	1744.9	65.0	3.73	1679.9	96.27	1241.5	471.6	37.98	769.9	62.02
	平均	1659.2	273.1	16.46	1386.1	83.54	987.6	415.6	42.08	571.9	57.92
博罗下村	1994	2116.2	264.8	12.51	1851.4	87.49	1688.3	539.9	31.98	1148.4	68.02
	1995	1517.2	222.5	14.67	1294.7	85.33	1489.3	475.4	31.93	1013.9	68.07
	1996	1695.8	131.4	7.75	1564.5	92.25	1387.1	501.3	36.14	885.8	63.86
	平均	1804.2	211.0	11.69	1593.2	88.31	1204.6	456.4	37.89	748.2	62.11

注 旱季为1~2月、10~12月,共5个月;雨季为3~9月,共7个月。

环中,降雨量多和降雨强度大起着极重要的作用,降雨量多但分配不均匀形成明显的干湿季节,降雨强度大于土壤入渗速率是产生地表径流的关键条件。由大雨或暴雨并持续10h以上的降雨过程且降雨超过50mm,将产生深层贮水。在干旱季节(1~2月和10~12月),降雨量仅占年降雨量11.61%~16.46%,而蒸发量却占年总蒸发量33.22%~42.08%,尤其是每隔两年左右的1月或11月前后,常出现持续40多天未下雨的现象,0~100cm土层的蒸散量大于降水渗入量、土壤贮水减量。因此,在雨季防止或减少地表径流;在旱季减缓土壤水分蒸发,提高土壤水分利用率,或以喷灌方式补充土壤水分。

南亚热带丘陵坡地及低丘梯地土壤贮水增减量的变化规律,受气候变化的影响,同时也受土壤所在坡段或梯级的影响,总的趋势是:在雨季贮水为增量,在旱季为减量,在雨晴相间时,贮水时增时减。在雨季地势高的土壤贮水增量小,地势低的增量大;切土梯级增量小,填土梯级增量大。在干季则地势高的坡段及切土梯级减量大,地势低的坡段及填土梯级减量小。从水量平衡角度来看,宜根据土壤贮水增减的规律,采取相应措施来维持土壤水量平衡。

2. 东北黑土区农田土壤水分季节变化

东北黑土区农田土壤水分季节性变化呈双岭谷形(韩晓增等,2005)。每年的11月~翌年4月为第一个峰岭,历时约160天,4月中旬~6月末为全年的大型不对称谷,历时80天;7~8月为第二个峰岭,历时60天左右,与第一个峰岭相比,有高有低,但差异不大;9~10月为第二个浅谷,历时60天左右。峰谷的特点是:峰高且长,呈岭形;谷缓且浅,呈蝶形;全年峰岭历时长于谷段2~3个月。这种水分变化与作物生育期对应关系是:春小麦播种期为峰,麦类生育前期,玉米、大豆播种期及苗期为谷,麦收期和大田田间管理阶段为峰,大田成熟期为谷。

东北黑土区农田土壤水分周年动态分为三个时期:冬季水分上移期,春夏失墒期,夏末秋季收墒期(韩晓增等,2005)。

(1) 冬季水分上移期。由11月~翌年3月,历时约150天,这个时期由于地表冻结,得不到大气降水补给,土壤内部水分遵循热力学定律,不停地向上层移动,为春季播种提供良好的墒情。其机理是由于每年10月末地表开始结冻,翌年3月末开始融冻,5月上旬方能化通。土壤冻结过程中,平均以每昼夜1cm的速度由上向下延伸。在冻结与没冻结土层之间形成一个强大的温度梯度,下层水分不停地向上层运动集结。据统计,每年10月末~翌年3月末的5个月中,0~10cm土层平均增加水量6.9mm,相当于一场小雨;0~20cm土层平均增加水量16.4mm,相当于一场中雨;0~50cm土层平均增加38.5mm,相当于一场大雨。

(2) 春夏失墒期。每年的4~6月,土壤水分以上行毛管水运动为主,水分消耗大于补给,直至雨季来临才终止这一过程。这一阶段正是小麦生长的关键时期,大田作物播种和苗期,土壤水分减少影响小麦生长和大田作物的出苗。

(3) 夏末秋季收墒期。每年的7~10月,土壤水分在降水与作物蒸腾的作用下,借助毛管力的作用,土壤水分频繁上下运动,而且补给大于消耗,致使土壤水分出现第二个峰岭,除满足当季作物需水外,还为翌年春季作物生产作好了水分储备(表4-5)。

表 4-5 赵光地区黑土耕作层（0～50cm）结冻期水分上移量

始冻期		始融期		水分上移量		
时间 （年.月.日）	土壤有效水分 （mm）	时间 （年.月.日）	土壤有效水分 （mm）	mm	m^3/hm^2	上移率 （%）
1958.10.28	140.8	1959.4.8	194.3	53.5	537	37.9
1959.10.28	152.3	1960.4.8	240.0	87.7	876	57.6
1962.10.28	99.9	1963.4.8	118.1	18.2	183	18.3
1963.10.28	103.3	1964.4.8	111.8	8.5	84	8.2
1964.10.28	81.7	1965.4.8	113.5	31.8	318	38.8
1970.10.28	95.3	1971.4.8	126.3	31.0	309	32.7
平均	112.0		150.5	38.5	384	34.2
最小	81.7		111.8	8.5	84	8.2
最大	152.3		240.0	87.7	876	57.6
极差	70.6		128.2	79.2	792	49.4

（资料来源：韩晓增，2005）

3. 华北褐土地区与冀西北风沙半干旱区农田土壤水分季节变化

（1）华北褐土地区农田土壤水分季节变化。褐土主要分布在燕山、太行山、吕梁山与秦岭等山地及关中、晋南、豫西等山麓及盆地之中。这一地区地下水位较深，作物难以利用。以河南淇县为例，年均降雨量为 621.7mm，而蒸发量高达 2020.5mm，是半湿润偏旱地区。土壤水分季节变化可分为六个时期（中国旱地农业，2004）。

1）初春土壤"返浆"黑墒期。褐土区冻土层浅，一般不超过 50cm，2 月上旬开始化冻，3 月初完全化通，土壤墒情达到高峰，即黑墒期。这阶段是春季保墒最有利的时机，一般持续 10 天左右。

2）春季强烈失墒期。2 月中旬～5 月上旬，返浆过去，气温升高，地表蒸发加强，出现干土层，土壤水分由黑墒进入黄墒阶段。这时毛管水已不能达到地表，而在干土层以下汽化，通过干土层散失。此时宜进行耱地碎土，减少大孔隙，降低水分气态损失。

3）初夏严重缺墒期。5 月下旬～6 月中旬，继春季失墒后，旱情继续发展，干土层逐渐加厚，直至 0～40cm 或 0～50cm 土层的有效水分完全丧失，土壤严重缺墒，可使小麦青干枯死，夏作物不能播种，甚至形成"卡脖旱"。作物能否顺利渡过此时期，关键在于前期蓄水保墒及当年雨季来临迟早。

4）雨季底墒蓄积期。6 月下旬～9 月上旬，是全年降水最多的时期，也是秋作物生长盛期。此时期的中心任务是利用雨季多蓄水，蓄足水，尽量把降水蓄存于土壤之中，以供冬春旱季利用。

5）秋季快速蒸发失墒期。9 月中旬～10 月中旬，是秋季作物生长末期及冬小麦的播种时期。雨季已过，降水减少，但气温尚高，土壤失水仍较强烈。

6）冬季凝集冻结期。11 月下旬～次年 2 月中旬，冬小麦矮小，叶面蒸腾少，但裸露地面蒸发未停止。土壤中的下层水分，以气态向上扩散，受地面低温的影响而凝集于上层，使上层土壤含水量增大，形成较厚的冻土层。墒情差的地块，冻结得较慢，也较迟缓，干土不冻结。

(2) 冀西北风沙半干旱区农田土壤水分季节变化。冀西北风沙半干旱区农田土壤水分季节性变化也可概括为四个时期：缓慢失墒期、耗墒期、恢复期、稳墒期（龚学臣，1998）。

1) 缓慢失墒期（4～5月）。本期地面无覆盖，即便是早播种作物（如小麦），也只是刚出苗，土壤水分的损失以蒸发为主，土壤平均耗水强度为0.59mm/d。4月以后气温迅速回升，土体开始由表层向深层解冻，前期由于解冻水分受冻土层的阻碍不能下渗，而迅速向大气散失，4月失水较大，土壤贮水在4月中旬出现低谷。4～5月土温虽偏低，但坝上春季多大风，3～5月平均风速为5.8～6.4m/s，在土壤无覆盖的条件下，大风加剧了土壤水分的散失，因此增加覆盖和镇压次数，对防止水分的散失有明显的作用。

2) 耗墒期（6～8月上旬）。该期气温都在15℃以上，7月午间气温高达30℃以上，且正值作物生长旺盛期，蒸腾强烈，蒸发量大，是土壤水分消耗的高峰期，降水一般不能满足作物的需要，形成土壤水分亏缺，土壤含水量常接近或低于凋萎湿度，严重影响作物的生长发育。

3) 恢复期（8月中旬～11月上旬）。该期虽然降水量只占全年的22.2%，但作物相继收获，气温下降，土壤蒸散量小，降水量大于蒸散量，土壤墒情处于逐渐回升阶段。最高时1m土层含水量均可达到100mm，土壤水出现第二次高峰，但到本期末都有不同程度的失墒，期末1m土层平均含水量降至85.9mm，如果该期期末气温偏高，土体封冻晚，失墒会加重。因此，该期应采取相应的保墒措施，以减少失墒。

4) 稳墒期（11月中旬～翌年3月）。11月以后，气温迅速下降，地温低于0℃，土体由表层向深层冻结，冬季最大冻层为170cm，冻土层阻碍了水分的散失，土壤墒情相对稳定。

4. 西北黄土高原区农田土壤水分季节变化

西北黄土地区多属半干旱或半湿润偏旱地区，大致是呼和浩特至兰州一线以西以北属半干旱气候，年降水量在400mm以下。此线以东以南属半湿润偏旱气候，年降水量为400～600mm，全年蒸发量为1200～1800mm。黄土地区范围广，自阴山山脉以南、秦岭以北、太行山以西、日月山以东均有大面积的黄土分布。雨量与温度大体上自北而南，由西向东逐渐增加和升高。降雨主要集中在夏秋季节，占全年降水总量的70%～80%以上。土壤水分季节变化基本上与降水季节分布一致，可分为四个时期（中国旱地农业，2004）。

1) 融冻春旱失墒期。2月中旬～6月上旬。冻土层深度在区内北部及西部为50～60cm，东部和南部不过10～20cm。黄土透水性较好，土壤湿度在冬季来临前已降至田间持水量以下，所以剖面上冬季水分再分配现象不是十分明显，但春季解冻后仍有土壤返潮现象，只是因大气干燥，温度回升快，风大雨少，融冻水分潮湿的地表很快出现干土层。融冻后冬小麦很快进入旺盛生长期，耗水量急剧增加，虽有少量雨水，但失多于入，因而干土层不断加厚。此阶段进行耕作保墒很重要。此时期末（5月底，6月上旬）正值越冬作物收获期，一般土壤贮水量出现年内最低值；春播作物农田土壤水分往往稍高于越冬作物收获后的农田。

2) 夏季雨季增墒期。6月中旬～10月上旬，是黄土地区蓄墒的重要阶段。此时期为雨季，土壤水分开始恢复与积累。随着雨水下渗，墒层逐渐加厚，此期末整层土壤贮水量达到年内最高值。土层蓄水的多少，入渗的深度与当年降水量多少密切相关，也与地形地貌、土壤性质及耕作保墒措施有密切关系。

3) 秋冬缓慢失墒期。10月上旬～11月下旬。此时期地面温度仍高于0℃，加上雨季后土壤含水量较高，天气多风，因而土壤水分仍有少量损失，平均净损失量可达20～30mm。应尽可能保持好这些水分，防止春旱。

4) 冬季冻结稳墒期。12月～翌年2月上旬。气候特点是干旱少雨雪，气温一般在0℃以下。土壤封冻后，随着冻层加厚凝聚着一定量的固态水，土壤表层有厚薄不等的干土层，整层土壤水分呈稳定状态。在这一时期应尽量减少土壤表面大孔隙及裂隙，以减少这部分土壤水分的损失。

黄土地区土壤水分季节变化，一般均有上述四个时期，但由于各地气候不同，土壤性质各异，各墒期出现的早晚和长短不一。

5. 内蒙古东部栗钙土地区农田土壤水分季节变化

栗钙土主要分布在内蒙古高原的东部和南部，鄂尔多斯高原东部，呼伦贝尔高原西部及大兴安岭东南麓的丘陵平原地区。根据内蒙古自治区农业科学院作物研究所（1995）在兴安盟乌兰浩特（科尔沁右翼前旗）旱坡耕地上观测，1951～1985年年平均降水量为416.9mm，雨量集中于6～8月，占全年降水量的74.4%，年平均蒸发量为1800mm，属半干旱气候。1984～1986年三年内，该地区土壤水分季节变化基本趋势是两谷两峰型，可分为五个时期。

1) 春末夏初跑墒期。3月中旬～6月上旬，气温逐渐升高，土壤自上向下解冻，但由于风大风多，土壤水分蒸发强烈。此时期土壤贮水量最低，一般低于植物生长阻滞含水量，形成第一谷。

2) 夏秋蓄墒期。6月中旬～7月中旬和8月中旬～9月下旬，夏季雨季来临，降水量增加，土壤水分不断得到补充。6月中旬～7月中旬出现第一次高峰。秋初（8月中旬～9月下旬）降水虽有减少，但气温逐渐降低，土壤蒸发和作物蒸腾也降低，土壤贮水量出现第二次高峰。这一时期是土壤水得到补充的主要时期，在年内土壤贮水量最大，一般达到田间持水量。

3) 夏伏低贮量时期。7月下旬～8月上旬，夏季伏天气温最高，此期内降水虽不少，但蒸发蒸腾强烈，土壤贮水量急剧下降，可降至植物生长阻滞含水量水平，形成第二谷。第二谷持续时间短，且不同年份出现时期不相同。此期若降水少，则会出现伏旱。农业生产上能否减轻伏旱，与在第一次高峰期采取的农业措施相关。一般在6月中旬与7月中旬要进行1次中耕深松，多接纳降水，提高土壤水分含量。

4) 秋末冬初土壤水分的缓慢衰减期。10月上旬～11月上旬，秋末以后，降水减少，气温下降，土壤水分的消耗随之减缓，一般处于田间持水量与植物生长阻滞含水量之间。

5) 结冻土壤水分稳定期。11月中旬～翌年3月上旬，入冬后土壤水分冻结，处于基本稳定状态。

4.3 耕作与土壤水分关系

4.3.1 耕作对土壤水分的调节作用

水和作物的关系十分密切,农业生产上水的来源主要是大气降水。大气降水落到地面以后,一部分形成径流汇入江河,成为地表水;一部分渗入地下,受不透水层顶托,埋藏在含水层中变成地下水;还有一部分被土壤截留、蓄存,形成土壤水,这就是土壤水资源。由于土壤是布满大大小小孔隙的疏松多孔体,土层深厚的土壤具有较显著的蓄存、调节水分的功能,被称为土壤水库。土壤耕作是在一定的时间和空间里进行的作业,确立与气候、土壤和作物相适应的土壤耕作方式,是通过调节土壤水库来调节土壤水分平衡。

4.3.1.1 土壤水库的特性与功能

1. 土壤水库的特性

土壤水库是一个蓄水量相当大的大水库,具有庞大的蓄水库容。如果作物利用层以 2m 计算,则土壤可蓄水 550~600mm,即每公顷蓄水 5400~6000m^3。土壤水库不但贮水量大,而且具有不占地、不修渠、不耗电、不发生盐渍化等特点,只要通过一系列培肥改土、蓄水保墒措施就可将降水贮存在土壤中,不需要特殊的地形条件和投入,可谓工省效宏。

2. 土壤水库的功能

土壤水库的水对农业生产来说是极其可贵的,因为土壤水库中贮存的土壤水是生长在陆地上的一切生物最直接的水分来源,不管是大气降水、地表水还是地下水,都必须通过土壤这个载体变成贮存在土壤水库中的土壤水,作物才能吸收利用。土壤水库的作用远非此,对旱作农业来说,土壤水库具有特殊的功能,具体表现在以下几个方面。

(1) 对作物供水具有连续性。土壤水库对作物供水具有连续性,这是土壤水库有别于其他水资源的最可贵之处。作物在整个生长发育过程中对水分的需求是连续不断的,而大气降水和人工灌溉都是间歇性供水,不能经常不断地满足作物对水分的要求,唯有土壤水库贮水能满足作物对水分的连续性要求。土壤水库不仅能使间断性的不均匀的大气降水、灌溉水变为对作物的连续均匀供水,而且对满足作物总需水要求也有重要的调节作用。

(2) 对作物供水具有调节能力。土壤是一种类生物体,在一定的外界环境条件作用下,不仅具有生理机制和一定的生态表现,而且还有明显的生理功能和一定的对水、肥的自动调节能力。土壤水库实质上是由无数具有小水库作用的土壤团粒状结构的复合体——团粒和微团粒结构构成的,所以,它既有一定数量的储备水源,又有通路流畅、输送灵便、保证在干旱季节供水的理想持水状态,能在不良的气候条件下,保证正常地供应作物所需要的水分,有良好的供水稳定性和自动调节能力。这种自动调节能力主要是自动调节土壤的水分含量,灵活供应毛管水。遇到干旱时,上层水分不足,底层、深层贮存的毛管水沿毛管上升,源源不断地向上层输送;到降水时,团粒间的非毛管孔隙可使降水迅速入渗,团粒内部的毛管孔隙则能大量吸持水分,把渗入土层中的水变成毛管水储蓄起来，这就大大减少了蒸发失水和由毛管水变为重力水的机会，有效地增加了土壤水库的蓄水量和保水性。

土壤水库对作物供水调节作用主要表现在如下方面：

1) 季节间调节。一年之中，土壤水库一般可分为充水阶段和失水阶段。土壤水库的充满程度主要取决于雨季降雨量，雨季末期土壤水库蓄水量达到年内最大值。土壤水库的蓄满程度越高，对旱季内作物生长发育需水的调节作用越强。北方旱区，土壤水库雨季蓄存大量水分，是旱季作物生长的可靠水源，它解决了作物需水时期与降水分布时期不一致的矛盾。广大群众所说的"伏雨春用"、"春旱秋抗"，就是土壤水库对作物供水的季节间调节作用。北方旱区一些高产麦区的调查资料表明，旱地小麦高产与土壤水库的季节间供水调节作用有密切关系。根据中国科学院西北水土保持研究所在陕西渭北的试验研究，该区小麦耗水量为300～400mm，长期降水量一般为耗水量的1/2～2/3，其余1/3～1/2水量则由头年蓄存在土壤水库中的贮水补足，往往在小麦产量形成期土壤水库供水量可能超过同期降水供给量而成为主要供水源，因而提高了作物的高产稳产性（表4-6）。

表 4-6　　　　　　　　　旱作小麦耗水量及其组成

年份	耗水量(mm)	降水量		土壤水库供水量	
		mm	%	mm	%
1977	387.0	204.9	55.5	172.1	44.5
1978	367.5	278.8	75.9	88.7	24.1
1979	412.8	193.7	46.9	219.1	53.1
1980	391.0	236.2	60.4	154.8	39.6
平均	389.6	232.5	59.7	157.1	40.3

（资料来源：渭北洛川，旱地农业，1984）

2) 深层贮水调节。也是土壤水库对作物供水起调节作用的一个重要方面。北方旱区大部分地区，特别是土壤剖面质地均匀为中壤至重壤质土壤的黄土高原地区，降水入渗深度多在2m上下，以入渗深度2m计算，土壤贮水量达450～600mm，相当于年降水量，其中有效水占1/2～2/3。这部分水积极参与作物水分循环，对作物稳产高产起着重要作用。特别是60cm或100cm以下的深层贮水，具有较高的稳定性和有效性，使雨季中补给土壤水库的深层贮水较长期地保存，以供给当年或翌年旱季期间作物利用。土壤水库深层贮水在以下两种情况对作物的供水起调节作用，也就是降水量与作物需水量之间的供需关系存在的两种矛盾情况：一是作物生长期内的降水量不能满足生长发育的需要；二是作物生长期内的降水量虽与耗水总量相近，但由于分布不均，在耗水强度最大阶段，降水往往不能满足需要，若有季节性干旱则更显不足。在这两种情况下，无论生长期降水量不足或生长期某一阶段降水量不足，均依赖土壤水库供水，特别是深层贮水调节补给。在一般降雨年份中，多数作物都不同程度地利用深层贮水，如1～2m土层，对小麦的供水量达31.1～96.8mm，以生育期一次灌水量每公顷450m³（45mm）计算，相当于1～2次灌水量。而灌水量大量消耗于物理蒸发，而深层贮水则几乎全部消耗于作物蒸腾。当然，土壤水库深层贮水对作物供水的调节作用，也赖于作物根系的深层分布。作物根系的深层分布扩大了吸水容积范围，是土壤水库深层贮水可被作物吸收利用的必需条件（表4-7）。

表4-7　　　　　　　作物对不同深度土层有效水的利用率

地区	作物	产量水平 (kg/hm²)	有效水利用率（%）			
			0～1m	1～2m	2～3m	4～5m
晋西山地	小麦	2250	100	75	—	—
	谷子	2250	100	64	—	—
	高粱	3000	100	75	—	—
	玉米	3000	100	52	—	—
关中塬地	小麦	4500	100	52	45	—
	棉花	750	100	59	34	—
	苜蓿	—	90	96	96	66～82

（资料来源：旱地农业，1984）

3）具有天旱地不旱的特殊功能。北方大部分地区，雨量分布不均，春季常常是干旱少雨。而在有季节性冻层存在、特别是东北的黑土地区，由于在结冻过程中土壤水分向表层积聚，春季使土壤水库中贮存有大量的融冻水，这是弥补春季降水不足的主要水分来源，也是土壤水库具有的"天旱地不旱"的可贵功能。土壤在冻结过程中，在上下层温度梯度的作用下，深层的水分以气态形式不停地向上层移动、凝聚、冻结。这些被冻层固定的水分一直保持到翌年春季，冻层解冻过程中逐渐释放出融冻水（返浆水）。根据中国科学院林业土壤研究所在九三农场试验区的多年观测资料，在正常情况下，黑土春季解冻时1m土层释出的融冻水平均在200mm上下，占小麦总耗水量的1/3～1/2（表4-8）。土壤水库中贮量丰富的融冻水，可使北方旱区春旱无雨时土壤水分出现峰值，是春播作物生育前期的重要水分来源。

表4-8　　　　　小麦地冻层（1m）贮水量及融冻水补给量　　　　　单位：mm

年份	1m冻层贮水量		融冻水补给量				年降水量
	总水量	有效水量	6月	7月	8月	合计	
1954	417.2	203.8	33.7	9.8	66.2	109.7	419.5
1958	432.0	223.6	129.0	31.8	—	160.8	553.6
1964	442.1	233.7	97.6	33.4	69.9	200.9	355.7
1966	377.1	168.7	62.6	21.2	15.9	99.7	487.3

4.3.1.2　耕作对土壤水分的调节作用

作物生产要求农田土壤具有足够而又不过多的水分，也就是要求土壤水分保持动态平衡。就土壤耕作来说，调节易旱农田土壤水分有两条途径：一是尽量把降水蓄存于土壤，防止和减少地面径流的产生；二是尽量减轻地面蒸发。对于湿润多雨或低洼易涝农田，调节其土壤水分也有两条途径：一是在农田里开沟排水；二是减少外水浸入并促进蒸发。如我国西北、内蒙古等雨养农业地区，雨季集中在夏、秋季节，早春干旱少雨，在雨季之前深耕晒垡（伏耕），能增强土壤保蓄水分的能力，冬、春旱季，耱、耱、镇压防蒸发，即使在年降雨量仅 400~500mm 的地区，仍能获得作物高产。

平翻耕法以全虚耕层结构接纳大量降雨，增加蓄水；表面有干土覆盖，可以明显抑制土壤蒸发，保水作用强；全虚耕层结构，春季提墒能力差，加剧了春旱地区的旱情。垄作耕法适应东北地区的降雨形式，该区一般春雨少需要防旱，夏季雨水集中需要防涝，人为小地形及四种不同松紧程度的垄体，使土壤水分含量不同，容重较大的部位有较多的毛管孔隙，可以提墒，含水量较多而稳定；垄体表层松土可以防止水分蒸发，雨季时利用垄沟排水或从铲耥后的垄沟松土贮于深土层中，使垄体土壤水分不过多。深松耕法以深松部位加强贮水，以实的部位提墒，提墒与渗透各有场所，既可多贮水，又保证经济提墒用水，适合旱季又适合雨季。

4.3.2 抗旱保墒耕作措施
4.3.2.1 抗旱的意义

干旱是一个世界性的问题，遍及 50 多个国家和地区及其边缘地带。目前，世界耕地面积约有 14 亿 hm^2，有灌溉条件的仅占 10%~15%，其余依靠天然降水从事农业生产。其中约有 6 亿 hm^2（占世界耕地面积的 42.9%）位于干旱、半干旱地区，年降水量皆低于 500mm。

人类利用干旱、半干旱地区从事农牧业生产，现在已不乏成功的事例。如美国西部 17 个州处于干旱、半干旱地带，生产了全国高粱的 90%，小麦和羊的 80%，棉花和牛的 50% 以上的大宗农牧产品。印度、埃及、苏丹、黎巴嫩、沙特阿拉伯、伊拉克、伊朗、以色列等国，由于重视发展旱地农业，兴建完善的灌溉系统，由严重缺粮变为粮食自给或接近自给。

开发干旱、半干旱地区农业生产，对于解决世界粮食压力具有十分重要的意义，因此，世界各国对干旱、半干旱地区开发十分重视，世界已有许多个国家建立了 289 个有关干旱问题的研究机构。

干旱也是我国最主要的农业自然灾害。据记载，从公元前 206 年到 1949 年的 2155 年中，共发生旱灾 1056 次，平均每两年一次。一般持续时间长、影响范围大，最常见的是南方的冬旱，北方的春旱、冬春连旱，长江流域的伏旱，西北则全年偏旱。近 400 年来，我国北方平均每 100 年发生旱灾少则 31 次，多则 91 次。17 世纪 30~40 年代，我国由北向南推进的连续 7~8 年的干旱，是我国近 500 年来最严重的一次，大面积农田连年颗粒无收，民不聊生，以致成为朝代更迭的重要原因。新中国成立以来，我国干旱发生率仍较高，较为严重的有 1960 年，1965 年，1972 年，1978 年，1982 年等。1959 年 12 月~1960 年 6 月，我国北方降水量比同期减少 30%~60%，连续 150~180 天无透雨，全国 5 亿亩（3333.3 万 hm^2）农田遭受严重的春夏连旱。河南、山东、陕西等地井泉干涸，河水断流，危及人畜饮水，土壤含水量普遍不足 10%，严重威胁小麦生长。1972 年是新中国成立以来最严重的一次干旱，旱情波及华北、长江中下游和华南地区。其中以华北平原最为严重，降水量仅为常年的 40%~60%，华北 5 省 66 座大中型水库蓄水量仅为 1971 年的 50%，春播难以完成，受灾面积达 90% 以上，重灾面积达 5%，粮食作物严重减产。

4.3.2.2 抗旱措施

旱地农田耗水中土壤蒸发占很大比重。半干旱地区休闲期土壤蒸发可占到同期降水量的 60%～80%，半干旱地区的偏旱地区达到 72%～98%，半湿润地区为最低，但也要达到 60%。作物生长季节，裸地和种植作物地的年耗水量基本相同（赵松岭，1996）。因此，应把进入土壤中的水分尽量保存起来，控制田间无效蒸发，增强土壤蓄水能力，尽可能多地蓄积土壤水分，以供作物生长发育之用。根据旱农地区天然降雨的季节分布，为了能最大限度地把天然降水蓄于"土壤水库"之中，尽量减少农田内的各种径流损失，需要因时因地、及时采取各种适宜耕作措施。

干旱、半干旱地区的农业主要靠常年约为 450mm 且分布不均的自然降水维持生产，耕作实践告诉人们，在有自然降水补给期间，蓄墒是耕作的主要目标；在无自然降水补给期间，保墒是耕作的主要目标；在墒情不足情况下，接墒、提墒是耕作的主要目标。

1. 蓄墒技术

蓄墒就是要充分利用降水分布不均的特点，在集中降雨期间，通过伏翻、秋翻、深松、深中耕等措施，蓄住天上水为来年所用，这就是伏墒春用、秋墒春用的问题。蓄墒效果决定于耕作前及其以后的降水条件，耕翻前无雨，翻后则失墒；若翻前无雨，而翻后有雨，却未能充足给翻后耕层土壤以降雨补给，则仍是失墒；耕层土壤得以充分降雨补给，则可蓄更多的墒，这都决定于降水条件。翻前有雨，耕层含有充足水分，翻地后则应特别注意保墒问题。深松蓄墒条件与翻地是类似的，只是动土少、失墒少而已。

深（松）耕是旱农地区一直采用的有效蓄积降水的耕作方法。许多研究表明，深（松）耕打破了犁底层，加深了耕作层，改善了土壤通气性，增加了土壤接纳雨水的能力，促进了地下部和地上部的空气流通，增强了好气性微生物的活动，加速了下层土壤的熟化过程，使耕层土壤疏松多孔，利于作物根系的延伸和发育，增加对深层土壤水肥的利用，是蓄存天然降水，调节土壤中水、肥、气、热、生物等因素，改善耕层生态环境，建立良好耕层构造，实现旱地作物高产稳产的基本措施。陕西渭北旱塬的主要作物是冬小麦，夏季休闲，小麦收获后至秋播前自然降水 300mm 以上，占全年降水量的 60%左右，但冬春季连旱常常发生，小麦常因冬春干旱而大幅度减产。采用伏前适时早深耕或深松 25～30cm，耙糖过伏的耕作法代替传统耕作法，可获得良好的蓄水保墒、伏雨春用效果明显。2m 土层贮水量增加 80～100mm，贮水量提高 30%左右，小麦单产提高 10%以上。

（1）深耕翻。深耕翻的目的在于加深耕层，疏松土壤，增加土壤中的大孔隙，增强雨水入渗速度和数量，避免产生地面径流；打破犁底层，熟化土壤，创造一个深厚的耕作层，促进根系生长发育。在平整和较平整的耕地采用深耕，效果很突出。而对坡度较大的坡耕地，修建水平沟、丰产沟，蓄水保肥效果更好。冬闲地前茬作物收获后及时浅耕灭茬，早深耕，合墒耙糖、合口越冬，对保蓄降水亦有良好的作用（王辉等，1994）。宁夏西吉县农业局的研究表明（刘东每等，1997），无论是水平梯田，还是坡耕地，豌豆、小麦、胡麻三种不同作物前茬，连年深耕 30cm、40cm，隔年深耕 30cm，隔 2 年深耕 30cm 后，春播前水平梯田和坡耕地 0～30cm 土壤含水量较对照

（深耕20cm）高1.7%～3.8%，连年深耕40cm的土壤含水量提高最为明显。水平梯田的效果优于坡耕地（表4-9）。豌豆收获后，测定土壤0～20cm养分含量，深耕处理较对照有机质平均增加24.04%，速效磷平均增加0.65mg/kg，全氮增加18.58%。小麦收获后0～20cm土层中，残余根量深耕比对照增加64.7%，根系发育状况与产量密切相关（$r=0.97$），小麦增产6.7%～25%，豌豆增产10.4%～27.0%。

表4-9　深耕对土壤含水量（%）影响（春播前0～30cm土层水分含量）

深耕深度	豌豆茬		小麦茬		胡麻茬		平　均	
	梯田	坡地	梯田	坡地	梯田	坡地	梯田	坡地
连年深耕30cm	10.8	10.1	10.5	8.7	9.8	8.5	10.4	9.1
连年深耕40cm	11.9	10.6	11.7	9.2	10.3	9.0	11.3	9.6
隔年深耕30cm	10.7	9.8	11.0	8.9	8.2	7.8	10.0	8.8
隔2年深耕30cm	10.2	9.4	9.7	8.8	8.0	7.3	9.3	8.5
连年深耕20cm（CK）	7.9	7.1	7.6	7.0	6.9	6.2	7.5	6.8

（资料来源：刘东每，1997）

西北农业大学1959～1960年试验，小麦地分别深翻25cm、40cm、60cm，前2个深度处理施有机肥60000kg/hm^2，后一深度施有机肥187500kg/hm^2，产量分别为3320kg/hm^2、4242.5kg/hm^{2}和4515kg/hm^2。25cm和40cm基本平产，60cm比前2个处理只增产了4.5%。可见，过深的翻耕，蓄水、增产作用并不大，原因可能是多方面的，但超过降水量所能蓄达的范围可能是主要的原因（信乃诠、王立祥，1998）。山西省阳城县农业技术推广站试验，深耕23cm时，1hm^{2}地可多接纳雨水112500kg，折合11.25mm水量，并且渗水量在15min可达100mm，浸润深度为70cm（冷石林等，1996）。

深耕的适宜深度是变化的。各地经验，耕层越厚、越疏松，越有利于贮水蓄墒，通气性强，有利于热空气的输入和养分的矿化。但并不是越深越好，耕翻深，土壤大孔隙增多，自下而上的提墒能力减弱。尽管耕翻后进行耕、压，但其作用只限于表土层，形成上实下虚耕层构造，反而影响种子发芽和幼苗生长，显现出旱情；有机肥埋压在深土层，只有作物根系伸展到深土层时才能利用；生土翻到地面，对幼苗生长不利。深耕深度还与土壤特性有关，黑土土层厚，黏土质地黏重，盐碱土耕层紧实易返盐，则翻地宜深些；砂土通气性好，雨水下渗快，则不宜过深；下层有机质多、肥力高、结构好的土壤，则宜采用上翻下松等耕法。一般耕深20～22cm，深者可达25cm。土层薄，心土有卵石层、砂浆层或白浆层时，宜采用上翻下松的办法加深耕层。耕深还要考虑耕翻期间的天气和种植作物等条件。雨季前耕翻，可加深耕深，以充分蓄纳降雨；翻耕后持续干旱，又无水源补偿，则宜适当浅些。总结各地经验，一般深耕25～30cm就可以了。

黄土丘陵区旱作农田，深耕的时间应与雨季来临时间同步，一般可在前作收获后立即深耕，越早越好，但不糖地，以便充分接纳降水，晒垡熟化土壤，遇雨后再糖地。早深耕能将伏天的暴雨大部分蓄入土壤中。第二次耕作可在"白露"前后进行，随耕随糖，并结合秋耕施底肥。如果晚秋作物收获后，做不到伏耕，可随即浅耕，疏松地表，以利降雨下渗。甘肃省农业科学院在庆阳彭厚乡的试验表明：7月上、中、下旬深耕的农田比8月上旬深耕的农田，在0～100cm土壤中的贮水量分别高出20.6mm、22.7mm与11.8mm。其中以7月中旬头伏耕地的效果最佳。

秋季深耕应于秋作物收后抓紧进行。青海省农林科学院在湟中县测定，秋收后及时深耕的，0～100cm的土层中蓄水达293mm；收获后第四天耕翻的，蓄水即减少29.6mm；第七天耕翻减少56.0mm；而收后10天尚未耕翻的则减少65.6mm。秋耕宜早不宜迟是因为耕翻能切断毛管，减少地表蒸发，还可接纳部分秋季降水。旱农地区一般不宜板茬越冬。甘肃省农业科学院在庆阳温泉乡观测，头年进行秋耕的地块，春季0～30cm的土壤湿度为16.1%（谷茬）和18.0%（糜茬），而未秋耕的则分别为12.2%和14.6%。秋耕地的土壤水解氮含量也较未秋耕的高6.8mg/kg，种植高粱其产量也高11.1%。如无法进行秋耕，春耕一般宜浅不宜深，宜早不宜迟。总之，深耕的时间是伏耕优于秋耕，早耕优于迟耕。

各地区土壤水分季节变化因深耕时期不同而变动。东北黑土地区，8月下旬～10月是秋季聚水墒情恢复期，此时进行耕翻，土壤水分含量明显高于春耕地，一般高1%～2%；华北褐土地区，6月下旬～9月上旬是雨季底墒蓄积期，是秋季作物生长盛期，此时进行深中耕（18～20cm），土壤含水量比浅中耕（10cm）高7.5%；西北黄土地区，6月中旬～10月上旬是夏季雨季增墒期，应及时对夏休闲地进行深松或深耕，对秋作物生长的田间进行深中耕。内蒙古东部栗钙土地区，雨季高峰期要以蓄水为中心，进行伏深松，麦茬伏翻和秋田作物的深中耕。

（2）深松耕。深松耕是只疏松土层而不翻转土层的一种土壤耕作方式。深耕翻虽有消灭杂草，翻埋肥料、秸秆及减少病虫害的良好作用，但在翻耕过程中亦损失大量水分，这对干旱和半干旱地区尤为不利。深松可克服深耕翻的缺点，不足之处是不能翻埋肥料、杂草、秸秆及减少病虫害。

深松有全面深松和局部深松两种。全面深松是用深松犁全面松土，适用于配合农田基本建设，改造耕层浅的黏质土；局部深松则是用杆齿、凿形铲或铧进行松土与不松土相间隔的局部松土，是大力推广的深松少耕法。

在试验推广深松耕法过程中，陆续出现了多种深松少耕措施，除全面深松和间隔深松外，还有浅翻深松、耙茬深松、中耕深松、垄台深松、垄沟深松等。试验表明，这些深松耕法在土壤松土效果、土壤蓄水能力及作物产量等方面都优于深翻。

1）深松耕法。中国农业科学院土壤肥料研究所晋东南基点（山西长子县和屯留县）1982～1984年试验表明，深松法与翻耕法相比，土壤容重降低了0.04～0.06/cm³；土壤贮水多少与大气降水有关，1983年7、8两月降雨偏少（仅为常年同期的46.7%和74.2%），9月3日测得深松区的土壤贮水比翻耕区少13mm，9月降水较多（仅9月中旬降水87.1mm），9月29日测得深松区总贮水比翻耕区高11mm；深松区小麦产量普遍比翻耕区高，在麦收后夏闲期进行深松，后作小麦比翻耕的田块增产5.9%～29.6%，这是由于深松比翻耕的土壤结构好，土壤贮水增多（郭文韬，1988）。

黑龙江省牡丹江垦区从1973年开始推广深松耕法，到1988年15年时间里通过试验和生产实践证明，用小铧杆尺深松犁进行浅翻隔深松（浅翻7～8cm，间距35cm，深松20～35cm），增产效果稳定，抗旱、抗涝效果好，还可减轻土壤风蚀和水蚀。1980～1985年在八五一〇农场小麦12个点次试验、调查，浅翻间隔深松比平翻每公顷增产135～987kg，平均增产34.4kg，增产幅度1.2%～44.2%，平均增产21.6%。5个点次种大豆，每公顷增产78～777kg，平均增产408kg，增产幅度4.7%～33.4%，平均增产15.5%。各场的生产实践都有同样的增产趋势（张玉发、赫崇今，1988）。

2）浅翻深松和耙茬深松。中国农业科学院农业遗产研究室和陕西省农业科学院合阳基点（合阳县黑池农场）进行的试验表明，麦收后夏闲期采用浅翻深松和耙茬深松法，除0～10cm表土层的容重比传统翻耕法略高外，10～30cm土层的容重均有所降低；土壤贮水在少雨时段0～100cm土层浅翻深松和耙茬深松比翻耕法分别增加12mm和21mm，0～200cm土层分别增加6mm和15mm；多雨时段0～100cm土层分别增加7mm和12mm，0～200cm土层分别增加15mm和20mm；同时，土壤中的有效水分在0～200cm土层增加12～16mm（郭文韬，1988）。

3）中耕深松。以秋作物为主的地区，中耕深松也能增加土壤的蓄水能力，有效地蓄积夏季降水。中国农业科学院中国农业遗产研究室与辽宁省农业科学院阜新基点进行玉米苗期机械中耕深松的试验结果表明，深松15cm、20cm、25cm三种情况下，垄沟与垄帮的土壤容重比对照的分别降低0.07～0.18/cm^{3}和0.09～0.28/cm^3；中耕深松后耕作层的土壤含水率提高0.51%～4.74%，平均提高2.28%，底土层（50～80cm）含水率增加1.54%～3.03%，平均增加2.2%；中耕深松后，深松区玉米穗长和穗重均优于对照区，穗长与穗重分别比对照区增加0.87cm和0.165kg（深松15～25cm的平均值），而深松15～20cm的产量平均比对照区提高8%～13.9%（郭文韬，1988）。

2. 保墒、提墒技术

(1) 耙耱保墒技术。耙耱保墒主要作用是碎土、平地，通过减少表土层内的大孔隙，减少土壤水分蒸发，达到收墒保墒的目的。耙耱是重要整地手段，也是重要保墒措施。以保墒为目的耙地主要适于土壤水分较多，地面较湿的情况；耱地主要用在深耕或小雨之后，土壤水分较少或干旱之时。两者可结合进行，先耙后耱；也可分开进行，只耙或只耱，视具体情况而定。主要作用都在于形成表面疏松层，减少液态水或气态水损失。

深耕后耙耱尤为重要，"只犁不耙，空犁一夏"，只有及时耙耱，才能保住深耕蓄纳的水分。伏耕则可采用"伏前张口纳雨，入伏合口保墒"的耕作法，改变"入伏后深耕晒垡，立秋后耙地收墒"的传统耕作法。具体做法是：麦收后及时灭茬深耕，耕后不耙，立垡纳雨，入伏后遇雨必耙。"合口过伏"，伏前能大量接纳雨水，大大减少地面径流，使大量水分渗入土壤深层，而且早耕有利于熟化土壤，促使养分转化，培肥地力。入伏后土壤蒸发量增大，但通过遇雨耙地可减少水分蒸发。

对于夏季休闲的晒旱地，在第一次深耕后就应粗耙一遍，让其"内张外合"，合口过伏。在每次大的降水后，应及时耙地松土，以达到滴雨归田之目的。表4-10是耕后耙与耕后不耙、不耕不耙三种处理，0～50cm土层蓄水量比较。从表中明显看出，耕后不耙还不如不耕只耙的"免耕"休闲地含水量多。陕西省农业科学院在永寿县的试验表明，"合口过伏"比"张口过伏"0～20cm土层储水量平均高3.33mm

（表4-11）。对于冬季休闲的大秋地，耕后耙耱也很重要。河南渑池的试验表明，实行秋耕冬耙与耕后不耙相比，0～10cm、10～20cm 土层含水量，前者比后者分别增加 4.09% 和 1.19%（冷石林等，1996）。

表4-10　耕后不耙晒垡（张口）与耙后晒垡（合口）储水量（mm）的比较　　　单位：cm

处理及相互间的比较	测量土层			
	0～10	10～30	30～50	0～50
耕后不耙	17.5	45.7	59.2	122.4
耕后耙	18.2	48.4	62.8	129.4
不耕不耙	20.2	44.7	59.8	124.7
耕后耙比耕后不耙含水量增减	+0.7	+2.7	+3.6	+7.0
耕后耙比不耕不耙水量增减	-2.0	+3.7	+3.0	+4.7
不耕不耙与耕后不耙比较	+2.7	-1.0	+0.6	+2.3

（资料来源：信乃诊、王立祥，1998）

表4-11　　　　　　　　　不同耕作法对蓄水保墒的效果　　　　　　　　　单位：mm

测定日期	张口过伏	合口过伏	地膜覆盖	麦糠覆盖	麦草覆盖
1983年10月11日	65.9	73.6	82.9	119.8	—
1984年8月31日	31.8	30.8	54.4	33.0	64.3
2年平均	48.9	52.2	68.6	76.4	64.3
与张口过伏比（±）	0	+3.3	+19.7	+27.5	+15.4

注　1984年翻后有泥条，耙不合墒，有空架现象，伏雨较小，故耙与不耙差别很小。

（资料来源：信乃诊、王立祥，1998）

在耙耱抗旱耕作中，早春耙地值得重视。干旱地区冬季多风少雨，入渗在土壤下层的水分会以气态上升，并在气温低的地表凝集、结冰，导致含水量增加。开春后，气温回升，表层解冻，出现"返浆"，水分主要以毛管水上下运动，直达表层。此期虽短，但水分蒸发损失严重。我国旱农根据这一特点，在解冻时顶凌耙耱，及时保住解冻时的水分，缓和小麦春季供水或春播的矛盾。不少地方测定，早春耙地可使耕层（0～20cm）水分提高 1%～3%。黄河水利委员会绥德水土保持科学试验站1983年研究表明，顶凌耙耱可使0～70cm 土层内多保存 16.4mm 降雨（表4-12）。

表4-12　　　　　　　顶凌耙耱对不同土层水分含量的影响　　　　　　　%

测定时间（月.日）	未耙耱		耙耱	
	0～20cm	20～70cm	0～20cm	20～70cm
3.5	9.50	10.40	12.85	14.35
3.9	9.75	9.77	10.20	11.67
4.4	9.95	9.60	10.35	11.87
4.23	8.05	9.37	8.85	11.47
5.24	5.85	8.33	7.00	10.03
平均	8.62	9.49	9.85	11.87

（资料来源：李生秀等，1989）

（2）镇压保墒、提墒技术。镇压主要是碎土与压紧表层，具有保墒和提墒作用。当土壤湿度较小，在毛细管断裂含水量以下时，土壤水分的损失主要是在土壤内部汽化，通过较大孔隙向大气扩散而损失。此时进行镇压，压碎地面干土块，阻塞较大孔隙，封闭地面裂缝，使近地面处以气态挥发逸出的水分在表层凝聚，便能减少土壤气态水向大气中的扩散，起一定的保墒作用（表4-13）。镇压用于这种目的时，在冬季地冻时进行效果较好。因为冬季地面土块较大较多，容易透风跑墒；在冻结条件下，土壤水分的损失又主要以气态扩散的方式进行。镇压可以压碎土块，减少土表大孔隙，以减少土壤气体与大气的交流，可抑制土壤气态水损失。

表 4-13　　　　　　　　播种前后镇压对土壤水分的影响　　　　　　　　　　　%

试验地点	作物	0~10cm 土层		10cm 以下土层	
		未镇压	镇压	未镇压	镇压
晋东南	玉米	9.90	11.70	15.00	15.50
晋东南	谷子	12.10	15.50	15.30	15.80
辽宁朝阳地区	谷子	5.90	7.76	17.85	17.51
河南	谷子	5.85	8.80	15.43	15.80
陕西绥德	谷子	4.52	7.84	7.00	7.40

（资料来源：李生秀等，1989）

镇压也可使土粒紧密，促使土壤水分上升，起到提墒作用，有利于种子萌发。镇压主要目的是为提墒保苗，可在播前或播后进行。当土地耕翻的时间与播种期相距太近，耕层太松，或播前土壤表层干土层太厚，种子不易播在湿土中，进行播前或播后镇压可使土粒紧密，促使土壤水分上升，有利于种子发芽出苗。在初春融冻后，冬小麦幼苗有耸抬现象，分蘖节裸露，进行镇压可使土壤下沉，具有保墒、促进分蘖、防止倒伏的良好作用。镇压一定要在地表干燥时进行，以免表土发生板结。

宁夏西吉县的经验表明（刘东每等，1997），10cm 内的土壤含水量，黏土低于16%~18%，壤土低于12%~16%，或耕作层过于虚松的田块，播前1周都宜于用石磙压实耕层，增加耕层水分，保证全苗，提高产量。此外，根据当地群众经验，糜子幼苗长出2~3片叶子时，选择晴天下午，进行镇压，既能提墒，又能适当控制地上部生长，促进根系发育，增加次生根条数，降低植株高度，可使糜子出苗整齐，苗粗苗壮，打下高产的基础。据测定，糜子苗高3~6cm时，结合锄草用木板子打青苗后，有效分蘖增加7%，每株根数增加6条，增产6.5%。镇压一般在冬、春干旱季节或土壤墒情差、表层有干土时，在风大、整地差、大土块多的田块上效果更突出。土壤湿度大时，镇压有害无益。山西试验表明，表层含水量为10%~20%时，镇压后小麦、玉米、谷子出苗提早，出苗率增加，显著增产；在17%以上时，镇压后土壤紧实，导致严重缺苗（李生秀等，1989）。

（3）中耕保墒技术。作物在生长期内，经常采用中耕措施保墒。"锄头三分泽"，中耕的作用在于疏松表土，切断毛管水分上升，减少水分蒸发；破除板结，改善土壤通气，增加降水入渗；提高地温，加速养分转化，有利于作物生长发育；消灭杂草，减少水分、养分等的非生产性消耗。中耕结合培土,促进根系发育,防止倒伏,也有利于作物对深层土壤水分养分的利用。中耕要掌握好时期和深度,才能达到预期效果。对小麦中耕,在水分以气态运行的干旱冬季,可弥缝培根,提高含水量1%左右;在以液态水运行的解冻阶段,可切断毛管,形成隔离层,更有突出的保水效果。对甘薯、棉花、玉米等作物,根据旱地夏秋降雨特点,一般采用浅—深—浅的中耕方式,即苗期及后期浅锄保墒,中期深锄蓄水。深锄会使表层疏松,水分入渗,根系向深处发展,起到无雨能保墒,有雨能蓄水的作用。吴守仁等试验表明,雨后中耕能显著减少水分蒸发,在有杂草田块,作用就更突出(吴守仁等,1989)。

(4) 覆盖保墒技术。地表覆盖是当前世界旱农地区广泛推广的一项耕作技术,能有效地保水。在我国,覆盖栽培技术在传统农业中已早有利用,近年来在北方旱地农业生产中更广泛地得到推广应用,并成为少耕、免耕法的一个重要组成部分。地表覆盖不仅能抑制土壤水分蒸发,减少地表径流,蓄水保墒,还能增温保温,保护土壤表层,改善土壤物理性状,提高水分利用率。覆盖材料可因地取材,可用作物残茬、秸秆、砂石、塑料薄膜等。下面就秸秆覆盖、砂石覆盖做一介绍。

1) 秸秆覆盖。秸秆覆盖系指利用农业副产物(茎秆、落叶、糠皮)或绿肥为材料进行的农田覆盖。在一般情况下,大田作物的秸秆覆盖材料多用麦秸、麦糠和玉米秸。秸秆覆盖可以明显地减少水分蒸发。

a. 秸秆覆盖方法。一年一熟地区,秸秆覆盖可分三种类型:第一种为休闲期覆盖,即在作物收获后覆盖;第二种为生育期覆盖,即在作物生育期间覆盖;第三种为生产年度覆盖,即在休闲期与生育期连续覆盖。麦田休闲期覆盖是在麦收后及时翻耕灭茬耙糖后,随即把秸秆均匀地覆盖在地面上。覆盖材料以麦糠或粉碎成20cm左右的麦秸为宜。

小麦秸秆覆盖:播种前10~15天把秸秆翻压还田,结合整地每公顷施尿素450kg,普通过磷酸钙600kg作底肥。麦田生育期秸秆覆盖的田块,耕作、播种与不覆盖的田块完全相同,覆盖秸秆的时间可在出苗前、冬前(小麦越冬前几天)和返青前,覆盖量为4500~5250kg/hm^2。在覆盖秸秆前,每公顷追(增)施纯氮30kg以上,并把地面压平后,再把秸秆均匀地覆盖在地面上。

春播作物秸秆覆盖:生育期秸秆覆盖可在常规耕作基础上,于春玉米拔节初期(小喇叭口期)、大豆分枝期把秸秆均匀地覆盖在行间和株间。春玉米覆盖秸秆前应结合中耕除草,每公顷追纯氮30~45kg。覆盖材料可用麦秸、麦糠,覆盖量为4500~5250kg/hm^2,也可用粉碎成3~5cm长的玉米秸秆,覆盖量为6000~6750kg/hm^2。等作物收获后,把秸秆翻压还田。春玉米、春高粱也可采用免耕整株秸秆半覆盖方式。这种覆盖方式是把整株秸秆就地均匀地铺在地面上,不灭茬、不翻耕,覆盖量为7500~15000kg/hm^2。第二年春播时,按播种行把秸秆扒开,形成半覆盖的形式,并在播种行内深施N120~150kg/hm^2,P$_2$O$_5$60~90kg/hm^{2}作底肥,一次施入,不追肥,播种后喷施除草剂。秸秆在地面覆盖1~2年后,再翻压还田。

一年两熟地区,冬小麦生育期秸秆覆盖与上述方法相同,但秋收作物多采用免耕秸秆覆盖。这种覆盖方式分冬小麦—夏玉米两季连续免耕秸秆覆盖和夏作一季免耕秸秆覆盖。两季免耕秸秆覆盖是在前茬作物收获后不翻耕,直接播种,播后喷除草剂,然后把前茬作物的秸秆均匀地覆盖在地面上，覆盖量为 4500kg/hm² 左右。夏作一季免耕秸秆覆盖是冬小麦仍采用常规耕作种植，小麦收后不耕翻，直接播种夏播作物（夏玉米、夏大豆等），播后喷除草剂。夏作一季免耕秸秆覆盖的方法有两种：一种是把前茬作物小麦的秸秆直接覆盖在地面上；另一种是小麦收割时留高茬 20cm 左右，夏播作物硬茬播种，等夏播作物出苗后，结合中耕灭茬，把根茬均匀地覆盖在株间和行间。

b. 秸秆覆盖的作用。提高土壤的蓄水、保水和供水能力。农田覆盖一层秸秆，一方面可使土壤免受雨滴的直接冲击，保护表层土壤结构，防止地面板结，提高土壤的入渗能力和持水能力；另一方面可以切断蒸发表面与下层土壤的毛管联系，减弱土壤空气与大气之间的乱流交换强度，有效地抑制土壤蒸发。因此，秸秆覆盖可以改善农田土壤水分状况，提高土壤的蓄水、保水和供水能力。

中国农业科学院农业气象研究所观测（信乃诠、王立祥，1998），1991 年 3 月 21～28 日共降水 29mm，4 月 2 日测定，秸秆覆盖的麦田，降水渗至 86mm，而未覆盖麦田仅渗至 40mm。田间定位试验结果，冬小麦生育期秸秆覆盖，全生育期自然降水保蓄率比对照提高 24.2%；春玉米生育期秸秆覆盖，全生育期的降水保蓄率比对照提高 20.0%；农田休闲期秸秆覆盖，测定期间的自然降水保蓄率比对照提高 60.5%（表 4-14）。河北省灌溉中心试验站于 1987～1990 年进行的农田秸秆覆盖试验表明：有秸秆覆盖的农田，能增强降雨入渗，蓄纳较多的雨水。如 1988 年 8 月 2 日降雨量为 118.9mm，有秸秆覆盖的玉米地，降雨全部纳入，未产生径流，而不覆盖的径流深 7.3mm。在相同条件下，覆盖的玉米地，1m 土层的含水率比不覆盖的高 0.37%～4.45%，麦田高 0.79%～2.24%。原西北农业大学在渭北旱塬地区于夏闲地、小麦越冬期、小麦返青期，用麦草覆盖在翻耕地上所进行的试验表明：无论夏季、冬季或春季土壤水分蒸发覆盖均比不覆盖的少，如夏闲期 667m² 覆盖量为 400kg、300kg 和 200kg，0～50cm 土层内的土壤蓄水量比不覆盖的分别增加 11.1mm、7.2mm 和 2.5mm；越冬期分别增加 15.1mm、11.8mm 和 3.5mm；返青期分别增加 12.6mm、6.3mm 和 3.5mm（韩思明等，1988）。减少水分蒸发的效果主要表现在土壤上层，表层 0～20cm 的含水量明显提高，上层土壤长时期保持湿润状态。

表 4-14　　秸秆覆盖对降水保蓄率的影响

处理	冬小麦生育期间			春玉米生育期间			农田休闲期间		
	降水量 (mm)	土壤蓄水量 (mm)	降水保蓄率 (%)	降水量 (mm)	土壤蓄水量 (mm)	降水保蓄率 (%)	降水量 (mm)	土壤蓄水量 (mm)	降水保蓄率 (%)
秸秆覆盖	196.8	153.4	77.9	347.6	207.0	59.6	157.3	125.0	79.5
对照	196.8	105.6	53.7	347.6	137.7	39.6	157.3	29.9	19.0
差值	—	47.8	24.2	—	69.3	20.0	—	95.1	60.5

（资料来源：信乃诠、王立祥，1998）

秸秆覆盖利于作物根系对土壤深层贮水的吸收利用，具有明显的"提墒"作用。据测定（信乃诠、王立祥，1988），秸秆覆盖保蓄的水分主要是在 0～100cm 土层内，尤其是集中在0～50cm土层内，麦田休闲期秸秆覆盖，0～50cm土层所增加的土壤蓄水量占总增加贮水量的60.5%；春玉米生育期秸秆覆盖，0～50cm土层增加的土壤贮水量占总增加贮水量的83.0%。

大量研究表明，秸秆覆盖对土壤含水量的影响表现为：土壤墒情好时比土壤干旱时明显；农田休闲期比作物生育期明显；作物生育前期比生育中后期明显。

秸秆覆盖具有明显的节水效应。中国农业科学院农业气象研究所定位试验表明（信乃诠、王立祥，1998），旱作条件下，秸秆覆盖冬小麦每生产1kg籽粒平均耗水668kg，比对照节水16.7%，水分利用率提高1.65～3.00kg/（mm·hm²）；秸秆覆盖春玉米每生产1kg籽粒平均耗水503kg，比对照节水15.5%，水分利用率提高2.25～4.65kg/（mm·hm²）。在灌溉条件下，秸秆覆盖可以推迟灌溉期，减少灌溉次数，节约用水。据试验（信乃诠、王立祥，1998），冬小麦冬前覆盖秸秆时，0～100cm土层的贮水量，秸秆覆盖处理比对照少30.7mm。在小麦拔节期同时各灌一次水，灌水定额都是600m³/hm²，由于秸秆覆盖的保墒作用，抽穗前耗水量比对照少40.3mm，0～100cm土层的贮水量反而高于对照；对照的土壤水分已低于适宜土壤水分的下限，需要灌水，而秸秆覆盖的水分还高于适宜土壤水分的下限，不需灌水。从抽穗到收获，除降雨补充水分外，秸秆覆盖处理只灌了一次灌浆水，土壤水分始终保持在适宜的范围内；而对照却灌了抽穗水和灌浆水，比秸秆覆盖处理多耗水52.1mm，收获时0～100cm土层的贮水量还低于秸秆覆盖处理。这个结果充分说明，秸秆覆盖提高了土壤的蓄水、保水能力，有利于发挥土壤水库对作物供水的调节作用。

秸秆覆盖可以调节地温、培肥地力、改善土壤物理性状。秸秆覆盖除了保墒以外，还有调节地温、增肥地力、改善土壤物理性状的作用，从而保证和促进旱地农作物稳定增产。原西北农业大学在渭北旱塬的试验表明（韩思明等，1988），在夏闲期气温较高，土壤水分蒸发量较大时，覆盖不论早晨、中午，也不论哪一土层，土壤温度都明显低于不覆盖的，一般是早晨差值较小，中午、下午差值较大；中午5cm深度差值最大，温差随土层深度增加而减小。土壤温度还有随覆盖量增加而明显降低的趋势。如中午5cm处，每667m²时覆盖400kg、300kg和200kg的温度比不覆盖处理分别降低4.6℃、3.4℃和1.0℃；日平均温度分别降低2.8℃、2.0℃和1.1℃；温度低可减少蒸发，有利于保墒。同时，秸秆覆盖保温保墒，有利于微生物的繁殖和活动，促使土壤养分转化；覆盖的秸秆翻入土壤腐烂后，又增加了土壤的有机质和腐殖质。此外，秸秆覆盖可以改善土壤的物理性状。河北省灌溉中心试验站测定（1995），秸秆覆盖后，土壤的耕层容重降低0.073g/cm³，孔隙率增加2.71%，土壤团粒结构增加5.8%～13.7%，这也有利于提高土壤的保墒性能。

c. 秸秆覆盖材料、覆盖量、覆盖时间与覆盖效果的关系。秸秆覆盖材料有麦糠、碎麦秸、碎玉米秸、碎豆秸等，这些材料都可起到减少蒸发、灭草、肥田、改善土壤物理性状的作用，但它们对作物个体发育及产量的影响有所差别。陕县农业技术推广站（1995）以麦糠、麦秸、玉米秸三种材料分别覆盖麦田，结果表明，尽管三种覆盖材料在增产效果上有差别，但差异并不显著（16.6%～20.1%）。为减少往返运输和秸秆堆放时间，省工省力，覆盖材料应因地制宜，就地取材，上茬秸秆直接还田，作为下茬的覆盖材料为好。

秸秆覆盖量的多少对覆盖效果有一定影响。试验结果表明（王拴庄、徐淑贞，1992）当每公顷玉米秸秆的覆盖量分别为4000kg、6000kg、8000kg和10000kg时，小麦产量分别达5028kg、5579kg、5991kg和5370kg，可见在适宜用量范围内，产量有随覆盖用量增加而增加的趋势。韩思明等人（1988）试验表明（表4-15），小麦产量随覆盖量增加而增加，但覆盖过多会影响小麦分蘖。其他试验证明（农业部农业机械化管理司、北京农业工程大学，1995）麦草作覆盖材料时，适宜覆盖量为4500～6000kg/hm²；玉米秸的适宜覆盖量为6000～8000kg/hm²。总之，农田覆盖秸秆的用量以把地面盖匀、盖严，但又不压苗为准，覆盖量为3750～15000kg/hm²不等，应酌情掌握。一般来说，农田休闲期间秸秆覆盖量应该多些，作物生育期间秸秆覆盖量应该少些；高秆作物覆盖量应该多些，矮秆密植作物覆盖量应该少些；用粗而长的秸秆作覆盖材料时，覆盖量要多些，用细而碎的秸秆作覆盖材料时，覆盖量要少些。

表4-15　　　　　　　　　不同覆盖量下小麦的增产率　　　　　　　　　　　%

年份	地点	每667m² 麦草覆盖量		
		200kg	300kg	400kg
1986	西北农业大学	4.2	7.8	17.8
	乾县	5.2	11.8	13.1
	澄城县	6.3	13.1	14.4
1987	西北农业大学	11.5	13.4	23.5
	乾县	9.8	12.7	20.7

（资料来源：韩思明等，1988，不覆盖的产量作为对照）

秸秆的覆盖时间影响着作物产量。冬小麦田覆盖秸秆的主要目的是增温保墒，应在入冬前覆盖，这样可以提高地温，使分蘖节免受冻害，减少水分蒸发，有利于小麦越冬期和返青期的生长发育。河北省灌溉中心试验站试验结果证明，在播种后、分蘖期、越冬期、返青期、起身期五个时期分别进行秸秆覆盖，冬小麦产量依次为5007kg/hm²、5504kg/hm²、5961kg/hm²、5597kg/hm²和5442kg/hm²，以入冬前覆盖产量最高（王拴庄、徐淑贞，1992）。秋作物覆盖秸秆以调节地温、灭草、减少地表径流和蒸发为目的，则以营养生长期覆盖为好。应该通过试验和实践，确定不同地区各种作物的最佳时间。

2）砂石覆盖保墒技术。砂田是一种古老的覆盖保墒技术，起源于我国甘肃陇中和青海等地，至今仍在广泛应用。办法是利用卵石、石砾、粗砂和细砂的混合体覆盖在土壤表面，铺设一层厚度约为5～15cm的覆盖层，然后播种、收获。

目前砂田主要分布在甘肃省特别干旱地区，这些地区年平均气温为8～10℃，年降水量仅180～300mm，且分布不均，而年蒸发量高达1000～1500mm以上，无霜期仅为160～180天，经常发生土壤干旱和大气干旱。砂田是甘肃省干旱地区农民在与干旱、水土流失和风蚀进行长期斗争中创造出来的蓄水保墒、防旱抗旱、提高地温、保护土壤、保证稳产的一项有效措施，已有300余年的历史。

a. 砂田的作用。砂田的主要作用是蓄水保墒、防旱抗旱。砂石层结构松，砂粒表面阻力大，砂粒间孔隙大，因而渗透性好，可避免径流，除大暴雨外，降水都能全部接纳渗入土中。砂石覆盖避免了土壤直接经受风吹日晒，加上砂粒间孔隙大，切断了土壤毛管水的上升，能明显减少水分蒸发。大田实测表明（李生秀等，1989），不同月份内砂田的水分含量均高于土田（表 4-16）。砂田还有提高地温、压碱、防止风蚀、减少水土流失的作用，故产量高于土田（黄培荣，1983）。与土田比较，铺砂田水分渗透率增加 9 倍，而蒸发量却仅为土田的 1/5（砂田日蒸发量不超过 1.8mm，土田则为 9.0mm）。从水分的垂直分布看，砂田各层次的含水量均高于土田，中下层尤甚，说明砂田水分深入较土田深。白银地区测定的含水量相对增加值分别为：0～20cm 为 51.94%，20～50cm 为 130.4%，50～100cm 为 88.62%。砂田把间断性的不均匀降水，变成对作物连续均衡的供水，起到秋雨春用的作用（雒焕忻，1991）。

表 4-16　　　　　　　　　砂田、土田不同月份的土壤水分　　　　　　　　　　　%

月　份	土　田	砂　田	月　份	土　田	砂　田
3	6.79	13.40	7	8.77	12.61
4	6.21	12.30	8	8.53	13.77
5	7.13	13.34	9	10.17	18.93
6	7.93	15.70	10	18.07	12.93

（资料来源：李生秀等，1989）

砂田还能增温保温，保土保肥，减轻盐碱、风蚀和水蚀。与秸秆覆盖一样，砂田除直接保证和促进旱地农作物稳定增产外，也同样能抑制土壤水分蒸发，保水保墒。砂石覆盖的农田，一般降水能全部被接纳渗入土中，不产生径流，因而避免土壤受到冲刷。砂石本身重量大，也可制止土壤风蚀。而制止土壤水蚀和风蚀就能保土保肥、保水保墒。砂石覆盖的农田，水、热条件较好，使土壤微生物数量增加，活性增强，促进了土壤有效养分的转化，还因免耕避免了多耕多耙带来的土壤母质潜在养分的过分消耗，也减少了土壤养分的挥发、淋溶和流失，使土壤潜在肥力得以充分利用。而土壤肥力的保持和提高，对保水保墒也有很大的作用。砂田的上述作用，使栽培作物具有强大的根系和较大的叶面积，吸收作用、蒸腾作用和光合作用都较旺盛，促进了有机物质的制造和积累，因而使作物早熟、高产和优质。一般年份，粮食作物产量可比土田高 1～3 倍，棉花产量可提高 50%～80%。大旱之年，土田中作物颗粒无收，而砂田中还能有一定收获。

实践表明，砂田既没有现代免耕法用秸秆覆盖造成的土温低、病虫害多的缺陷，也没有地膜覆盖那种时间短（长的不超过几个月）、通透不良、成本高的不足。它的特点是：作用时间长（短的十几年，长的 40～50 年）、地温高、通气性能好、成本低。

b. 砂田的类型。砂田按所用的砂石来分，有卵石砂田、碎石砂田和绵砂砂田，以卵石砂田质量最高，它光滑不板结，保墒能力强，需砂量少，耕作管理比较方便。砂的颜色一般认为深一些好，吸热能力强。砂田按有无灌溉条件可分为有水砂田和旱砂田。旱砂田分布于无灌溉条件的高原或深切的沟谷中，以种农作物为主，砂石覆盖层较厚，寿命长；水砂田分布于有水源灌溉的地方，以种蔬菜、瓜果为主，一般采用卵石覆盖，砂石层薄，寿命短。砂田按使用寿命来分，则有新砂田、中砂田、老砂田之分。新砂田砂石层性能好，地力高，因而产量也高；中砂田在使用一定年限后，砂石层性能逐渐减低，肥力下降，砂土混合有所增加，产量也有所降低；老砂田是砂与土混合比重进一步增加，砂田作用逐渐消失，肥力更低，产量下降更严重，进入了衰老期，必须起砂更新。旱砂田寿命较长，头20年为新田，20~40年为中砂田，40~60年以上则为老砂田；水砂田寿命仅为5~6年，所以头2年为新砂田，第3年为中砂田，4~5年即为老砂田。

c. 砂田的建设。建设砂田的主要工作是铺砂，铺砂是干旱地区的一种农田基本建设，直接影响砂田的质量和寿命。铺砂的主要步骤如下：①选地：一般选择土壤肥沃、地形平坦、坡度不超过15°的土地。坡度过大会产生松砂及操作时砂石滚落等问题，造成砂层厚度不匀，影响作物生长和保墒。也不能选择洼地，以免洪水淤积，砂土混合，使砂田过早老化。②平整土地：铺砂地选好后，要进行平整，然后耕翻耙耱，使土壤松软，然后压实。若为荒滩地，可直接铺砂。③施肥：土地平整压实后，即可进行施肥，一般将肥料撒在土壤表面，不与土壤混合，这样可以减低混合程度，且不易压实土壤，同时砂田作物根系分布在土壤表层，有利于作物根系吸收利用。施肥量一般为每667m²施2500~5000kg，主要施用人粪、羊粪、厩肥、灰粪、炕土等。④压砂：施肥后即可进行压砂，压砂时间最好在冬季土壤冻结以后，因为土壤表层冻结，可避免压坏土壤，造成砂土混合。铺砂要求厚薄均匀，一般厚度为10cm左右，每667m²需砂石10万~20万kg。

d. 砂田的更新。砂田经过十几年耕种后，由于耕作使砂土混合，又长期不施肥或少施肥，从而使砂田作用减弱，肥力降低，产量下降，砂田老化。另外，砂田在种植过程中，由于耕作不当，或砂石质量不高，或播种、施肥、灌水时操作不严，促使砂土混合，使砂田提前老化。老化后的砂田，必须进行砂田更新，即起老砂换铺新砂。砂田更新的方法有两种：一是起老砂，压新砂，将砂土混合的砂层取掉，然后让土壤休闲，恢复地力，或在土地上种1~2年养地作物后，按砂田铺设的程序重新铺新砂；二是擖砂，在老化的砂田上再铺13~18cm（4~5寸）厚的新砂，可延续耕种15~20年。

e. 砂田耕作技术。砂田是一种典型的覆盖免耕法，由于砂层的特殊结构，其耕作方法不同于一般农田。砂田耕作管理的中心任务是既要为作物生长创造良好条件，又要尽量防止砂土混合，以免砂田过早老化，因而在播种、松砂、除草、施肥、收获等各个环节都要精耕细作，严格保持砂、土两清。①松砂：铺设砂石以后，砂田不再进行翻耕，但在作物收获后播种前还要进行松砂耕作，松砂的目的是疏松砂层、破除板结、接纳降水、减少蒸发、清除杂草。松砂时间一般在雨后，大雨暴雨之后尤其要及时松砂。松砂次数宜少不宜多，一般来说，茬地一年松4~5次，新砂田如果杂草少，结构良好，一年内松1~2次为宜；中砂田含土量增加，雨后易板结，视板结程度一年内松3~5次；休闲砂田一年松5~7次。松砂要保证质量，用松砂耧纵横松动砂层，耧铲不得入土，只能在砂层中进行，以免砂土混合。②播种：砂田播种是一项技术性很强的农活，要求行距一致，深浅合适。大田作物如小麦、糜谷等用耧条播播种时用松耧将砂层松开，种子播在砂层下土面之上；经济作物、瓜类、蔬菜等则多采用穴播，扒开砂层，挖穴，将种子放在土内，然后覆土盖平、压实，穴周围用卵石封严，等出芽时再将上面卵石揭开。③施肥：旱砂田在铺砂时已施肥，所以初期砂田肥力较高，一般不再施肥，但随着使用年限增长，砂田养分逐渐减少，作物产量会受影响，所以需通过施肥补充养分；水砂田和种瓜类、蔬菜的旱砂田则需每年施肥。施肥方法一般采用条施和穴施。大田作物采用条施，先将砂层扒开66cm左右的行，扫净细砂，将肥料拌匀施入土中，然后整平、压实，最后将砂石覆盖于原处；经济作物和瓜类、蔬菜等多采用穴施，根据播种穴的位置，扒开砂层（33cm见方的砂面），清砂后，挖松土层，将肥料拌匀施入土中，耙平拍实，覆盖砂石。④收获：砂田作物一般都是连根拔起，砂中不留残茬。

4.3.3 抗涝排水措施

水资源短缺、干旱是我国农业的主要障碍因素，但是在局部地区，尤其在低湿平原、山间小平原等，仍存在作物生育季节土壤水分过多的渍涝现象。因此，研究阐述抗涝排水耕作措施也有着重要意义。

4.3.3.1 耕作措施

1. 翻地

在春涝地块，在秋季机车可以进地的时候秋翻，翻后不耙不耢，通过翻地措施减少覆盖面，加大土壤水分蒸发。如三江平原低湿地的气候规律是秋涝自然带来第二年春涝，因此采取春涝秋防，进行秋翻，第二年播种前轻耙或直接播种，可明显解决播种后芽涝问题。

2. 深松和超深松

土壤黏重、犁底层密实或耕层下有白浆层的地块，土壤渗透性差，往往在雨季产生内涝。利用机械进行深松或超深松打破犁底层或白浆层等紧实的土体结构，扩大孔隙度，增加水分下渗速度，降低滞水面，可增强抗涝能力。

3. 高垄平台

"高垄平台"耕作法是解决低湿地土壤质地黏重、僵板冷浆、通透性差和内涝问题的新型耕作体系（图4-4）。为此，台体的高度必须明显高于普通垄作的垄体高度时，才会表现出明显的抗涝性。台体的底宽过宽时筑台困难，过窄筑不出高台，考虑东北垄作区农机的底宽选择140cm作为台体的底宽。在三江平原的土壤条件下筑出的高台规格：底宽140cm，顶宽90cm，高度30cm。

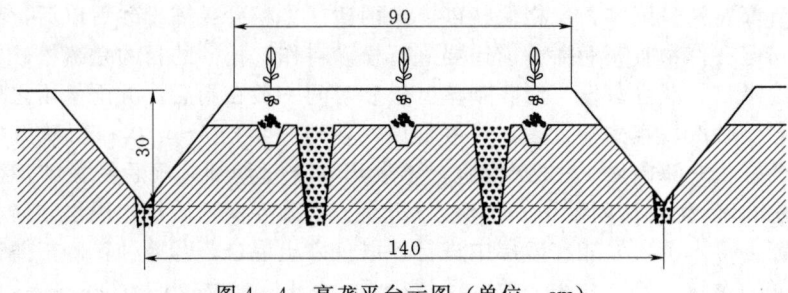

图4-4 高垄平台示图（单位：cm）

台沟和台体都进行深松，台上两个部位深松，可以增加土壤的通透性、利于渗水抗涝。深松铲安装距离，台上深松铲间距40cm，两侧的深松铲间距50cm，深松深度为25cm。

4. 鼠道耕作

该耕作方法的研究始于20世纪50年代，我国开始于60年代，主要用于治理低湿耕地。鼠道耕作是采用鼠道犁进行作业的。鼠道犁是安在农用链轨拖拉机尾部的犁地装置，由犁架、犁刀、犁铧、穿洞空心弹头等部件构成。犁架长2.5m，通过液压起落；犁刀长60cm、宽10cm、厚1cm，前进方向成刀口状，垂直安装在犁架上；犁刀下部端点装有直径10cm、短径10cm、厚1cm的三角形犁铧，在犁铧后面用长钢丝绳牵挂一个直径为11cm、长25cm、弹壁厚1cm的空心炮弹头。拖拉机前进时，弹头即可进入地下60cm深处，并沿拖拉机前进方向与地面平行穿出一条与弹头直径大小相同的通道，犁刀则从地表往下划开一条60cm深的裂缝（图4-5），并使犁铧上部的土体疏松。

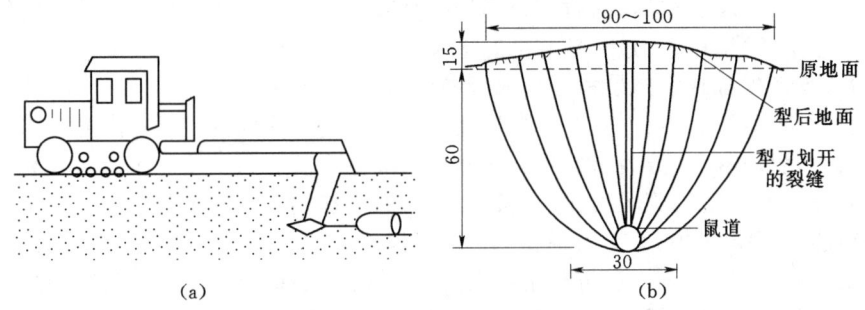

图4-5 鼠道犁作业及土体结构示意图（陈礼耕，1995）（单位：cm）
(a) 作业；(b) 土体结构

4.3.3.2 工程措施

渍涝地块工程排水主要采用暗管排水技术。暗管排水是指在田间埋设能透水的暗管以排除土壤中过多的水分降低地下水位，该技术一般用于防治土壤浸渍、沼泽化和盐碱化，可为作物的生长创造良好的环境条件。

暗管排水按其工作特点一般可分为集水管与吸水管，吸水管是利用管间的接缝式管壁上的孔眼把土壤中过多的水分通过滤料和裹料（外包材料）渗入管内；而集水管则是不透水的，它将所汇集的水排入下一级集水管式排水明沟，最后排入溶泄区。

在暗管材料中，传统的材质是瓦管，因其使用寿命可达30～50年，至今国外仍有使用。随着暗管技术的应用推广，有关人员相继又研制出水泥滤水管、水泥土管、灰土管及塑料管等。特别是塑料管由于它最适合机械化生产和机械化施工，且随着化学工业的发展，其造价不断降低。因此，在工业较发达的国家，暗管排水占越来越大的比重。目前，我国生产的排水塑料管主要有聚丙烯光滑管、低压聚乙烯平行环波纹管和双螺旋形波纹管。波形塑料管在我国是从20世纪60年代中期以后研制成功，并得到迅速发展的，它适用于无沟排水管铺设机的施工，在波纹管凹处开有精确的排水槽，使水分很容易进入管内，而泥沙却不易进入。波纹管的纵向柔软性比光滑塑料管好，不仅在运输和安装过程中不会受损坏，而且抵抗土壤负荷的强度也比光滑管高。

滤料的作用在于防止周围土壤细粒被地下水带入排水管内，即起到过滤作用。一般采用普通的滤材即可达到目的。裹料的作用在于改善排水周围的水流条件，扩大进入面积，即起导水作用，并改善管床条件。目前所使用的裹料越来越多，一般包括无机材料、有机材料和人工合成材料，最常用的无机材料是用天然材料配成的砂砾料，有机材料主要指可用来包裹暗管的农业副产品或植物的茎叶，人工合成材料具有成形易、质量轻、材料广、价格低的特点，其中用得最多的是玻璃纤维布。

4.4 施肥与土壤水分关系

4.4.1 施肥的作用

作物生产是生态系统中的第一性生产，肥料是作物的粮食。因此，肥料的施用合理与否不仅关系作物产量与品质能否得到提高和改善，也关系到生态系统中物质循环和能量流动的正常进行，最终影响生态平衡。

4.4.1.1 施肥增加作物产量和提高水分利用率

降水量少而损失严重固然一直是旱地农业生产的严重问题，但有限贮水未能充分发挥作用，足以说明水分尚未成为当前旱地农业生产的制约因子。生产实践和科学试验表明，旱薄相连，土壤肥力在很大程度上左右着作物产量和水分的转化效率。合理施用肥料能提高作物的产量，特别在中、低产田，增产效果十分明显。近10年的研究结果表明，每千克氮、磷、钾养分增产粮食 5~8kg，皮棉 0.6~0.7kg，糖料 60~80kg。

合理施肥可以迅速提高土壤肥力和作物产量，从而提高水分生产效率。马耀华（1984）研究指出，有机肥和化肥合理施用，不仅能提高土壤有机碳含量，而且促进土壤有机无机复合体的形成，有助于改良土壤结构，增大土壤保水能力，改善作物营养状况，增强作物利用深层次土壤水分能力，提高作物水分生产系数。施肥处理的冬小麦较不施肥处理从 0~180cm 土层中多利用 21~77mm 土壤水分，水分利用效率提高 40%~126%，耗水系数由无肥的 6.06mm/kg 下降为 2.78~4.30mm/kg。

4.4.1.2 施肥能改良土壤和提高土壤肥力

施肥是增加和平衡土壤养分的有效措施。据河南省土壤肥力监测材料结果表明，第二次土壤普查以来，土壤碱解氮有增无减、有效磷有增有减、有效钾有减无增，这与河南历年来大量施氮、多数土壤施磷和少数土壤施钾的施肥状况完全一致。

施肥对土壤有机质含量有良好的正效应。西北农林科技大学的试验结果说明，不施肥土壤有机质有所下降或仅有增加，而施肥处理，土壤有机质均有增长，比较而言，施用有机肥料更为显著。土壤有机质的来源，主要是植物的生物体，通过施肥可增加作物的生物产量和经济产量，地上地下有机质均有增加。而有机肥本身富含有机质，无疑为增加土壤有机质含量，培肥土壤提供了物质基础。

化肥具有生理酸碱性，在不同的酸碱土壤上，恰当而有选择地合理施化肥，有利于土壤 pH 值的逐步矫正，从而提供作物生长发育和土壤微生物活动的适宜 pH 值范围，土壤 pH 值调整得当，还会对多种营养元素的供给产生良好影响，也有利于作物正常生长并获得较好收成。

4.4.1.3 施肥能改善农产品品质

农产品品质包括外观品质与内在品质,而这些品质都可以通过施肥而加以调节和改善。良好的农产品品质往往是在最适施肥状态下获得的,肥料不足、过量或养分不平衡时,农产品不但产量低,而且品质也差。禾谷类作物施用以氮肥为主的穗肥,会明显提高千粒重和出粉(米)率,同时增加谷物中蛋白质含量和积累总量,增加小麦粉面筋含量,提高烘烤品质。但作为酒用大麦则应少施氮肥,后期不施氮肥,否则会增加子粒中蛋白质含量,不利于麦芽加工品质,而适量增施钾肥对麦芽的溶解度、澄清速度和色泽都有明显的促进作用。

4.4.1.4 施肥能有效地减轻农业灾害和提高水分利用率

合理施肥是农业减灾中的一项重要措施。施肥能提高作物的耐寒、耐旱和耐霜冻性能,三要素中磷和钾在减灾中作用更大,充足的磷、钾营养,有利于植物吸收和储存矿物质,增加糖分和可溶性蛋白质等可起到抗冻结作用,提高和促进作物细胞的渗透作用,降低冰点,减少或避免冻害和冷害造成的损失。充足的磷、钾营养,还可促进植物根系的发育,增强根系对土壤中层和下层水分的利用,有利于土壤在干旱条件下维持自身体内水分平衡,特别是钾肥还能通过调节气孔关闭,减缓作物体内水分的损失,减轻作物干旱灾害。

通过合理施肥来减轻自然灾害在生产实践中得到广泛的应用。1998年春,河南许昌一带冬小麦处在拔节时期,突遇严寒低温,小麦遭受严重冻害,地上部分出现冻死现象。据河南农业大学小麦所调查,在天晴转暖后,凡是采用追肥的麦田,由于促进了小麦分蘖基部腋芽重新萌发,最后得到6~8成的收获,而未采取此项措施的只有4成或5成收获。

4.4.2 施肥提高水分利用率的机制

我国干旱、半干旱地区水源不足,大部分地区只能靠天然降水维持农业生产,但是这有限的天然降水并未得到充分利用。同一降水条件下不同田块的产量有高有低,同一地块施肥与否,其产量明显不同,有力地说明了降水的生产潜力还很大,实际的生产水平与潜力有较大差距。生产一季作物后,低产田块与高产田块的土壤贮水无明显差别,又说明了在管理不善的情况下土壤水分有严重损失。如何减少水分的无效消耗,充分发挥降水的生产作用,一直是旱地农业研究的焦点。近年来进行的大量工作说明,施肥对提高水分利用率有着特别突出的作用,充分发挥肥水的协同作用,提高旱地农业的生产水平是非常必要的。施肥提高水分利用率的机制主要在如下几方面。

4.4.2.1 施肥促进了作物根系发育

根系除固定和支撑植物体外,主要功能是吸收水分和养分,因而水分和养分的吸收有赖于根系的扩展。另外,水分是液体,具有由高水势向低水势移动和扩散的能力。根系对土壤水分的消耗必然会造成根系周围土壤水分的亏缺,加速水分向此区迁移,根系发达加速了对土壤水分的利用。

高产和低产两种产量情况下,在作物收获时,土壤含水量却非常一致。显然,相对于高产量的处理来说,低产量处理未被作物利用的水分并未在土壤中保留起来,而是无效地损失掉了。其原因在于：水是可流动的液体，根际周围是耗水区域，其周围土壤的低水势会促进距根较远区域的土壤水分向此移动；同时，土壤表层是另一个更大的耗水区域，蒸发作用所造成的表层低水势促进了土壤下部贮存的水分更快、更多地向表层迁移；土壤蒸发与根系吸水之间的比例深刻影响着水分利用率，作物根系发达，根系吸水多，有利于提高水分利用率。施肥促使作物根系发育，扩大作物利用土壤水分范围，是其提高作物利用土壤水分和养分的前提。

在不同的土壤水分状况下，施肥对地下部根系发育的作用效果不同。在低土壤含水量（13%）时，增施氮、磷肥料，特别是增施磷肥，地表下 20~100cm 根重分布百分率上升幅度较大，根系增深效果明显；在中等土壤含水量（17%）时，增施肥料，地表下 20~100cm 根重分布百分率上升幅度较小，根系增深效果不明显；在较高土壤含水量（21%）时，增施肥料，地下水 20~100cm 根重分布百分率稍下降，根系不表现增深效果（张立新等，1996）。在旱地条件下，适量施用氮、磷肥，可增加单株次生根条数（李友军，1997；康玲玲等，1998），从相关性上看，根条数与施氮量呈曲线相关，而与施磷量呈直线相关；还可增加根系生物总量和深层根系的数量，并能提高根系活力。相对施氮来说，施磷对根系发育的促进作用更明显。

4.4.2.2 施肥促进了作物摄取和转运土壤水分的能力

施肥不仅使作物根系发达，而且可以提高作物吸收和转运水分和养分的能力。从施肥对蒸腾强度、伤流量及叶水势的影响情况，充分说明施肥促进了作物摄取和转运土壤水分的能力。

蒸腾作用是植物吸收和运输水分的动力之一，会引起水分和可溶性养分向根部迁移。在土壤水分相同条件下，蒸腾强度的大小反映着作物生长势的强弱，也反映作物吸取水分和养分能力的大小。蒸腾强度越大，作物根部吸收的水分越多，养分通过质流到达根系表面的数量就越多，就越有利于作物对水分和养分的吸收。李生秀等（1994）对覆膜与不覆膜栽培条件下，亩施 0kg，2kg，4kg，6kg，8kg 氮处理的玉米，蒸腾强度和叶面积，不管覆膜与否，随着氮肥用量增高，蒸腾强度相应增高（表 4-17）。

表 4-17　　　　　　　不同施肥量对玉米的蒸腾强度的影响　　　　　单位：g/株·h

地面处理	施氮量（kg/亩）				
	0	2	4	6	8
未覆地膜	13.7	19.1	19.9	21.8	21.5
覆盖地膜	18.1	26.7	31.7	31.6	30.6

（资料来源：李生秀等，1994）

伤流量和蒸腾量相似，既是作物生长强弱的反映，也是作物吸收运转水分和养分能力的标志。在相同的水分情况下，伤流量的大小反映了根压的大小和主动吸水过程的强弱。施肥能够提高作物的伤流量，从而提高作物的吸水能力（表 4-18）。叶水势的高低既可反映土壤供水能力的大小和作物缺水的程度，也可反映叶片从其他器官中吸水的能力。越小，其吸水力越高，施氮可降低玉米叶片水势。

表 4-18 玉米伤流量与施肥量关系

地面处理		施氮量（kg/亩）				
		0	2	4	6	8
未覆地膜	前 5 次测定	0.33	0.43	0.33	0.30	0.23
	后 5 次测定	0.99	1.15	1.36	1.32	1.26
覆盖地膜	前 5 次测定	1.08	0.90	0.95	0.71	0.83
	后 5 次测定	0.97	1.09	1.19	1.34	1.53

（资料来源：李生秀等，1994）

4.4.2.3 施肥提高了作物蒸腾量，减少了水分蒸发量

蒸腾作用的强弱是植物水分代谢的重要生理指标。干物质的形成，作物产量的高低都和蒸腾量及蒸腾效率有关。与蒸腾相反，蒸发却是水分的无效消耗。因此，提高作物的蒸腾量和蒸腾效率，尽量减少蒸发，在旱地农业生产中有着特别重大的意义。施肥后，作物长势强，能较多地利用土壤水分，使蒸发损失的机会减少（表4-19）。

表 4-19 不同施肥量对玉米的蒸腾蒸发的影响

测定或计算项目	施氮量（kg/亩）				
	0	2	4	6	8
蒸腾损失（mm）	121.8	192.0	212.3	219.4	226.7
蒸发损失（mm）	208.5	150.1	120.2	100.1	97.0
T/ET	0.37	0.52	0.64	0.68	0.70

（资料来源：李生秀等，1994）

4.4.3 抗旱节水施肥措施

旱地农田土壤由于天然降水少或分布不均，水分往往成为限制因素，土壤蓄水能力在调节土壤水、肥、气、热四大肥力因素方面起着重大作用。土壤蓄水能力决定于土壤孔隙多少及大小比例，大小比例适当的稳定多孔性土壤蓄水力强。这种孔隙状况的形成受土壤结构和土壤耕性的影响，良好的结构和耕性的形成都离不开土壤有机质及其与黏粒矿物的结合。有机质的胶结是形成水稳性团聚体的主导因素，腐殖质含量多且与黏粒结合紧密，就可能形成水稳性高的团聚体。因此，土壤有机质是形成土壤良好结构和耕性的重要因素，具有良好结构和耕性的土壤，在耕作栽培和作物生长过程中能保持强大的蓄水能力，较多地蓄积天然降水，抵御干旱。

在同样的气候地带，尤其对同一土壤类型来说，有机质的含量往往和土壤肥力相吻合，肥沃的土壤大都有机质含量较高，从而产量也较高。例如，戴庆林等在我国内蒙古西部旱农区对栗钙土耕层有机质含量与春小麦产量的关系进行调查的结果表明，土壤有机质含量在 0.7%～2.8% 范围内与小麦亩产呈直线相关，随着土壤有机质含量的增高，小麦地力亩产相应增高，回归预测表明，耕层土壤有机质每提高 0.1%，春小麦地力亩产增加 5.5kg 左右。张继宏等（1984）曾对辽西朝阳地区各种类型耕地褐土有机质含量和产量的关系做过调查，选代表性耕地，按大田作物常年产量分为高产土壤（亩产 400kg 以上）、中产土壤（亩产 200～399kg）和低产土壤（亩产低于

200kg）三组，每组调查 15 个地块，测定 0～20cm 和 20～40cm 两层的有机质含量，进行相关性测定的结果表明，常年亩产量与土壤有机质含量呈极显著正相关（$r=0.7468$）。在干旱、半干旱区，长久的抗旱施肥措施是培肥地力，增加土壤有机质，提高土壤蓄水、保墒能力。

4.4.3.1 增施有机肥

周广业等（1991）采用施有机肥为主的综合措施培肥黑垆土，在连续 8 年中使土壤有机质累计增长 0.48%～0.63%，与此同时，全氮量累计增长 0.037%～0.056%，碱解氮由 45×10^{-6} 增到 100×10^{-6} 以上，速效磷由 4×10^{-6} 增到 15×10^{-6} 以上，速效钾也比试验前提高 50×10^{-6}～100×10^{-6}，从而增加了土壤养分的供应容量和供应强度。黄土高原地区田间定位试验表明，连续 6 年施用有机肥后，中产田 0～20cm 土层中有机质贮量由 1350kg/亩增至 1545kg/亩，提高 14.4%；低产田 0～20cm 土层中有机质贮量由 615kg/亩增加到 900kg/亩，提高 46.3%（彭琳等，1991）。

要增施有机肥，必须解决有机肥源问题。在干旱、半干旱地区，因为降雨少，自然生产力低，有机肥源少，必须自外地输入有机物质，包括出自地下的矿藏（煤）、商品饲料及附近城市的粪肥和有机废弃物等。煤炭等燃料的输入可以避免大量秸秆根茬类有机物的燃烧损失，从外地补充购买一些饲料，不仅有利于发展养畜业，而且增加了有机肥料。然而，目前我国北方旱农地区农民收入少，购买力低，限制了这一途径的实现。其解决办法有：一方面依赖国家增加农业投资，另一方面要靠当地自力更生，发展多种经营，特别是开发利用当地资源发展林果养畜业和乡镇企业，广开财路。有机肥的适宜施用量可根据下式计算。

$$有机肥需用量(\text{kg/hm}^2) = \frac{WAO - cR}{bt}$$

式中：O 为原土壤中有机质含量，%；R 为耕层中根茬量，kg/hm²；A 为土壤有机质年矿化率，%；b 为有机肥的腐殖化系数，%；c 为根茬的腐殖化系数，%；t 为有机肥的有机质含量，%；W 为单位面积（hm²）耕层土壤重量，kg。

4.4.3.2 合理施用化肥

在干旱、半干旱地区，增施化肥可以明显提高作物产量和水分利用率。晋东对密植高产地玉米试验的结果，施用氮、磷肥的平均亩产 589.5kg，比不施肥的（449.0kg/亩）高 140.5kg/亩，增产 31.3%，总耗水量减少 14.7mm，水分利用效率增加 21.1%。在渭北旱原地区低肥力土壤上，冬小麦最佳施肥时每亩产量可达 140～265kg，比不施肥增产 85～106kg/亩。

在有水利条件的地区，化肥按作物的需肥规律追施，化肥的利用率较高，生产能力大。干旱、半干旱地区主要靠天上降水，而天上降水、施肥与作物需肥三者很难达到吻合。为了解决这一矛盾，必须根据本地区气候实际情况，科学施用化肥。

孟兆江等（1996）在黄淮豫东平原商丘试验，冬小麦的土壤水分和追施氮比率间存在明显的互作效应，不同土壤水分条件要求与之相适宜的追施氮比率。在旱作条件下（冬小麦生育期降雨 200～260mm），适宜的追施氮比率为 25% 或 0（全部底施）；中等以上供水条件（全生育期浇水二次以上），以 50% 的追施氮比率为宜。只有如此才能提高水分利用效率和肥料利用率，充分发挥水肥的利用效益。孙凤义等（1999）

在内蒙古翁牛特旗研究玉米施肥也得出相似的结果：氮肥通过春季一次性基施，能充分利用天上降水和土壤中水分，调节或缓解作物需肥、施肥与降水时间、多少之间的矛盾，提早或较及时供给作物对氮素的吸收。

4.4.3.3 有机肥与化肥配合施用

化肥与有机肥配合施用，即可提高化肥的利用效果，也可以提高有机肥料的利用效果。李生秀等（1993）曾在5个肥力不同的地块进行试验，这5个地块试验前2～3年内没有使用过有机肥料。试验在分别施用（每公顷施用75000kg有机肥）和不施有机肥的基础上每公顷各施用0、34kg、68kg、102kg、136kg氮肥，氮肥和有机肥均在播种前以底肥施入，结果表明（表4-20），不施有机肥料时，氮肥效果甚低，每千克氮素仅增产小麦1～4kg，有时甚至无增产效果。施有机肥后，产量随氮肥施用量增高而上升，每千克氮素平均增产小麦10kg以上，最高达21.3kg。

表4-20　　　　　　　　有机肥对小麦氮肥反应的影响

施肥情况	试验田块	有效磷(mg/kg)	不同氮量下的小麦产量（kg/hm²）				
			0	34	68	102	136
未施有机肥	1	5.7	1182	1022	1182	1455	1016
	2	8.6	2367	2549	2738	2730	2625
	3	10.4	1655	1800	1730	1725	2165
	4	14.6	2025	2355	2588	2805	2588
	5	4.3	1980	1845	1845	2520	2122
施有机肥(75t/hm²)	1	11.5	1815	3240	3465	3848	4118
	2	14.3	1508	2160	2513	2813	2963
	3	13.6	1500	1793	3023	3173	3714
	4	15.4	2016	3278	3842	4449	4164
	5	13.2	2208	2750	3708	4083	

（资料来源：李生秀等，1993）

表4-21　　　旱地施肥深度、时期对小麦产量和水分生产效果的影响

项目	处理	有机肥（75t/hm²）			磷肥（P₂O₅, 75kg/hm²）		
		产量(kg/hm²)	肥料效益(kg/kg)	水分生产效率(kg/mm)	产量(kg/hm²)	肥料效益(kg/kg)	水分生产效率(kg/mm)
施肥深度	未施	2760.0	0.0	4.81	2872.5	0.0	5.00
	施入表层5cm	2970.0	28.0	5.17	3577.5	9.4	6.23
	施入表层10cm	3060.0	40.0	5.33	3855.0	13.1	6.72
	施入表层15cm	3562.5	107.0	6.21	4380.0	20.1	7.63
施肥时期	未施	3202.5	0.0	5.58			
	播种时施入	3860.3	87.7	6.73			
	出苗时施入	3686.3	64.5	6.42			
	冬季施入	3585.0	51.0	6.25			
	开春后施入	3336.0	17.8	5.81			

（资料来源：《中国旱地农业》，2004）

4.4.3.4 改进施肥方式

旱地施肥除注意有机、无机配合，氮磷并重外，方式上要特别注意作底肥、早施肥和深施肥。旱地一般表层干，作物根系入土较深，作底肥施、深施，才能把肥料施入水分条件较好，根系密集的土层内，充分发挥作用。旱地无法人为调控土壤水分，早施能争取主动，使肥料借墒或借雨而表现良好效果，提高水分利用率（表 4-21）。

4.5 保护性耕作技术

4.5.1 保护性耕作的概念与起源

保护性耕作是人类由不耕到刀耕火种，由刀耕火种到汉代发明铧式犁进入传统人畜力耕作，由传统人畜力耕作到传统机械化耕作后的又一次革命。前三次革命，人类都是通过耕作干预自然，带来农业生产的一次次飞跃。特别是机械化的发展，人类掌握了强有力的耕作工具，成为自然的主人，可以随意改变土地的原有状态，提高劳动生产率和土地利用率。但是人类和自然的矛盾也越来越突出。如耕翻作业除掉地面残茬、杂草固然有利于播种，但同时也破坏了植被对地面的保护，导致土壤风蚀、水蚀加剧等，耕作强度越大，土壤偏离自然状态越远，自然本身的保护性功能、营养恢复功能就丧失越多，要维持这种状态的代价就越大。

保护性耕作国外定义为：用大量秸秆残茬覆盖地表，将耕作减少到只要能够保证种子发芽即可，主要用农药来控制杂草和病虫草害的耕作技术。其前身称为"免耕法"，随着研究的深入，逐渐改为保护性耕作。其概念应定义为：能够保持水土、培肥地力和保护生态环境的耕作措施与技术体系。美国中、西部旱农区年降雨量在 300~700mm 之间，19 世纪中期，美国组织向西部移民，鼓励移民大面积开荒种地，大量饲养牲畜。尤其 20 世纪初，随着加利福尼亚发现黄金，机械化翻耕土地，加快了土地开发，由于过度耕作和放牧，掠夺式经营，经短暂的数十年好收成后，草原植被严重破坏，农田肥力日趋衰竭，产量逐年下降。到 20 世纪 30 年代，终于发生了两次震惊世界的"黑风暴"，大风从北向南，横扫中部大平原，到处风沙蔽日，尘埃滚滚。"黑风暴"过后，大地被刮走 10~30cm 厚的表土，毁坏了 300 万 hm² 以上的良田。此后，美国成立了土壤保持局，对各种保水、保土的耕作方法进行了大量研究。试验测定证明：以少耕、免耕和秸秆覆盖为中心的保护性耕作法，可以明显减少蒸发、减少径流、增加土壤蓄水量，提高作物产量。

我国沙尘暴日益严重，进入 20 世纪 90 年代，沙尘暴发生 23 次之多。主要是土地不合理开发和不合理耕作所致。随着人口的增加以及对环境的认识不足，致使土地大量开垦，草原过度放牧，人为破坏自然植被，形成了大量裸露、疏松土地，为沙尘暴的发生提供了大量的沙尘源，一遇大风便形成影响社会、危害人民健康的沙尘暴。沙尘暴中的悬浮颗粒主要来自农田，把防治沙尘暴的工作重点放在农田和退化草原上是人们对客观规律的认识。沙尘暴是人类不合理的土地开发，为大风提供了丰富的沙尘源，导致严重风蚀的结果。传统耕作方法有很大的弊病，对土壤多次耕翻、耙糖，造成一个疏松的耕层，土壤得不到保护，这是水土流失和严重风蚀的根源。应在改革耕作制度上入手，对传统耕作方法给予彻底的改革。大力推广少耕、免耕法，担当起治理沙尘暴的历史重任。

我国在沙尘暴治理上有误区,认为防御沙尘暴就是治理沙漠。一是认为沙尘暴就是沙漠里的沙粒给人类造成的危害,没有认识到沙尘暴的主要危害成分是直径小于 $100\mu m$ 的微细颗粒,而这些微细颗粒主要来自农田和退化草原;二是认为治沙就是造林。由于认识误区,导致防御沙尘暴工作不能做到对症下药。林带只是防御沙尘暴的一个措施,即设立风障。防御沙尘暴最主要的措施是地面覆盖。沙尘暴重点发生区多处于干旱、半干旱地区,不是森林地带,造林效果一般不好。

4.5.2 保护性耕作的技术内容

保护生态环境,实现可持续发展是全世界的共识。因此,以免耕、少耕为核心技术的保护性耕作技术体系的研究与示范备受世界各国重视与关注。保护性耕作技术的主要内容包括以下几方面。

1. 免耕播种施肥

保护性耕作与传统耕作不同,种子和肥料要直接播到有秸秆覆盖的农田里,必须配套特殊的免耕播种机,一次作业实现播种和深施肥。有无免耕播种机是实施保护性耕作的关键。

2. 秸秆残茬管理

作物收获后,秸秆和残茬留在地表做覆盖物,可以保持土壤水分,减少风蚀、水蚀,增加土壤有机质含量。但是,地表有秸秆影响播种质量和播种机的通过性,需要对秸秆进行粉碎处理。另外,在高纬度地区秸秆覆盖会导致春季地温回升慢,影响播种,甚至贪青晚熟,以致减产。在实践中发现,可以结合垄作,垄沟覆盖秸秆保水抑草,而不影响垄台温度。

3. 杂草及病虫害防治

由于实施保护性耕作后土壤环境发生变化,会导致病虫草害的加重。因而,能否成功地控制病虫草害,往往是保护性耕作的关键。

4. 深松与表土作业

保护性耕作主要靠作物根系和土壤生物松土,但由于作业时农机具以及人畜践踏对地面的压实,进行一定的松土作业是必要的。尤其新采用保护性耕作的地块,另外自我疏松能力不强的地块,进行深松和适当的表土作业是必要的。

4.5.3 保护性耕作的效益

任何技术的推广应用必然有其优越性及效益,保护性耕作也一样,在某个地区推广示范与否,要看其是否适应当地的气候、土壤条件和农作物的丰产要求。总结其效益也不外乎社会生态效益和经济效益。

1. 社会生态效益

(1) 保护性耕作是防治水土流失的有效途径。我国是世界上水土流失最严重的国家之一。根据全国第二次水土流失遥感调查,20世纪90年代末全国水土流失总面积为365万 km^2,占国土面积的38%,其中水蚀165万 km^2,风蚀191万 km^2。根据美国农业部南方丘陵保护耕作研究中心测试,坡耕地水土流失严重,近30年每年表土流失达 0.5cm,而表层土壤每年被冲刷掉1cm,玉米每公顷产量将减少 9.8kg。在坡度 15％以下的坡耕地上，与传统耕作制相比，即使传统耕作制采用了较好的水土保持措施，免耕法也能把水土流失量减轻到接近于零。1964 年在俄亥俄州的试验表明，在坡度为 9.4％的粉砂壤土上免耕明显减轻土壤流失量，可见在玉米地上保留一层作物残茬覆盖，即使在 9.4％的坡地上也可以有效地防止土壤侵蚀。山西寿阳径流测试区对土壤水蚀测定结果表明：无论丰水年还是干旱年，保护性耕作都大大减少土壤流失，减少 73％～80％，从而减少冲入河流的泥沙量。坡耕地实行免耕，不仅控制土壤流失、培肥地力，还有着减少河流泥沙含量，促进流域治理，改善生态环境的作用。

在保护性耕作的因素中，覆盖、压实、耕作都对土壤水蚀有影响，覆盖的影响最大，使土壤流失相对减少 77％，压实相对减少 50％，浅松相对增加土蚀 47％左右（表 4 - 22）。

表 4 - 22　　　　　　　　不同耕作与覆盖处理对土壤流失影响

处　理	1998 年（无暴雨）			1999 年（有 2 次暴雨）		
	悬浮质（g）	沉淀质（g）	土壤流失量（t/hm²）	悬浮质（g）	沉淀质（g）	土壤流失量（t/hm²）
免耕覆盖无压实	5.88	450.0	0.46	13992	569.3	14.50
免耕无覆盖压实	8.74	1140.0	1.15	36348	1386.1	37.70
传统对照 CK	227.3	1500.2	1.72	71734	1918.0	73.65
深松覆盖无压实	0.31	745.2	0.80	21600	1325.0	22.93
浅松无覆盖无压实	687.94	1480.5	2.17	100166	1785.8	101.95

（资料来源：高焕文等，2004）

美国大平原的研究表明，在干旱的夏闲地上，传统区只能保存总降雨量的 35％，有作物残茬和化学杀草剂（化学休闲）覆盖的地块，比裸露地块多保存 50mm 水分，能保存总降雨量的 40％以上。不同耕作制度条件下，每年的土壤流失量差异非常大（表 4 - 23、表 4 - 24）。

表 4 - 23　　　　　　　　不同耕作制处理下的径流和侵蚀（一）

耕作制	径流（mm）	侵蚀（t/hm²）	耕作制	径流（mm）	侵蚀（t/hm²）
免耕制（地面覆盖死亡的草皮）	34.3	8.77	传统耕作制（中耕）	45.5	40.7
免耕制（裸露地面）	73.9	21.6	传统耕作制（不中耕）	55.6	51.7

注　伍斯特粉砂土，坡度 5％，俄亥俄，1964。

表 4 - 24　　　　　　　　不同耕作制处理下的径流和侵蚀（二）　　　　　　　　单位：t/hm²

耕作制	每年平均土壤流失量	特殊情况下的土壤流失量（1969 年 7 月 5 日，12 小时降雨 127mm）
轮作耕翻玉米地顺坡开行	17.29	54.34
轮作耕翻玉米地横坡等高开行	4.94	7.41
免耕覆盖玉米地横坡等高开行	微量	0.07
小麦地	2.47	
草场	微量	

注　俄亥俄，1969。

(2) 保护性耕作是治理沙尘暴和土壤风蚀的主要途径。世界范围的沙尘暴天气发生频率逐年增多，危害程度逐年加剧。产生沙尘暴天气一般需要两个基本条件：一是地表松散干燥的沙尘；二是强劲持久的大风。直径小于 0.063mm 的粉尘是沙尘暴、浮尘的主要组成部分，要减少沙尘暴、浮尘天气，首先要从治理粉尘开始。实验室分析结果表明，中国沙漠和零星沙地的平均含尘量为 2.56%；沙漠边缘地区平均含尘量为 11.94%；旱作耕地含尘量为 30.37%；沙质草地平均含尘量为 51.86%；干旱湖盆及干旱河床平均含尘量为 63.08%。沙漠并不是沙尘暴和浮尘天气的主要成因，沙质草地、干旱湖盆及干旱河床以及疏松的旱作耕地平均含尘量高，对环境危害最大。冬季农田翻耕后裸露休闲，成为沙尘暴的重要来源，实施保护性耕作农田因为有残茬固土和凋落物及秸秆覆盖，在冬春休闲及春季可以避免扬起沙尘。保护性耕作利用秸秆覆盖挡土、根茬固土、有效地减少扬沙和土粒运移，保护性耕作的地表湿润、土壤团粒结构多，也有助于风蚀的减少。澳大利亚使用风洞装置，对不同秸秆覆盖率、不同土质及不同耕作方式下的土壤风蚀量进行了对比测定，保护性耕作可以减少风蚀 70%～80%。种树可以有效地阻挡近地面沙粒滚动、跃动，但不能阻挡上升的微尘。所以沙尘暴需要植树、种草、农田保护相结合的综合治理。

1967 年的一份俄亥俄的报道表明，在春整地的耕地上每公顷 321t 砂土被吹走，而免耕地块只有 4.9t。堪萨斯州立大学采用风洞试验证明，在传统耕作法整地的玉米地上，每公顷 264t 土壤因风蚀而流失，免耕地的流失量不到 0.5t。不同土壤防止风蚀，需要最低秸秆留茬量（表 4-25）。

表 4-25　　　　　　　不同质地土壤防止风蚀所需的最低留茬量　　　　　　单位：kg/hm²

耕 作 制	细质土壤和粉砂土壤	砂壤土	壤质砂土
30cm 麦茬和生长差的小麦	840	1400	1960
30cm 压倒的麦茬	1680	1400	3920
高粱残茬	1680	2800	3920

何文清、高旺盛（2004）等以内蒙古武川县为例研究认为：①由于降雨少，风大风多，土壤质地粗疏以及冬春的冻融交替作用造成土壤表层疏松干燥等原因决定了春季是该地区土壤风蚀的易发期；②植被覆盖度是影响土壤风蚀的重要因子，而此时缺少地表覆盖物保护的旱作农田最易受到风蚀的危害；③土壤含水量是影响风蚀的另一个重要因子，不同土地利用方式下，表层土壤含水量总体上是天然草地含量较高；④土壤风蚀速率随风速的增大而增大，两者成幂函数关系，18m/s 的风速是风蚀强度急剧增加的一个转折点；⑤土壤含水量越高，土壤启动风速越大，风蚀率越小，6%的土壤含水量是风蚀强度由强变弱的一个转折点。

(3) 保护性耕作有利于培肥土壤。土壤有机质含量及恢复，直接关系到土壤的保水力、蒸发率、水分的有效性、水分渗透性、土壤温度、植物养分的有效性、侵蚀、土壤压实和土壤结构的稳定性。随着现代农业发展，需要使用大型农具，经济上也要求农业越来越集约地利用土地，保持和恢复土壤有机质变得比以往任何时候更为重要了。保护性耕作技术的实质性特点是历年的作物秸秆不断地在土壤表层累积，逐渐形成肥沃的腐殖层。美国的免耕地区表明，土壤有机质在免耕下平均增加 $300g/m^2$，较少的点显示高达 $1kg/m^2$，大部分点显示免耕较常规耕作土壤有机质增加 5%～20%。中国农业大学在山西测定结果显示，保护性耕作年增加有机质 0.03% 左右，速效氮、速效钾年提高 0.8%～1.2%，只有速效磷略有降低，年下降 0～2.4%；保护性耕作 6 年后的小麦地蚯蚓数量由 0 增加到 3～5 条$/m^2$。改善土壤结构，主要表现在土壤毛管孔度增加和土壤团聚体数量增加。

（4）减少蒸发，提高降雨利用率，增强抗旱能力。据中国农业大学临汾试区测定，冬小麦休闲期内保护性耕作比传统耕作地蒸发量减少 19.7mm，减少 11%。雨养农业主要靠天然降雨，雨水无效消耗主要是径流和蒸发，无效消耗减少了，降雨的利用效率就会提高，是增产的主要原因。临汾小麦试区 9 年的监测得知，保护性耕作的休闲期蓄水量高于传统耕作 15%，水分利用效率平均高于传统耕作 17%，这是小麦增产的基础。多年平均小麦产量增加 17.1%。

2. 经济效益

以少耕、免耕为主要特征的保护性耕作比以翻耕为主体的耕法其作业成本降低。翻、耙、耢（压）作业法提机车要 3 次进地作业，使土壤形成犁底层，垄体变松了，行间压实，而作物生长需要的是垄体相对紧实，行间相对疏松的土壤条件。机车作业次数多，创造的土壤耕层构造又与作物所需的耕层构造不相吻合，运用得当可以明显提高作物产量。高焕文（2004）指出，采用保护性耕地可提高小麦、玉米产量 13%～17%；减少作业工序，降低作业成本 10%～20%；增加农民收入 20%～30%。美国俄亥俄州 1964～1966 年的连续试验，免耕玉米的产量都高于传统耕作区的产量。

4.5.4 保护性耕作技术的发展

保护性耕作法以秸秆覆盖和少耕、免耕为中心内容，其主要优势：一是减少风蚀，减少径流，增加土壤蓄水量，充分利用天然降水；二是改善土壤结构，增加土壤肥力；三是节省劳力，减少机械设备和能源的投入，减轻机械对土壤结构的破坏，提高农产品的数量和质量。保护性耕作对增产的不利因素：一是地温回升较慢，在春季播种时地表温度比传统低 1～2℃；二是保护性耕作播种质量较难保证；三是杂草控制较困难。研究表明，保护性耕作增产因素是基础性的，不利方面则与管理水平密切相关，只要加强管理，降低不利之处，保护性耕作就能获得增产。

1. 美国的保护性耕作

美国提出农业保护性耕作技术至今，经过几十年的研究、试验和推广，保护性耕作制度日臻成熟，得到了较快的发展。保护性耕作制度已被大部分农民接受、认可，因而实施面积不断扩大。2000 年，美国采用保护性耕作的农田达到 2400 万 hm^2，占农田总面积的 36%，保护性耕作与少耕合计占农田总面积的 60% 以上，95% 以上取消铧式犁。

美国的耕作制度以秸秆残茬覆盖量为主，把土壤耕作分为三类模式：

（1）播后地面覆盖率小于 15%，深松或翻耕加表土耕作，称为传统模式。

（2）播后地面覆盖率 15%～30%，多次表土耕作，称为少耕模式。

（3）播后地面覆盖率大于 30%，免耕或播前一次表土作业，称为保护性耕作模式。

2. 澳大利亚的保护性耕作

澳大利亚地处南半球，干旱面积约为 625 万 km^2，占大洋洲大陆面积的 81% 左右，是典型的旱农国家。它的南澳大利亚、昆士兰、新南威尔士等省不少地方土层厚度仅 100cm 左右。经过 20 世纪初以来几十年翻耕作业，水土流失严重、土层变浅已构成对澳大利亚农业的重大威胁。科学预测，如果不采取措施，100 年后全澳耕地面积将减少 50%。20 世纪 70 年代初，政府在全国各地建立了大批保护性耕作试验站，吸收农学、水土、农机专家参与试验研究工作，取得了显著成果。大量试验表明，地面覆盖是一项有效的保水保土措施。有残茬覆盖的农田比裸地休闲田减少地表径流 40% 左右，最大径流速度降低 70%~80%，土壤受冲刷程度降至裸露农田的 1/10，冬季残茬还能减弱地面风速，截留雨雪。昆士兰试验站 15 年对比试验，三种保护性耕作体系：覆盖耕作（松耕、表土耕作、机械除草）、少耕（松耕、表土耕作、化学除草）、免耕（免耕、化学除草）的谷物（小麦、高粱）平均产量分别为 $3.32t/hm^2$、$3.46t/hm^2$ 和 $3.64t/hm^2$，传统对照为 $2.44t/hm^2$。增产原因主要是土壤含水量增加，土壤结构和土壤肥力改善。保护性耕作能否增产，主要看作物生长和休闲期的管理是否适当，特别是作物出苗、营养、杂草和病虫害控制的好坏。

3. 前苏联的保护性耕作

前苏联的旱农区分布在北纬 50°~53° 以南，包括草原带与半荒漠带，有耕地 9700 万 hm^2，占前苏联耕地的 46.5%，是前苏联的主要农业区。大部分旱农地区年降水量在 350~450mm 之间，雨量在各季节分布均匀，冬春多雨雪，温度低，蒸发少。但是，干旱与风蚀、水蚀仍是主要威胁，风蚀面积达 7000 万 hm^2，产量低而不稳，年间差异大。

20 世纪 50 年代，全苏试验了马尔采夫元壁犁耕作法（去掉有壁犁的犁壁），效果不理想，杂草太多。随后，全苏谷物研究所与阿尔泰耕作育种所，结合马尔采夫元壁犁耕作法与加拿大的抗旱留茬耕作法，配合施用除草剂，形成了一套适合旱地的蓄水保墒保土耕作法，产生了重大效果，因此获得了列宁奖金。

4. 我国的保护性耕作

我国旱作农业区都在积极探索适宜本地特点的保护性耕作技术模式。东北的垄作耕法，糠种与扣种结合，在轮作体系中大粒作物倒垄扣种，小粒作物原垄糠种。冬季留茬越冬，坡地横坡起垄，有很强的防风蚀、水蚀作用，是一种适应东北抗旱、防涝、增温的耕作法，但由于受垄作耕法的农具限制，耕层浅，作业效率低。新中国成立后大量引进铧式犁，以平翻为核心的平翻耕法（多耕）被大面积推广。20 世纪 50 年代后期到 60 年代初，吉林省、黑龙江省先后涌现出轮翻和耙茬播种的作业法；70 年代中期在黑龙江省经过垄作耕法与平翻耕法的认真对比和经验总结，研究出了以间隔深松为主体的深松耕法，取得了良好的示范效果，推动了耕作制度的改革。1992 年山西省开始实施保护性耕作技术的试验示范工作，已扩展到 31 个县，推广面积达 30 万亩。得出的结论是：粮食产量提高 15%~30%，土壤有机质含量提高 0.045%~0.0605%，土地蓄水量增加 24%~35%。2001 年东北农业大学研究定型了垄向筑档机，使垄向区田技术实现了机械作业，在坡耕地上推广取得了明显的保持水土效果。

中国农业大学机械工程学院高焕文教授领导的试验小组与山西省农机局合作,经过9年的系统试验研究,得出的结论是,保护性耕作与传统翻耕耕作相比,有七个方面的效益:

(1) 降低地表径流60%左右,减少土壤流失80%。
(2) 减少大风扬沙60%,抑制沙尘暴,保护生态环境。
(3) 增加土壤休闲期贮水量,提高水分利用效率17%~25%。
(4) 增加产量,春玉米平均增产16%,冬小麦增产13%。
(5) 改善土壤物理性状,增加土壤肥力。
(6) 减少作业工序2~4道,节约人畜用工50%~60%。
(7) 提高经济效益,收入增加20%~30%。

4.5.5 保护性耕作技术模式

保护性耕作作为先进的农业生产技术,其核心技术和价值所在是通过免耕、少耕、秸秆残茬覆盖,合理深松,化学与机械、人工结合综合防治杂草,化学控制病虫害等,达到保水、保土、保肥、抗旱增产、节本增效、改善生态的目的。保护性耕作核心技术的本质特征大致相同,在不同地区、不同农作物种植中的表现形式却各不相同。要实现保护性耕作的抗旱增收和保水保土功能,并体现保护性耕作的特色,在选择保护性耕作技术工艺体系时应遵循以下几条原则:一是实现秸秆全程覆盖:播种后地面秸秆覆盖率不低于30%,在不影响播种质量的前提下,覆盖率越大,保水保土效果越好;二是取消铧式犁翻耕:如果有硬的犁底层或土壤容重过大时,可以用深松代替深翻,疏松深层土壤;三是免耕施肥播种:在秸秆覆盖地上一次完成施肥播种,减少作业次数,压缩农耗,用除草剂控制杂草,少动土,少跑墒。

4.5.5.1 黄土高原区保护性耕作技术模式

黄土高原是我国典型的旱作农业区,包括山西省、陕西省、甘肃省的大部分地区。农业生产中存在的问题主要是水土流失严重、土壤贫瘠;干旱少雨且降雨的时空分布严重不均,一般夏季7~9月降雨量占全年降雨量的60%以上,耕作制度以一年一熟为主(冬小麦或春玉米),部分有灌溉条件和积温较高的地区可实现小麦、玉米(或豆类)一年两熟。一年一熟黄土高原区保护性耕作技术体系以充分利用天然降雨、提高水分利用效率和培肥地力为主要目标。

1. 黄土高原区冬小麦保护性耕作技术模式

(1) 免耕秸秆整株覆盖模式。

1) 工艺流程:收割小麦→秸秆覆盖→(休闲期化学除草)→免耕施肥播种→田间管理(查苗、补苗等)→越冬→化学除草→病虫害防治→收割。

2) 技术特点:适用于亩产200kg以下,表土平整、疏松的地块。可采用联合收割机或人工收割,要求留茬高度保持在20cm左右,脱粒后的秸秆在地表均匀覆盖;根据休闲期田间杂草的生长情况,若休闲期降雨少,田间杂草少时,可人工除草或不除草,若降雨较多,田间杂草量大时,可在杂草萌发后至3叶以前喷施除草剂除草;在小麦播种适期用免耕播种机一次完成播种施肥;小麦出苗后应及时查苗,如有漏播应及时补苗;返青后的田间管理主要是进行除草和病虫害防治。

(2) 免耕秸秆粉碎覆盖模式。

1）工艺流程：小麦收获→秸秆粉碎还田覆盖→（休闲期化学除草）→免耕施肥播种→田间管理（查苗、补苗等）→越冬→化学除草→病虫害防治→收割。

2）技术特点：适用于亩产 200～300kg、地表平整、土壤疏松的地块。免耕碎秆覆盖体系与免耕秸秆覆盖体系基本相同。不同之处是，小麦的秸秆量大，需要在小麦收割后对覆盖还田的秸秆进行粉碎处理。秸秆粉碎还田覆盖有两种作业工艺：一种是用自带粉碎装置的联合收割机收割小麦，要求留茬高度 10cm 左右，使较多的秸秆进入联合收割机中粉碎，对停车卸粮或排除故障时成堆的秸秆和麦糠人工撒匀；另一种是用不带粉碎装置的联合收割机收割或采用割晒机或人工收割后覆盖在田间的秸秆较多、较长，需要进行专门的秸秆粉碎，秸秆粉碎作业的时间可在收割后马上进行，也可在稍后田间杂草长到 10cm 左右时进行，这样可在进行秸秆粉碎的同时完成一次除草作业，减少作业次数，降低成本。

(3) 秸秆粉碎覆盖＋表土作业模式。

1）工艺流程：小麦收割→秸秆粉碎还田覆盖→（休闲期化学除草）→播种前表土作业→施肥播种→田间管理（查苗、补苗等）→越冬→化学除草→病虫害防治→收割。

2）技术特点：适用于亩产 350kg 以下、地表不平的地块。与免耕秸秆覆盖体系和免耕碎秆覆盖体系基本相同，不同之处是，当播前地面不平、地表秸秆量过多、杂草量过大或表土状况不好时，播种前需进行一次表土作业。目前，表土作业可供选择的有浅松、耙地和浅旋三种方式。

(4) 深松秸秆粉碎（整株）覆盖模式。

1）工艺流程：小麦收割→（秸秆粉碎还田覆盖）→深松→（休闲期化学除草）→（表土作业）→施肥播种→田间管理（查苗、补苗等）→越冬→化学除草→病虫害防治→收割。

2）技术特点：适用于多年浅耕、有犁底层存在或土质坚硬、容重大的地块。与免耕秸秆覆盖体系和免耕碎秆覆盖体系基本相同，不同之处是增加了深松作业。深松作业可代替翻耕，与翻耕相比具有土壤扰动少，不破坏地表秸秆覆盖状态，有利于形成虚实并存的耕层结构，利于蓄水等作用。因此，对于土质坚硬、多年传统翻耕土壤中存在犁底层的地块，应进行深松作业，以松代翻。

2. 黄土高原区春玉米保护性耕作技术模式

种植玉米地区实施保护性耕作技术，改变传统的农业生产耕作方法，种植玉米不再耕翻土地，只进行必要的深松和表土耕作，选用免耕播种机一次完成施肥、播种作业，辅以化学除草（或机械除草）和病虫害防治，达到蓄水保墒、防止水土流失、培肥地力、减少机械作业次数、节约开支、增加产量和效益的目的。

(1) 免耕粉碎秸秆覆盖模式。

1）工艺流程：收割→秸秆粉碎→（圆盘耙耙地）→休闲→免耕施肥播种→杂草控制→田间管理→收割。

2）技术特点：该技术体系是中国农业大学多年试验证明综合效益最好的一种技术体系，其中玉米产量每亩不足 500kg、冬季休闲期间无大风的地区，可取消工艺流程中的圆盘耙耙地作业；玉米产量每亩高于 500kg、秋冬季风大的地区，为防止大风将粉碎后的秸秆吹走或集堆，可用重型圆盘耙耙地作业，将粉碎后的秸秆部分混入土中，可以减少大风将覆盖在地表的粉碎秸秆吹走或集堆的可能性。玉米收获可以人工收获或机械收获，人工收获时应及时采用秸秆粉碎还田机进行玉米秸秆粉碎作业，机械收获时配秸秆粉碎装置，收割的同时完成秸秆粉碎作业；秸秆粉碎后长度小于10cm，秸秆粉碎率大于90%，粉碎后的秸秆应均匀抛撒覆盖地表，根茬高度小于20cm。翌年玉米适播期应及时免耕施肥播种，田间喷施除草剂防止杂草危害，田间管理要注意查苗、补苗、间苗和追肥。

(2) 深松粉碎秸秆覆盖模式。

1) 工艺流程：玉米收割→秸秆粉碎→深松→（浅耙）→休闲→免耕施肥播种→杂草控制→田间管理→收割。

2) 技术特点：增加深松作业打破犁底层，玉米收割和秸秆粉碎后，上冻前应及时进行深松作业。浅耙为选择性表土作业，如田间秸秆覆盖量少、冬季风小、风少且深松质量高时，可不进行浅耙作业，若田间秸秆覆盖量大、冬季风大、风多、深松时土壤墒情差，出现深松沟和大的土块，可通过浅耙将部分秸秆与土壤混合，减少覆盖率，改善地表状况。免耕播种、杂草控制、田间管理等作业工艺与免耕粉碎秸秆覆盖模式相同。

(3) 免耕倒秆覆盖模式。

1) 工艺流程：人工摘穗收割→压倒秸秆（人工或机械）→休闲→免耕施肥播种→杂草控制→田间管理→收割。

2) 技术特点：秸秆不易被风吹走或集堆，作业成本低，适合冬季风大或机械化程度较低的地区。玉米收割后将秸秆压倒覆盖在地表，对土壤有良好的保护作用，冬季风大时也不易将秸秆刮走或集堆，同时倒秆覆盖的地方还有利于控制杂草，压倒秆的方式有人工踩倒或机械压倒两种。免耕施肥播种作业需要注意的是，播种时根据秸秆压倒方向播种，逆向播种会产生较大的堵塞。

4.5.5.2 冷凉风沙区保护性耕作技术模式

冷凉风沙区是我国北方一种典型的自然区域，包括河北、山西北部、辽宁西部、内蒙古、甘肃、青海、宁夏的部分地区。这些区域是京津及周边地区主要风沙源和全国生态环境重点建设地区。因此，冷凉风沙区实施保护性耕作的主要目标是防治沙尘暴、提高产量和培肥地力。

1. 免耕留茬覆盖技术模式

(1) 工艺流程：收割→留茬覆盖→冬休闲→免耕播种→杂草控制→田间管理→收割。

(2) 技术特点：收割可以人工收割或机械收割，保留10～20cm的根茬，免耕休闲，改变过去实行的冬季翻耕、地表裸露、疏松休闲的传统，可有效减少冬春季随大风产生的地表扬尘，减少沙尘暴的危害；地表覆盖和免耕播种还可保蓄较多的水分，有利于提高翌年作物产量；减少作业工序后，可减少作业成本。

2. 深松留茬覆盖技术模式

(1) 工艺流程：收割→留茬覆盖→深松→冬休闲→表土作业→免耕播种→杂草控制→田间管理→收割。

(2) 技术特点：冷凉风沙区进行深松作业时应在作物收获后、上冻前进行，表土作业一般在翌年播种前进行，其主要目的是平整土地、松碎土壤、提高地温。

4.5.5.3 一年两熟免耕秸秆覆盖技术模式

一年两熟地区是指北方旱作区年积温较高、有灌溉条件、能够一年两熟种植的地区，包括华北平原大部（河北、河南、山东、北京、天津等地）、山西中南部、陕西关中等部分地区。该区多为小麦—玉米两茬平作，山东等地实行小麦—玉米两茬间作套种，也有的地方实行小麦—大豆两茬平作。

一年两熟地区人口密集，人均耕地面积小，为了在有限的土地上生产出更多的粮食，均实行精耕细作、产量高、秸秆量大。收割后大量的秸秆覆盖地表，必然会增加下茬作物播种的难度。因此，在一年两熟区推广保护性耕作的技术难点是免耕播种机的开发，特别是玉米秸秆覆盖地免耕播种小麦的技术与机具。另外，由于田间秸秆覆盖量大，对除草和病虫害控制也提出了更高的要求。

1. 小麦—玉米两茬免耕秸秆粉碎覆盖模式

(1) 工艺流程：(小麦收割前灌水造墒)→小麦联合收割机收割→小麦秸秆粉碎或浮秆捡拾打捆外运→免耕施肥精量播种（玉米）→化学除草、除虫→排灌渠开挖→玉米田间管理（病虫害防治、灌水、中耕追肥除草）→玉米收割→秸秆残茬处理→免耕播种（小麦）→小麦田间管理→小麦收割。

(2) 技术特点：两茬全部免耕，抢时效果明显，耕作次数少，成本低。在小麦蜡熟后期选用适宜联合收割机机型及时收割，小麦割茬高度控制在20～25cm，小麦秸秆粉碎或浮秆捡拾打捆外运。免耕施肥精量播种玉米，在大量麦茬和麦秸还田的情况下，施肥不仅是保证玉米生长的需要，而且是调节田间土壤碳氮比，防止麦秸腐解造成微生物与幼苗争肥的需要。玉米收割时对秸秆和残留物处理分为青储玉米和粮用玉米两种情况，由于青储玉米大量的地上生物产量被收获外运，剩余的残茬对小麦免耕播种影响不大，可直接进行播种施肥作业；粮用玉米秸秆要粉碎抛撒，要求秸秆粉碎长度不超过3cm，而且要均匀，小麦实行免耕施肥播种。

2. 小麦—玉米两茬平作免（少）耕秸秆粉碎覆盖模式

(1) 工艺流程：小麦机收→秸秆处理→2～3年深松1次或表土作业→玉米免耕施肥播种→玉米出苗前喷洒除草剂→玉米田间管理→玉米收割前15天左右浇灌浆后期水→玉米收割→秸秆粉碎、秸秆直立→小麦免耕施肥播种→小麦田间管理。

(2) 技术特点：作业次数少，成本低；作业农耗少，抢农时效果明显。由于玉米收割后免（少）耕播种小麦难度大（玉米秸秆量大且小麦行距小），随着在玉米收割后小麦免（少）耕技术和机具的研究与开发成功，已可以实现在玉米收割后不对玉米秸秆作任何处理直接播种小麦，极大地减少了作业次数，降低了作业成本。而且，可减少一次灌水，提高玉米产量10%以上，提高小麦产量6%以上，综合效益显著。小麦收割与秸秆处理，机械收获割茬控制在20cm左右，将秸秆粉碎并均匀抛撒；通过深松打破原多年翻耕或旋耕形成的犁底层，解决由于收割、播种、喷药等作业时拖拉机进地对土壤的压实问题；玉米收获后秸秆处理直接影响后作小麦的播种，玉米秸秆处理主要有两种形式：一是玉米秸秆直立条件下直接播种小麦，无需处理玉米秸秆；二是玉米收获的同时粉碎秸秆并均匀抛撒，然后播种小麦。

4.5.5.4 东北寒地保护性耕作技术模式

东北寒地包括黑龙江、吉林和辽宁、内蒙古部分地区。特点是气温低、无霜期短，春天风大。水土流失导致黑土地肥力迅速下降，种植作物以一茬玉米或大豆为主。本区保护性耕作模式以抵御春旱、控制水土流失和恢复黑土地肥力为主要目的。该区为传统垄作区，保护性耕作技术措施是秸秆、根茬覆盖与少免耕有机结合，并配合传统的垄作技术解决低温的不利影响，实现抵御春旱、控制水土流失和恢复黑土地肥力的目的。

1. 少耕留茬覆盖模式

在东北寒地，尤其东北西部属于农牧交错带，玉米秸秆是宝贵的牲畜饲料和燃料，又因气温低、降雨少，秸秆还田后不易腐烂，采用留高茬覆盖，以减少冬、春季的风蚀和夏季的水蚀，并缓解秸秆覆盖导致的土壤春季升温慢的不利影响。

（1）工艺流程：留高茬越冬→春季原垄免耕施肥播种→化学除草与机械除草结合→苗期垄沟深松→中耕培土1~2次。

（2）技术特点：第一年作物收割后留茬越冬，起防风、积雪、保土作用；第二年在原垄上直接开沟接墒下种，同时侧深分层施肥，播种后合垄复土、镇压，待苗出齐后，适时中耕（一般两遍），于苗期（6月初~6月下旬）雨季来临前进行垄沟深松。隔年于秋季进行一次土壤全方位深松或局部的带状深松，使土壤结构形成虚实并存的状态，达到作物生长供需水平衡。

2. 少耕灭茬模式

（1）工艺流程：留高茬→秋季深松灭茬起垄镇压→春季分层施肥精量播种→化学除草与机械除草结合→中耕培土1~2次。

（2）技术环节：作物收割后立即整地，用灭茬深松机一次完成深松、灭茬、镇压；第二年应用播种机一次完成分层施肥和精量播种。这种耕作法因秋季整地深松，土壤有充足的时间沉实，使土壤中水、肥、气、热各环境因素得以协调，可明显地提高肥力，镇压可与整地同时进行，镇压后土壤表层形成一个坚实层，防止冬春耕地表土风蚀，同时使土壤形成了虚实并存结构，有利于保墒和来年播种，配以精量播种技术，增产效果明显。

3. 少免耕秸秆粉碎覆盖模式

秸秆覆盖量越大，保水、保肥、培肥地力效果越好。其不足是春季地温回升慢，对于东北降雨量较大的地区，全量覆盖保护性耕作模式春季地温回升慢，可以结合轮作，玉米田后茬种植大豆时，玉米秸秆全量覆盖还田，种植玉米时采用留茬覆盖保护性耕作模式。

（1）工艺流程：秋季机械收获玉米→机械粉碎秸秆抛撒→垄台上留20~30cm根茬→春季免耕播种或灭茬播种→苗期垄沟深松→化学除草与机械除草结合→中耕培土1~2次。

（2）技术环节：秋季对玉米采用机械摘穗收获，留20~30cm根茬，收获机安装秸秆粉碎装置，收获的同时粉碎秸秆均匀抛撒到田间，秸秆覆盖越冬，来年春季免耕播种或灭茬播种，一次完成播种和分层施肥作业。苗期垄沟深松，因秸秆覆盖量大，应采用东北农业大学新研制的圆盘刀式限深组合深松机，在玉米封垄前中耕培土一次，可采用东北农业大学新研制的圆盘刀式限深组合中耕机，生育期间采用机械除草与化学除草相结合。

复 习 思 考 题

1. 如何理解土壤耕作与管理的作用及意义？
2. 土壤耕作的主要方法有哪些，各有何特点？
3. 如何理解农田水分的地域性与季节性变化？
4. 如何理解土壤水库的作用？
5. 保护性耕作方法有哪些，各有何特点？
6. 如何理解施肥提高水分利用率的机制？
7. 如何理解抗旱措施技术内容及其效果？

第 5 章

低产田改良与合理利用

5.1 盐碱土改良

5.1.1 盐碱土的性质

盐碱土又称盐渍土,包括盐土、盐化土和碱土、碱化土。盐土和盐化土都含有一定的危害作物生长的水溶性盐分。碱土和碱化土虽含水溶性盐分不多,但土壤胶体含有较多的代换性钠,具有强碱性反应。这两类土壤在发生上关系密切,在改良利用上有相似的地方,故统称为盐碱土。

5.1.1.1 盐土和盐化土的性质

(1) 土壤中含有大量的可溶性盐,含量在 10.0g/kg 左右,甚至高达 10.0~20.0g/kg,且含有较多的石灰质。盐分在剖面中的分布特点是上多下少,呈漏斗形曲线。

(2) 土壤一般呈微碱性反应,pH 值在 7.5~8.5 之间。由于盐土中的盐类大都是中性盐类,且往往含有较多的石灰质,故 pH 值通常不超过 8.5。

(3) 土壤有机质含量一般不高,约为 10g/kg,只有沼泽盐土高达 20~40g/kg。

(4) 土壤母质多为河流沉积物、洪积物或湖积物,土层极厚,质地粗细不等,有的砂黏相间,有的比较均一。

(5) 地下水位一般较高。土壤常有返潮和夜潮现象,土性较冷,开垦种植作物时,不发小苗。在心土或底土层中有潜育化现象,出现锈纹锈斑,有时还会出现青灰色潜育层。

5.1.1.2 碱土和碱化土的性质

(1) 易溶性盐有明显淋溶下移现象。表层含盐量不高,总盐量一般仅为 1~4g/kg,并以 Na_2CO_3 和 $NaHCO_3$ 占绝对优势。其剖面层次,上部为淋溶层,下部为碳酸钙淀积层,再下部为盐分聚积层,含盐量可高达 10g/kg 以上。碱土中盐分的这种分布状况是它与盐土的主要区别之一。

(2) 呈强碱反应,pH 值在 8.5 以上,往往达到 9~10。这是由于土壤所含 Na_2CO_3 经水解后,产生 NaOH 而造成的。

（3）土壤胶体因吸附大量的钠离子而被高度分散，致使土壤胶粒及 $CaCO_3$ 随水下移淀积而形成紧实土层；又因湿胀干缩而产生垂直裂缝，形成柱状结构的碱化层，致使其物理性状极为不良。

（4）在强碱条件下，土壤黏土矿物发生分解，产生 SiO_2，呈白色粉末状分散在土壤上层，而铁、铝、锰等则向心土淀积形成淀积层。

5.1.2 盐碱土的分布

根据气候、地形、母质和水文地质条件等的不同，我国盐碱土分为五个大区。

5.1.2.1 滨海盐碱土区

滨海盐碱土区指目前仍受海潮直接或间接影响的地区，主要包括长江以北的山东、河北、辽宁等省，江苏北部的海滨冲积平原，长江以南的浙江、福建、广东等省沿海一带的部分地区。本区地形平坦，海拔低，主要为河、湖、海相沉积物。海水以淹没土地、溯河流倒灌、渗漏补给地下水等方式影响土壤。地下水埋深较浅，矿化度高，水的化学组成以氯化钠为主。距海越远，地下水埋深越大，矿化度也渐低。土壤富含可溶性盐分，1m 土层含盐量在 4g/kg 左右，高者可达 20g/kg。土壤属氯化物盐土。

5.1.2.2 华北盐碱土区

华北盐碱土区主要指黄河中下游的沿河低洼地和低平地，包括河北、山东、河南、山西、陕西诸省的冲积平原，汾、渭、泾平原，系黄河及海河流域的河流泛滥、淤填形成。主要河流多为地上河，河流的化学径流带来大量的水和盐分。河水侧渗补给地下水，所以高地下水位引起土壤积盐，又经常发生涝灾，常常涝碱相随，涝后积盐。本区的年蒸发量大于降水量数倍，造成积盐条件，并且季节性积盐和脱盐交替进行。土壤的盐分含量（1m 土层）约为 3～6g/kg，高者可达 20g/kg，并且多聚积在表层。本区盐碱土大都属于氯化物—硫酸盐盐土或硫酸盐—氯化物盐土。

5.1.2.3 西北半干旱盐碱土区

西北半干旱盐碱土区包括宁夏及内蒙古河套地区，气候较为干旱，蒸发量大于降水量达十余倍，属于半干旱大陆性气候。本区盐碱土多发育在黄河两岸的冲积物上，地形低洼，排水不畅，地下水埋深浅，矿化度为 2～10g/L，高者可达 25g/L，以致形成大面积的盐碱土。盐碱耕地含盐量在 1～3g/kg 之间，较重的为 5～8g/kg，盐碱荒地 1m 土层平均在 10～50g/kg。盐分组成以氯化物和硫酸盐较多，其次是重碳酸盐，并且多聚积在地表。盐碱土类型多数属于氯化物—硫酸盐盐土或硫酸盐—氯化物盐土。

5.1.2.4 西北干旱盐碱土区

西北干旱盐碱土区包括新疆、青海、甘肃的河西走廊和内蒙古的西部地区，是我国盐碱土分布最广、面积最大、种类最多的地区。其中新疆地区大部分处在四周为高山环绕的封闭内陆盆地，地下径流和盐分缺乏出路，加之气候极为干旱，因此在盆地内部进行着强烈的积盐过程。该区的盐碱土类型十分复杂，残余盐土中有龟裂状和硝酸盐的残余盐土，有氯化物盐土，硫酸盐—氯化物盐土，苏打氯化物盐土，氯化物－硫酸盐盐土，也有苏打、硝酸盐、硫酸盐、氯化物混合型盐土。该地区的盐碱土过去很少开垦利用，是我国主要的盐碱荒原。
5.1.2.5 东北盐碱土区
东北盐碱土区主要包括松嫩平原、辽河平原、三江平原和呼伦贝尔草原，其中以松嫩平原盐碱土分布最为集中。该区地下水埋深浅，矿化度低，矿化类型属于重碳酸盐或苏打、硫酸盐、氯化物的混合型。土壤的含盐量不高，约在 $2\sim10\text{g/kg}$。该区盐碱土主要属于草甸盐土、草甸碱土和碱化草甸土。

5.1.3 盐碱土的分类
5.1.3.1 分类原则
盐土和碱土的分类是整个土壤分类系统的组成部分，其分类原则和依据要与全国土壤分类原则相一致，还要考虑盐碱土的发生特点。因此，盐土和碱土的分类运用土壤发生学和土壤盐渍地球化学的观点，以形成条件、成土过程和土壤盐渍属性作为分类的综合依据，并贯穿体现在分类系统的各级单元中。

盐碱土分类按全国土壤分类系统的分级单元，采用土纲、亚纲、土类、亚类、土属、土种和变种（亚种）七级分类。在土类一级以上，根据盐土和碱土的共性归纳为盐成土纲，土纲下分为盐质土亚纲和碱质土亚纲，盐土和碱土土类分别归属这两个亚纲。

根据盐土的积盐过程、积盐层盐分组成和含盐量、积盐层出现部位和厚度、确定含盐量指标的采样时间和计算方法，将盐土划分为八个亚类：滨海盐土、草甸盐土、潮盐土、沼泽盐土、典型盐土、洪积盐土、残余盐土和碱化盐土。

根据碱土的碱化过程、碱化层特点、电导率、碱化度、pH 值和含盐量，将碱土划分为四个亚类：草甸碱土、草原碱土、龟裂碱土和镁质碱土。

5.1.3.2 盐土亚类与性质
1. 滨海盐土
滨海盐土在辽宁、河北、山东、苏北沿海平原海岸地区呈带状分布，在江苏、浙江、福建、广东、广西、台湾等省（自治区）的沿海也有零星分布。该区地形平缓，母质为砂黏不定的滨海沉积物，地下水位一般为 $1\sim2\text{m}$，土壤和地下水的 pH 值多为 $7.5\sim8.5$。滨海盐土是在盐碱淤泥上发育而成的，积盐特点为：①不仅土壤表层积盐重，而且心底土含盐量也很高。表层含盐量一般为 1%～3%，有的高达 5%～8%，在 1m 土层中平均含盐量达 0.5%～2%；②在绝大多数情况下，土壤和地下水的盐分组成与海水的盐分组成一致，均以氯化物占绝对优势；③地下水矿化度普遍很高。

在北方，滨海盐土多数通过引入淡水淋洗脱盐，同时施用化学改良剂（磷石膏、电厂脱硫石膏等），使表层土体脱盐脱碱后种稻，也有的开发成苇场或用于水产养殖。在南方，降雨多，土体脱盐淡化快，改良后多数种稻和轮作绿肥，加快土壤熟化过程。

2. 草甸盐土
草甸盐土又称普通盐土，在盐土的亚类中分布极为广泛。我国黄淮海平原、内蒙古河套平原、宁夏银川平原、东北松辽平原、山西大同晋中盆地和甘肃、青海、新疆的内陆盆地等均有分布。该区地形低洼，稍有起伏。母质多为砂黏不定的河流冲积物。地下水位在 1～2m，新疆可达 3m。地下水矿化度在 10～30g/L，少数在 30～50g/L。在干旱和半干旱气候条件下，地下水上升至地表，水分蒸发，表土积盐。在形成过程中，积盐过程和草甸成土过程相伴进行，以积盐过程为主。土壤积盐层的含盐量和厚度，随气候干燥程度的增加而增加。在新疆、内蒙古、宁夏等地方，1m 土层内平均含量在 1% 左右，表土层的易溶性盐类积聚可高达 4%～10% 以上，形成明显的盐结皮或积盐壳。在华北平原、东北松辽平原，表土含盐量一般在 1%～2%，而心底土的盐分含量仅为 0.1%～0.3%。由此可见，草甸盐土的积盐特点是盐分多集中在表土层，土壤剖面的盐分垂直分布为上重下轻，呈明显的蘑菇形。

草甸盐土是比较容易改良的盐土。经过治理后，除了可用于农田、林地外，因为有草有水，也可开辟成牧场或用于淡水养殖。

3. 潮盐土

潮盐土是各种潮土，受地下水和地面水以及人为活动等不良作用，主要是发展灌溉过程中，采取的水利措施不当的影响，引起土壤积盐过程并逐步加强，经盐化潮土，逐渐演变而成。潮盐土多分布在耕种历史较久的农区，常呈斑块状插花分布于大面积的潮土中。潮盐土与草甸盐土都是有地下水参与其形成过程的，两者的主要区别是：潮盐土在形成过程中，未经过草甸植被生长的自然生草过程，土壤不具有自然生草过程所赋予的特征，表现在表层有机质含量低，没有明显的有机质积累层。潮盐土的积盐层厚度和含量，同样随生物气候带的干燥度增加而递增。大部分次生盐土属于潮盐土，从内陆到滨海各灌区内均有分布，尤以黄淮海冲积平原和汾渭河河谷平原分布最为广泛，其次是内蒙古和宁夏的黄河河套冲积平原，在其他盐渍区的古老灌区仅有零星分布。

依据潮盐土的盐分组成，可将其进一步划分为氯化物、硫酸盐—氯化物、氯化物—硫酸盐、硫酸盐等主要土属。

4. 沼泽盐土

沼泽盐土零星分布于半漠境和漠境地区的浅平洼地边缘，地下水位高，在旱季地下水位也接近地面。地面积水的矿化度约为 2～3g/L，高的可达 10g/L，地下水的矿化度更高，漠境地区可高达 187g/L。沼泽盐土主要由各种沼泽土或盐泽、盐沼干涸积盐演变而成，或者是其他盐土遭受沼泽化所致。它既有积盐过程，同时还有沼泽化过程。沼泽盐土的盐分多集中于表层，地面有盐霜、盐结皮或盐结壳。漠境沼泽盐土的盐结壳含盐量可达 35%～75%，下层的盐含量为 1%～10%。半漠境地区沼泽盐土的含盐量表层在 1%～4.5%，以下多在 0.3%～1%。

5. 典型盐土

典型盐土又称普通盐土，主要分布在干旱地区和漠境地区。以新疆的南疆分布较为广泛，北疆只在艾比湖平原和玛纳斯湖盆周围。在内蒙古自治区，主要集中在河套平原、鄂尔多斯市杭锦旗、乌拉特前旗等地。

典型盐土是直接由于地下水强烈蒸发，表土强烈积盐发育而成，通常不经过草甸土阶段，由于积盐过程起主导作用，剖面上没有其他明显的附加成土过程特征，土壤表层没有明显的腐殖质层。典型盐土也可以是经由草甸盐土进一步积盐发展形成。由于积盐过程不断增强，生草过程逐渐减弱，因而剖面上没有生草化表层，其演变系列为：草甸土—盐化草甸土—草甸盐土—典型盐土，不论其直接由地下水经强烈蒸发积盐形成，或经草甸盐土发育阶段进一步积盐发展形成的典型盐土，都是以地下水为动力的积盐过程。

典型盐土的地下水位一般为1～3m，矿化度高达10～20g/L，个别可高达30～50g/L。典型盐土的含盐量高，地表具有厚度可达5～15cm或更厚的盐结壳，含盐量高达40%～60%，盐分组成多为氯化物和硫酸盐组成，结壳以下为厚度不等的、较疏松的、具有白色盐分结晶体的土—盐混合层，以硫酸盐为主，平均含盐量一般大于5%，也可高达10%～20%，往下各层含盐量在2%～4%。心、底土层中常有盐结晶散布，有的形成盐晶聚积层或盐盘层，多为硫酸盐—氯化物或氯化物—硫酸盐。

6. 洪积盐土

洪积盐土主要分布在我国漠境地带部分山前洪积扇和阶地上。地形较高而平坦，母质为洪积冲积物，地下水位为6～7m，地下水矿化度为5～10g/L。洪积盐土盐分主要来源于流经含盐地层的矿化地面径流和矿化裂隙泉水。在漠境生物气候带，地面强烈蒸发，山洪和冰雪融水携带的盐分富集于地表，当地面径流下渗时，还将前期积累在土体中的盐分溶解，重新分配向地表累积，而形成积盐层，发育为洪积盐土。显然，洪积盐土是在地下水不参与现代积盐过程，完全是在地面径流作用下形成的盐土。洪积盐土土壤表层含盐量最高达1%，以氯化物为主，硫酸盐次之。洪积盐土有两个以上积盐层。

7. 残余盐土

残余盐土几乎都分布在我国西北漠境和半漠境地区的山前洪积平原，或古老冲积平原高起的地段和老河床阶地上。地形稍高而平坦，母质为洪积物，地下水位在7～8m以下，地下水矿化度为1～7g/L。残余盐土的现代积盐过程几乎停止，仅借稀少的年降水量、泌盐植物和风力搬运等方式，使可溶性盐类在表层土壤中有所增减和重新分配。半漠境地区残余盐土土壤表层含盐量不超过1%，心底土在1%～2%。漠境地区残余盐土表层含盐量在2%～20%，而亚表土或底土中含盐量在8%～66%。

8. 碱化盐土

碱化盐土又称苏打盐土，主要分布在松辽平原、山西大同盆地、内蒙古大小黑河流域以及甘肃、新疆等地，黄淮海平原和藏北高原也有零星分布。该区地形平坦，母质为河流冲积物或湖相沉积物，地下水位为1～2m，水质为钠质碳酸盐或重碳酸盐，地下水矿化度为1～3g/L。碱化盐土是在以化学碱性盐为主的积盐过程中，同时发生碱化过程而形成的。因此，碱化盐土的积盐特点是在易溶性盐组成中含相当数量的碳酸钠，pH值在9或9以上，从而恶化了土壤物理性质并危害植物。

5.1.3.3 碱土亚类与性质

1. 草甸碱土

我国草甸碱土主要分布在半干旱地区，最常见的有瓦碱和草甸构造碱土两个土属。

(1) 瓦碱。瓦碱分布在黄淮海平原和汾渭河河谷平原，都是以斑块状零星分布于其他土壤之间，特别是与其他盐渍土插花分布。黄淮海平原的瓦碱位于洼地边缘地的中下部。瓦碱是由盐化潮土脱盐碱化而成。瓦碱的地表通常为光板或撂荒地。瓦碱地表面是 2～3cm 厚的坚实硬壳,结壳表面有灰白色的 SiO_2 粉末,结壳背面多海绵状孔隙,其下为层状土层。表层土壤质地一般以轻砂壤为主,有机质积累少。地下水位一般在 2m 左右,地下水矿化度为 1～2g/L。瓦碱化学性质的最主要特点是含可溶性盐不高,一般不超过 0.5%,以 Na_2CO_3 和 $NaHCO_3$ 为主,pH 值在 9 以上,群众称为缸瓦碱、牛皮碱。

(2) 草甸构造碱土。草甸构造碱土主要分布在东北松辽平原、内蒙古东部和北部,与苏打碱插花分布在微高地上。草甸构造碱土是由苏打盐土逐渐脱盐而成。草甸构造碱土具有明显的发生层次,地面为灰白色,表层为富含有机质的淋溶层,表层下为碱化层,块状或核状结构,往下为母质层。地下水位在 2～3m,水的矿化度为 3g/L,属苏打水。松辽平原的草甸构造碱土 1m 土层中的平均含盐量在 0.1%～0.8%,盐分组成以 Na_2CO_3 和 $NaHCO_3$ 为主,一般的土壤 pH 值在 9 以上,群众称为暗碱土、碱格子土。

2. 草原碱土

草原碱土主要分布在内蒙古自治区蒙古高原的干草原地区,古湖河二阶地或缓岗地上部。土壤表层为暗栗色的有机质,呈大柱状结构,柱头表面有 SiO_2 白色粉末,碱化层含有大量死植物根和舌状的腐殖质淋溶斑。碱化层下为积盐层,可见白色硫酸盐斑点,再下为母质层。草原碱土由于长期处于脱盐状况,含盐量比草甸碱土少,盐分组成仍以 Na_2CO_3 和 $NaHCO_3$ 为主。

3. 龟裂碱土

龟裂碱土主要分布在新疆准噶尔盆地和宁夏银川平原。这种碱土多位于古湖洼地和山前洪积平原与古老阶地相对低平的地段上。龟裂碱土表面有龟裂纹的结壳,结壳下为短柱状的碱化层,其下为棱块状结构的土层,整个土壤剖面非常坚硬。大部分龟裂碱土的地下水位在 4～7m 以下,仅银川平原地下水位在 2.5～3m 以下,参与现代成土过程。地表有轻微的季节性积盐现象。宁夏银川平原的龟裂碱土心底土含盐量在 0.1%,盐分组成以苏打和氯化物为主。新疆地区龟裂碱土心底土含盐量较高,超过 1%,盐分组成以氯化物或硫酸盐—氯化物为主。

4. 镁质碱土

19 世纪 30 年代,国外的一些土壤工作者,开始对镁质碱化土壤进行研究,至今没有取得一致的认识,包括镁质碱化土壤的形成、剖面形态和理化特性。我国对此研究得也很少,20 世纪 60 年代初才发现甘肃河西走廊酒泉边湾地区、新疆焉耆盆地、库尔勒一带以及黄河下游某些背河洼地的土壤有较多的碳酸镁累积,土壤胶体吸附有较多的交换性镁,镁碱化度达 40% 以上,但是土壤仍处于积盐阶段,应该认为这是一种镁质碱化盐土。这种土壤一般都为原始荒地或撂荒地,生长稀少的耐盐碱植物。

镁质碱化盐土的地表没有任何龟裂现象,但有发育完整的土棱柱状结构的碱化层,全剖面不是很紧实,为棱柱状到大块状结构。土体结构面上有明显的胶膜。质地一般为砂壤、轻壤至中壤。剖面下部(往往在 1m 以下)常可见砂姜或小螺壳。

5.1.4 盐碱土的成因
5.1.4.1 气候因素

我国南方地区，潮湿多雨，蒸降比小于1，土壤水盐以下行运动为主，通过降雨淋洗，母质和土壤中的水溶性盐分绝大部分随水流入海洋。除滨海地带外，湿润地区不具备盐碱土形成的气候条件，因此作物一般不会受到土壤盐碱化的危害。长江以南的沿海一带，由于受海水的浸渍，目前还分布着一定面积的滨海盐碱土，但是这些地区具有适宜土壤脱盐的气候条件，年平均降水量多数在1000mm以上，从水盐动态的总趋势判断，这些地区仍然处在不断地向土壤脱盐和地下水淡化的方向发展。我国长江以北处于半湿润、半干旱气候区的黄淮海平原和东北松辽平原，蒸降比均大于1，土壤水的毛管上升运动超过了重力下行水流运动，在蒸降比较高的情况下，土壤及地下水中的可溶性盐类随上升水流蒸发、浓缩、累积于地表。一般情况下，气候越干旱，蒸发越强烈，土壤积盐也越多。蒸发量大于降雨量数倍至数十倍的西北干旱区及漠境地区，土壤毛管上升水流占绝对优势，则盐碱土呈大面积分布。

风的搬运作用，也是影响土壤盐碱化的气候因素。在漠境地区，风常常吹蚀地表土壤，被吸附在土粒上的盐分随风飘扬，被带到没有发生盐碱化或盐碱化很轻的地方，降落沉积，危害植物生长。在滨海地区，当海水涨潮的时候，如果有风自海吹向陆地，则有大量的浪花被风吹向海岸，使近岸地带受到一定的影响。特别是在发生飓风巨浪的时候，被卷起的浪花常常被带到数公里以外，变成含盐的雾，再以降水的形式降落，成为沿海地带盐分的补给来源之一。

5.1.4.2 地形及地貌

发生盐碱化的地区，一般都是地形低平或低洼地带，像内流封闭盆地、半封闭出流滞缓的河谷盆地及其冲积平原、出流滞缓的泛滥平原、滨海平原、河流三角洲等。这些地区的地上、地下径流条件都很差，可溶性盐是以水为载体，当含盐水出流困难和滞缓时，盐分只能随水分垂直向上蒸发，水分蒸发后，盐分聚集在土体表层而代谢不掉。当灌区地下水位较高，超过临界水位时，土体积盐作用更加强烈。在干旱、半干旱地带，蒸发极其强烈，很容易形成草甸盐土、沼泽盐土和碱化盐土。

5.1.4.3 成土母质

母质由岩石风化后产生，其中包括一些可溶性盐，这些可溶性盐在成土过程中部分淋失，还有部分残留在土体中，成为原生盐土盐分的重要来源。

第四纪沉积物在地质史中是最新的沉积物。我国平原地区，第四纪沉积物覆盖面积十分广阔，在黄河、长江冲积平原上，在西藏、新疆、东北冰川曾影响的地区，均有第四纪堆积层。在北方干旱、半干旱地区，第四纪沉积物的类型和岩性与盐碱土的形成关系更为密切，大部分盐碱土都是在第四纪沉积母质的基础上发育起来的。大多数第四纪沉积物没有经过硬结成岩作用，多为松散的堆积物，具有较大的移动性和不连续性，经循环沉积后使盐分储存在母质中，按沉积母质分布及沉积特性的不同，盐碱化程度也不同。第四纪沉积物包括河湖相沉积物、海相沉积物、洪积物、风积物等。

在干旱地区，因受地质构造运动的影响，古老的含盐地层被隆起为山地、高原或阶地，裸露地表，成为现代土壤盐分的来源。

5.1.4.4 水文及水文地质条件

地表径流影响土壤盐碱化有两种主要方式：一是通过河水泛滥或引水灌溉，淹没地面，进入土体，致使河水中的水溶性盐分残留于土壤中；二是河水通过渗漏补给地下水，抬高河道两侧的地下水位，增补地下水盐量，增加地下水的矿化度。但是地表径流影响土壤盐碱化的程度，主要取决于河水含盐量的大小。河水的矿化度除受流经地层的影响外，与径流量及出流条件的关系也十分密切。

浅层地下径流，是影响土壤现代盐分运动非常活跃的因素，它是土体中盐分运转的基本动力，对于土壤盐分的累积及组成，都具有十分重要的作用。在封闭地形中，地下水和土壤的化学成分，一般都具有明显的分异性，地下水和土壤的含盐量，由补给区向容泄区逐渐增长，由于各种盐类在水中的溶解度不同，故沉淀有先有后，在较高的地形部位上，一般是溶解度小的重碳酸钙和重碳酸镁先析出，然后是硫酸钙和碳酸镁、硫酸钠，而溶解度大的氯化钠、氯化钙、氯化镁，则富聚于容泄区的末端。在干旱及半干旱地区，由于蒸发强烈，浅层地下径流中的盐分很容易沿土壤毛管水上升到地表，当水分蒸发后，大量的盐分残留于地表。由此可见，浅层地下径流的化学成分和现代土壤盐碱状况，是自然地理条件及水文地质条件的综合反映。一般来说，在自然条件下，地下水埋藏深度越浅，地下水的矿化度越高。故径流滞缓的容泄区，常有大面积的高矿化度地下水和盐碱土分布。

深层地下水，主要是指裂隙水、承压水和石油水。对于土壤盐碱化，深层地下水虽然不如地表径流和浅层地下径流那样具有广泛的影响，但是对于某些地区来说，深层地下水对当地土壤盐碱化的形成和发展，同样具有十分重要的作用。这些地区的深层地下水，常以泉水出露地面，并参与地表径流和浅层地下径流向低地汇集，增加地下水和土壤的盐度，从而引起大面积的土壤盐碱化。

5.1.4.5 生物因素

盐生植物通过强大的根系从底层吸收盐分，因而体内含有较高的盐分。植物机体死亡后，常常残留有多量的盐分，并以残落物的形式返回地面，植物遗体被分解而形成的钙盐和钠盐，经雨水淋洗，钙盐在一定深度即沉淀固定，而钠盐仍以游离状态存在于土壤溶液中，因而钠盐的浓度相对增大，土壤因钠盐积聚过多而发生盐碱化。

盐生植物可以反映一个地区的含盐状况，故常常把它作为盐碱土的指示植物。盐土指示植物如海蓬子、海韭菜、羊角菜、骆驼刺、胖姑娘、铃瞭刺、盐琐琐、盐穗木、盐爪爪、盐生草、黑刺、琵琶柴、猪毛菜、胡杨、灰杨等，生长环境的pH值在7~8之间；碱土指示植物如剪刀股、碱蓬、碱灰莱等，土壤pH值在8.5~10之间；有些指示植物，可以在含盐和含碱的土壤上生长，如黄须菜、碱奶子、黑蒿、灯笼花、三棱草、水葱、怪柳等。

5.1.4.6 人类活动

我国北方的许多新、老灌区，如内蒙古河套灌区，宁夏银川灌区，山西汾河流域的灌区，陕西的泾惠、渭惠及洛惠等灌区，都因灌溉不当而抬高地下水位，导致土壤次生盐碱化发生。主要原因是无节制灌水，灌水量太大，灌溉渠道渗漏及其他管理工作不善而引起土壤盐碱化。

我国北方地区，普遍干旱缺水，大量引用高矿化度的咸水灌溉，虽有增产效果，但是土层的含盐量不断增加,从而加剧了土壤的次生盐碱化。

有些地区引用低矿化碱性水灌溉,由于钙、镁离子不断沉淀,水溶性钠不断累积,土壤胶体对钠的吸收越来越多,结果碱化度增加,pH 值上升,土壤黏粒高度分散,物理性质破坏,加重了土壤碱化。

北方和中原地带的无排水种稻,采用大水量长期淹灌,而排水条件不好,大量的渗漏水引起土壤、地下水水盐动态发生巨大变化,加重了土壤的盐碱化、沼泽化。

人类不合理利用土地,耕作粗放,管理不善,过度放牧,都会破坏土壤团粒结构,促进地面蒸发,引起盐分向表层积累增多,加重土壤的盐碱化。

5.1.5 盐碱过多对作物的危害

5.1.5.1 盐害

盐害是由于存在过量的可溶性盐类引起的。不同的盐类对作物产生毒害的程度不同,几种常见的可溶性盐类对作物危害的次序是:碳酸钠＞氯化镁＞重碳酸钠＞氯化钠＞氯化钙＞硫酸镁＞硫酸钠。在可溶性钠盐中,碳酸钠对作物的危害最大,硫酸钠的危害最小。若以硫酸钠作标准,它们对作物危害程度的比例是:碳酸钠∶重碳酸钠∶氯化钠∶硫酸钠＝10∶3∶3∶1。盐害主要表现在以下几方面。

1. 影响作物吸水

土壤中含有过量的可溶性盐,使土壤溶液的渗透压升高,降低了土壤水的有效性,作物根系吸收水分困难,造成生理干旱,影响作物生长。严重的使作物体内的水分反渗,发生"烧苗"或"渴死"现象。

2. 影响作物吸收养分

土壤溶液中某种离子的浓度过高,将影响作物对其他离子的正常吸收,导致作物的营养紊乱。例如,过量的钠离子会阻碍作物对钙、镁、钾的吸收;高浓度的钾离子会阻碍作物对铁和镁的吸收,结果引起作物缺铁和缺镁的"失绿症"。

3. 某些离子对作物的直接毒害作用

某些离子的浓度过高时,可对一般作物产生直接的毒害作用。例如,氯离子在叶中的过多积累使某些作物的叶子产生"灼伤",使叶子边缘干枯,严重时造成叶子脱落,小枝条枯死。

4. 影响土壤对作物的养分供应

抑制土壤微生物的活动,影响土壤养分的有效转化,从而影响土壤对作物的养分供应。盐分过多可改变土壤微生物的原生质的性质,当钠盐进入微生物细胞后,与蛋白质作用生成钠蛋白,使原生质的活动不正常。例如,当土壤中氯化钠或硫酸钠含量达到 0.2%时,氨化作用大为降低;达到 1.0%时,氨化作用几乎完全被抑制;硝化细菌比氨化细菌受盐类的危害更敏感。

5.1.5.2 碱害

碱害是由于土壤胶体吸附有大量的代换性钠离子,土壤存在游离的强碱性物质,对作物产生直接或间接的危害。碱害主要表现在以下几方面。

1. 降低土壤养分的有效性

土壤中的碱性盐水解时,使土壤呈强碱性反应,使磷酸盐及铁、锌、锰等植物营养元素形成溶解性很低的化合物,降低其有效性,而使幼苗产生发紫(缺磷)叶黄(缺铁)等症状。

2. 恶化土壤物理和生物学性状

土壤中的钠盐具有强大的分散能力,使土壤结构破坏,土粒高度分散,湿时泥泞,干时坚硬,通透性差,耕性不良,严重妨碍作物出苗生长,也影响微生物的活动。

3. 影响作物生理活动

碳酸钠等强碱性物质,破坏作物根部的各种酶,影响作物新陈代谢的进行,特别是对幼嫩作物的芽和根有很强的腐蚀作用,可直接产生危害。

5.1.6 盐碱土水盐动态

土壤水盐动态,即由于土壤中水盐运动而引起土壤中水盐状况随时间、空间的变化。不同气候条件的降水及蒸发量不同,影响土壤中盐分的淋洗和累积过程,降水和蒸发的季节性和年际的分配不均,使土壤中水盐产生季节性和多年的动态变化,下面分别介绍不同气候条件下季节性和年际的土壤水盐动态。

5.1.6.1 湿润气候条件下的土壤水盐动态

我国滨海盐碱土分布在热带、亚热带和暖温带,其中部分处于湿润气候条件下,该区的气候特征是年降水量大于或近于蒸发量,因此,一年中盐分在土壤剖面中向下淋洗的过程,大于由于蒸发而引起的盐分累积过程。从土壤剖面含盐的多年变化来看,表现为逐渐脱盐和淡化的过程。以苏北滨海盐碱土为例,在自然条件下,由于长期降水淋盐作用,从含盐量高达0.6%～2.0%的滨海草甸盐土,逐渐脱盐过渡到中度盐化滨海草甸土。由于多年淡水入渗补给作用,浅层地下水也趋于不同程度的淡化,但是淡化过程十分缓慢。

湿润气候条件下,虽然年降水总量大于蒸发量,但由于降水量和蒸发量在年内的分配不均,形成土壤季节性的水盐动态。一般在冬、春季蒸发量大于降水量,水盐在剖面中向上运动强于向下运动,因而土壤表层的盐分有所增高;在夏、秋季则有明显的淋盐过程。在苏北滨海盐碱土区,雨季土壤表层(0～20cm)和1m土体盐分均减少,而冬、春季又有增加,但是这种季节性的变化较半干旱和干旱地区要小得多。

5.1.6.2 半湿润—半干旱气候条件下的土壤水盐动态

我国半湿润—半干旱地区的气候特点是年降水量小于或等于蒸发量。由于受季风气候的影响,降水量年内分配不均,年际变化也很大,因此土壤水盐动态的特点是土壤盐分有明显的季节性变化。由于年蒸发量大于降水量,在自然状况下,当地下水埋深较浅时,土壤含盐量逐年增加。以黄淮海平原为例,年降水量为550～1000mm,而年水面蒸发量为1800～2000mm,是降水量的2～4倍,夏季(6～8月)降水量占全年降水量的50%～75%,冬季降水量(12～次年2月)仅占全年的2%～7%。春季由于降水量远小于蒸发量,土壤产生强烈的积盐,表层土壤的含盐量成倍增长;夏季在降雨入渗的影响下,上层土壤含盐量明显减少;秋季则又积盐,但不如春季强烈;冬季由于土层冻结,土壤剖面中的水盐运动大大减弱,但在冻层较厚的地区,由于在冻层形成过程中,下层水盐向冻层聚集,伴有隐蔽的积盐过程。

在半湿润—半干旱气候条件下,当地下水位常年高于其临界深度时,土壤含盐处于逐年积累的状况。但是由于年际降水量变化很大,影响年际间土壤水盐动态产生很大的不同。涝年,虽然当年由于降水量大而产生较强的淋盐作用,表土盐分大大减少,但大量降水入渗补给地下水,使其水位上升,第二年春季土壤水及地下水的蒸发量增加,导致表土强烈积盐。在气候连年干旱的情况下,地下水位下降,使其蒸发减弱,土壤剖面中水分上升运行过程减少,伴随土壤盐分向地表累积强度也随之减弱。但是在地下径流来量较大,如洪积—冲积扇下部与冲积平原接壤的交接洼地、黄河两侧的背河洼地,连年干旱不足以使地下水位产生明显下降,即使在气候干旱的情况下,土壤仍然会产生强烈的积盐。

5.1.6.3 干旱气候条件下的土壤水盐动态

我国内蒙古、宁夏、甘肃、青海、新疆等地区,降水量不超过400mm,有些地区只有几十毫米,而水面蒸发量却在1800~2200mm以上,在自然条件下,土壤水盐以向上运动占绝对优势。在地下水埋深浅的情况下,地下水蒸发十分强烈。据内蒙古自治区水利科学研究所的观测,在不同深度的地下水位情况下,其年蒸发量可达1100~2000mm,因而导致土壤几乎全年处于积盐状况,随着地下水埋深减小和干燥度的增加,土壤的积盐强度随之增加。由于土壤盐分的淋洗作用十分微弱,只是由于不同季节的蒸发量不同,积盐强度才有所差异。特别是在冬季,土壤形成深厚的冻结层,伴随发生土壤冻融过程中特有的隐蔽的和随后的暴发性积盐。气候干旱地区的年际降水量变化虽然可达到40%~50%,但是较半干旱地区要小得多,因此土壤水盐动态的年际变化不明显。

5.1.7 盐碱土治理与改良利用
5.1.7.1 盐碱土治理与改良利用的原则

1. 因地控制的原则

中国盐碱化土壤的地理分布范围非常广泛,各地气候、地质、地貌、水文和水文地质条件差异很大。因此,盐碱土的治理与改良利用必须根据具体情况,因地制宜,采取有效措施。

2. 综合治理的原则

盐碱土和地下咸水构成有机联系的整体,因此在治理上必须确定一个整体的、综合的治理目标,才能既治标又治本。综合治理必须与治理区的综合发展相结合,才能取得经济、社会和生态的综合效益。综合治理包括治理目标的综合、措施的综合和效益的综合。

3. 改良与利用相结合的原则

改良为利用提供前提,改良的目的是为了利用。盐碱土改良之初,就应明确利用的方向与方式,并贯彻于改良过程的始终。利用方式不同,则改良要求和方法也不同。利用方式受自然条件和经济技术可能性的制约,同时也决定于产品的市场需要、经济价值和综合效益。合理选择盐碱土的利用方式,可以显著降低盐碱土改良的难度和投资,提高综合效益。

4. 水利工程措施与农业生物措施相结合的原则

水利工程措施对农业生产是首要的,更是盐碱土综合开发与治理的前提条件。排水工程可以降低地下水位，为淋洗盐分创造前提条件；灌溉系统提供冲洗土体盐分的水分。有灌有排，灌排通畅，综合运用排、灌、蓄、补等不同方式，统一调控天上水、地面水、地下水和土壤水。在生产实践中，依靠水利工程，极大加速了干旱、洪涝、盐碱及咸水的综合治理过程。许多经验证明，水利工程措施是改良盐碱土的前提基础条件。

但是，如果没有农业生物措施的紧密结合，盐碱土的开发利用也无法实现。农业生物措施通过增施有机肥、种植绿肥、躲盐巧种等栽培方法，不仅可以增加地面覆盖，减少盐分的上行，巩固治理效果，而且在水源不足，或水质不良，或排水无出路，特别是在低洼地、不易降低地下水位的区域，通过农业生物措施，同样可以达到治理盐碱土的目的，所以水利工程措施与农业生物措施的配合，在旱涝盐碱的综合治理中是十分重要的。

5. 土壤除盐与土壤培肥相结合的原则

开发利用盐碱土时，为了能够顺利地进行农业生产，必须消除土壤中过多的盐量。但是伴随着土壤脱盐，植物营养元素同时处于淋失状态，因此必须通过土壤培肥，补充和提高土壤有机质和植物营养元素的累积量，才能真正达到改良利用的目的。否则，土壤将伴随着脱盐而趋向贫瘠化。

5.1.7.2 盐碱土治理与改良利用的措施

1. 井、沟、渠相结合的水利工程措施

利用机井抽提地下水灌溉的同时，可产生较大的地下水位降深，根据防治盐碱化的要求，在强烈返盐季节，控制地下水位在临界深度以下。机井具有缓涝作用，但不能直接排除沥涝。在发生沥涝灾害的地区，利用水平明沟排水，及时排除地表沥涝积水。在平原盐碱地区，浅层地下水的补给主要依靠降水，大量超采利用地下水灌溉，往往引起地下水位过度下降，形成降落漏斗，加重土壤干旱，造成提水困难，不能满足灌溉用水的要求，因此在有条件的地区，适当利用渠系引河水（或水库水）直接灌溉，以补井灌之不及，并回补地下水，增加地下水源，达到采补平衡，井渠互补的作用。水平明沟主要用于及时排水除涝，但必要时也能暂缓滞涝，保证农田不受淹渍之害。在久旱不雨的情况下，可通过沟渠引水提灌和引水回补地下水。由于盐碱地区地势低平，径流滞缓，自然排水出路不畅，在地下水位埋藏浅的情况下，大部分明沟易于塌坡，末级排水沟的深度一般只能维持在 1.5m 左右，依靠明沟自流排水难以控制地下水位在临界深度以下。在发展引水自流灌溉时，由于从灌区外引入大量水盐，打破原有区域的水盐平衡，如果不加强排水措施和严格用水管理，则极易抬高地下水位，引起土壤次生盐碱化。因此，因地制宜采用不同方式的井、沟、渠相结合的水利工程综合措施，可发挥各自的水利优点和互相补充的作用，达到合理利用水资源，调控土壤—地下水的水盐动态，有效地防治土壤盐碱化和旱涝灾害。

2. 种稻改良

稻田在淹水情况下，产生稻田特有的改良盐碱土的作用。

（1）促进土壤脱盐。在盐土上种植水稻前，需集中灌水冲洗，使耕层土壤含盐量降低到 0.2%～0.3% 以下，即可开始种稻。土壤脱盐过程主要是在稻田保水时期。由于田面经常保持水层，下层土体及地下水中的盐分不会向上累积，且稻田的大部分灌溉水向下渗漏，淋洗土壤中盐分，使之逐渐脱盐，若具有一定的排水条件，脱盐程度随下渗水量及种稻时间的增加而增加。盐碱土地区一般自然排水条件很差，若无人工排水措施，下层土体的盐分很难排出，种稻只能起暂时的压盐作用，而不能巩固脱盐效果。若有人工排水条件，稻田土壤的脱盐程度，取决于排水能力的大小。

(2) 形成地下水淡水层。种稻过程中，下渗水除淋洗土壤盐分外，还补给地下水，在原来的矿化地下水之上形成淡水层。由于稻田淹水形成较高的水头，下渗淡水将原矿化水压到排水沟中排出，使淡水层的厚度逐渐增加。

(3) 滞蓄沥涝。在水稻生长季节，雨季易发生沥涝，稻田可充分利用雨水，且可蓄存较厚水层，从而大大减少地面径流，减轻沥涝灾害。

3. 排水措施

盐碱地在土体中、尤其在表层积累了过量的有害盐类，排水措施不仅将灌溉淋洗的水盐排走，而且逐渐排除心、底土中的盐分和矿化地下水，并将地下水位控制在一定深度，以防止或削弱盐分在土壤表层重新累积。排水措施的主要作用有：①排水排盐。排水措施不但可以排除灌溉退水、降雨产生的地面径流，而且可以排除田间灌溉渗漏水、淋盐入渗水和部分地下水，在排水的同时，排走溶解于水中的大量盐分；②控制地下水位。无人工排水工程地区，地下水动态受自然降雨、蒸发、河流渠系补给、田间灌溉渗水及自然地表、地下径流等因素影响，地下水位无法控制。采取排水工程措施可人工控制地下水位，满足防治土壤盐碱化的要求；③调节土壤和地下水的水盐动态。由于排水措施具有排水排盐、控制地下水位的作用，因此运用排水措施，可以人为地调节土壤及地下水的水盐动态，使土壤逐渐脱盐，地下水逐步淡化，防止土壤返盐。

排水措施分为水平排水和垂直排水两大类。水平排水从工程措施来分，可分为明沟排水与暗管排水；从控制水盐动态的作用来分，可分为深沟排水和浅沟排水；从排水方式来分，可分为自流排水与扬水排水。垂直排水主要指竖井排水，可分为深井与浅井。各种排水措施有不同的适用条件，必须因地因时地采用，才能获得良好效益。

(1) 水平排水。

1) 明沟排水与暗管排水。明沟既可排地面水又可排地下水，必要时还可短期蓄水和滞水，兼有排洪、排涝、排渍、排盐、蓄水、滞水、控制地下水位的作用。暗管可排除地下水，起到排水排盐，控制地下水位的作用，但不能直接、及时地排除地面积水，在需要排涝地区，需与明沟配合采用。

2) 深沟排水与浅沟排水。深沟指在某一地区，能够控制地下水位在临界深度以下的排水沟系。浅沟指深度小于地下水临界深度的排水沟系。沟深大大影响排水系统的工程量及排水出路的高程要求，因而在能够完成排水任务，满足排水要求的前提下，尽量采用浅沟排水。深沟、浅沟的采用要因地制宜。

3) 自流排水与扬水排水。尽量采用自流排水，以减少修建扬水工程及管理运转的投资。有些地区受地势的限制，难以自流排水，则必须建立扬水站，进行扬水排水。

4) 沟洫条（台）田。在干、支、斗、农各级排水系统的基础上，修建浅而密的条田沟，形成沟洫条田，条沟深度一般为 1.0～1.2m，间距 30～100m。在地势特别低洼的地区,开挖条田沟时,将取出的土垫高地面形成台田,沟洫台田的主要作用是:台田田面被垫高,一般垫高 20~30cm,高者达 50~60cm,相对降低了地下水位,因而有利于土壤脱盐及防止返盐。

5)深沟河网。深沟河网是骨干深沟与田间浅沟相结合,扬水灌排与自流灌排相结合,灌水渠系与排蓄沟网相结合的水利工程系统。它适用于低洼易涝盐碱重的地区或低洼易涝地区,尤其是地形平缓土质较黏重的地区。

深沟河网,不同于一般排水系统,它可以一沟多用,起到综合治理旱涝盐碱的作用。它的作用是:①排涝滞沥。河网汇集田间沥水,自流或扬水排出,由于河网具有较大的调蓄容积,为了减轻骨干河道及扬水站排水负担,还可缓排,发挥滞沥作用,以削减洪峰流量,提高排涝标准;②排盐改碱。深沟河网可以排水排盐,降低地下水位,因而加速土壤脱盐;③蓄水灌溉。深沟河网可以蓄存雨水和河水,特别是上游不用的泄水,以备灌溉之用。

(2)垂直(竖井)排水。竖井排水利用竖井进行机械抽水排水,排除洗盐渗水和矿化地下水,控制地下水位。由于井的深度大,又利用机械抽水,可产生较大的地下水位降深,对地下水的控制作用大于水平排水。目前,我国单纯的竖井排水很少。我国农田机井主要用于开发利用地下水资源,在灌溉的同时,利用机井抽取地下水,达到调控地下水位的功效,从而取得抗旱、缓涝、防治土壤盐碱化的综合效益。

4. 冲洗改良

冲洗改良,是把水灌到地里,使土壤盐分溶解于水,通过水在土壤中渗透,自上而下把土壤中过多的可溶性盐冲洗下去,并由排水沟排走。在有水利条件的地区,灌水冲洗是改良盐碱土和开垦盐碱荒地的重要措施。

冲洗应在有排水设施的情况下进行。没有排水的冲洗,会使地下水位强烈上升,并把盐分冲洗转移到附近地段,使附近地段盐碱化加重或盐碱范围扩大。

(1)冲洗脱盐标准。冲洗脱盐标准包括脱盐层允许含盐量和脱盐层厚度。脱盐层允许含盐量主要取决于盐分组成和作物苗期的耐盐性。在华北、滨海半湿润地区,以氯化物为主的盐土,冲洗脱盐标准采用 2~3g/kg;以硫酸盐为主的盐土,采用 3~4g/kg。在西北干旱地区,氯化物盐土采用 5~7g/kg;硫酸盐盐土采用 7~10g/kg;盐化碱化土壤采用 3g/kg。脱盐层厚度取决于作物根系的主要分布深度,除满足作物正常生长发育外,还要防止土壤再度返盐,一般采用 60~100cm。

(2)冲洗定额。冲洗定额指使土壤达到冲洗脱盐标准,单位面积土地上所需的冲洗灌溉水量。影响冲洗定额的因素有土壤原始含盐量、盐分组成、土壤质地、冲洗水质、田间工程及冲洗灌水技术。冲洗定额可由公式估算,也可由田间实验确定。计算冲洗定额的公式很多,我国常用的公式是

$$M = m_1 + m_2 + E - P$$

式中:M 为冲洗定额,m^3/hm^2;m_1 为冲洗时计划土层灌至田间持水量所需水量,m^3/hm^2;m_2 为冲洗期间排出土壤盐分所需水量,m^3/hm^2;E 为冲洗期内蒸发水量,m^3/hm^2;P 为冲洗期内可利用的降水量,m^3/hm^2。

E,P 可根据当地气象资料估计。m_1 按下式计算

$$m_1 = 10000h\gamma(w_1 - w_2)$$

式中：h 为冲洗计划土层深度，m；γ 为冲洗计划土层的土壤容重，t/m³；w_1 为冲洗计划土层田间持水量，干土重％；w_2 为冲洗前计划土层自然含水量，干土重％。

m_2 按下式计算

$$m_2 = \frac{10000h\gamma(S_1 - S_2)}{K}$$

式中：S_1 为冲洗前冲洗计划层土壤含盐量，干土重％；S_2 为冲洗后冲洗计划层土壤含盐量，干土重％；K 为排盐系数，即单位体积水量从冲洗计划层土壤中带走的盐量，kg/m³。

(3) 冲洗技术。冲洗技术包括：①冲洗前做好田间工程，包括进水和排水的各级渠道配套。冲洗畦块不能太大，一般为 700~1300m²。田块的田埂要有足够高度和宽度，并且尽量捣实，避免跑水。②准备必要工具，主要是量水设备，如三角量水堰。③根据土质和冲洗定额，将计算好的水量（灌水定额）分次灌入冲洗的地块。一般冲洗定额 2700~3600m³/hm²，分 2~3 次灌入。分次灌水时，一定要在第 1 次水落下后再灌第 2 次水，中间最好有 1~2d 的间隔，使盐分充分溶解。④尽量在温暖季节进行。温暖季节盐分溶解度高，从而脱盐率明显升高。冲洗时间最好选在晚秋，结合秋浇进行，这样不仅可以节约用水，而且晚秋季节水源充足，气温也比较高。

5. 耕作施肥改良

平整土地，深耕深翻，适时耕耙，增施有机肥等农业技术措施对改良盐碱土均有明显效果。

平整土地可以消除局部洼坡积盐的不利因素，使水分均匀下渗，提高冲洗脱盐的效果，防止土壤斑状盐碱化。深耕深翻具有疏松耕作层，破除犁底层，降低毛管作用的效果，并能提高土壤透水保水性能。盐碱地经深耕后还可加速土壤淋盐，防止表土返盐。适时耕耙可疏松耕作层，抑制土壤水和地下水蒸发，阻止底层盐分向上运行，防止表层积盐。增施有机肥可改善土壤结构，提高通透性和保蓄性，减少蒸发，促进淋盐，抑制返盐，加速脱盐，有机酸可中和土壤碱性，活化土壤钙质，减轻或消除碱害。

6. 生物改良

植树造林和广种绿肥也是综合改良盐碱地的重要措施。树林可改善农田小气候，减低风速，增加空气湿度，从而减少地表蒸发，抑制返盐。林木根系能不断从土壤深层吸水，通过叶面蒸腾，具有很大的生物排水作用，能显著降低地下水位，据测定，5~6 年生的柳树，每年每亩的蒸腾量可达 1360m³，起到竖井排水的作用。此外，林木还可提供大量的有机质，改善土壤的理化性质和养分状况。河川、沟渠旁的树木可起固土护坡作用，巩固工程效益，提高除涝排盐的效果。绿肥牧草有密集的茎叶覆盖地面，可减弱地面水分蒸发，抑制土壤返盐，又由于根系强大，能吸收大量水分，经叶面蒸腾而使地下水位下降，阻止土壤盐分向表层积聚。同时，绿肥翻埋后有大量根、茎、叶进入土壤，可提高土壤有机质的含量，有机质分解后产生的有机酸可中和土壤碱度。

7. 化学改良剂改良碱化土壤

碱化土和碱土都含有大量苏打及交换性钠，致使土粒高度分散，物理性状恶化，作物难以正常生长。改良这类土壤，除消除多余的盐分外，主要是降低土壤胶体上过多的交换性钠和碱性。这样，在采取水利和农林措施的同时，施用化学改良剂可收到更好的改良效果。化学改良剂大致分为两类：一类是含钙物质，如石膏、磷石膏、亚硫酸钙；另一类是酸性物质，如黑矾、风化煤、糠醛渣等。化学改良剂施入土壤后，通过化学作用中和碱性，减轻和消除碳酸钠和重碳酸钠对作物的毒害，调节和改善土壤的理化及生物学性状，达到改良和提高土壤肥力的目的。据各地在花碱地和苏打盐土上的试验，对水稻、棉花、玉米、高粱、大豆等作物施用石膏，均有不同程度的增产效果。一般增产幅度为：水稻 10%～15%；棉花 15%～65%；玉米 15%～30%；大豆 25%～30%；杂交高粱 15%～20%。石膏用量一般为 50～200kg/亩，可在播种时与农家肥混合沟施或穴施。此外，我国东北地区用腐殖酸类物质改良苏打碱土；新疆用风化煤粉改良碱化土；山西用黑矾和磷矿石粉改良瓦碱地；苏北用磷石膏改良花碱土；山东将保墒增温抑盐剂用于盐化土保苗等，均取得了一定成果。

5.2　风沙土与荒漠土壤改良

5.2.1　风沙土的形成与特点

风沙土是干旱、半干旱及滨海地区风成沙性母质发育的初育土，成土作用极其微弱，剖面无明显发生层次，多呈固定、半固定或流动沙丘状。

风沙土在我国广泛分布在内陆沙漠地带、风蚀沙化严重的地区、河湖沿岸和滨海滩地。主要集中分布在古尔班通古特、塔克拉玛干、腾格里、乌兰察布、库布齐沙漠，毛乌素、科尔沁、海拉尔沙地，柴达木盆地，嫩江及其支流沿岸河滩阶地，黄河下游故道及其现代河漫滩的高滩地，雅鲁藏布江及其支流的河滩阶地，以及东南沿海滨海滩地。行政区域包括内蒙古、新疆、甘肃、青海、陕西、宁夏、吉林、黑龙江、辽宁、山西、河北等 19 个省（自治区、直辖市）。

5.2.1.1　风沙土的形成

风沙土的成土过程分为以下三个阶段：

（1）流动风沙土阶段。光秃的流沙凭借大气降水和母质中所含的少量营养元素，首先生长喜沙、耐旱、耐瘠、抗风沙能力强的先锋植物，如一年生沙米，相继沙蒿等半灌木也陆续定居，生物活动，有机物质积累，土壤开始具备肥力特征。但由于风沙流动强烈，只能在局部生长环境条件较好的地段，植物才生存下来，大部分沙面仍然处于流动状态。

（2）半固定风沙土阶段。随着流动风沙土上植物不断滋生、蔓延、植被覆盖率增加，沙丘背风坡和迎风坡坡脚首先被植物固定，丘顶相继夷平，地形变缓，沙面变紧，沙丘呈半固定状态，土壤表层被腐殖质染色出现薄结皮，剖面开始分化，已具有较明显的成土特征，成为半固定风沙土。

（3）固定风沙土阶段。半固定风沙土上的植物进一步发展，覆盖率增加，沙丘迎风坡中上部也生长植物，流沙得到控制，整个地形趋于波状起伏。地表结皮增厚，表土变得更紧密，并有有机质积累和弱团块结构发育，理化性质显著变好，成为固定风沙土。

5.2.1.2 风沙土的特点

1. 形态特征

风沙土剖面无明显的腐殖质层和淋溶淀积层，一般由薄而淡的腐殖质层和深厚的母质层组成，剖面构型为 A—C 型或 C 型。

2. 理化特征

（1）物理特征。风沙土质地均匀，土壤颗粒组成中粒径大于 0.02mm 的粗砂和细砂一般占 85%~90%，黏粒和粉砂含量很少，几乎没有大于 2mm 的石砾。

风沙土的水分状况受气候、土壤、植被的影响较大。荒漠地区流动风沙土的干沙层厚度可达 1m 以上，下沙层的含水率不超过 1.5%。而草原地区的流动风沙土的干沙层厚度仅 10cm 左右，下沙层的含水率常年保持 2%~3%。所以，草原风沙土、草甸风沙土和滨海风沙土的水分状况都优于荒漠风沙土，改造利用也比较容易。但从风沙土发育阶段看，并不是随着植被覆盖率增加、沙丘的固定，土壤的含水量相应增高。相反，由于植被覆盖率增加，植物的蒸腾量随之增加，不同土层都有根系吸收水分，储存在沙层深处的水分难以保持，致使土壤贮水量普遍下降。所以，固定风沙土、半固定风沙土的水分状况又往往不如流动风沙土。

土壤水分的垂直分布特点虽然受地上植物种类、覆盖率的影响，但剖面的上下部比较一致。一般表层含水率略低，下沙层含水率的变化梯度较小，心底土的变幅不超过 1%~2%。

由于风沙土的导热性强，热容量小，所以易受近地表空气温度昼夜变化的影响。白天在太阳照射下，温度急剧升高，夜晚又随之急剧降低，变幅很大，对植物生长非常不利。

（2）土壤微生物组成。随着土壤的发育，土壤微生物活动旺盛起来，由流动风沙土到固定风沙土，细菌、放线菌、真菌都大量增加，并以无芽孢菌占绝对优势。微生物生理群以氨化细菌为主，其次是固氮微生物，对提高土壤肥力起到促进作用。

（3）化学特征。

1）土体矿质全量。风沙土的全量化学组成以 SiO_2 为主，其次是 Al_2O_3 和 Fe_2O_3。

2）土壤腐殖质组成。风沙土腐殖质组成以富里酸为主，胡敏酸与富里酸的比值多在 0.3~0.7 之间。

3）土壤交换性能。风沙土的黏粒和有机质含量普遍很低，因此阳离子交换量也低，交换性盐基以钙为主，其次是镁。

4）土壤碳酸钙含量。风沙土的碳酸钙含量同邻近土壤相比普遍较低，一般是流动风沙土低于固定风沙土、半固定风沙土，表土层低于心底土层。

5）土壤酸碱度。风沙土一般呈中性到碱性，pH 值为 6.5~8.5。

6）土壤含盐状况。风沙土的可溶盐含量甚低，一般不超过 1~2g/kg，无盐碱化发生。

7）土壤养分状况。风沙土肥力低，营养贫乏，养分含量从上到下明显下降。

5.2.1.3 风沙土的分类

风沙土划分为荒漠风沙土、草原风沙土、草甸风沙土、滨海风沙土四个亚类。

1. 荒漠风沙土

荒漠风沙土分布在我国西北部内蒙古阿拉善盟、巴彦淖尔盟、宁夏的北部、甘肃省河西荒漠区，新疆的准噶尔盆地和塔里木盆地，以及青海省的柴达木盆地。

荒漠风沙土形成于漠境生物气候带，属典型大陆气候。冬季干燥寒冷，夏季酷热，年均温6～9℃，年降水量一般在50～150mm，50%集中在7月、8月，多突发性暴雨，年温差、日温差悬殊，干燥度不小于3.50。沙丘起伏大，多为流动格状、链状沙丘链，有的已形成沙山，相对高度达500m。植被以旱生、超旱生灌木、半灌木为主，覆盖率小于20%。由于土壤发育微弱，剖面构型为C型或A—C型，层次基本无分异。通体为壤质砂土（砂土），色调较浅，单粒状或弱块状结构，碳酸钙含量较高，交换量低，土壤呈碱性，养分含量甚低。

2. 草原风沙土

草原风沙土处于年均降水量为250～400mm的干草原地带。分布地域东起东北平原西部，西到阿拉善高原东缘，沿东西界呈弧形一直延伸到西藏的那曲和日喀则地区。

草原风沙土地区年均温0～8℃，干燥度在1.50～3.50。植被以旱生灌木、半灌木为主，并伴生一定数量的草本植物，覆盖率为20%～50%。半数以上的沙丘已固定或半固定，土壤发育较荒漠风沙土为好，剖面发生分异，多为A—C型。通体多为壤质砂土，表层碎块状结构，母质层为单粒状结构，碳酸钙含量较低，土壤多呈中性至碱性反应，养分含量较低。

3. 草甸风沙土

草甸风沙土主要分布在年降水量大于400mm地区的河流沿岸和老河床风积沙地，分布范围极其广泛。

草甸风沙土是在地下水影响下发育的风沙土，地下水位为1～3m，植被多为旱（中）生沙生灌木、半灌木和杂类草草甸，植物种类较多，覆盖率可达30%～70%。剖面发育微弱，表层有一定的有机质积累，下层具有氧化还原特征。通体多为壤质砂土，土壤呈中性至碱性反应，碳酸钙含量5～78g/kg，养分含量较低。

4. 滨海风沙土

滨海风沙土是由滨海沉积物经风浪作用堆积而成的，多为古沙堤，往往呈条带状与海岸线大体平行。行政区域主要在福建、广东、海南三省的沿海地区。

滨海风沙土分布地区虽然年降水量高达1000～2800mm，但由于高温多大风，干燥度仍在0.75～1.40，强风伴以狂浪给植物生长造成严重的威胁，所以植物种类贫乏，土壤发育仍然微弱。土体厚度1m以上，剖面构型为A—C型或C型。土壤质地为壤质砂土，粒径大于0.02mm的粗砂和细砂含量均在90%以上，粉砂和物理黏粒不足10%，通体无石灰反应，土壤多呈中性，部分酸性或碱性，养分含量低。

5.2.2 荒漠土壤的形成与特点

荒漠土壤也称漠土，是在漠境地区发育的地带性土壤，包括灰漠土、灰棕漠土和棕漠土。

灰漠土是漠境边缘地区细土平原上形成的土壤，分布于温带漠境边缘向干旱草原过渡地区。主要位于内蒙古河套平原、宁夏银川平原的西北角、新疆准噶尔盆地沙漠两侧的山前倾斜平原、古老洪积平原和剥蚀高原地区，甘肃河西走廊中西段、祁连山的山前平原也有一部分。行政区域包括宁夏、内蒙古、甘肃、新疆四个省（自治区）。

灰棕漠土是在温带漠境地区极端干旱气候条件下形成的土壤，分布于温带荒漠地区。西起新疆准噶尔盆地西部和东部边缘，经东疆北部的诺敏戈壁，至内蒙古阿拉善高原的西部与中北部的广大地区。在甘肃河西西部山前洪积扇和砾质戈壁平原，以及青海柴达木盆地中西部的山前坡积裙与洪积扇也有分布。

棕漠土是在暖温带极端干旱的生物气候条件下发育而成的土壤，广泛分布在新疆天山、甘肃北山一线以南，嘉峪关以西，昆仑山以北的广大戈壁平原地区，以甘肃河西走廊的西半段、新疆东部的吐鲁番、哈密盆地和噶顺戈壁地区最为集中，塔里木盆地周围山前的洪积戈壁以及这些地区的部分干旱山地上也有分布。

5.2.2.1 荒漠土壤的形成

1. 腐殖质累积作用

荒漠地区的植被属于小半灌木和灌木荒漠类型，地上部分产量低，每公顷干物质量不足 600kg，甚至不到 250kg。这些植物生长缓慢，每年只有不足地上部分总量的 1‰的干物质成为凋落物，根系虽然发达，且每年都有一部分细根死亡，但数量很有限，且在干热的气候条件下，这些有限的有机质迅速矿化，以致不可能形成明显的腐殖质层，有机质含量多在 3~5g/kg 以下，最高含量不超过 20g/kg。荒漠土腐殖质组成中，富里酸含量比胡敏酸含量高，胡敏酸与富里酸的比值均在 1 以下，最小仅 0.1 左右，腐殖质酸多与钙结合，少部分与铁、铝结合。胡敏酸和富里酸的含量都很低，仅占腐殖质总量的 6%~36%，而难分解的残渣含量则很高，占 53%~72%。此外，在腐殖质组成中，脂腊含量相当高。

2. 石灰的表聚作用

在干旱的气候条件下，淋溶作用很微弱，风化与成土过程中形成的石灰质就地聚积，未受淋失。随着时间的推移，在土壤表层聚积了大量的石灰质。同时，土壤深层的石灰质，随着水分向上的强烈蒸发，以重碳酸钙形式移运到土壤表层，当土表增温干燥后，重碳酸钙迅速转化成碳酸钙，在土壤表层聚积。在高等植物生长较为繁茂之处，也可参与石灰的表聚作用，植物残体在土壤表面强烈矿化，引起表层生物性钙的累积。气候越干旱，石灰的表聚作用越明显。棕漠土的石灰表聚作用最强，其次是灰棕漠土。灰漠土分布地区，降水相对来说稍多些，冬季积雪较厚，从而促使结皮层、甚至片状层的碳酸钙部分向下淋洗。

3. 石膏和易溶盐的聚积作用

在荒漠土中，无论母质粗细、成土年龄的大小，土壤剖面中都有不同程度的石膏和易溶盐的聚积，聚积程度通常随着干旱程度的增加而增加，聚积量从灰漠土—灰棕漠土—棕漠土逐渐增加，且聚积层位也按此顺序逐渐变浅。

4. 砾质化和弱铁质化作用

除黄土状母质上发育的荒漠土外，其他母质上发育的荒漠土，一般表层都有厚薄不一的砂砾层覆盖。这些砂砾的来源，有的是岩石风化的残积层，有的是地质历史过程沉积的砂砾层。在干旱气候条件下，昼夜温差很大，物理风化强烈，石块不断由大变小，经过长期风蚀，地面细土被风吹走，遗留下粗砂、砾石。荒漠土的砾质化很普遍，砾石的含量从灰漠土—灰棕漠土—棕漠土递增。

荒漠土的砾石层受荒漠岩漆、碳酸钙、石膏、可溶盐等的混合胶结，形成黑色荒漠砾幂，它对下层土壤起保护作用，免遭风蚀作用，因而砾幂之下一般细土物质显著增多，多呈貌似"黏化层"的细土层。富含黏粒的亚表层较为紧实，呈鲜棕色或红棕色，甚至呈玫瑰红色，土壤化学组成表明，铁含量较高。这种铁质化作用，是在干热的气候条件下，由于母质风化和成土过程中，含铁矿物在短暂降水的浸润下，缓慢地发生分解，二价铁转化成三价铁，进而形成游离的氢氧化铁所产生的。当降水过后，土壤进入增温阶段，水分很快损失，氢氧化铁因脱水变成无水或少水的氧化铁，并以薄膜的形式涂染在土粒外围。因此，在土壤湿度和温度相对较高的土层，即表层和亚表层，铁的氧化物发生相对聚积。

5.2.2.2 荒漠土壤的特点

1. 灰漠土

（1）形态特征。灰漠土剖面由荒漠结皮片状层、紧实层、石膏聚盐层和母质层四个基本层段组成。

（2）理化特征。

1) 灰漠土的颗粒组成以细土物质为主，但因物质来源及沉积区域不同有一定差异。在西部新疆地区，粉砂、黏粒含量比较高，质地多属黏壤土；东部内蒙古地区，粉砂、黏粒含量较少，质地多属砂壤土；但各地区灰漠土中黏粒在紧实层的含量普遍较高。同时，土体中均夹有小砾石，但数量远不及其他漠土多。

2) 灰漠土全剖面具有强石灰反应，碳酸钙含量在 $50\sim200g/kg$，以紧实层的中、下部含量最高，常比表土结皮层高出一倍左右。

石膏聚盐层中的石膏含量高低不一，东部内蒙古地区含量偏低，西部新疆地区则偏高。盐分含量也以东部偏低，西部偏高。盐分组成多以氯化物为主或硫酸盐为主的混合型。土壤有一定的碱化现象。pH 值为 $8.5\sim10.0$，呈碱性至强碱性，通常以紧实层碱性最强。

3) 灰漠土表土层的有机质含量为 $6\sim15g/kg$，比其他类型漠土高出 1 倍以上。土壤腐殖质组成中一般无活性腐殖质，大都以矿质紧结合态的腐殖质存在。其中与钙结合的腐殖质酸比与铁铝结合的多，两者又常是富里酸含量高于胡敏酸含量。

4) 土壤化学组成中除氧化钙移动较明显外，仅铁铝氧化物有从亚表层向紧实层移动的象征，其他氧化物基本上没有变化。

5) 灰漠土有机质和全氮平均含量均不高，全钾较多，全磷较少。

（3）分类。灰漠土土类划分为灰漠土、钙质灰漠土、草甸灰漠土、盐化灰漠土、碱化灰漠土和灌耕灰漠土六个亚类。

1) 灰漠土。灰漠土是该土类的代表性亚类，形态特征和理化性状与土类基本上相同，主要分布在古老洪积扇的中上部。盐化、碱化程度较轻，有效土体较厚，故绝大部分已开垦利用。

2) 钙质灰漠土。钙质灰漠土是灰漠土类型中所处气候条件稍湿润的亚类，主要分布在东部的内蒙古、宁夏向荒漠草原棕钙土和灰钙土过渡的地段。在草原化荒漠植被的影响下，土壤成土过程中的草原化特征表现明显。碳酸钙常在表土结皮下紧实层的中上部有所聚积，并形成不明显的钙积层，碳酸钙含量比孔状结皮层高1~3倍。由于该亚类土壤多处在与乌兰察布和沙漠相邻近地段，因而土壤质地偏砂，地面也常覆有砂砾。

3) 草甸灰漠土。草甸灰漠土是受季节性地下水或洪水影响形成的灰漠土亚类，通常分布在较为低平的地形部位。由于受季节性地下水或地表洪水的影响，在剖面下部出现氧化还原作用所产生的锈纹锈斑，这是它区别于其他亚类的重要标志。由于草甸灰漠土所处环境的水分条件得到改善，植物生长比其他亚类好，有机质含量比其他亚类高，目前绝大部分已开垦利用。

4) 盐化灰漠土。盐化灰漠土是灰漠土含易溶盐较多的亚类。土壤积盐的情况有两种：一种是剖面下部石膏聚盐层的残余积盐；一种是低地地表径流汇集和地下水位上升引起土壤表层盐分累积而产生盐化。后者地表常有较明显的盐霜或盐斑，盐分多聚积在紧实层的中下部；而残余积盐则聚积在紧实层下端的石膏聚盐层中，含盐量普遍较高，且含盐层的厚度也大。

5) 碱化灰漠土。碱化灰漠土是灰漠土土类中具有碱化土层的亚类。分布较少，它是由盐化灰漠土通过脱盐而产生的碱化类型，一般发生在古老冲积平原上，常与盐化灰漠土共存。土壤剖面除碱化层外，其余土层与灰漠土相似。

6) 灌耕灰漠土。灌耕灰漠土是灰漠土开垦后演变发育而成的亚类，广泛分布在灰漠土区的新老绿洲内。灌耕灰漠土因连年耕翻、施肥、灌溉、种植作物，原来的表土层变成了耕作层，心土层也因受灌溉水的作用而使原来积累的盐分下移或消失。这类土壤的肥力比原来的母土高，有的甚至高很多。

2. 灰棕漠土

(1) 形态特征。灰棕漠土自地面向下，分为砾幂层、多孔结皮层及紧实层，部分剖面有石膏聚积层。

(2) 理化特征。

1) 灰棕漠土多为砾质土，石砾含量占土重的20%~70%。在细土颗粒中，黏粒含量也很少，一般小于15%。碳酸钙表聚明显，多孔结皮层与紧实层的碳酸钙含量较高，向下明显减少。土壤中含有一定的易溶盐类和石膏。土壤呈碱性反应，pH值为8.0~8.7。土壤剖面化学组成没有明显变化，除氧化钙在碳酸钙和石膏聚积层中含量有所增高外，其他基本上未发生移动。

2) 灰棕漠土有机质含量很低，氮素含量极贫乏，磷素含量较低，钾素含量较高。

(3) 分类。灰棕漠土划分为灰棕漠土、石膏灰棕漠土、石膏盐盘灰棕漠土和灌耕灰棕漠土四个亚类。

1) 灰棕漠土。灰棕漠土具有该土类的典型特征。土壤有机质及氮素含量很低。多孔结皮层与紧实层的碳酸钙含量高达111~122g/kg，以下土层则降到20~51g/kg，说明灰棕漠土有明显的石灰表聚作用。全盐量也以表层为高，而石膏含量以剖面下部较高，为6.7g/kg，但尚未形成石膏聚积层。土壤呈碱性反应，pH值为8.3~8.7。灰棕漠土的颗粒组成以砂砾为主。

2) 石膏灰棕漠土。石膏灰棕漠土主要发育于古老的洪积、坡积、残积母质上，特别是富含石膏的第三纪地层所形成的母质上。其特点是在紧实层下，有明显的石膏聚积层，有些残积母质上发育的石膏灰棕漠土，在砾幂下便可见到多量石膏的聚积。石膏聚积层的厚度一般为10~50cm，石膏结晶的形态多样，呈粉末状、粒状或纤维状。

石膏含量高达142~369g/kg，其聚积部位略低于石灰聚积层。pH值在8.0左右，无碱化。石灰的表聚性和有机质、氮、速效磷的含量很低等属性与灰棕漠土亚类相似。

石膏灰棕漠土的化学组成，剖面上下无明显变异，唯石膏聚积层（24~60cm）氧化钙含量显著增高。

土壤颗粒组成显示，全剖面砂粒含量较高，但表层或亚表层的黏粒含量也很高。

3）石膏盐盘灰棕漠土。石膏盐盘灰棕漠土主要分布在新疆东部的诺敏戈壁及青海海西地区。该区气候很干燥，植被很稀疏。砾幂以下的多孔结皮层和紧实层较薄。主要特点是在地面下10cm左右，形成石膏与易溶盐组成的石膏盐盘层，厚度为20~30cm，灰白色，紧实或坚硬。

4）灌耕灰棕漠土。灌耕灰棕漠土多为近数十年发展灌溉、开垦耕种而形成。砾石含量低，多孔结皮层及紧实层经耕作混合，形成了比较疏松的耕作层，厚度约为20cm。有的在耕作层下已形成不明显的犁底层。经人为施肥，有机质及养分含量较未耕垦的灰棕漠土有明显的提高。受灌溉水的淋洗，土壤盐分含量有所降低。

3. 棕漠土

（1）形态特征。棕漠土剖面形态由砾幂结皮层、紧实层、石膏聚盐层和母质层四个基本层段组成。

（2）理化特征。

1）土壤粗骨性强是棕漠土的重要物理特性，其颗粒组成以砾石和砂粒为主。全剖面有石灰反应，而尤以表层孔状结皮的石灰反应强烈，这与土壤碳酸钙表聚作用最明显的成土特征相一致。结皮层碳酸钙含量较高，向下逐渐减少。石膏和易溶盐在剖面中聚积明显，以石膏层和盐盘层的含量最高。土壤碱性程度较弱，一般没有碱化现象，pH值为7.5~9.0。

棕漠土的腐殖质组成极简单，不仅胡敏酸与富里酸的含量低，两者之和约占腐殖质总量的30%左右，不溶于碱的胡敏素则占70%~80%，而且富里酸的含量远比胡敏酸高得多，两者之比为0.1~0.6，比值小于其他漠土类型。

棕漠土除氧化铁在表土层略显聚积、钙在石膏层增高外，氧化硅、铝等在剖面中基本未发生移动，因而全剖面上下层次的硅铝率和硅铁铝率均变化甚微。

2）棕漠土由于生物积累量很小，除灌溉耕种的土壤外，其他各亚类的有机质、全氮、全磷及碱解氮等含量均很低，交换性盐基总量很小，土壤透水性很强，保肥、保水性能很差，故其肥力水平普遍较低。

（3）分类。棕漠土划分为棕漠土、盐化棕漠土、石膏棕漠土、石膏盐盘棕漠土和灌耕棕漠土五个亚类。

1）棕漠土。棕漠土是土类中具代表性的亚类，以甘肃河西走廊的平原戈壁、新疆塔里木盆地及吐鲁番、哈密盆地山前洪积冲积扇的中下部分布较多。该亚类的分布常与较新的洪积物或洪积冲积物分布相一致，其剖面发育具有土类较完整的四个层段特征，唯石膏和盐分的聚积不及其他亚类明显。

2) 盐化棕漠土。盐化棕漠土是因附近水库及渠系渗漏使地下水位抬升，将原土中的盐分随蒸发带至地面产生次生盐渍化而形成的类型，主要分布在甘肃的安西疏勒河两岸和新疆吐鲁番、阿克苏、和田、克州等地的山前洪积冲积扇下部，常与灌耕棕漠土呈复区存在。地下水位为3~8m，多生长泡果白刺、麻黄、优若藜、假木贼、矮芦苇、盐琐琐、红柳等，覆盖率为3％~5％，地面常有盐霜出现。

3) 石膏棕漠土。石膏棕漠土是棕漠土土类中具有明显石膏富集土层的类型，是棕漠土土类中面积最大的一个亚类，以新疆的喀什、阿克苏、巴音郭楞、乌鲁木齐、吐鲁番、哈密及昆仑山北麓和甘肃的安西、敦煌等地区分布较多。土壤形成与古老的洪积或洪积、残积母质相一致，因而常分布在山前戈壁洪积扇形地的中上部和低山、残丘上。往上过渡到山地型的棕钙土，向下多与棕漠土或石膏盐盘棕漠土相连接。剖面粗骨性强，孔状结皮片状层发育很弱，甚至缺失。在风蚀强烈影响下，石膏层常接近或出露地表，植被覆盖率几乎等于零。

4) 石膏盐盘棕漠土。石膏盐盘棕漠土是棕漠土土类中既具有石膏聚积层又具有坚硬盐盘层的类型，主要分布在南疆的哈密、和田、喀什、吐鲁番、巴音郭楞和甘肃安西疏勒河沿岸的戈壁上，而以噶顺戈壁分布面积最大。其形成与最干旱的气候和古老洪积扇形地相一致，往上与石膏棕漠土相接，往下过渡为扇缘漠境盐土。近来有人研究，此类土壤盐盘的形成与该地区大面积第三纪含盐地层在第四纪更新世出露，盐分随含盐地下水蒸发而聚积。该亚类与石膏棕漠土的差别，主要是在石膏层之下出现坚硬的盐盘层，有的盐盘与砂砾石相互胶结。盐盘出现的深度和数量，常常随积盐方式的不同而有很大变化。

5) 灌耕棕漠土。灌耕棕漠土是棕漠土经人为灌溉耕种，使其剖面上部具有明显灌溉耕作层的一个类型，仅分布在新疆塔里木盆地、吐鲁番盆地洪积扇中下部绿洲边缘和甘肃安西、敦煌的戈壁平原下部扇缘地带。其形成主要受人为灌溉耕种的影响，导致原土壤的表土孔状结皮片状层和红棕色紧实层被耕翻打乱，并逐渐与灌溉物质混合而形成新的灌溉耕作层；碳酸钙的表聚特征不再突出，易溶盐和石膏也开始向剖面下部移动；土壤湿度增大，肥力性状和生产性能较原土壤大为改善，但剖面下部仍保留原土的基本形态。

5.2.3 风沙土与荒漠土壤的改良利用
5.2.3.1 风沙土的改良利用

我国风沙土面积大，分布广，开发利用潜力很大，是宝贵的后备土壤资源。长期以来，由于人们对风沙土的自然属性认识不足，不顾环境条件，滥垦、滥牧、乱樵，植被遭到严重破坏，沙漠化日益发展，甚至出现沙进人退的被动局面。迄今治理速度仍赶不上沙化速度。

风沙土的利用方向应以林牧为主，因地制宜地发展农业、果树和其他经济作物。在加强保护的前提下，根据水热条件、土壤类型和水资源情况，全面规划、分区治理。改造利用措施应以生物措施为主，生物、工程、农业措施相结合。

生物措施主要是封沙育草，恢复植被，种草种树，增加植被覆盖率；开辟水源，发展绿洲农业，种植果树和经济价值较高的经济作物；建设农田防护林网和水、草、林、饲料配套模式。

工程措施主要是兴修水利工程，引水拉沙，引洪灌淤，平整土地，机械固沙。

农业技术措施主要是配置耐旱、抗风沙的草、树种和作物；合理耕作、施肥，发展耐瘠绿肥；封闭风蚀沙化耕地，还林还牧。

有条件的地方还可以利用风沙土资源发展旅游业。

5.2.3.2 荒漠土壤的改良利用

1. 灰漠土的改良利用

（1）利用现状。灰漠土发生在温带漠境边缘地区的细土平原，土体一般较深厚，地下水位深，质地以壤土和砂质壤土为主，适种性广，是一种多宜性土壤资源。从种植业来看，粮食、棉花、油料、瓜类、蔬菜等作物都可种植；而果树、林木、牧草、绿肥等也较适宜。从利用现状来看，该类土壤在有灌溉水源（包括地表水和地下水）的地区或地段，绝大部分都已开垦利用。在栽培管理适宜、用地养地结合的情况下，种植上述各种作物、果木和牧草绿肥等，可以高产稳收。有许多名优特产在灰漠土区种植，经济收益显著。但是，由于灰漠土区干旱缺水，常受盐碱、风沙危害，在无灌溉水源之处，未能开垦利用的土地尚多。北水南调计划实现以后，新疆的情况将有很大改善；甘肃、内蒙古和宁夏等地的灰漠土，随着农业现代化建设的推进，均有望得到改良。

（2）改良利用方向。

1) 保护自然植被和发展人工植被。灰漠土区植被遭受破坏以后，难于及时恢复。因此，既要培育和保护灰漠土上的林木和草被，包括防护林、薪炭林和平原片林，又要保护草场，严防过牧。同时，发展农田养畜，建立林草混种的双重草场，减少草场承载量，防止草场退化，维护草场再生能力。

2) 防止土壤盐化和沙化。灰漠土区的地下水虽然较深，但在灌溉农田下游、平原水库周围和引水大渠下侧，常因渗漏抬高地下水位而产生土壤次生盐化和沼泽化，必须采取有力措施，加强开沟排水，防渗，疏通渠道等，杜绝次生盐化和沼泽化的发生与危害。

3) 农业上必须节约用水，注意培肥地力。灰漠土区属灌溉农业区，没有水就没有农业，这是必然的规律。土地开发需水利先行，如开渠引水、挖掘开发地下水以保证灌溉等，这是开源的一个方面。另一方面就是节流，即合理安排节约用水，实行沟灌、小畦灌、滴灌、喷灌等技术措施，以达到保证植物需水而又经济用水的目的。

灰漠土的有机质含量不高，开垦后如不注意培肥，肥力下降很快，应走"生物养地、以草肥田"之路，实行牧草轮作、绿肥轮作、间套混播、秸秆还田等增肥措施。

4) 发展多种经营，注意水土保持。在土体深厚的灰漠土地区，除实行农林牧结合外，尚可发展果树，如苹果、梨等，以及发展适合当地种植的经济作物。在土体较薄的地段，要防止冲刷，保持水土。

2. 灰棕漠土的改良利用

（1）利用现状。灰棕漠土所处地区的气候极为干旱，土体浅薄，且含有多量砂砾，植被稀疏，故大部分未能开发，仅为放牧骆驼的辅助性草场。新中国成立以来，新疆、青海及甘肃发展灌溉，开垦利用了小面积的灰棕漠土。因其光热条件好，在适宜的水热条件下，可获得较高的产量。如青海柴达木盆地，灌耕灰棕漠土，已成为绿洲的主要土壤，种植春小麦、油菜、豌豆、青稞和多种蔬菜。小麦亩产250～500kg，油菜子亩产100kg左右。

（2）改良利用方向。大面积灰棕漠土，限于水源不足，宜以保护生态环境为主，防止破坏，逐步提高植被覆盖度。

灌溉耕种的灰棕漠土，土壤有机质及养分含量虽比垦种前有所提高，但因耕垦时间不长，土体薄，土壤肥力仍较低，且有漏水、漏肥现象，今后，在进一步挖掘水源、发展灌溉的条件下，可选择地形平坦、土体较厚的土壤适当扩大耕种面积，可建成该地区粮、油、瓜、果基地。为防止风沙，宜结合渠道与道路，营造防护林带。同时适当种植绿肥牧草，进行粮草轮作，并需增施氮磷化肥，培肥土壤。还应健全灌排系统，合理灌溉，防止地下水位上升而招致土壤盐化。

3. 棕漠土的改良利用

（1）利用现状。目前，棕漠土除少数有水源灌溉地段，经垦殖从事农业生产外，其余皆为牧业用地，是我国西北重要的养驼基地之一。但由于极端干旱缺水，植被生长非常稀疏，草质也很差，载畜量很低，牧用也不理想。唯光热资源丰富，只要能解决水源灌溉，是发展农牧业和瓜果生产大有作为的地区。

（2）改良利用方向。由于受干旱漠境缺水严酷现实条件的制约，棕漠土广大区域除适合放养一定数量耐旱能力极强的骆驼外，其他牲畜也因干旱的限制而难以发展。为此，棕漠土今后的利用改良方向主要应加强天然草被的封育管理，实行分区轮牧，努力提高载畜能力，建设养驼基地。在开发利用的途径上，应首先注意广辟水源，搞好引水设施，努力发展灌溉，解决土壤干旱缺水的主要矛盾；然后充分利用宝贵的热量资源，合理种植适宜当地生长的粮、棉、油、瓜果等优势作物和注意增施磷肥及有机肥料，努力建设基本农田；同时为促进养驼事业顺利发展，在浇灌农业生产过程中，应适当施行粮草轮作制，特别是农作物与豆科养地牧草轮作，既恢复地力，又提供饲料草；而且还应考虑利用一定水土资源来建设、发展草、料基地，借以解决冬春饲草、饲料的欠缺。

为合理利用本区珍贵的水热资源，充分发挥棕漠土的生产潜力，在发展上述灌溉农牧业的同时，还应注意大力营造防风、固沙农田防护林网，改善其脆弱的不良生态环境，以期开垦一片，巩固一片，从而达到永续利用。

5.3 低产红壤土改良

5.3.1 红壤的分布

红壤主要分布在世界的热带、亚热带地区，是世界上生产粮食与发展热带林木及作物的重要基地。

我国热带、亚热带地区，主要位于北纬10°～30°之间，广泛分布着各种红色或黄色的土壤，由于它们在土壤发生和生产利用上有共同之处，统归为红壤系列或富铝化土纲,包括砖红壤、赤红壤、红壤、黄壤等主要土类。其分布范围,大致北起长江两岸,南至南海诸岛,东起台湾、澎湖列岛,西达云贵高原及横断山脉,包括广东、海南、广西、福建、台湾、江西、湖南、云南、贵州、浙江以及安徽,湖北、四川、江苏与西藏南面的一部分,涉及 15 个省(自治区),总面积达 $2.03 \times 10^6 km^2$,约占全国土地总面积的 21%。红壤地区,气温高、热量充沛、自然条件优越,是我国热带、亚热带林木、果树和粮食作物的生产基地。除杉、柚、楠、樟等优质木材及橡胶、柚子、剑麻、菠萝、香蕉、柑橘、茶叶等热带、亚热带果木可大力发展外,水稻年可二至三熟,其他如红薯、花生、甘蔗、油菜等均宜种植,生产潜力甚大。

5.3.2 红壤的形成与特点

5.3.2.1 红壤的形成

红壤的形成主要表现为富铝化过程和生物富集过程长期的共同作用,而使土壤具有某些特殊的生物理化性状。

1. 富铝化过程

富铝化过程又称富铁铝化或砖红壤化过程。在热带、亚热带生物气候条件下,由于常年高温多雨,土壤矿物质的风化作用十分强烈。首先是铝(铁)硅酸盐矿物(除石英外)发生彻底的分解而产生大量的可溶性盐基化合物,以及胶态的硅酸(H_2SiO_3)和铁铝氢氧化物。随后这些风化产物因受到淋溶而随水下移,由于淋溶初期盐基含量高,溶液近中性,致使硅酸和盐基化合物大量淋失,因铁、铝氢氧化物的活动性小,出现相对积累而形成了富含铁、铝氢氧化物的红色土体。之后,随着盐基的不断淋失,风化层上部逐步变为酸性。当酸性达到一定程度时,原来活动性小的铁、铝氢氧化物也开始溶解,而具有流动性。在少雨的旱季,它们可随毛管水上升至表层,经过脱水后会以凝胶的形式,形成铁、铝的聚积层或铁铝的结核体。同时,由于它们下移的深度不深,而在土体上部由于植物残体的矿化而存在较丰富的盐基,酸性较弱,致使它们大多又会因脱水沉积下来而形成铁、铝残余聚积层。因此,富铝化过程的特点,就是土体中的硅和盐基遭到淋失,黏粒与次生矿物不断形成,铁、铝氢氧化物明显地大量聚积。据测定,红壤中硅的迁移量一般达到 40%~70%;钙、镁、钾、钠等盐基的迁移量更大,最高者可接近 100%,而活性较小的铁、铝氢氧化物,因迁移少却相对地富集起来。一般铁的富集量达 7%~15%,铝的富集量达 10%~15%,呈现出明显的脱硅、脱盐基和富铁、铝的特征。

2. 生物富集过程

在热带、亚热带常绿阔叶林的生物气候条件下,红壤中物质的生物循环过程也十分激烈,生物与土壤之间的物质和能量的转化及交换也极其迅速和频繁。其生物小循环过程表现为:①植被生长旺盛,可形成大量有机质。据研究,在热带雨林下,地面枝叶残落物(干物质)的年聚积量要比温带高 1.5~2.0 倍。由于植物的吸收,可使矿物分解释放出的养分不致大量进入地质大循环而从土壤中损失掉。②土壤有机质的矿质化作用也非常强烈,这使得土壤有机质分解快而不容易积累。因此,有机质的形成多而分解快,不易在土壤中积累是红壤生物小循环过程的一个显著特点。

上述情况表明,在红壤形成过程中,虽然进行着脱硅、盐基淋失和富铝化过程,但由于同时进行着生物与土壤间的物质和能量交换与转化，生物富集旺盛，因而仍能在一定程度上使土壤养分在生物循环中得以保持，土壤肥力得以发展。但是，如果破坏了生物循环作用，就会使土壤中的养分大部分或全部进入地质大循环的轨道，而使土壤日趋贫瘠，甚至成为不毛之地或"红色荒漠"。

5.3.2.2 红壤的特点

1. 形态特征

主要形态特征是红壤剖面呈均匀的红色，它一般包括三个基本的发生层次。

（1）腐殖质层。在自然植被下，一般厚度为20cm左右，有机质含量为40~60g/kg。但我国大部分红壤区的植被均遭到破坏，故腐殖质层厚度仅几厘米，有机质含量只有10~20g/kg。

（2）淋溶淀积层。一般厚度为0.5~2m，呈均匀的红色或红棕色，紧密黏重，呈块状结构，常有铁锰胶膜和大小不等的铁锰结核出现。

（3）母质层。包括红色风化壳和各种岩石的风化物。

此外，红壤在红色土层之下，常有红色与白色相互交织的网纹层。其成因是：①地下水位季节性的变化，使氧化还原交替进行，便产生铁质氧化物的凝聚和淀积而形成网纹。②水沿着红色土层内的裂隙流动，使铁、锰元素被还原为低价形态，溶于水中而随水流走，使土层中形成灰白色的条纹和斑块而成为网纹层。

2. 理化特征

（1）质地黏重。由于红壤富铝化作用显著，风化程度深，一般质地都很黏重，其黏粒含量一般为40%~60%，高的可达70%~80%，物理性状不良，群众形容为"天晴一块铜，下雨一包脓"。其结构性也差，由于有机胶结物少，团聚体主要靠黏粒和氧化铁、铝等无机胶体胶结，所以，排列很紧密，孔隙度很低，通透性和耕性均差，不利于耕作和作物根系伸展，影响作物的正常生长发育。

（2）酸性强。由于土壤富铝化作用的结果，使土层中氧化铁和氧化铝增多，尤其是活性铝大量聚积，这是造成红壤强酸性的主要原因。据测定：红壤中铝的含量可高达100~150g/kg，交换性氢为0.03~0.05mmol/100g土，pH值一般为4~6。由于红壤的酸度高，就加速了NH_4^+、K^+、Ca^{2+}、Mg^{2+}等养料离子的淋失，尤其是含有过多的游离铁（Fe^{3+}）、铝（Al^{3+}）离子，还可使植物直接受害。同时使土壤中可溶性磷遭到固结，降低有效性。因此，除了像茶树、橡胶等喜酸作物外，红壤的强酸性条件对一般作物（尤其是豆科作物）和有益微生物都是不利的。

（3）缺乏有机质和养分元素。红壤的生物富集作用虽然旺盛，但因矿质化作用也十分强烈，故有机质不易积累，加之大部分红壤区自然植被遭到破坏，就使土壤有机质更为缺乏。据分析，红壤耕作层的有机质含量一般为15g/kg左右，低的在10g/kg以下，特别是腐殖质少，使土壤缺乏稳固性团粒结构。此外，植物所需要的氮、磷、钾、钙、镁及钼、锌、硼等养分元素的含量也很低。其全氮含量约为0.5~1.2g/kg，有效氮一般每亩只有1.5~2kg，其他如钾、钙、镁、硼、钼、锌等含量也均低于植物所需要的临界值，不能满足作物的要求，这也是红壤贫瘠低产的重要原因。

（4）易受干旱。红壤地区的雨量虽较充沛，但因受季风影响，雨量分布不均，具有明显的旱季。同时，其所处的地形多为起伏的山丘，不易保水，因而常遭受干旱。

此外，红壤质地黏重，黏粒含量高，吸湿水量可高达200g/kg，凋萎系数达到300g/kg，土壤中的无效水多，有效水少，使作物吸水困难，特别是在干旱时期，红壤土温可升至40~50℃，造成干与热同时危害而严重影响作物的生长。

5.3.2.3　红壤的分类

根据土壤发育程度、土壤性质和利用上的差异，红壤土类划分为红壤、棕红壤、黄红壤、山原红壤和红壤性土五个亚类。

1. 红壤

主要分布在江西、福建、湖南、广东、广西、云南、浙江和贵州等8个省（自治区）境内的低山丘陵区。

红壤的成土母质以花岗岩、凝灰岩、泥岩、页岩、砂岩等风化物为主，也有部分第四纪红色黏土、红色砂岩、基中性岩浆岩和石灰岩的风化物。土体深厚达1m以上，部分剖面底部往往存在网纹层（B_v）。

红壤B层土体呈红色或红棕色，质地以壤质黏土为主，黏粒含量达40%以上，粉黏比低，仅为0.63。强酸性至酸性反应，pH值为4.2~5.9。交换性酸较高，以交换性铝为主，交换性铝占交换性酸总量的90%以上。有效阳离子交换量低，仅6.18me/100g，盐基饱和度18.60%。土壤的风化淋溶作用强，风化淋溶系数仅0.2。土壤中铁的游离度较高，为65.39%，而活化度只有4.79%。表层土壤速效磷仅3.6mg/kg，缺磷相当严重。土壤有效微量元素含量除铁、锰、铜外，缺锌、硼较为明显。但不同母质发育的红壤，其颗粒组成、化学性质、养分含量等土壤性状具有一定差异。石灰岩、玄武岩风化物及第四纪红色黏土发育的红壤，黏粒含量在40%以上，质地黏重，底层黏粒含量普遍又高，红砂岩、砂岩风化物发育的红壤，黏粒含量仅30%左右，底层含量更低。同时由基性岩母质发育的红壤，其交换性盐基及盐基饱和度稍高，其他母质发育的红壤则大致相近。

2. 棕红壤

主要分布在江西、湖南、湖北、安徽、浙江、江苏的丘陵低山地区。

棕红壤是红壤向黄棕壤过渡的土壤类型，其成土母质以第四纪红色黏土为主，此外也有花岗岩、砂岩和页岩的风化物。土体较深厚，大部分剖面具有铁、锰胶膜淀积层及网纹层。

棕红壤分布在中亚热带红壤区的最北部，土壤的脱硅富铝化相对较弱。质地均属黏土类，黏粒含量大多在30%~40%之间，粉黏比高于红壤。酸性反应，pH值为4.3~5.6，交换性铝占交换性酸总量的48%~86%，因成土母质而异，但低于红壤。有效阳离子交换量和盐基饱和度均高于红壤。土壤的风化淋溶作用相对较弱，风化淋溶系数在0.29~0.37之间。黏粒矿物以水云母、高岭石为主，高岭石的结晶较差，黏粒硅铝率在2.42~3.03之间。土壤中铁的游离度较红壤低，而活化度则较红壤高。表层土壤养分状况比较贫瘠，缺磷缺钾相当严重。土壤有效微量元素含量除铁、锰、铜外，硼、钼、锌的含量颇为缺乏。

3. 黄红壤

主要分布在安徽、浙江、江西、福建、湖北、湖南、广东、广西、云南、贵州、四川和西藏等12个省（自治区）境内的中低山区。黄红壤是红壤向黄壤过渡的一类土壤。在垂直带谱上，它位于黄壤或黄棕壤之下，红壤或棕红壤之上，是构成红壤区山地土壤垂直带谱中的重要类型。

黄红壤的成土母质主要有砂岩、板岩、泥岩、页岩、凝灰岩和花岗岩风化物，其次为基、中性岩浆岩、石灰岩等风化物。土体厚度常比红壤薄，大致在70～80cm之间。在植被茂密的林地下，地表常有2～3cm厚的枯枝落叶层（O）。黄红壤土体呈橙色或黄橙色，质地以壤质黏土为主，黏粒含量在30%左右，粉黏比略高于红壤，平均为0.84。强酸性至酸性反应，pH值为4.2～5.7，交换性铝占交换性酸总量略高于红壤，在90%左右。有效阳离子交换量略高于红壤，盐基饱和度为20%左右。土壤的风化淋溶作用较强，风化淋溶系数在0.17～0.35之间。黏粒矿物以高岭石、蛭石为主，伴有水云母和少量三水铝石，有别于红壤。黏粒硅铝率比红壤低。土壤中铁的游离度低于红壤，只有38%～50%；而活化度却高于红壤，大多在10%以上。土体中活性铁铝的水合系数也远大于红壤。土壤缓效钾含量较丰富，速效磷、钾含量比红壤低，缺磷更为突出。土壤有效微量元素含量趋势略低于红壤亚类。

4. 山原红壤

主要分布在云南高原的中部，北纬24°～26°之间、海拔1500～2400m的残存高原面、湖盆边缘以及丘陵低山。此外，四川省西南部与云南毗邻的凉山彝族自治州和攀枝花市等山地也有零星分布。

山原红壤质地为壤质黏土，小于0.002mm的黏粒含量一般小于40%，粉黏比0.5左右。酸性至微酸性反应，pH值为5.3～6.3。阳离子交换量和盐基饱和度均显著高于红壤中的其他亚类，分别为12.8me/100g和60%以上，反映了近代气候具有长达半年的旱季，土壤的现代风化淋溶程度相对较弱，而有别于红壤。但是由于受红色古风化壳的影响深刻，土壤风化淋溶系数也只有0.1左右，黏粒的硅铝率均小于2.0，平均为1.8，最低仅有1.02；硅铁铝率小于1.6，最低为0.8。黏粒矿物组成以高岭石为主，其次是伊利石和三水铝石，以及少量的蛭石等。这些性状同样反映了山原红壤曾经历古气候的强烈风化淋溶作用，具有明显的脱硅富铝化特征。在红壤各亚类中，山原红壤养分含量水平较高。

5. 红壤性土

主要分布在红壤区的丘陵和山地，常与红壤、棕红壤和黄红壤以及石质、粗骨土交错呈复区分布。因水土条件不稳定，剖面分化不明显，是红壤中发育较弱的一类土壤。成土母质主要有花岗岩、板岩、页岩、泥岩、砂岩、凝灰岩等风化物以及第四纪红色黏土。由于受土壤侵蚀而土体较薄，一般厚度在50～60cm，局部山丘坡麓可达1m左右。土体中常夹有砾石，母质特征明显。

红壤性土的颜色因成土母质不同而异，一般呈红色或棕红色，质地以黏壤土为主，粉砂粒含量高于50%，粉黏比高于红壤，达1.53，表明土壤的风化度低。酸性反应，pH值为4.2～5.9，交换性铝占交换性酸总量的88.2%。有效阳离子交换量低于红壤，仅为5.33me/100g，若换算成黏粒的有效阳离子交换量，则远远高于红壤，达23.84me/100g。盐基饱和度较低，为15.26%。土壤的风化淋溶作用弱于红壤，风化淋溶系数为0.29。黏粒矿物以高岭石、伊利石为主，伴有石英。红壤性土的黏粒硅铝率比红壤高，可达3.05，表明脱硅富铝化程度不高。土壤中铁的游离度为 37%～53%，其趋势则低于红壤。表土层养分含量取决于植被的生长情况，但一般仍较红壤高。土壤中微量元素的含量除钼、铁外，其余均高于红壤。

5.3.3 低产红壤的改良利用
5.3.3.1 利用现状

红壤地处中亚热带，水热条件优越，植物资源丰富，为发展亚热带作物及农、林、牧业提供了有利的资源基础。目前，红壤地区的植被类型以常绿阔叶林为主，优势树种为壳斗科的青冈属、栲属、石栎属，山茶科的木荷属，樟科的润楠属等。南部出现栲树、鹿角栲、琼南栲属等喜温属种。东部为湿性常绿阔叶林，由青冈、栎类、木荷等组成；西部为半湿润常绿阔叶林，主要有滇青冈、云南松。林下灌木有檵木、映山红、白栎等。草丛多为禾本科及蕨类，山地为常绿针阔叶混交林。

红壤地区是我国野生和栽培植物资源最丰富的地区之一。人工林有马尾松、杉、竹等，以及大宗的名特优产品，如茶、油茶、油桐、乌桕、漆树、蔗、柑桔等亚热带经济林木和水果。此外尚有肉桂、茯苓、砂仁等多种药用植物。本区农垦历史悠久，低丘缓坡大多辟为旱耕地。据有关省（自治区）统计，红壤旱耕地面积共有 4451.88 万亩，主要种植玉米、甘薯、花生、豆类、小麦、油菜等粮油作物，以及肥田萝卜、苕子、乌红豆、印尼大绿豆、箭舌豌豆等绿肥作物和黑麦草、象草等多种饲草。

新中国成立以来，各级政府很重视南方红壤资源的开发、利用和改良，相继建立一批农林垦殖场，成为我国粮食、林业、亚热带经济作物和果木的主要生产基地，提供了大量的农、林、牧、副产品。

总的来说，我国红壤开发利用改良工作成绩很大，经验也很丰富。但是也必须看到，当前在开发利用上也存在一些问题。

1. 利用布局不合理

红壤分布于山地丘陵，林地面积大，农耕地只占 6% 左右。由于红壤地区的农业生产历来以种植业为主，在农林牧副渔总产值中，林牧副渔业所占比重很小。这种布局严重不协调现象各省（自治区）普遍存在，山地丘陵的优势远远没有发挥。从农业内部看，亚热带经济作物门类繁多，品种多样，价值很高，但未形成拳头产品的商品基地。总之，重平地轻山丘，重农业轻林业，重粮食轻经济作物，不利于发挥红壤资源的优势和生产潜力。

2. 水土流失严重

长期以来，各地存在着森林采伐量过度，迹地更新和幼林抚育不善，造林成活率低。加之不少地区片面抓粮食，毁林营农，陡坡开荒，水土保持措施不力，坡地铲草皮习惯延续至今，荒山荒地激增，水土流失加剧，生态平衡遭到破坏。目前，不同程度水土流失面积约占 1/3，导致土壤肥力衰退，自然灾害频繁，农业生产发展受到威胁。

3. 低产土壤面积大

现有红壤农耕地中，广种薄收、垦而不种、用而不养的现象较为普遍。加之一年中降水分布不均，伏旱、秋旱连续发生，干旱缺水严重，作物产量较低，一般单产在 110kg 左右，亚热带经济作物和果木单产也低，品质优劣不一，缺乏商品竞争能力，经济效益低。特别是在交通不便的山区和西南少数民族地区,农民还处于贫困状态。因此,如何合理开发利用红壤资源,充分发挥其生产潜力,使广大红壤地区农民富裕起来,具有很大的现实意义。

5.3.3.2 改良利用方向

红壤资源的开发利用必须全面规划、综合治理,实行开发与保护、利用与改良相结合,防治水土流失,改善生态条件,增加农业投入(物质与技术),培肥改良土壤,使土壤资源永续利用。同时必须逐步调整生产结构,实现向多层次、商品化转化,切实保证农业持续、稳定和协调地发展。主要利用改良的方向有以下几方面。

1. 防治水土流失,保护红壤资源

充分发挥森林在生态平衡中的主导作用,大力发展林业。采用封山育林、育草,通过草类、灌木、乔木自然恢复的演替得以改善生态环境,同时营造用材林、薪炭林和水源涵养林,控制采伐量,加强护林防火及中、幼林抚育和迹地更新,促进木材积蓄量增长,同时使水土流失得以控制,保护土壤资源。对于水土流失严重的地方,采取生物(造林、育草)和工程相结合的防治措施。

2. 全面规划,合理布局

红壤山丘区土地后备资源的潜力很大。在开发红壤荒地时,要做到宜农则农,宜林则林,宜牧则牧,宜果则果,建立林、果、草、农、畜等人工复合生态模式,建立农林牧有机结合的生态农业新体系。

3. 调整产品结构,发展商品生产

红壤区要理好粮食生产与多种经营的关系。粮食生产从稳定面积、提高单产着手,同时积极利用荒山荒坡发展多种经营,扩大经济作物和果木,引进良种,改善品质,提高单产。根据土壤、地形、气候等自然条件及群众的种植习惯和经济基础,发展地方拳头产品,建立名特优产品商品基地,才能真正地把经济效益和生态效益统一起来,保证步入市场经济的发展轨道。

4. 种草兴牧,发展草食畜禽

南方红壤区必须因地制宜地调整以生猪为主的畜禽结构,充分利用草山草坡面积大的资源优势,建立人工和半人工的优良饲、牧草场,同时利用作物秸秆作饲料,大规模开发兔、鹅、羊、牛等节粮草食畜禽,发展南方农区养畜业。

5. 用地与养地结合,加强地力建设

红壤旱地要获得作物高产,必须采用合理的耕作制度,扩大绿肥、豆类和花生等作物的种植比例,以用为主,用中有养,用养结合。同时必须增加投入,增施肥料,维护地力建设,永续利用土壤资源。布局好红壤旱地的优势作物和出口创汇商品基地,又是提高旱地农业综合效益的关键。

6. 推广以保水抗旱为中心的农业技术配套措施

红壤地区的主要自然灾害是干旱缺水。因此除兴修水利,引水上山,提高灌溉抗旱能力外,首先要改坡地为梯地,稳定水土条件。其次在水利条件较好的地方,实行旱地改水田,加速土壤培肥熟化。对水利条件较差的红壤旱地、园地,可推行秸秆、地膜覆盖,纸袋育苗,大窝覆盖栽培,小洞蓄水,坑膜蓄水,深沟撩壕等蓄水保墒新技术。

5.4 渍害水稻土改良

5.4.1 渍害水稻土的特征与成因

水稻土是我国重要的耕作土壤之一,面积为 44670.5 万亩,约占全国耕地面积的 1/5。水稻产量占全国粮食总产量的一半。由于水稻的生物学特性对气候和土壤有较广适应性,因而水稻土可以在不同的生物气候带和不同类型的母土上发育形成,水稻土遍及我国 26 个省(自治区、直辖市),以四川、江西、湖南等省面积大。但其中面积比重较大的省(自治区、直辖市),则依次是上海、江苏、安徽、浙江、江西、湖南、广东、湖北、广西、海南、福建、云南、贵州和四川,共占水稻土面积的 91.92%。主要分布于秦岭—淮河一线以南的广大平原、丘陵和山区,其中以长江中下游平原、四川盆地和珠江三角洲最为集中。

5.4.1.1 渍害水稻土的特征

渍害水稻土是一种在长期淹水还原条件下形成的水稻土,其剖面的主要特征是具有潜育层,其成土过程主要是潜育化过程。所谓潜育化过程,指土层长期被水浸渍、通气不良、处于嫌气状态,在易分解有机质存在、嫌气微生物活动的条件下,产生较多的还原性物质,使高价铁、锰转化为亚铁、亚锰,从而形成蓝灰色或青灰色土层(即潜育层或青泥层)的过程。也就是说,渍害潜育性水稻土是在以下三种情况综合作用下形成的:①淹水还原条件;②存在可分解的耗氧有机物;③嫌气微生物的活动。其中以淹水还原条件为前提。

潜育层是渍害潜育性水稻土区别于一般正常水稻土的主要诊断层次。根据潜育层出现的部位、厚度及发育程度,可将其区分为以下五种类型:

(1) 全层潜育型。特点是全剖面水分饱和,常年渍水或只在收稻后表面处于接触空气的条件,通体或除表层外均处于还原状态,剖面为 AG(A_g)—O 型。

(2) 上位潜育型:潜育层出现部位较高,耕作层和犁底层以下皆为潜育型,剖面为 A—P—O 型。

(3) 下位潜育型。犁底层下已形成水耕淀积层,潜育层出现在 50~60cm 以下,剖面为 A—P—B(BW)—G 型。

(4) 犁底层潜育型。犁底层呈潜育状态,底层有无潜育层视母土及地下水位而定,剖面为 A—P_g—B—C(G)型。

(5) 中层潜育型。潜育层出现在剖面中部,耕作层和 50~60cm 以下皆为氧化层,剖面为 A—P(P_g)—G—B(—C)型。

此外,尚有少数表层潜育型及间层潜育型等。上述的下位潜育型对水稻生长已无多大的影响,而次生潜育化主要指犁底层潜育型及中层潜育型。

5.4.1.2 渍害水稻土的成因

渍害水稻土的成因既有自然因素的作用,也受人为活动的影响。主要有以下几个方面。

1. 气候因素

我国南方稻区地处亚热带或热带季风气候区,雨量较多,一般年降雨量为 1000

~2000mm，且多集中在夏秋之际，过多的雨量，常使某些土壤处于水分过多的湿润状态而产生渍害。

2. 地形地貌因素

我国南方稻区多分布在山丘的冲垄谷地或中、小盆地内，是地面水和地下水的汇集区，地下水位较高，易产生渍害。分布在平原地区的稻田，由于江河纵横、湖洼棋布，地面水位较高，制约了地下水的排泄，因而也更易产生渍害。

3. 水文地质因素

我国南方山丘区某些稻田，由于田间有冷泉水的浸渍或出溢，使土粒高度分散，水土温度低，常常形成冷浸烂泥田，是一种严重的渍害低产稻田。

4. 土壤因素

我国南方地区由于地处热带亚热带，高温多雨，风化作用强烈，土壤质地黏重，通透性差，地下水位易升不易降，排水不良，加之长期种稻，形成的犁底层密实阻滞，很容易发生上层滞水，影响作物根系发育而产生渍害。

5. 人为因素

人为因素也会使稻田产生渍害或使原来的渍害加重。例如，某些地区常常习惯于利用田内蓄水，使土壤长期处于水层浸渍状态，造成土壤环境恶化，成为沤水田、冬泡田，使土壤产生渍害。又如，某些地区的稻田有灌无排，加之灌溉不当，致使地下水位上升，产生渍害。

渍害田的成因是多方面的，具体到某一地区，上述的影响因素则有主有次，在制定和实施治理措施时，必须查清渍害成因，因地制宜地进行治理改良。

5.4.1.3 渍害水稻土的分类

1. 潴育水稻土

广泛分布在三角洲，河流冲积平原和水网平原，丘陵区的宽谷冲田及盆地的平坝中心等地区。潴育水稻土是形成发育良好的一类土壤，土体中水气肥协调，通常为高产田，土壤养分含量水平较高。由各种母土或母质形成潴育水稻土后，经历了复盐基与盐基淋溶过程，其结果是土壤的pH值趋于微酸性或中性，盐基趋于饱和。水稻土因起源土壤或母质类型繁多，质地范围较宽。潴育水稻土经长期的培肥改土，经客土、施用土杂肥等后，质地状况得以改善，以黏壤土和壤质黏土为主。

2. 淹育水稻土

主要分布在低山丘陵的缓坡和岗背上，其次分布在北方的江河流域或河谷盆地。淹育水稻土大部分土壤因离村庄较远，耕作管理不便，大多为低产田，养分含量水平较低。在淹育水稻土的形成过程中，同样也经历了复盐基与盐基淋溶过程，只是程度较弱。土壤pH值趋于微酸性或中性，耕作层与犁底层土壤阳离子交换量增大，盐基饱和。淹育水稻土因发育年幼，残留母质属性较强，一般土壤质地取决于母土或母质的质地状况。

3. 渗育水稻土

多数分布在平原区中部及部分低山丘陵区的低塝田或排田，以及土壤地下水位较深的平原区。渗育水稻土经长期耕作、培肥、管理后，是发育较好的一类土壤，大部分为高产田，土壤养分含量水平较高。渗育水稻土的盐基淋溶与复盐基作用较强，渗育层的pH值、交换性盐基总量、阳离子交换量及盐基饱和度，一般均高于同剖面中的其他发生层段。渗育水稻土的质地种类较多，主要受起源母土或母质制约，一般以壤土至壤质黏土为主。

4. 潜育水稻土

主要分布在三角洲平原或河、湖冲积平原内的低洼处，以及低山丘陵垄田尾部，前者多为低荡田，后者多为下冲田。这些地形区，一般多是汇水区，在无排水出路的情况下，所辟稻田大部分是本亚类土壤。另外在山地丘陵区的梯田尚有零星分布。

土壤的有机质、胡富比、全氮及碳氮比均较高，土壤全量养分含量水平高，潜力大，但是因长期处于渍水还原状况，有机质的矿化程度及生物吸收量低，嫌气分解出的还原性物质多，常易使水稻根系发黑而低产。各类起源母土或母质渍水形成水稻土后，土体终年处于水分饱和状况，物质的淋移现象不明显，因此在土壤剖面中，土壤的pH值、交换性盐基总量、阳离子交换量和盐基饱和度等在剖面上变化很小，上下层的数量较为接近。土壤呈酸性至中性，部分潜育水稻土（冷水田、烂泥田等）中，因长期施用过量石灰，致使土壤呈碱性反应，甚至有石灰聚积。土壤质地一般以黏质土壤为主。

5. 脱潜水稻土

主要分布在三角洲平原或河、湖冲积平原内地势稍低处，以及湖群洼地的边缘，常与潜育水稻土相间分布。脱潜水稻土是由潜育化土壤经排水治渍后逐步形成，也是潜育水稻土向潴育水稻土演变的过渡类型，由还原作用强逐渐演变成氧化还原作用频繁交替进行，经过长期的培育管理逐步成为当地的高产田。脱潜水稻土的养分含量水平较高。脱潜水稻土与潜育水稻土比较，物质淋移作用较为明显，但同潴育水稻土、渗育水稻土相比，显得微弱。土壤的pH值，交换性盐基总量，阳离子交换量和盐基饱和度在剖面中变化不大。脱潜水稻土的土壤质地，与潜育水稻土相似，以黏质土壤为主。

6. 漂洗水稻土

主要分布在南方丘陵山区坡地下部的梯田和平原区的高平田及向丘陵过渡地区。漂洗水稻土的养分含量并不是很低，但其肥力水平取决于剖面中白土层出现的部位高低，即随白土层出现的部位升高而养分含量依次递减，上位白土的漂洗水稻土均为当地的低产土壤。但是经过长期的改良利用（如增施有机肥与高垄深沟相结合），可使之培育成中产田或部分高产田。由各种母土或母质形成漂洗水稻土后，经历盐基淋溶与复盐基过程，这在红壤母土和上位白土田尤为明显，其结果在剖面中土壤的pH值趋于微酸性或中性，盐基饱和。

7. 盐渍水稻土

分布在我国沿海地带，自南海沿岸一直延伸到渤海湾周围，以及内陆盆地中低洼地段。土壤中氧化铁形态、含量与分布开始发生变化，主要在耕作层，犁底层次之。盐渍水稻土表层土壤的养分含量比起源母土有所增加，但是同其他亚类相比，除钾素养分较为丰富外，其他养分含量水平较低，大部分是低产田。经引淡水洗盐种稻后的盐渍水稻土，土壤的脱盐效果较好，耕作层的全盐量、碱化度和pH值均低于剖面中其他层次。在脱盐的过程中伴随着脱钙过程，耕作层的碳酸钙含量最低。土壤的盐分组成随起源母土而异，滨海沉积物以氯化物为主；其余的有苏打、硫酸盐和硫酸盐氯化物等。总之，盐渍水稻土的剖面中越向下层土壤的全盐量和碱化度越高，故土壤回旱期仍受盐害，甚至地表可见盐霜或盐结皮。盐渍水稻土的土壤质地变化较大，尤其是滨海沉积物，质地可以从砂土到黏土。

8. 咸酸水稻土

主要分布在南海沿岸各大河流入海的河口地段，西起广西钦江，广东的鉴江和韩江的河口，南到海南岛东南海岸；广州以南的东江，西江和北江河口也有较大面积的分布；福建南部的河口地区以及浙江南部沿海海湾也有零星分布。其中以钦江和西江河口最为集中。

土壤中氧化铁的形态、含量与分布，在剖面中的变化甚微。土壤呈强酸性，交换性铝含量很高。咸酸水稻土剖面自上而下，pH 值趋于下降。土壤全盐量较高，盐基趋于饱和。咸酸水稻土剖面自上而下，全盐量逐步增高。咸酸水稻土大部分为二元母质，下部为近距离的运积物，质地较轻，上部为河口或三角洲沉积物，质地较黏。土壤有机质含量在全剖面中均较高，碳氮比也高于水稻土中的其他亚类，尤其是速效磷和速效钾的含量均很高，在水稻土中罕见。虽然目前多为中、低产田，但是只要加强培育管理和改良利用，其潜力很大。

5.4.2 渍害水稻土的低产原因

5.4.2.1 水多水冷土温低

水稻根系生长的适宜温度为 30℃左右，而渍害稻田由于常年渍水或受冷泉水影响，水的热容量又大，因而其水土温度难以提高。据测定，4～5 月的日均温度比一般田要低 2℃左右；7～8 月要低 5℃左右。泉渍田的泉眼附近可低 10～15℃，由于水土温度不能满足稻根生长的要求，影响水稻的生长发育而造成减产。

5.4.2.2 缺乏有效养分

渍害稻田的有机质（20～40g/kg）、全氮（1～2g/kg）、全磷、全钾的含量一般都比较高。但在水土温度低、长期渍水、通气不良的条件下，抑制了微生物的活动。据测定，渍害稻田的细菌、放线菌、真菌、好气固氮菌和好气纤维分解菌的数量，只相当于高肥田的 10%～30%，氨化强度和硫化强度只分别为高肥田的 70% 和 40%。由于渍害稻田的微生物数量少、活动弱，使土壤中的潜在养分分解缓慢，因而有效养分甚为缺乏。此外，在还原条件下，由于 Fe^{2+} 的作用，使土壤胶体遭到一定程度的破坏，土壤阳离子交换量和盐基饱和度也有所降低，大部分养料离子转入溶液而遭受淋失，故其保肥性也差。

5.4.2.3 土烂泥深结构差

一般渍害稻田的地下水常与地表水相连，土体终年受水浸渍，使土粒高度分散，几乎完全丧失结构而呈烂糊状，加之细泥不断淤积，泥深一般达 0.3m，甚至 1m 以上。致使人畜耕作管理极为困难，秧苗扎根不稳，易漂秧倒伏，影响作物正常生长而减产。

5.4.2.4 还原性有毒物质多

由于渍害稻田长期处于渍水、低温和缺氧的条件下，土壤以还原过程为主，故会有较多的有机酸、Fe^{2+}、Mn^{2+}和H_2S等有机和无机还原物质,它们在土壤中的过多积累对稻株和根系有毒害作用。渍害田土壤pH值一般在5~6之间,呈酸性反应,有机质含量又高,有利于H_2S的形成,从而易使水稻黑根或对稻根产生永久性伤害。渍害田中Fe^{2+}含量一般较高。据测定:一般渍害烂泥田水溶态亚铁量为20~80mg/kg,锈水田为40~260mg/kg,平均含量在100mg/kg以上。而一般使水稻受害的水溶态亚铁临界浓度为50~100mg/kg。土壤中Fe^{2+}含量越多,水稻受害的程度就越重。

5.4.3 渍害水稻土的改良措施

渍害水稻土的主要特征和低产原因是水多、水冷、土温低。因此,要进行彻底治理和改良,首先就必须消除水害,从根本上改善土壤的水热状况,再结合其他的农业措施,才能使之由低产田变为高产田。

5.4.3.1 开沟排水,涝渍兼治

这是改造渍害稻田的根本措施,也是采取其他改良措施的前提。排水治渍的工程措施主要有:①明沟排水。这是地面除涝排渍系统的主要工程措施,其目的是保证地面渍水的迅速排出,同时,降低地下水位,实现对成片渍害稻田地区地表水和地下水状况的宏观调控。②暗管排水。即在田间埋设排水管道,主要用于排出田间渍水,由于暗管埋于地下,不占耕地,使用年限长,便于田间耕作,故是渍害田排水治渍的主要措施。③鼠道排水。是用机械在田间开挖鼠洞,使地下水通过土壤的裂隙流入洞内再排入明沟系统,其优点是施工方便,不需管材,造价低廉,适于排出犁底层滞水和地面残留积水,但一般只宜在黏质土地区使用,且使用年限较短(一般为3年左右)。

排水治渍设计中的控制指标主要有两种:①以地下水埋深作为控制指标,即在稻作排水晒田期或旱作期应使地下水位控制在根系层以下;②以渗漏强度作为控制指标,排水可增加渗漏,通过渗漏能补充水中的溶解氧,消除有毒物质的危害。稻田适宜的渗漏强度可通过田间实测取得,若无实测资料,可近似采用6~12mm/d,一般黏性土可取较小值,砂性土可取较大值。

5.4.3.2 干耕晒田,客土掺沙

开沟排水改善了土壤水热状况,但种稻淹水时,有毒物质的排除和养分的释放仍较困难,故对土质黏重、富含有机质的烂泥田,还应实行干耕晒田。干耕晒田有利于土壤结构的形成,改善土壤的通气性和渗漏性,促进还原物质的氧化,加速有机质的分解和迟效养分的活化,充分发挥土壤的潜在肥力。此外,结合开沟进行客土掺砂(每亩掺5000~10000kg砂土、草皮等),可加速烂泥沉实,促进耕作层和犁底层的形成,改变土壤微生物类型,加速有机质的好气分解和矿化作用,防止渍水排干后的土壤僵化现象。

5.4.3.3 水旱轮作,合理施肥

渍水排除后应合理种植蚕豆、豌豆、油菜、小麦和绿肥等旱作物,实行水旱轮作,以改善土壤结构和其他理化性状,做到用养结合。同时还应增施并合理施用肥料。①施用暖性肥(如堆肥、厩肥、熏肥等),提高土温;②施用石灰、草木灰等碱性肥,既可提供钙素等灰分养料,又能中和酸性,改善土壤理化性状;③施用磷、

钾、硫肥以弥补土壤含量的不足，充分满足作物的要求。

复 习 思 考 题

1. 何谓盐碱土，盐土与碱土有何区别？
2. 如何理解盐碱土各成因的作用？
3. 如何正确认识盐碱土水盐动态规律？
4. 简述盐碱土治理与改良措施及特点。
5. 如何理解风沙土的形成特点？
6. 如何理解荒漠土壤的形成特点？
7. 如何进行风沙土与荒漠土壤的改良利用？
8. 如何正确认识低产红壤的形成特点以及改良措施？
9. 如何进行渍害水稻土的改良？

第 6 章 作物与水分关系

作物与水的关系十分密切，水既是作物生长的基本条件之一，又是土壤肥力的一个重要因素。农田水分状况不仅直接影响作物的生理活动，而且会通过调节土壤肥力的其他因素以及农田小气候等而影响作物生长发育。要使作物生长发育良好而获得高产，必须了解作物水分生理和生态关系、作物生物需水规律，并根据作物需水规律和环境条件实施合理的灌溉排水措施，为作物创造良好的环境条件，充分发挥水对作物的有利作用，避免水分不足或水分过多的不良影响，避免水资源浪费，提高作物水分利用效率，从而达到既节水又增产的目的。

6.1 作物水分生理

6.1.1 作物体内水分态势及其生理作用
6.1.1.1 植物的含水量及其存在状态

任何生长着的作物都含有大量的水分，其含水量的多少随作物的种类、器官以及发育阶段的不同而异。一般禾谷类作物的含水量约为鲜重的 60%～80%；而块茎作物和蔬菜的含水量多达 90% 左右。就同一作物而言，通常生命活动越旺盛的器官或部位，其含水量越高。随着这些器官的衰老，含水量逐渐降低。例如：根尖、嫩梢、幼苗和绿叶的含水量为 60%～90%，休眠芽为 40%，风干种子为 10%～14%。同一种作物生长在不同环境中，含水量也有差异。凡是生长在荫蔽、潮湿环境里的作物的含水量比生长在向阳、干燥的环境中要高一些。

作物体内的水分以自由水（free water）和束缚水（bound water）两种不同的状态存在。自由水是离细胞原生质胶粒较远，可以自由移动、蒸发和结冰的水分。束缚水则是被原生质胶粒吸附，而不易移动的水分。自由水与束缚水含量的高低与作物的生长及抗性有密切关系。

自由水参与各种代谢作用，它的数量制约着作物的代谢强度，如光合强度、蒸腾强度、呼吸强度和生长速度等，束缚水不参与代谢作用。自由水/束缚水比值高时，植物组织或器官的代谢活动旺盛，生长也较快，抗逆性较弱；反之，则生长较缓慢，但抗逆性较强。因此，自由水和束缚水的相对含量可以作为植物组织代谢活动及抗逆性强弱的重要指标。

6.1.1.2 水在作物生理中的主要作用

水的生理作用是指水直接参与原生质组成、重要的生理生化代谢和作物基本的生理过程，可以概括为以下几个方面。

1. 水是原生质的主要组分

原生质一般含水量在80%以上，可使原生质保持溶胶状态，以保证各种生理生化过程的进行。如果含水量减少，原生质由溶胶变成凝胶状态，细胞生命活动就会大大减缓（例如休眠种子）。如果原生质失水过多，就会引起生物胶体的破坏，导致细胞死亡。

2. 水直接参与作物体内重要的代谢过程

水分子是光合作用的反应底物之一，在光合作用、呼吸作用、有机物质合成和分解的过程中均有水的参与。

3. 水是许多生化反应的良好介质

作物体内绝大多数生理生化过程都是在水介质中进行的。如：光合作用中的碳代谢、呼吸作用的底物分解代谢、蛋白质和核酸代谢等。另外，光合作用的产物和无机离子的运转也是在水介质中完成的。作物体内的水分流动，把整个作物体联系成为一个有机整体，在这个体系内有机物和无机离子以水溶状态到达需要的任何部位。

4. 水能使作物保持固有的姿态

植物细胞含有大量水分，可产生静水压，以维持细胞的紧张度，使枝叶挺立，花朵开放，根系得以伸展，从而有利于植物捕获光能、交换气体、传粉受精以及对水肥的吸收。

5. 细胞的分裂和延伸生长需要足够的水

细胞生长需要一定的膨压，缺水可使膨压降低甚至消失，影响细胞分裂及延伸生长而使作物生长受到抑制，导致植株矮小。

6.1.2 作物对水分的吸收

6.1.2.1 作物细胞对水分的吸收

一切生命活动都是在细胞内进行的，吸水也不例外。作物的生命活动是以细胞为基础的，作物对水分的吸收最终也是通过细胞吸水完成的。细胞吸水有三种方式：①渗透性吸水。依靠液泡的渗透性吸水，是细胞吸水的主要方式。②吸胀性吸水。无液泡细胞利用胞内的亲水性物质吸收水分。例如，顶端分生组织和种子。③代谢性吸水。是细胞消耗能量的主动性吸水，占总吸水量的极少部分。

1. 细胞的渗透性吸水

渗透作用是水分子通过半透膜扩散的现象，是水分进出细胞的基本过程。

渗透作用（osmosis）是水分从水势高的系统通过半透膜向水势低的系统移动的现象。渗透现象可以用实验来描述，把蚕豆种皮或猪膀胱紧缚在漏斗上，注入蔗糖溶液，然后把整个装置浸入盛有纯水的烧杯中，漏斗内外液面相等［图6-1（a）］。由于蚕豆种皮是接近半透膜（semipermeable membrane）（即让水分子通过而蔗糖分子不能透过的一种薄膜），所以整个装置就成为一个渗透系统。由于纯水的水势高，蔗糖溶液的水势低，所以烧杯中的水就会通过半透膜向漏斗内移动，漏斗内液面上升。溶液上升到一定高度后就不再上升［图6-1（b）］。这一现象就是渗透作用。因此渗透作用是水分从水势高的系统通过半透膜向水势低的系统移动的现象。渗透作用的发生需要有两个条件：一是半透膜；二是半透膜两边有水势差。

成熟的细胞含有大液泡，液泡中有一定浓度的细胞液，液泡外是原生质层，在讨论细胞吸水时，常把它当作半透膜。这样一个细胞放在水或溶液中时，如果原生质层两边有水势差，就具备了进行渗透作用的条件。当外界溶液水势高于细胞液的水势时，细胞就通过渗透作用吸水。一般情况下，土壤溶液的水势是比较高的，因此根系可从土壤中吸水。但当外界溶液水势低于细胞液的水势时（如一次施用过量的化肥），细胞不仅不能从外界吸水，反会使细胞中的水分外流，从而造成对植物不利的影响。由于一株植物的全身细胞大都是成熟细胞，所以植物吸水，以渗透吸水为主。

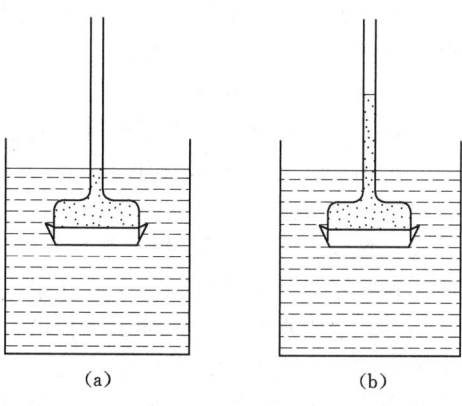

图6-1 渗透现象
(a) 实验开始时；(b) 经过一段时间

作物细胞是一个渗透系统。成熟的作物细胞具有一个大液泡，其细胞壁主要是由纤维素分子组成的微纤丝构成，水和溶质都可以通过；质膜和液泡膜则为半透膜，水易于透过，对其他溶质分子或离子具有选择性。这样，在一个成熟的细胞中，原生质层（包括原生质膜、原生质和液泡膜）就相当于一个半透膜。如果把此细胞置于水或溶液中，则液泡内的细胞液，原生质层以及细胞外溶液三者就构成了一个渗透系统。

当外液浓度低于细胞液浓度时，水分渗入细胞，这种现象称为内渗。反之，液泡中的水分会渗到外液中，这种现象称为外渗。外渗使液泡失水而体积缩小，包在外面的原生质也随之收缩。由于细胞壁与原生质之间有附着力，当原生质收缩时，细胞壁也随之收缩。如果细胞继续失水，因原生质的收缩性比细胞壁的收缩性大，结果就会使原生质与细胞壁分离，这种现象称为质壁分离（图6-2）。在质壁分离时，若增加

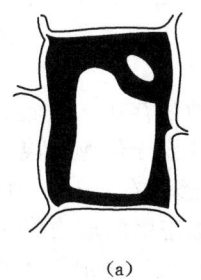 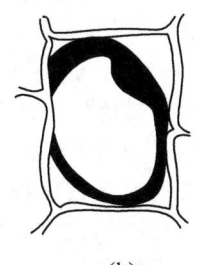

(a)　　　　　　　　(b)　　　　　　　　(c)

图6-2 质壁分离示意图
(a) 正常细胞；(b)、(c) 进行质壁分离中

外液中的水分使其转为内渗,则液泡体积又会逐渐增大,原生质又逐渐紧贴细胞壁,这种现象称为质壁复合。质壁分离和质壁复合的现象也说明作物细胞是一个渗透系统。

植物细胞能够发生质壁分离现象是由于生活细胞的原生质层具有选择透性,细胞死后原生质层的结构受到破坏,任何物质都可以透过,就不能再发生质壁分离。利用质壁分离的方法可以鉴别细胞的死活,测定细胞的渗透势以及原生质黏滞性,还可以观察物质透过原生质的难易程度。

2. 细胞的吸胀性吸水

细胞的吸胀性吸水是未形成液泡的细胞吸水的一种方式,也称吸胀作用。吸胀作用（imbibition）是亲水胶体吸水并使其膨胀的现象。在未形成液泡的细胞中,细胞物质主要是构成细胞壁的纤维素和果胶质、组成原生质的蛋白质,以及储藏的大分子化合物（如淀粉等）。这些物质都是亲水胶体,在它们的表面能吸附很多水分子,使胶体体积膨胀。例如干燥的种子浸在水中,经过一定时间后,细胞壁、原生质和储藏的淀粉等就会吸水膨胀,使种子体积增大。分生组织细胞主要也靠吸胀作用吸水。吸胀性吸水的能力大小与以下因素有关:①胶体物质的亲水性。蛋白质、淀粉和纤维素三者的亲水性依次递减,因此,富含蛋白质的豆类种子吸胀时,体积增大明显超过以淀粉为主要成分的谷类种子。②温度。在一定范围内随温度的增加而增加。③外界溶液的浓度。浓度越高,吸胀吸水能力越小。故土壤溶液浓度过高时（如盐土或过量集中施用化肥）,会妨碍种子吸水。

3. 细胞的代谢性吸水

代谢性吸水（metabolic absorption of water）指植物细胞利用呼吸作用释放出的能量使水分经过质膜进入细胞的过程。关于是否确实存在代谢性吸水,因缺乏直接证据尚存争议。但不少试验证明,当通气良好呼吸作用加强时,细胞吸水增强;而减少氧气或以呼吸抑制剂处理时,呼吸速率下降,细胞吸水减少。由此可见,细胞吸水与原生质代谢强度密切相关。至于代谢性吸水的机理尚不清楚。

4. 细胞的水势

细胞吸水情况决定于细胞水势,植物细胞的水势组成不同于溶液,不同类型的植物细胞的水势组成也不相同。

(1) 典型细胞的水势组成。典型的细胞水势由渗透势（osmotic potential）或者称为溶质势（solute potential）、衬质势（matrix potential）和是压力势（pressure potential）三部分组成,其表达式为

$$\Psi_w = \Psi_s + \Psi_p + \Psi_m \qquad (6-1)$$

式中:Ψ_w 为细胞或组织的水势;Ψ_s 为渗透势,是由于溶质颗粒的存在,降低了水的自由能,因而其水势低于纯水的水势,为负值。渗透势的大小决定于细胞溶液中溶质颗粒（分子或离子）总数。温带生长的大多数作物叶组织的渗透势在$-2 \sim -1$MPa,而旱生植物叶片的渗透势很低,达-10MPa 之多;Ψ_p 是由于细胞壁的压力作用于原生质体所产生的水势变化值。当细胞吸收水分后,原生质体积扩大,对细胞壁产生压力（膨压）,而细胞壁在受膨压作用向外延伸的同时,对原生质体也产生一个反作用力（壁压）,这种壁压的存在增大了细胞的水势,因此在一般情况下压力势为正值。

草本作物叶片细胞的压力势,在温暖天气的下午约为+0.3~+0.5MPa,晚上则为+1.5MPa。在特殊情况下,压力势会等于零或负值。例如,质壁分离时,压力势为零;剧烈蒸腾时,细胞的压力势会呈负值;Ψ_m 是指细胞中的蛋白质、淀粉、细胞壁构成物质等亲水物质及膜系统吸附水分子所降低的水势,也为负值,未形成液泡的细胞具有一定的衬质势,如干燥种子的衬质势可达-100MPa。

(2) 成熟细胞的水势组成。对于已形成中央大液泡的成熟细胞,原生质仅为一薄层,液泡内的大分子物质又很少,衬质已经被水所饱和,其衬质势很大,为-0.01MPa左右,只占整个水势的微小部分,可忽略不计。因此成熟细胞的水势组成可表示为

$$\Psi_w = \Psi_s + \Psi_p \tag{6-2}$$

(3) 风干种子细胞的水势组成。风干种子的细胞既没有溶液,细胞膜又丧失选择透性。渗透势和压力势等于0,因此风干种子细胞水势组成为

$$\Psi_w = \Psi_m \tag{6-3}$$

表6-1为正常情况下测定的一些作物叶片的渗透势和水势值范围。

表6-1　　　　　常见作物叶片的渗透势和水势值范围　　　　　单位:MPa

品　种	渗透势	水　势
小　麦	-1.40~-1.00	-0.60~-0.30
玉　米	-1.10~-0.90	-0.90~-0.40
高　粱	-1.80~-1.20	-0.90~-0.60
旱　稻	—	-1.60~-0.50
糜　子	-1.0~-0.50	-1.20~-0.50
棉　花	-1.30	-0.60~-0.20

注　1. 表中数值均为各种作物正常生长时的测定值。
　　2. 资料来源:西北农业大学植物生理研究室。

细胞含水量不同,细胞体积会发生变化(尤其是嫩叶和细胞壁未木质化的细胞),渗透势和压力势因之也发生改变。现以图6-3说明细胞水势、渗透势和压力势三者在细胞不同体积中的变化。在细胞初始质壁分离时(相对体积=1.0),压力势为0,细胞的水势等于渗透势,两者都呈最小值(约-2.0MPa)。当细胞吸水,体积增大时,细胞液稀释,渗透势增大(使它负得少一些),压力势也增大。当细胞吸水达到饱和时(相对体积=1.5),渗透势与压力势的绝对值相等(约1.5MPa),但符号相反,水势为零,不吸水。

前面已经指出,叶片细胞的压力势在剧烈蒸腾时,是呈负值的(图6-3的虚线部分),因为在蒸腾迅速时,细胞壁表面蒸发失水多于原生质体蒸发失水,所以原生质体不会脱离细胞壁。细胞壁便随着原生质体的收缩而收缩,压力势就从正值变为负值。失水越多,压力势越负。从图6-3左边还可以看出,在上述情况下,水势低于渗透势。

以上表明,细胞 Ψ_w 及其组分 Ψ_p、Ψ_s 与细胞相对体积间的关系密切,细胞的水势不是固定不变的,Ψ_s、Ψ_p、Ψ_w 随含水量的增加而增高,作物细胞很像一个自动调

节的渗透系统。

5. 细胞间水分的移动

水分进出细胞是由细胞与周围环境之间的水势差决定的，水总是从高水势区域向低水势区域移动。若环境水势高于细胞水势，细胞吸水；反之，水从细胞流出。对两个相邻的细胞来说，它们之间的水分移动方向也是由两者的水势差决定的。例如现有相邻的两个细胞 A、B，已知 A 的渗透势为 -1.5MPa，压力势为 0.6MPa，B 的渗透势是 -1.0MPa，压力势是 0.5MPa，经计算知，A 的水势 Ψ_{wA} 为 -0.9MPa，B 的水势 Ψ_{wB} 为 -0.5MPa，$\Psi_{wA} < \Psi_{wB}$，则水从细胞 B 向细胞 A 移动。水势差不仅决定水流的方向，而且影响水分移动的速度。细胞间水势梯度（water potential gradient）越大，水分移动越快；反之则慢。当有多个细胞连在一起时，细胞间的水分转运方向也完全由它们之间的水势差决定。

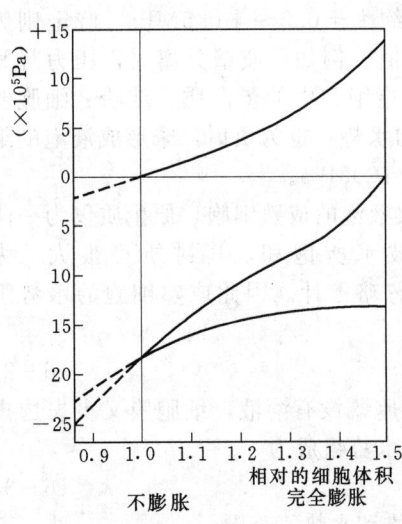

图 6-3 作物细胞的相对体积变化与水势（Ψ_w）、渗透势（Ψ_s）和压力势（Ψ_p）之间的关系的图解

作物细胞的水势变化很大，一方面，不同器官或同一器官不同部位的细胞水势大小不同；另一方面，环境条件对水势的影响也很大。一般来说，在同一植株上，地上器官和组织的水势比地下组织的水势低，生殖器官的水势更低；就叶片而言，距叶脉越远的细胞，其水势越低。这些水势差异对水分进入作物体内和在体内的移动有着重要意义。

6.1.2.2 作物根系的吸水

作物有两条吸水途径：①叶面吸水，作物叶片表面虽然有角质层（cuticle），但当它被雨水或露水湿润后，叶片也能吸水。但是叶片吸水量相对作物的需水量而言，是很微小的，在水分供应上没有重要意义；②根系吸水，它是作物吸水的主要途径，根系在地下形成一个庞大的网状结构，其总面积是地上部分的几十倍。通常一株作物的根在土壤中的小分枝可达千百万，它们在土壤中的分散范围很广，因此，根系在土壤中的吸水能力很强。

1. 根系吸水的部位

根系是作物吸水的主要器官，但并不是根的各部分都能吸水。事实上，表皮细胞木质化或栓质化的根段吸水能力很小，根的吸水主要在根尖进行。在根尖又以根毛区的吸水能力最强，伸长区、分生区和根冠吸水能力较小。根毛区随着根的生长不断前进，老的根毛不断死亡，新的根毛不断产生，根毛的寿命一般只有几天。由于根系主要靠根尖端部分吸水，所以，移栽苗木时为了避免损伤根尖，采用带土移栽能够提高其成活率。

根系生长和根系吸水是紧密联系的两个过程，根系吸水促进根系生长，而根系生长反过来又增加作物根系吸水的土层深度并缩短水分到达根表皮的距离。但是，根系吸收水分或矿质营养元素的量并不随根长或面积的增加而成比例的增加。因为尽管新根在不断产生，但老根也在陆续成熟且其透性也逐渐变小。因此，根系的生长发育、根系密度分布以及根系中老根与新根的比例，根毛与根尖的数量等对根系吸水有重要影响。

2. 根系吸水方式及其动力

根系吸收水分是沿土壤与根木质部间水势梯度下降的方向进行的。作物蒸腾强弱的差异能形成不同的水势梯度，因而造成了两种不同的水分吸收机制，即主动吸水与被动吸水。

（1）主动吸水。它是由于根压的存在，把根部水分压到地上部，土壤中的水便不断补充到根部，由此形成了由根部形成力量引起的根的主动吸水。根压是由于根系的生理活动使液流从根部上升的压力。各种作物的根压大小不同，大多数作物根压不超过 0.1～0.2MPa，而有些树木和葡萄也只有零点几个兆帕。主动吸水主要发生在弱蒸腾条件下，是由于根系的生理活动使溶质在根内的不断积累，使根组织的渗透势低于其周围土壤水分的渗透势造成的水分向根内扩散。

根的主动吸水可由"伤流"和"吐水"现象说明。假若将一株健壮的作物（如玉米），在近地面的基部切断，不久就会有水液从伤口流出，这种从受伤或折断的作物组织溢出液体的现象称为伤流（bleeding），流出的汁液称为伤流液（bleeding sap）。倘若在切口处连接一压力计，即可测出一定的压力（图6-4）。伤流是由根压引起的。不同种类作物伤流液的多少不同。对于同一种作物，根系生理活动强弱、根系有效吸收面积的大小都直接影响根压和伤流量。根系伤流量和成分可以反映根系生理活性的强弱。

在充分供水的田间，作物发生的吐水现象也证明根压的存在。完整的作物在土壤水分充足，土温较高，空气湿度大的早晨，从叶尖或叶边缘排水孔吐出水珠的现象称为"吐水"（图6-5）。如春季的清晨，常可以看到稻田秧苗有吐水现象。吐水现象也可作为作物根系生理活动的指标。

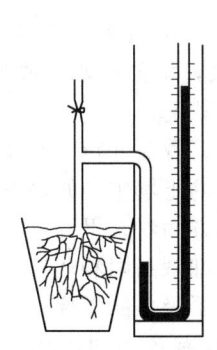

图6-4 根压的示范装置

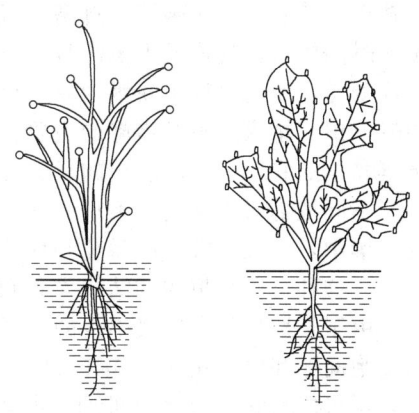

图6-5 水稻、油菜的吐水现象

关于根压产生的原因，目前被普遍接受的解释为：根部薄壁细胞吸水达到饱和时，水势等于零，不再吸水。但是导管四周的活细胞进行新陈代谢，不断向导管分泌无机盐和简单有机物，导管溶液的水势就下降，而附近活细胞的水势较高，所以水分不断流入导管，同样，较外层细胞的水分向内移动。最后，土壤水分沿着根毛、皮层，流到导管，进一步向地上部分运送。

(2) 被动吸水。当作物进行蒸腾作用（指通过作物体的水分蒸发）时，水分便从叶子的气孔和表皮细胞表面蒸腾到大气中去，使叶肉细胞的水势因失水而减小，失水的叶肉细胞便从邻近含水量较多的细胞吸水，如此传递，接近叶脉导管的叶肉细胞向叶脉导管吸水，这种力量通过茎最终从土壤中吸收水分。这种因蒸腾作用所产生的吸水力量称为蒸腾拉力。这种吸水完全是于蒸腾失水而产生的蒸腾拉力所引起的，是由枝叶形成的力量传到根部而引起的吸水，因此被称为根系的被动吸水。

蒸腾拉力是蒸腾旺盛时根系吸水的主要动力，大田作物绝大部分的水是靠蒸腾拉力来吸收的。只有在春季叶片未展开时，蒸腾速率很低的植株，根压才成为主要吸水动力。

3. 影响根系吸水的因素

作物根系吸水受许多因素的影响。除根系自身因素外（如根的木质部溶液的渗透势、根系发达程度、根系对水分的透性程度和根系呼吸速率等），根系吸水还受到大气环境因子和土壤因子的影响。大气因子影响蒸腾速率，从而间接影响根系吸水，而土壤因子则直接影响根系吸水。

(1) 土壤水分状况。土壤中的水分对植物来说，并不是都能被利用的。根部有吸水的能力，而土壤也有保水的本领（土壤中一些有机胶体和无机胶体能吸附一些水分，土壤颗粒表面也吸附一些水分），假如前者大于后者，则吸水，否则不吸水。植物从土壤中吸水，实质上是植物和土壤彼此争夺水分的问题。植物只能利用土壤中可用水分（available water）。土壤可用水分的多少和土粒粗细以及土壤胶体数量有密切关系，粗砂、细砂、砂壤、壤土和黏土的可用水分数量依次递减。

(2) 土壤通气状况。试验证明，用 CO_2 处理根部，可使幼苗的吸水量降低；如通以空气，则吸水量增加。土壤通气不良之所以使根系吸水量减少的原因，是因为土壤缺乏氧气和二氧化碳浓度过高，短期内可使细胞呼吸减弱，影响根压，继而阻碍吸水；时间较长，就形成无氧呼吸，产生和累积较多酒精，根系中毒受伤，吸水更少。作物受涝，反而表现出缺水现象，也是因为土壤空气不足，影响吸水。栽培水稻时，中耕耘田、排水露田等措施的主要目的，就是增加土壤空气，增强吸水、吸肥能力。土壤黏重的农田，掺砂改土的目的之一，就是增加土壤通气状况。

不同植物对土壤通气不良的忍受能力差异甚大，如水稻、香蒲和芦苇在水分饱和的土壤中，生长正常；而番茄和烟草在土粒空隙被水分充满的土壤中，则易萎蔫甚至死亡。这种情况与植物的结构差异和生理区别有关。从结构方面看，忍受能力大的植物，由于长期生长在通气不良的沼泽地带，根部具有较大的细胞间隙和气道，与叶茎的细胞间隙和气道相连，空气可以从叶茎运到根部，满足根系吸水的需要。从生理方面看，可能是它们的呼吸机理有些不同。例如，水稻根部具有较强的乙醇酸氧化途径，氧化乙醇酸，并产生过氧化氢，后者在过氧化氢酶作用下，放出氧气，供根系呼吸用；水稻幼苗在缺氧情况下，细胞色素氧化酶仍保持一定的活性，可能是秧苗耐淹的生理原因之一。

根据上面的讨论可知，土壤中具有足够的可用水分和良好的通气状况，是植物充分吸收水分的必要条件。但事实上土壤中水分和空气的存在是矛盾的，不是水多空气少就是水少空气多。团粒土壤可克服这个矛盾。因为团粒土壤具有大小空隙，在大空隙里除了正在下雨或浇水时以外，都充满着空气。在小空隙里多半有水分，故可同时满足根系的需要。耕作上应尽量使土壤形成团粒结构。

（3）土壤温度。低温能降低根系的吸水速率，其原因是：水分本身的黏性增大，扩散速率降低；细胞质黏性增大，水分不易通过细胞质；呼吸作用减弱，影响根压；根系生长缓慢，有碍吸水表面的增加。春天低温水凉，水稻的水分管理原则之一，就是提高水温和土温。在冷底田栽种水稻生长不良的原因之一，就是土温低，影响禾苗吸水、吸肥。

土壤温度过高对根系吸水也不利。高温加速根的老化过程，使根的木质化部位几乎达到尖端，吸收面积减少，吸收速率也下降。同时，温度过高使酶钝化，细胞质流动缓慢甚至停止。

（4）土壤溶液浓度。土壤溶液含有一定盐分，具有水势。根系要从土壤中吸水，根部细胞的水势必须低于土壤溶液的水势。在一般情况下，土壤溶液浓度较低，水势还是比较高。盐碱土则相反，土壤水分中的盐分浓度高，水势很低，作物吸水困难。在围海造田时，采取灌水洗盐等有效措施去降低土壤溶液浓度。水稻幼苗在含盐量0.2%以下即可正常生长。施用化学肥料时不宜过量，特别是在砂质土，以免根系吸水困难，产生"烧苗"现象。

6.1.3 作物水分的蒸腾

作物吸收的水分，只有约1%用来作为自身的构成部分，绝大部分都是通过地上部分散失到大气中。据计算每制造1kg有机物质要向大气散失水分225kg左右。植物用来制造有机物质的水分不到散失水分的1%。

6.1.3.1 蒸腾作用

蒸腾作用（transpiration）是指作物体内的水分以气态方式从作物的表面（主要是叶子）向外界散失的过程。蒸腾作用虽然基本上是一个蒸发过程，但是与物理学上的蒸发不同，它是一个生理过程，受植物体结构和气孔行为的调节。

1. 蒸腾作用的生理意义

植物在进行光合作用的过程中，必须和周围环境发生气体交换；在气体交换的同时，又会引起植物大量丢失水分。植物在长期进化中，对这种生理过程形成了一定的适应性，以调节蒸腾水量。适当降低蒸腾速率，减少水分损耗，在生产实践上是有意义的。蒸腾作用的生理意义有以下几点：

（1）蒸腾作用是植物对水分吸收和运输的一个主要动力。特别是对高大的作物，如果没有蒸腾作用，吸水便不能进行，作物较高的部分就很难得到水分。

（2）蒸腾作用促进植物对矿物质的吸收和运输。由于矿质盐类要溶于水中才能被植物吸收和在体内运转，蒸腾上升液流有助于根部吸收的无机离子以及根中合成的有机物转运到作物体的各部分，满足生命活动需要。

（3）蒸腾作用能降低植物体和叶片的温度。太阳光照射到叶片上时，大部分能量转变为热能，如果叶子没有降温的本领，叶温过高，叶片会被灼伤。而在蒸腾过程中，水变为水汽需要吸收热量（1g 水变成水蒸气需要吸收的能量，在 20℃ 时是 2444.9J，30℃ 时是 2430.2J），因此，蒸腾能够降低叶片的温度。

（4）蒸腾作用的正常进行，气孔开放，有利于光合作用中 CO_2 固定。

可见，在其他条件适宜的情况下，蒸腾作用可以促进作物生长发育。但因其不可避免地会引起作物体内水分大量散失，所以在水分不足时，便会给作物造成伤害。适当降低蒸腾速率，减少水分消耗，在生产实践上具有重要意义。

2. 蒸腾作用的度量

常用的衡量蒸腾作用的定量指标有以下几种。

（1）蒸腾速率。作物在一定时间内，单位叶面积通过蒸腾作用所散失的水量称为蒸腾速率，也可以称为蒸腾强度，一般用 $g/(m^2 \cdot h)$ 或 $mg/(cm^2 \cdot h)$ 表示。现在国际上通用 $mmol/(m^2 \cdot s)$ 来表示蒸腾速率。植物在白天的蒸腾速率较高，一般约为 $15\sim250g/(m^2 \cdot h)$，而夜间较低，约为 $1\sim20g/(m^2 \cdot h)$。

（2）蒸腾效率。作物每消耗 1kg 水所生产干物质的克数。或者说，作物在一定生长期内所累积干物质量与同期所消耗的水量之比称为蒸腾效率或蒸腾比率。一般作物的蒸腾效率是 $1\sim8g/kg$。蒸腾效率越高，表示作物制造干物质越多，水分利用越经济。

（3）蒸腾系数。又称需水量，是指植物制造 1g 干物质所消耗水分的克数。它是蒸腾效率的倒数。一般野生植物的蒸腾系数是 $125\sim1000$，大部分作物的蒸腾系数是 $100\sim500$。木本植物的蒸腾系数较草本植物小，C4 植物又较 C3 植物小。蒸腾系数越小，作物对水分利用越经济，水分利用效率越高。

表 6-2 列出了几种常见作物的蒸腾系数，表中的数据是各作物不同生育期的平均值。事实上，作物在不同生育期的蒸腾是不同的，在旺盛生长期，由于干重增加快，所以蒸腾系数小，而在生长较慢，特别是温度较高时，蒸腾系数就变大。研究作物的蒸腾系数，对于农业区划、作物布局及田间管理都有一定的指导意义。

表 6-2　　　　　　　　　几种常见作物的蒸腾系数（需水量）

作物	蒸腾系数	作物	蒸腾系数
水稻	211～300	油菜	277
甘薯	248～264	大豆	307～368
小麦	257～774	蚕豆	230
大麦	217～755	马铃薯	167～659
高粱	204～298	向日葵	290～705
玉米	174～406	甘蔗	125～350

6.1.3.2 蒸腾作用的部位

作物体的各部分都有潜在的蒸腾水分的能力。幼小植物地上部的全部表面都能蒸腾。对于成年植株，茎枝形成木栓枝，通过茎枝上的皮孔进行蒸腾称为皮孔蒸腾，约占蒸腾量的 0.1%；通过叶片表面上的气孔进行的蒸腾称为气孔蒸腾，约占总蒸腾量的 90% 以上；通过叶片表面的角质层进行的蒸腾称为角质蒸腾，约占总蒸腾量的 5%

~10%。所以,作物的蒸腾作用绝大部分是在叶面上进行的。

叶片上的角质层本身不易使水分通过,但是角质层中间杂有吸水能力大的果胶质,同时,角质层也有孔隙,可使水分通过。角质蒸腾和气孔蒸腾在叶片中所占的比重,与作物的生态条件和叶片年龄有关,实质上是与角质层厚度有关。例如,幼嫩叶子的角质蒸腾能达到总蒸腾量的1/3~1/2。生长在潮湿环境的作物,角质蒸腾往往超过气孔蒸腾。水生作物的角质蒸腾也很强烈。遮阴叶子的角质蒸腾能达到总蒸腾的1/3。但是除上述情况外,对于一般作物的成熟叶片,角质蒸腾仅占总蒸腾量的5%~10%,因此,气孔蒸腾才是作物叶片蒸腾的主要形式。

气孔是作物叶表皮组织上的两个特殊的小细胞即保卫细胞(guard cell)所围成的一个小孔,其形态结构和特点有:①气孔数目多,分布广。气孔数目、大小、分布因植物种类和生长环境而异。②气孔的面积小,蒸腾速率遵循小孔律。③保卫细胞的体积小,膨压变化迅速。④保卫细胞具有多种细胞器,特别是含有叶绿体,对气孔开闭有重要作用。⑤保卫细胞具有不均匀加厚的细胞壁及微纤丝结构。⑥保卫细胞与周围细胞联系紧密,便于物质及水分的交流。

不同作物气孔的类型、大小和数目不同。大部分作物叶的上下表面都有气孔,但不同类型的作物其叶上下表面气孔数量不同。有些作物,特别是木本作物,通常只在下表面有气孔。一般 $1mm^2$ 叶面上有 50~500 个气孔。当气孔完全开放时,其总面积只占叶子总面积的1%左右,但其蒸腾量却可达与叶面积相同的自由水面蒸发量的50%,这是由于小孔扩散的边缘效应。它使水汽不仅由气孔上方逸出,还沿气孔边缘向周围扩散,在气孔上形成半球形的蒸气笼罩层。同时,由于各个气孔间的距离通常是气孔直径的10倍以上,所以各个气孔的边缘效应也互不干扰,这样一来,小孔扩散的有效面积,就要比气孔面积大几十倍,所以气孔的蒸腾速度要比同面积的自由水面的蒸发速度快得多。

6.1.3.3 气孔运动及其机理

1. 气孔运动

气孔的运动即气孔的开闭对蒸腾作用和气体交换起重要的调节作用。气孔的运动是与组成气孔的保卫细胞的结构等特点及水势变化密不可分的。

气孔保卫细胞在很多方面与其他细胞(如叶肉细胞、副卫细胞等)不同。保卫细胞的体积比其他细胞小得多。也就是说,只有少量的可溶性物质进出保卫细胞,就会引起比其他细胞大得多的膨压变化。

保卫细胞具有整套的细胞器,而且保卫细胞中的细胞器的数目比其他表皮细胞中的多。据观察,高等植物保卫细胞的细胞壁具有不均匀加厚的特点,单子叶植物的保卫细胞呈哑铃形[图6-6(b)],中间部分细胞壁厚,两端薄,保卫细胞吸水膨胀时,较薄的外壁易于膨胀伸长,使细胞向外弯曲,这时靠气孔一方的厚壁不仅不能向气孔方向膨胀,而且还被弯曲的细胞向与气孔相反的方向拉,于是气孔张开;当保卫细胞失水过多而体积缩小时,胞壁拉直,气孔就关闭。双子叶植物呈新月形[图6-6(a)],靠气孔一侧的内壁厚,背气孔一侧的外壁薄。吸水时会使两头膨大而中间彼此离开,于是气孔张开;失水时两头体积缩小而中间部分合拢,气孔就关闭。

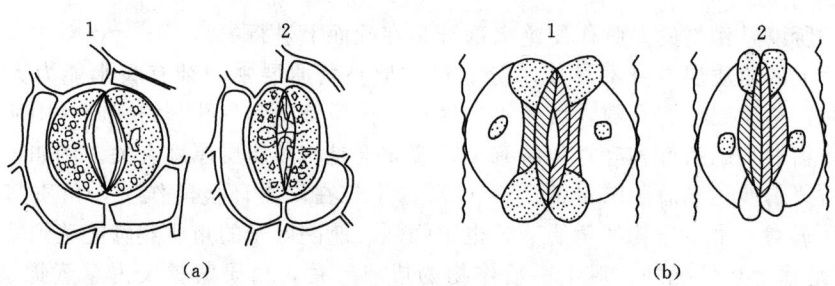

图 6-6 双子叶作物与单子叶作物的气孔结构示意图
(a) 双子叶作物；(b) 单子叶作物
1—气孔开放；2—气孔关闭

2. 气孔运动的机理

气孔运动离不开保卫细胞水势变化，对引起这种变化的机理曾提出过多种学说，目前主要有以下几种学说：

(1) 光合作用促进气孔开放的学说。气孔开放与光合作用密切相关。光合作用使保卫细胞中糖的浓度增加水势降低，从而保卫细胞吸水，导致气孔开放。这个学说得到了一些试验的支持。例如，气孔开放的作用光谱常常与光合作用的作用光谱相一致；保卫细胞中缺乏叶绿素的黄化叶片即使在光下也不能进行光合作用，气孔亦不开放；凡是影响光合过程的化学药物都影响气孔开放，如光合作用抑制剂 DCMU [3—(3',4—二氯苄基)—1, 1—二甲基脲] 也对气孔运动产生抑制作用。但是，这个学说也存在一定的问题：①光合时保卫细胞产生的糖能否使水势变化到足以引起气孔张开的程度；②非 CAM 代谢类型的植物在暗中气孔也能开放。

(2) 淀粉与糖转化学说。气孔运动的蔗糖—淀粉假说最初是由植物生理学家 F. E. Lloyd 在 1908 年提出的，认为气孔运动是由于保卫细胞中蔗糖和淀粉间的相互转化而形成的渗透势改变而造成的。由于保卫细胞中有叶绿体，而一般表皮细胞不含叶绿体，在光下，保卫细胞的叶绿体进行光合作用消耗 CO_2，使保卫细胞细胞质 pH 值增高，淀粉磷酸化酶便水解淀粉为葡萄糖—1—磷酸（该酶在 pH 值为 6.1～7.3 时促进淀粉水解作用），引起保卫细胞渗透势下降，水势降低，从周围细胞吸取水分，保卫细胞膨大，气孔张开。在黑暗中，保卫细胞中的光合作用停止，而呼吸作用仍进行，呼吸产生的 CO_2 积累，使保卫细胞细胞质 pH 值下降，淀粉磷酸化酶便把葡萄糖—1—磷酸和磷酸合成为淀粉（该酶在 pH 值为 2.9～6.1 时合成作用占优势），溶质颗粒数目减少，细胞渗透势提高，水势增大，细胞失水，膨压丧失，气孔关闭。淀粉—糖互变学说可用以下公式表示

$$\underset{(气孔关闭)}{淀粉 + 磷酸} \underset{pH 值降低}{\overset{pH 值升高}{\underset{\xleftarrow{\hspace{1cm}}}{\xrightarrow{淀粉磷酸化酶}}}} 葡萄糖 - 磷酸 \xleftrightarrow{可逆} 磷酸 \qquad (6-4)$$

(3) K^+ 累积学说。近年来的进一步研究发现，在保卫细胞中并未检测到糖的存在，相反却发现 K^+ 在保卫细胞中大量积累。同时证明，在已研究过的情况下（如光、温、CO_2 浓度等）气孔开放和 K^+ 向保卫细胞的转运都极其相关。于是依据科研事实提出了气孔开张的 K^+ 积累学说，即在光下保卫细胞质膜上存在的 H^+—ATPase

被激活，水解保卫细胞中由光合磷酸化和氧化磷酸化生成的 ATP，产生的能量将 H^+ 从保卫细胞分泌到周围细胞中，保卫细胞 pH 值就升高，质膜内侧电势变得更低，周围细胞的 pH 值也降低。它驱动 K^+ 从周围细胞经保卫细胞质膜上内向 K^+ 通道（inward K^+ channel）进入保卫细胞，保卫细胞 K^+ 浓度增加，水势降低，保卫细胞吸水，气孔张开。在 K^+ 进入保卫细胞的同时，还伴随着等量负电荷的阴离子进入，以维持保卫细胞电中性，这也具有降低水势的效果。在黑暗中，光合作用停止，H^+—ATPase 得不到所需的 ATP 而停止做功，保卫细胞质膜去极化（depolarization），驱使 K^+ 经外向 K^+ 通道（outward K^+ channel）向周围细胞转移，并伴有阴离子的释放，保卫细胞水势升高，保卫细胞失水，气孔关闭。

(4) 苹果酸代谢学说。20 世纪 70 年代初以来，人们发现苹果酸在气孔开闭运动中起着某种作用（图 6-7）。在光照下，保卫细胞内的部分 CO_2 被利用时，pH 值就上升至 8.0～8.5，从而活化了 PEP 羧化酶，它可催化由淀粉降解产生的 PEP 与 HCO_3^- 结合形成草酰乙酸，并进一步被 NADPH 还原为苹果酸。苹果酸解离为 $2H^+$ 和苹果酸根，在 H^+/K^+ 泵驱使下，H^+ 与 K^+ 交换，保卫细胞内 K^+ 浓度增加，水势降低；苹果酸根进入液泡和 Cl^- 共同与 K^+ 在电学上保持平衡。同时，苹果酸的存在还可降低水势，促使保卫细胞吸水，气孔张开。当叶片由光下转入暗处时，过程逆转。近期研究证明，保卫细胞内淀粉和苹果酸之间存在一定的数量关系。即淀粉、苹果酸与气孔开闭有关，与糖无关。

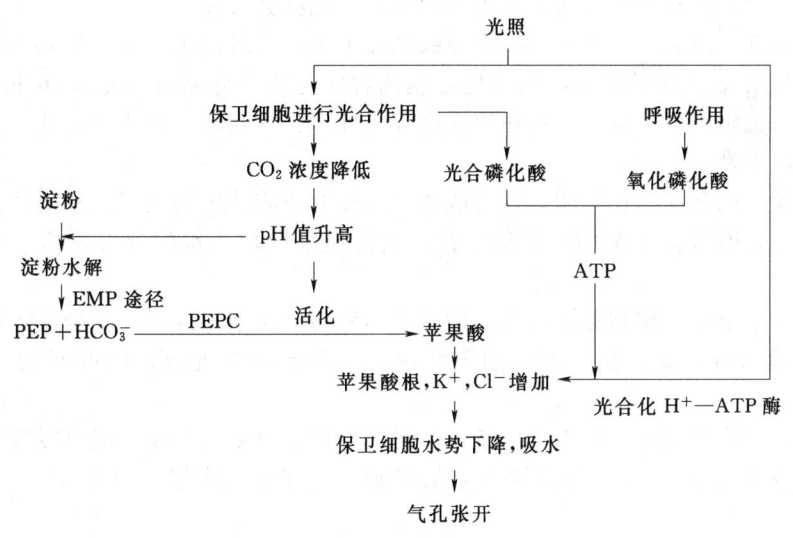

图 6-7 光下气孔开启的机理

(5) 激素 ABA 对气孔运动的调节。用微摩尔浓度的植物激素 ABA 处理叶片可以引起气孔的关闭。ABA 对气孔运动，特别是在发生水分亏缺的情况下有重要的生理功能。脱落酸参与许多生理过程的调节，其中有类似种子成熟等长期过程，也有类似气孔关闭等短期过程。对于长期生理过程，肯定有脱落酸诱导基因的参与；而快速的生理反应可能是脱落酸诱导的质膜两侧的离子流动的结果；但是无论基因诱导还是离子流控制，都需要脱落酸的信号传递过程，即使脱落酸与受体结合，诱导包括第二信使参与的信号传递和放大过程。近年来关于脱落酸作用的分子机制的研究取得显著的进展。

必须指出的是，气孔运动的机理是极其复杂的，当前的一些学说还远不能全面解释其真相，有待进一步研究。

3. 影响气孔运动的因素

气孔的运动受到各种环境因素的影响，凡是影响光合作用和叶子水分状况的因素，都会影响气孔的运动。

(1) 光照。光照是引起气孔运动的主要环境因素。大多数作物的气孔在光照下张开，而在黑暗下关闭。气孔在清晨张开的过程大约需要1小时，而关闭的过程则延续整个下午，逐渐地进行。因为它促进糖、苹果酸的形成和 K^+、Cl^- 的积累。一般情况下，气孔在光照下张开，在黑暗中关闭。

(2) CO_2。低浓度 CO_2 可以导致大多数植物气孔张开。即使在黑暗条件下，用无 CO_2 的空气处理叶片同样会引起气孔的张开。而用高浓度的 CO_2 处理则会使气孔部分关闭。但是如果气孔完全关闭，用无 CO_2 的空气处理却无法使气孔张开，说明对气孔运动起作用的是气孔下空间的 CO_2 浓度，而不是叶面 CO_2 的浓度。

(3) 空气温度。许多作物对大气中水蒸气压非常敏感。当空气干燥，空气中水蒸气压和气孔下空间水蒸气压之间的差值达到一定阈值时，气孔就会关闭。当发生水分亏缺时，无论其他有关气孔运动的因素如何，气孔都会关闭。

(4) 温度。高温 (30~35℃) 会导致气孔关闭，这可能是一种间接的影响。高温可能使水分散失的速率增加，或者使细胞的呼吸增加，导致叶内的 CO_2 浓度增加，从而使气孔关闭。但是也有一些作物在高温条件下，气孔反而会张开，结果蒸腾速率加快使叶温下降。

(5) 风。风会使气孔关闭，这可能也是间接的影响。因为风可以降低气孔对气体的扩散阻力，因而使叶内 CO_2 浓度增加，此外风也会加速水的散失，结果导致气孔的关闭。

(6) 土壤条件。作物蒸腾与根系的吸水有密切的关系。因此，凡是影响根系吸水的各种土壤条件，如土温、土壤通气状况、土壤溶液浓度等，均可间接影响蒸腾作用。

总之，气孔开闭受多种因素影响，其运动机理十分复杂。在一般温暖晴朗的天气里，大多数作物气孔运动的规律是早晨开放，上午开得最大，中午略闭，日落时关闭。

作物的气孔开闭应尽可能适当，以保证光合作用和蒸腾作用的正常进行。近年来有不少人在研究气孔开闭的化学调节，即利用化学药剂来调节气孔的开闭，以便解决光合作用与失水的矛盾，从而达到增产和省水的目的。

6.1.4　作物体内水分传输

植物根系从土壤中吸收的水分，必须运输到茎、叶和其他器官，供给植物生命需要或通过蒸腾作用散失到体外。

6.1.4.1 水分运输的途径

水分运输的途径是土壤→根毛→根的皮层→根的中柱→根的导管或管胞→茎的导管或管胞→叶的导管或管胞→叶肉细胞→叶细胞间隙→气孔下腔→气孔→大气。因此，土壤中水分的散失，主要是通过土壤→植物→大气连续体系进行的。

图6-8标明了水分从根向到地上部运输的途径。这一途径可分为两部分：一部分是导管或管胞的输导系统，这段距离较长，是由一些中空的无原生质体的死细胞组成，细胞和细胞之间都有纹孔相通，对水分运输的阻力很小，适于水分长距离运输，即所谓

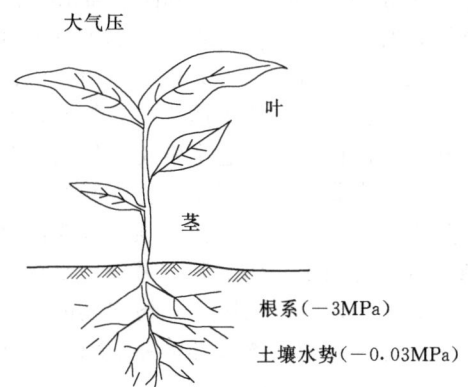

图6-8 土壤和植物体中水流及水势分布示意

的质外体部分。裸子植物具有管胞，被子植物具有导管，因此这些植物可长到数十米甚至百米以上。另一部分是由活细胞组成的，即根毛→根皮层→根中柱以及由叶脉导管到叶肉细胞→叶细胞间隙，即共生体运输。这段距离较短，但由于细胞内有原生质体，水分运输的阻力很大。根部活细胞对水分运输的阻力比叶片活细胞的更大，是由于根部内皮层细胞的凯氏带阻碍水通过。因此，在强光和高温条件下，蒸腾散失的水分往往大于根系吸收的水分，使植物发生萎蔫现象。

6.1.4.2 水分运输的动力

植物体内水分运输的动力有两种：一种是下部的根压；另一种是上部的蒸腾拉力。

植物的根压能使水进入木质部，但根压仅有 0.1~0.2MPa，只能使水分上升到有限的高度（约20m），不足以将水升到几十米的高大树木的顶部。在幼苗和尚未展叶的树木，以及在蒸腾强度低时，根压是水分上运的动力。而在高大树木，或蒸腾强烈时，水分上升的动力主要是蒸腾拉力。

水分是沿水势梯度从土壤通过植物流向大气的。与土壤水势比较，大气水势是很低的。从土壤到大气，水分越向上运，其水势越低。这就提供水分在植物体内上升至叶片的力量。蒸腾拉力是指当气孔附近的叶肉细胞，因蒸腾作用散发水分后，水势降低，于是就从旁边的细胞吸取水分。同理，这个细胞又从另一细胞吸水，这样依次下去，便可从导管夺取水分。因此，蒸腾越强，失水越多，植物顶部的水势越小，从导管拉水的力量越强。

蒸腾拉力要把下部的水分沿茎的木质部拉上去，导管中的水分必须形成连续的水柱。否则，水柱一中断，便无法把水拉上去。

通常用内聚力学说（cohesion theory）来解释植物体内水分上运时水柱不断的问题（图6-8）。水分子间具有相互吸引的力量，这是水的内聚力。水柱的一端受到蒸腾拉力的同时，水柱内的内聚力又使水柱下降，这样上拉下拽便使水柱产生张力。水柱张力比内聚力小，所以水柱不会中断。这种以水分具有较大的内聚力保证由叶至根水柱不断来解释上分上升原因的学说，称为内聚力学说，亦称蒸腾—内聚力—张力学

说（transpiration - cohesion - tension theory），是英国 H. H. Dixon 提出的。对这个学说，有人提出不同的看法：①水分上升是否也有活细胞参与？有人认为导管和管胞周围的活细胞对水分上升也起作用；但许多研究指出，植物的茎部局部死亡后，水分也能运输到叶片。②木质部中有气泡，水柱不可能连续，为什么水分仍继续上升？但是有更多的试验支持这个学说。他们认为，水分子间具有内聚力，水分子与细胞壁分子之间又有附着力，因而水柱中断的机会很小；并且在张力的作用下，除了在导管腔产生连续水柱外，在其他空隙也有连续水柱，虽然空气进入导管腔，大水柱中断，但通过微孔的小水柱仍上升。另外，水分上升并不需要全部木质部起作用，只要部分木质部起作用即可。实际上，树木茎内许多木质部管道是被气体堵塞后，水柱中断，只有年轮外围幼嫩的木质部输导组织的水柱连续。

6.1.5 作物的水分平衡

在正常情况下，作物一方面蒸腾失水，另一方面又不断地从土壤中吸收水分，这样就在作物生命活动中形成了吸水与失水的连续运动过程。一般把作物吸水、用水、失水三者的动态关系称为水分平衡。

作物对水分的吸收和散失是相互联系的矛盾统一过程。吸水过多或失水过多都对作物生长不利。只有吸水与失水维持动态平衡（即失水与吸水相等）时，作物才能进行旺盛的生命活动。但是作物生长在一个多变的周围环境中，作物体内的水分平衡通常是有条件的、暂时的和相对的，而不平衡则是经常的和绝对的。因此，在农林生产上，如何通过各种栽培措施以维持作物在一定含水量基础上的体内水分平衡，就成为保证农业高产稳产的重要问题。

维持作物水分平衡的办法：一是增加吸水；二是减少蒸腾。通常应以前者为主，因为任何减低蒸腾的办法都不免降低作物的光合，因而影响作物的生长和产量，所以兴修水利，保证灌溉是解决这一问题的主要途径。如果不能灌溉，就要根据作物的需要和水分来源来安排作物的种植，近年来发展的旱地农业就综合考虑了水分的平衡关系。但在特殊情况下，例如在干旱缺水危及生命之时，或在育苗移栽时损失了大量根系的情况下，减少蒸腾失水也是可取的方法。如移栽作物时，搭棚遮阴，或剪去一部分枝叶，进行覆盖，在傍晚及阴天时进行移栽等。

总之，解决作物水分问题，也就是保持水分平衡问题，一般从保证和增加供水及减少蒸腾两方面入手。增加供水除灌溉外还有蓄水——防止渗漏、径流，保墒——防止蒸发，除草——防止无益消耗，经济用水——适时适量等。发展节水技术如喷灌、滴灌既有供水又有减少蒸腾防止蒸发的效果，是值得特别注意的。

6.2 作物与水的生态关系

6.2.1 水对作物的生态作用

水对植物的重要性除生理作用外，还有其生态作用。水对植物的生态作用就是通过水分子的特殊理化性质，对植物生命活动产生重要影响。其主要作用如下。

1. 水是作物的体温调节器

水分子具有很高的汽化热和比热，因而在环境温度波动的情况下，作物体内大量的水分可维持体温相对稳定。例如,在烈日曝晒下,通过蒸腾散失水分以降低体温,使作物不易受高温伤害。

2. 水对可见光的通透性

水对红光有微弱的吸收,但对可见光吸收很少。对于水生植物,在相当澄清的水中仍能吸收光合有效辐射;对作物来说,阳光可通过无色的表皮细胞到达叶肉细胞叶绿体进行光合作用。

3. 水对作物生存环境的调节

水分可以增加大气湿度、改善土壤及土壤表面大气的温度等。在作物栽培中,利用水来调节作物周围小气候也是农业生产中行之有效的措施。例如,越冬时作物灌水可保温抗寒。盛夏给大田喷雾(水)可以改变作物周围的湿度,增大气孔开度,减少或消除午休现象。

作物对水分的需要,包括了生理需水和生态需水两个方面。满足作物的需水对作物的生命活动有着重要意义。在农业生产中一定要注意调节作物的水分平衡,同时改善作物生存的环境条件,这是夺取农业丰产稳产的重要保证。

6.2.2 作物生长发育与水的关系

作物从种子发芽到新种子成熟的一生中,其生长发育状态与水有着十分密切的关系。大多数休眠种子必须吸收足够的水分才能恢复生命活动。种子萌发需要更多的水分使种皮软化,氧气透入,随着水分的增加,呼吸加强。同时水分能使种子内凝胶状态的原生质向溶胶状态转变,使生理活性增强,促进种子萌发。

土壤含水量的多少,直接影响根系的发育。当土壤含水量降低到田间持水量以下时,根系生长速度显著增快,根冠比率相应增大。在土壤较干的地方,根系往往较发达,主要的长度可比地上部分的高度大几倍甚至十几倍,并且根系扩展的范围广,以吸收更大范围的土壤水分。苗期适当干旱,土壤疏松,有利于根系生长。土壤水分过多,通气不良,根系生长受阻,水稻在长期淹水、氧气缺乏的土壤中,一般多长出生命力弱的黄根,甚至出现很多黑根,而在水、气较协调的稻田中,则能长出一些生命力强的白根。

土壤水分状况也明显地影响作物茎叶的生长。当土壤水分缺乏时,茎叶生长缓慢,水分过多时往往使作物茎秆细长柔弱,后期容易倒伏。水分对作物生长有一个最高、最适和最低的基点。低于最低点,作物生长停止,甚至枯死。高于最高点,根系缺氧、窒息、烂根,植株生长困难甚至死亡。只有处于最适范围内,才能维持作物的水分平衡,保证作物生长发育良好。

土壤含水量对各种生理活动的影响是不一致的。大多数作物的生长最适含水量较高,蒸腾最适土壤含水量较低,而同化的最适含水量则更低。所以当土壤有效水分减少时,对生长的影响最大,其次是蒸腾,再次是同化。实验表明,在作物萎蔫前蒸腾量减少到正常的65%,同化减少到55%,而此时呼吸却增加62%,从而导致生长基本停止。

土壤含水量还影响作物的产品质量。作物氮素和蛋白质含量与土壤含水量有直接关系。以小麦为例,在生长期土壤含水量较小时,小麦的氮素和蛋白质含量都有所增加，说明在大陆性气候的少雨地区，有利于氮和蛋白质的形成和积累。

碳水化合物和土壤含水量的关系与蛋白质不同。土壤含水量减少时，淀粉含量相应减少，同时木质素和半纤维有所增加，纤维素不变，果胶质则减少。

脂肪含量与蛋白质的含量相反，土壤含水量增高时，脂肪含量和油的碘价（每一百克植物油因其所含不饱和脂肪酸的种类多寡不同所吸收碘的克数，碘价高则油质好）都有增高的趋势。

纤维作物的纤维似乎也是在较干旱的环境下才比较发达。棉花和黄麻最适生长的土壤水分比纤维发育的最适水分要高。在土壤含水量较低的情况下，作物的导管发达，输导组织充实，纤维质量好。

6.2.3 干旱和水分过多对作物的危害
6.2.3.1 干旱对作物的危害及作物的抗旱性

干旱是一种气候状况，基本特点是土壤缺水，大气干燥，由此导致作物耗水大于吸水时，体内就出现水分亏缺。这种导致作物过度水分亏缺的现象，称为干旱（drought）。

1. 干旱的类型

根据引起水分亏缺的原因，可将干旱分为以下三种类型：

（1）大气干旱。指气温高、光照强、大气相对湿度过低（10%～20%）时，尽管土壤中有可利用水分，根系活动也正常，但因作物蒸腾强烈，失水远大于根系吸水，使作物体内发生严重水分亏缺，甚至发生凋萎或死亡。

（2）土壤干旱。指土壤中可利用水的缺乏或不足，使作物根系吸水困难，体内水分亏缺严重，正常的生命活动受到干扰，生长缓慢或完全停止，甚至死亡。

（3）生理干旱。指作物根系正常生理活动受到阻碍，即使土壤中有可利用水，根系也不能吸收，致使作物体内缺水受旱的现象称为生理干旱。如由于土壤温度过低、土壤溶液离子浓度过高（如盐碱地或施肥过多）、或土壤缺氧（如土壤板结、积水过多）等因素的影响。

2. 干旱程度

干旱程度一般用干旱指标来表达。干旱指标在干旱分析中起着量度、对比和综合等重要作用。常用的农业干旱指标主要有：

（1）作物旱情指标。通过观察作物生长状况判定是否发生干旱。这类指标可以分为作物形态指标和作物生理指标两大类，作物形态指标是定性地利用作物长势、长相来进行作物缺水诊断的指标；作物生理指标是包括利用叶水势、气孔导度、产量、冠层温度等建立的指标。

（2）农作物水分指标。农作物水分是衡量作物是否干旱的一个重要指标，其表达式为

$$D = \frac{P - R_c - \dfrac{\bar{\theta}_0}{\rho_g} + R_g}{ET + \dfrac{\theta_m}{\rho_g}} \tag{6-5}$$

式中：D 为某生长期的农作物水分指标；P 为相应生长期的降水量，mm；R_c 为该作

物生长时段的地表径流量和深层渗漏量（无效降雨量），mm；$\bar{\theta}_0$ 为作物生长时段初的土层平均含水量（以重量%计）；ρ_g 为该作物生长的土壤条件下，每毫米降水量所增加的土壤含水量；R_g 为作物生长期内地下水补给量，mm；ET 为作物生长时段内维持正常生长所需水量，即作物的蒸发蒸腾量，mm；θ_m 为作物在该生长时段所要求的适宜土壤含水量（以重量%计）。

式（6-5）的物理意义明确，D 值即为作物生长时段内实际提供给作物水量与保证作物正常生长所需要的水量之比。$D \approx 1$ 时说明水分条件基本能保证作物正常生长。若 D 值偏离 1 较大则认为作物已受旱或涝。这一指标综合考虑了大田水量平衡的各个因素，并与作物需水量相联系，在我国旱作农业区应用较广。表 6-3 为作物水分指标 D 值关于干旱的分类。

表 6-3　　　　　　　　用作物水分指标 D 值划分干旱

D	分类	D	分类
<0.5	干旱	0.8～1.3	正常
0.5～0.8	半干旱	>1.3	水分过多

3. 干旱对作物的伤害

(1) 破坏原生质的机能。在高温缺水条件下，原生质的水合力降低，胶粒分散度变小，原生质由溶胶态向凝胶态变化，从而使原生质的生理机能遭到破坏。

(2) 改变各种生理过程。水分不足时，会使气孔关闭，蒸腾减弱，光合作用显著下降，而水解作用加强，呼吸消耗增多，细胞代谢和生长发育受阻。

(3) 引起体内水分重新分配。干旱时作物各部位的水分重新分配，一般是幼叶向老叶夺取水分，使老叶提前凋萎，减少光合面积。幼叶还向其他组织夺水，使这些组织受害。例如禾谷类作物幼穗分化期受旱，会使小穗数和小花数减少；灌浆时缺水，使籽粒灌浆困难，对产量影响均很大。

(4) 使细胞遭受机械损伤。对于细胞壁较硬的细胞，当干旱缺水，细胞收缩到一定程度时，细胞壁会停止收缩，而原生质继续收缩，这样原生质就会被拉破。如果细胞壁薄而软，它就会与原生质一起向内尽量收缩，整个细胞折叠的像手风琴一样，原生质也会受到机械损害而死亡。那些在干燥中尚能生存的细胞，当再度吸水，尤其是骤然大量再度吸水时，由于细胞壁吸水膨胀的速度远超过原生质体吸水膨胀的速度，所以细胞会再次遭受机械损害，即细胞壁突然向外扩张而把原生质撕破，使细胞死亡。

4. 作物的抗旱性

各种作物对干旱都有一定的抵抗能力，即具有一定的抗旱性（drought resistance）。作物的抗旱性涉及作物形态、结构和生理等多方面的特性。一般来说，适应于干旱条件的形态结构是：根系发达而深扎，根冠比大，叶片细胞小，叶脉致密，单位面积气孔数目多。适应于干旱条件的生理特征是：细胞液的渗透势低（抗过度脱水），在缺水情况下气孔关闭较晚，光合作用不立即停止和酶的合成活动仍占优势（仍保持一定水平的生理活动，合成大于分解）。概括而言，作物的抗旱性可区分为御旱和耐旱两大类，而每一类中又可分为若干具体途径或不同的形成机制。

作物耐旱能力随种类不同而有明显差异，同一作物的不同类型和品种以及不同的生育阶段，其耐旱能力也不同。生产上可以通过一些措施来提高作物的抗旱性，如播前对种子进行干旱锻炼，在作物苗期进行蹲苗，合理施用矿质肥料等，但是选育抗旱品种是提高作物抗旱性的最根本途径。

一般来说，农作物在播种期、水分临界期和灌浆成熟期遇到干旱，所受到的危害最大。

(1) 播种期干旱。农作物种子发芽的必要条件，是从土壤中吸收足够的水分，因此，土壤水分不足会影响作物的适时播种。即使将种子勉强播入土壤中，也会因缺水而推迟发芽和出苗，或因出苗率降低而难保全苗，或因种子在土壤中时间过长而导致死种、烂种和虫害损失等。种子刚刚发芽出苗时，幼苗根系发育不全，如遇干旱，也会引起幼苗死亡，从而导致严重缺苗。全苗是作物丰产对群体数量的要求，壮苗是作物丰产对个体质量的要求，只有获得全苗和壮苗，才能为作物丰产奠定牢固的基础。所以，播种期干旱对作物造成的损失是十分严重的。

(2) 水分临界期干旱。作物在不同的生长发育时期，对水分的敏感程度并不一样，将一种作物对水分供应最敏感的时期，称为该作物的水分临界期。在水分临界期内，水分不足或过多，对作物产量的影响最大。值得注意的是，水分临界期并不一定是作物需水量最多的时期，作物需水量的多少和水分对作物产量影响的大小是两个不同的概念。有些作物的水分临界期与其需水量最大时期是吻合的，有些作物则不一致。几种主要作物的水分临界期分别是：小麦为孕穗到抽穗期，玉米为开花到乳熟期，高粱、粟谷为抽穗到灌浆期，棉花为开花到成铃期，大豆、花生为开花期，水稻为抽穗到开花期，向日葵为花盘形成到开花期，马铃薯为开花到块茎形成期，甜菜为抽薹到开花末期，番茄为结实到果实成熟期，瓜类作物为开花到成熟期。掌握各种作物的水分临界期，有助于人们有针对性地加强水分管理，以减轻水分多寡对作物产量的影响。

(3) 灌浆成熟期干旱。各种作物的灌浆成熟期都是需水量最大的时期，此期遇旱将严重影响作物产量。尤其是对一些水分临界期与需水量最大时期并不吻合的作物来说，千万不可只注意水分临界期的水分管理而忽视需水量最大时期的水分供应。灌浆成熟期干旱，会阻碍作物的光合作用强度，影响植株体内营养向籽粒（果实）的输送，最终造成籽粒（果实）变小、秕粒增多、品质下降、产量降低。因此，作物生长后期遇到干旱时，应当及时灌溉。

6.2.3.2 水分过多对作物的危害

水分过多会对作物造成渍害和涝害。所谓渍害是指土壤水分达到饱和时对植物（一般指旱作物）的危害；而涝害是指地面积水，淹没了作物的全部或部分而造成的伤害。植物在水涝胁迫下，受水分本身的危害较小，但是通过水涝诱导产生的次生胁迫则严重影响植物的生长发育（图6-9）。

1. 水分过多常对作物造成的危害

(1) 根系吸水吸肥受阻。当土壤孔隙中水分过多时，土壤空气量大大减小，作物根系会由于缺氧而呼吸困难，呼吸作用弱而放出的能量少，导致吸水吸肥等生命活动受阻。

（2）有毒物质的危害。土壤渍水时间过长，好气微生物活动受阻，嫌气微生物活动占优势，其结果是有机物矿质化过程受阻，土壤中积累有机酸和还原性物质，对作物产生毒害。

（3）根系进行无氧呼吸。严重缺氧时，根系进行无氧呼吸，产生酒精［式（6-6）］。酒精在作物体内积累会引起中毒。同时无氧呼吸释放能量很少，可溶性糖被大量消耗，而光合作用大大降低甚至停止，分解大于合成，致使生长严重受阻。

$$C_6H_{12}O_6 \longrightarrow 2CO_2 + 2C_2H_5OH + 10kJ(24kcal) \tag{6-6}$$

（4）导致作物倒伏。当地面积涝时，还会减弱作物茎秆基部的光照，并恶化田间温度和湿度等条件，使作物茎秆细长，保护组织柔弱，根系活动受阻，甚至腐烂，常导致作物严重倒伏。

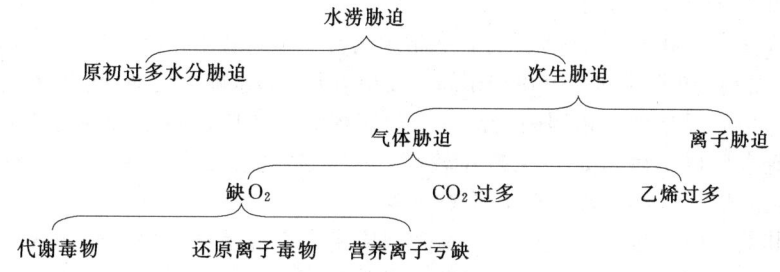

图 6-9 水涝胁迫诱导产生的几种次生胁迫

涝对作物危害的大小与水分状况及温度等有关。一般是静水大于流水（氧气供应不足）；污水大于清水（由于水分透光度影响光合作用，同时泥沙会堵塞气孔）；高温大于低温（由于呼吸强度过大）。

此外，不同作物也具有不同的耐涝抗渍能力，见表6-4和表6-5。

表 6-4　　几种农作物的耐涝能力

农作物	生育阶段	允许积水时间（d）	允许最大积水深度（cm）
水稻	分蘖	2～3	6～10
	拔节	5～7	15～20
	孕穗、乳熟	8～10	20
棉花	开花、结铃	1～2	5～10
高粱	孕穗	6～7	10～15
	灌浆	8～10	15～20
	乳熟	15～20	15～20
大豆	开花	2～3	7～10
玉米	抽雄	1～1.5	8～12
	孕穗、灌浆	2	8～12

（资料来源：武汉水利电力学院主编《农田水利学》，略有修改）

表 6-5　　　　　　　　　　几种作物的抗渍能力

作　物	雨后短期允许的地下水深（cm）	雨后降至允许埋深的相应时间（d）	生长期
小　麦	50	15	生长前期
	100	8	生长后期
玉　米	40～50	3～4	孕穗至灌浆期
高　粱	30～40	12～15	开花期
棉　花	40～70	3～7	花铃期
大　豆	30～40	10～12	开花期
水　稻	晒田期间宜降至离地面50～55cm		

（资料来源：武汉水利电力学院主编《农田水利学》，略有修改补充）

2. 渍害和涝害的防控技术

（1）改善耕作制度。在易涝地区，水稻田实行半旱式栽培，由于垄（或厢）沟相间，沟渠连通，既利于排除渍水，又由于田间表面积增大，蓄水能力增加，也有利抗旱。

（2）选用耐湿品种。耐湿耐涝品种一般表现为性状比较稳定，特别是生育后期耐湿较强，淹水后根系活力始终保持在较高水平，次生根发生较多，生长补偿能力较强，植株恢复快，抗倒伏能力强，千粒重较大。

（3）其他措施。涝害发生以后，及时利用退水清洗植株，以便污泥沉积叶片，堵塞气孔，并且扶正植株，使其尽快恢复正常的生理活动。在水退后可以进行中耕时，结合中耕增施有机肥和速效肥，加强田间管理，注意防治病虫害。如涝害严重，作物死亡过多，则应根据当地情况及时补种同类或其他作物。

6.2.4　灌溉、排水对改善作物生态环境的影响
6.2.4.1　灌溉排水对土壤的影响

合理灌溉可以调节土壤水、肥、气、热状况，改善作物的土壤环境条件，改良土壤。反之，则破坏土壤结构，形成沼泽化、盐碱化，恶化土壤环境。

土壤是一个多孔体，土壤水分和土壤空气共存于土壤孔隙中，水多则气少，土壤通气不好；水少则空气增加，土壤通气良好。土壤中的水分，直接影响着土壤通气状况，即可以"以水调气"。

土壤水分状况还影响土壤的热状况。水的容积热容量比空气高3000多倍，在灌溉后，由于土壤水分较多，提高或降低一定土温所需的热量就多，这使土壤温度不容易升高和降低。水的导热率也比空气大25～30倍，当土壤水分多时，土壤的导热性会显著提高，灌溉土壤表面白天吸收的热量很快能向下传导，表土的温度就不易升高，而夜间又因下层热量对流向上传导，表土温度也就不容易下降，从而使灌区土壤昼夜的温差较小，这样就可以达到"以水调温"的目的。

作物从土壤中吸收养分，必须以水为媒介，而灌溉能提高作物对土壤养分的吸收能力。同时灌溉对微生物活动也有一定的影响，这样就可以达到"以水调肥"的目的。但是，灌水过多，有效养分也有可能会随水流失。同时，土壤水分过多，通气不良，在腐殖化的同时，会积累大量的有机酸、醇等中间产物和硫化氢、甲烷等还原性

物质,它们对作物和微生物会产生毒害作用。

在干旱、半干旱和部分半湿润地区,灌溉还会直接影响土壤的水盐状况。一方面,由于灌溉携带的盐分会在灌溉土壤中累积。另一方面,灌溉后地下水位升高,加上土壤蒸发量增大,也会使土壤表层的含盐量增大。

农田排水是防止土地退化、改造盐碱地和涝渍中低产田的重要手段,通过排除过多的地表水、加大渗漏强度在一定程度上起到降低淹水深度及地下水位从而满足除涝防渍和改良盐碱地的作用,但同时也加大了农田土壤颗粒、养分和其他污染物的流失,增大了水环境产生的非点源污染,且农田排水已经成为了非点源污染的最重要的原因之一。

6.2.4.2 灌溉排水对农田小气候的影响

农田小气候一般主要是指地面以上 2m 内的空气层温度、湿度、光照和风的状况,以及土壤表层的水、热状况。它是作物生活的重要环境条件,对作物生长发育及产量高低有许多直接或间接的影响。

影响农田小气候的因素很多,其中通过灌溉排水改变农田水分状况,对改善农田小气候有着显著的作用。

在干旱气候条件下,经过灌溉的土地上,土壤变湿、热容量显著变大、蒸发吸收了潜热,土壤温度和近地面空气温度的昼夜变化趋于缓和。进行大规模的灌溉,可使近地表的温度、湿度发生改变,而且由于下垫面条件的改变,蒸发到大气中水汽的增加,使一个地区的降水量增加。大规模灌溉的效应主要是造成一个局部地区中温度、湿度等要素的变化,而小范围的农田灌溉则主要改变所灌农田的土壤水热状况。

在低温季节,通过灌水可以防止霜冻危害。根据李志超在山西省的观测,冬灌麦田地面比未灌地温度高 $2.3 \sim 2.4℃$,且降温慢,而在整个冬季,冬灌比未冬灌麦田 5cm 地温要高 2℃ 左右,尤其是灌后浅锄麦田,保温效果更好,更能避免或减轻小麦的冻害。在晚秋和春季,有些地方受寒潮袭击,加上辐射的影响,容易出现霜冻,如在霜冻出现前进行喷灌,则可提高近地面层空气的相对湿度,这样潮湿的空气除吸收地面长波辐射外,还因水汽凝结而放出潜热,从而阻止近地面层气温的下降。当气温继续下降时,因灌溉而黏着作物体表而浮悬于近地面层的小水滴,在由水变成冰的过程中释放热量,可使植株温度保持在 0℃ 左右,不致破坏其内部细胞组织,使作物免受冻害;在高温季节利用灌溉可以提高空气湿度、降低气温,使作物免受高温或干热风的危害,例如七八月晴天时,利用喷灌 1 天 2 次,上午、下午喷水(1 次 $2 \sim 3mm$),就有降低叶温的效果;在水稻生长期,水层深度对于土壤温度和土壤的通气性有显著影响,通过合理灌溉,可以改善地面及土壤温度,对培育壮秧,防治病虫害有显著作用。所以,灌溉土地比未灌溉土地白天升温慢,温度低;夜间降温慢,温度高,土温日变幅小。日平均土壤温度在升温季节灌溉地比未灌溉地低;而在降温季节灌溉地则比未灌溉地高。

由于灌溉排水能对农田小气候产生多方面的效应,因而在农业生产中,常用灌溉在高温季节防止高温干旱和干热风的危害;在低温季节防止低温和霜冻的危害。在土壤墒情尚可,而温度对作物生育影响较大的时候(如小麦分蘖期温度低不利于分蘖,成熟期温度低造成晚熟),则要认真考虑灌水时间和灌水量,以避免灌水引起低温造成不良后果。水稻田采用合理灌排和适时晒田等措施,更可以收到改善农田小气候的良好效果。

6.2.4.3 灌溉排水对农业技术措施的要求

农业技术措施如土壤耕作、施肥、防治病虫和田间管理等,都是为了给作物创造良好的环境条件,而这些措施又都与田间的水分状况有密切关系。灌溉排水和各项措施合理配合,可以提高各项技术措施的质量,从而更好地改善作物的环境条件。

1. 提高耕作质量

土壤耕作主要包括耕、耙、耖、耱、中耕以及开沟作畦等措施。影响耕作质量的主要自然因素是土壤的物理机械性,而土壤水分状况是影响物理机械性的重要条件。水分过多的土壤黏结性强,耕作时费劲,土块不易破碎,耕作质量差。干土适当增加水分后,在土粒表面形成的水膜能阻碍土粒之间的直接接触,可使黏结性大大减小,而有利于耕作。但当土壤水分增加到一定程度时,土壤又表现出黏着性和可塑性,在耕作时不仅黏着农具,增加耕作阻力,而且还会塑成土条或土块,不易松散成良好的结构。因此土壤过干或过湿都不宜耕作,应先进行灌溉排水,才能保证耕作质量。一般旱地土壤宜耕的含水量应稍低于可塑下限,大体上相当于田间持水量的60%~80%。其中黏性土壤的宜耕范围较窄而砂性土壤的宜耕范围较宽。

2. 提高施肥效果

各种肥料都必须溶于水,并保持一定的溶液浓度,才能被作物吸收利用。适宜的土壤水分,有利于溶于水的肥料移动到根系周围,以便作物吸收。水分过少,有机肥不易分解,养料不能转化为离子态,作物不能利用,化肥则易导致浓度过高,造成生理干旱;水分过多,有机肥也不易分解,化肥则易被淋溶流失,造成浪费。所以,在水分不足或过多的情况下,结合施肥进行灌溉排水,可使土壤水分状况有利于肥效的发挥,防止肥料流失浪费,提高施肥效果。

3. 防除病虫和杂草危害

作物的一些病虫害和杂草的发生与消长,与田间水分状况和农田小气候有密切关系。因此,通过合理灌排,改善田间水分和农田小气候,可以得到防治病虫的效果。例如稻瘟病、纹枯病、白叶枯病等水稻病害,都是在稻田长期深灌、通风透光不良、空气湿度高的条件下发病较严重。若采用浅灌、勤灌、适时晒田等合理用水措施,可起抑制作用。在使用药剂防治病虫杂草时,也需合理灌排来配合,以提高药剂的功效。

4. 促进或控制作物的生长发育

作物播种后必须搞好田间管理,促进或控制作物的生长发育,而灌溉排水是促控管理的中心环节。

作物在密度大的情况下,个体与群体的矛盾增大,容易造成通风透光不良,影响植株的正常生长发育,后期容易倒伏。采用合理的灌溉排水,并结合运用其他管理措施,可以调节土壤水分和养分,促进或控制作物的生长发育,保持合理的群体动态。例如,高产麦田年前分蘖过多,群体过大时,在返青起身期应适当地控制。要根据大蘖根深、小蘖根浅的特点,采用迟灌水与深中耕、断浮根、散表墒相结合的措施,使大蘖能得到足够的水分和养分而继续长大,小蘖则吸水困难而相继死亡,到两极分化明显时再灌水追肥,由控转促。棉花和玉米的"蹲苗",水稻的落干晒田,都是通过适当减少水分供应来促进地下部分生长,同时控制地上部分生长,为以后高产不倒伏打好基础。水是重要的促控因素,合理用水,结合其他措施,有促有控,促控结合,才能使作物高产稳产。

6.3 作物需水规律及对灌溉排水的要求

6.3.1 农田水分消耗途径及作物需水量

6.3.1.1 农田水分消耗的途径

农田水分消耗的途径主要有作物蒸腾、株间蒸发、深层渗漏和地表流失，此外还有杂草对水分的消耗。

1. 作物蒸腾

作物蒸腾是指作物根系从土壤中吸入体内的水分，通过叶片的气孔扩散到大气中去的现象。作物蒸腾要消耗大量水分，这是作物生理上所必需的。合理的灌溉排水和农业技术措施，可以有效地降低蒸腾系数，提高蒸腾效率。

2. 株间蒸发

株间蒸发是指植株间土壤或田面的水分蒸发。株间蒸发和作物蒸腾都受气象因素的影响，但蒸腾因植株的繁茂而增加，株间蒸发因植株造成的地面覆盖率加大而减小，所以蒸腾与株间蒸发两者互为消长。一般作物生育初期植株小，地面裸露大，以株间蒸发为主；随着植株增大，叶面覆盖率增大，植株蒸腾逐渐大于株间蒸发，到作物生育后期，作物生理活动减弱，蒸腾耗水又逐渐减小，株间蒸发又相对增加。株间蒸发的水分，大部分是属于无益的消耗。因此必须采取一些措施，如耕松土、耙糖和合理灌溉排水等，以减少株间蒸发，节省灌溉用水。

3. 深层渗漏

深层渗漏是指旱田中由于降雨量或灌溉水量太多，使土壤水分超过了田间持水量，土壤水分渗入根系活动层以下的土层。旱地深层渗漏一般是无益的，且会造成水分和养分的流失，故灌水时不能大水漫灌，以防止深层渗漏。但是在水稻田则应有适当的深层渗漏，以促进稻田通气，改善土壤氧化还原状况，消除有毒物质，促进根系健壮生长。

4. 地表流失

地表流失是指灌溉水或降雨未被土壤和作物吸收拦截而从地表流失。这部分水分消耗，完全是无益消耗，而且常冲刷土壤和带走养分，应尽量避免或者减少。

此外，杂草也能消耗一定的农田水分，杂草能通过竞争土壤水分显著削弱水分对作物的供应水平，杂草对作物的水分竞争危害，可通过测定分析杂草生长引起的土壤水分下降量以及此时作物叶片内的水势，来加以诊断。

6.3.1.2 作物需水量

作物需水量是指生长在大面积上的无病虫害作物，土壤水分和肥力适宜时，在给定的生长环境中能取得高产潜力的条件下为满足植株蒸腾、棵间蒸发、组成植株体所需要的水量。植株蒸腾和棵间蒸发合称为腾发，两者消耗的水量合称为腾发量（evapotranspiration），通常又把腾发量称为作物需水量（water requirement of crops）。

旱作物的需水量，可从种到收的全生育期内水分收支平衡的方法求得。即将播种时的土壤含水量，加上全生育期的灌水量、有效降雨量和地下水补给量，减去收获时的土壤含水量，就是该作物的需水量。旱作物在正常灌溉情况下，不允许发生深层渗漏，因此，旱作物需水量即为腾发量。水稻的需水量是腾发量和稻田渗漏量之和。

就某一地区而言，具体条件下作物获得一定产量时实际所消耗的水量为作物田间耗水量，简称耗水量。所以，需水量是一个理论值，又称为潜在蒸散量（或潜在腾发量）；而耗水量是一个实际值，又称为实际蒸散量。需水量与耗水量的单位一样，常以 m^3/hm^2 或 mm 水层表示。

农业生产上所指的作物需水量包括两个方面，即生理需水和生态需水。生理需水指作物进行各种生理作用（如光合作用、蒸腾作用）所需的水分。作物生态需水是改善作物环境条件所需的水，例如为改变土壤空气、温度和养分状况、改善农田小气候等需要的水分。

6.3.2 作物需水的影响因素与作物需水规律
6.3.2.1 影响作物需水量的因素

作物需水量主要受气象因素的影响，此外也受植物、土壤因素，以及灌溉、排水和耕作栽培技术等人为措施的影响。气象因素，包括气温、空气温度、太阳辐射、日照和风速等，是影响作物需水量的主要因素。作物需水量因地区和时间而有明显差异。在同一气候地带，干旱和半干旱地区的需水量又大于湿润和半湿润地区的需水量。同一种作物在不同水文年份和生长发育阶段，需水量也不同，干旱年比湿润年多，作物生育期长的比生育期短的多。此外，耕作粗放、管理水平低的比精耕细作、管理水平高得多。作物需水量与单位面积产量也有关系，一般来讲在一定范围内产量越高，需水量越大。表 6-6 为我国主要农作物的需水量。

表 6-6　　　　　我国几种主要农作物的需水量　　　　　单位：m^3/hm^2

作物	地区	水文年份		
		干旱年	中等年	湿润年
双季稻（每季）	华中、华东	5250~6000	3750~6000	3000~4500
	华南	4500~6000	3750~5250	3000~4500
中稻	华东、华中	6000~8250	4500~7500	3000~6750
一季晚稻	华东、华中	7500~10500	6750~9750	6000~9000
冬小麦	华北北部	4500~7500	3750~6000	3000~5250
	华北南部	3750~6750	3000~6000	2400~4500
	华东、华中	3750~6750	3000~5400	2250~4200
春小麦	西北	3750~5250	3000~4500	—
	东北	3000~4500	2700~4200	2250~3750
玉米	西北	3750~5250	3000~3750	—
	东北	3000~3750	2250~3000	1950~2700
棉花	西北	5250~7500	4500~6750	—
	华北	6000~9000	5250~7500	4500~6750
	华中、华东	6000~9750	4500~7500	3750~6000

（资料来源：汪志农 1998 年主编《灌溉排水工程学》）

6.3.2.2 作物需水基本规律

作物需水量的大小及其变化规律，决定于气象条件、作物种类和品种特性、土壤性质以及农业技术措施等。这些因素对作物需水量的影响是相互联系、错综复杂的。不同作物的需水量不同，同一作物在不同地区、不同水文年份、不同栽培措施下的需水量也会有差异。

1. 作物的需水量

不同种类的作物，由于其本身形态构造和生长季节的不同，需水量差异较大。凡生长期长、叶面积大、生长速度快、根系发达的作物，需水量较大；反之需水量较小。同一作物，不同品种其需水量也不同。一般可根据蒸腾系数的大小来估计某作物对水分的需要量，即以作物的生物产量乘以蒸腾系数作为理论最低需水量。例如，某作物的生物产量为 $15000 kg/hm^2$，其蒸腾系数为 500，则 $1 hm^2$ 该作物的总需水量为 $7500000 kg$。但实际应用时，还应考虑土壤保水能力的大小、降雨量的多少以及生态需水等。因此，实际需要的灌水量要比上述数字大得多。

2. 作物不同生育时期需水

同一作物在不同生育时期对水分的需要量也有很大差别，一般作物在生育前期、后期需水较少，生育中期需水较多。例如早稻在苗期由于蒸腾面积较小，水分消耗量不大；进入分蘖期后，蒸腾面积扩大，气温也逐渐升高，水分消耗量明显增大；到孕穗开花期蒸腾量达最大值，耗水量也最多；进入成熟期后，叶片逐渐衰老、脱落，水分消耗量又逐渐减少。

3. 作物水分临界期

农作物从种子发芽到开花结实，各生育阶段对水分的要求是不同的，对水分的敏感程度也不一样。作物对水分最敏感时期，即水分过多或缺乏对产量影响最大的时期，称为作物水分临界期（critical period of water）。临界期不一定是植物需求量最多的时期。各种作物需水的临界期不同，但基本都处于营养生长即将进入生殖生长时期。一般作物的水分临界期与花芽分化的旺盛时期相联系。某地水分条件经常得不到满足时的水分临界期即为某作物的需水关键期，作物需水的关键期一般是在孕穗到抽穗、开花期。

4. 不同自然条件作物需水量

作物生长的地区条件如气候、土壤等不同，其需水情况也不一致。辐射、气温、空气湿度、风速等气象因子都对需水量有较大影响。当日照与气温高、辐射强、空气干燥、风速大时，作物需水量增大；反之则减小。就地区而言，湿度较大、温度较低的地区，其需水量小；而气温高，相对湿度小的地区需水量则大。就水文年份而言，湿润年作物需水量小，干旱年作物需水量则相对较大。

5. 农业技术措施与作物需水关系

例如深耕多肥、合理密植等农业措施下，作物需水量有逐渐增加的趋势，但并不一定成比例。在灌区安排作物种植计划时，也应根据各种作物的需水临界期合理安排作物种植比例，以使用水不致过分集中，避免渠道输水时松时紧。

在生产实际中，必须因时、因地、因作物、因气候等各种自然与人为条件，确定作物的需水量，以利于指导生产。同时，作物需水量也是灌排工程规划、设计、管理的基本依据。

6.3.3 评价作物水分亏缺状况的判别指标

从本质来讲，作物需水的理论依据是土壤水分、大气环境与作物特性之间的相互关系，而作物水分亏缺是由土壤、大气、作物等多种因素综合作用的结果，作物水分亏缺状况可由作物本身的水分生理指标直接反映，也可以由作物根系层土壤水分状况、气象等因素为指标来反映。理论上，作物水分亏缺状况的可靠判别指标应建立在作物的生理生态特性上。但在实践应用中，作物的生理特性只反应了作物的缺水程度，还离不开与土壤水分状况的科学结合，同时还得考虑气象因素的影响。

作物水分亏缺状况诊断方法可分为间接估算和直接测定两大类，前者是根据对引起作物水分亏缺的环境因素（如土壤水分和空气湿度等）的测定来估算作物水分亏缺，后者是指对作物水分亏缺状况的直接测定。根据研究的对象不同，作物水分亏缺的定量诊断又可分为土壤指标、作物指标和气象学指标等。现将各种灌水指标分述如下。

6.3.3.1 用土壤指标判别作物水分亏缺状况

1. 用土壤含水量判别作物缺水状况

用土壤指标诊断作物缺水状况是利用测定的土壤含水量或相对含水量（占田间持水量的百分数）与预先确定的土壤最小临界含水量进行比较，来判断作物的水分状况。土壤最小临界含水量随作物种类、生育期而变化。一般认为当土壤相对含水量小于40%作物枯死；土壤相对含水量介于40%~60%之间作物呈现旱象；土壤相对含水量介于60%~80%之间适于大部分作物生长；土壤含水量大于80%时，作物开始呈现水分过多或出现涝害甚至死亡。用土壤含水量指标判别作物缺水状况常随土壤性质、作物种类等因素的改变而变化。尽管如此，用土壤水分指标反映作物水分亏缺状况在目前仍不失为一种比较可靠的判别方法。

2. 用土壤水势判别作物缺水状况

结合不同作物全生育期对土壤水分的需求规律而对进行调节与控制，具体应用时也可通过测定土壤水势，并根据土壤水势与土壤相对含水量之间的相关性建立相应的诊断标准。但不同土壤的水分参数差异很大，难以用于自动灌溉指标控制和科研成果的比较推广，一般用土壤水势界定土壤有效性，为SPAC中水分运动提供了统一尺度。在美国、巴基斯坦、比利时等国家，用土壤水势指导小麦、玉米和番茄等大田作物灌溉已经相当普遍。我国学者在1993年首次从土壤水分能量观点出发，提出可以将土壤水势作为水稻间歇灌溉控制指标。随后有关学者也试验研究了不同土水势下水稻的生长发育，得到了合适的土壤水势指标，为建立水稻高产高效灌溉模式提供了依据。土壤水势的测控以操作简单、易于掌握等特点，成为重要的灌溉控制指标。目前提出的土壤水势指标均与作物生理指标和形态指标相结合，理论研究中具有重要意义，但是实践仍较难应用。

此外，与土壤含水量相关的物理指标也常被作为水分供给状况的判断指标，如土壤张力、土壤电导率。

6.3.3.2 用作物指标判别作物水分亏缺状况

作物水分亏缺状况既可以表现在植株形态上，也可以反映在群体动态和作物水分生理上。所以，作物灌水指标可分为形态指标与水分生理指标两类。许多研究认为土壤水分状况和气象信息不能确切反映植物水分亏缺状况，需要直接监测作物本身的生理变化来确定水分状况，主要包括植株外观、叶水势、茎水势、生理特性、群体冠层、内源激素和细胞变化等。灌溉的主要目的是提供作物生长所需要的水分，当作物水分不满足作物生理需求时，首先反映在作物水分生理指标上。因此，用各种水分生理指标判别作物水分亏缺状况是最直接的方法，目前所采用的水分生理指标主要有以下几种。

1. 叶片指标

叶片是作物进行光合作用的主要器官，是有机营养物质的供应者，作物受干旱胁迫时，功能叶维持一定的水势和渗透调节是适应缺水环境的重要特性。

(1) 叶片外观。叶面积指数可以反映棉花生长的发育状态，水分亏缺下叶片狭小。植株叶子的叶尖运动状况能反映缺水状况，只要保证测量时叶尖轨迹在控制区内，现代计算机科学视觉技术可实现对叶尖实时、有效的监测。缺水条件下作物出现叶片增厚、下垂，颜色变深、变暗，下部分叶子叶尖枯死，不易折断，叶片卷曲等萎蔫现象。叶片卷曲是由于叶片细胞膨压降低所引起，是内部水势状况和渗透调节结果的外部形态表现，能直观地反映作物对土壤水分胁迫的敏感程度。

(2) 叶片相对含水量。一般认为叶片相对含水量与土壤含水量呈线性相关，与叶片温度及生理功能等有密切关系，在实际观测中，由于操作方便，作物田间检测作物水分状况的指标，有着不可替代的优势。有关学者发现，叶片含水量由75%下降到70%时是叶片光合生理活性的一个转折点。水分胁迫下，叶片相对含水量下降，束缚水与自由水的比值急剧增大，国外学者也曾提出作物在 $0.97\mu m$、$1.45\mu m$、$1.9\mu m$ 附近的光谱反射率吸收峰可以反映植物的水分状况，遥感技术的发展将进一步推动该方法在作物水分亏缺诊断上的应用。

(3) 叶片水势。叶片水势是植物水分状况的最佳度量，可广泛用于水分亏缺诊断。大量研究表明，叶水势的高低影响作物的生长、光合作用的进行以及光合产物的传输等许多过程。对不同作物，发生干旱危害的叶水势临界值不同。表6-7列出了几种作物光合速率开始下降时的叶水势临界值。必须注意，不同叶片，不同时间取样测定水势值是有差异的。一般取样时间以上午9:00～10:00为好。尽管有许多内部和外部因素影响叶水势，土壤水分能态是影响叶水势长期变化的重要因素，叶水势总是随着土壤水势的降低而下降。因此，许多学者建议用叶水势来指示土壤水分亏缺。几种作物允许受旱范围（需要灌溉）的临界叶水势见表6-7。

不同地区、不同盛誉期或同一植株的不同部位需要灌溉的临界叶水势值都不完全相同。由于叶水势在一天中随大气条件的变化而变化，同时还受到土壤养分和土壤结构等因素的影响，只有设法排除这些干扰条件才能用叶水势准确地指示土壤水分亏缺程度。为达此目的，目前主要有两种方法：一是测定黎明前叶水势，因为夜间空气比较湿润，气孔关闭，蒸腾停止，植物可通过根系吸水使叶水势与土壤水势达到平衡，因此有人试图用黎明前叶水势指示土壤水分亏缺。二是建立叶水势与环境因子的关系，借以区分各种环境因素对叶水势的影响。国外学者建立了播种后天数、蒸发势、土壤水分与最小叶水势的函数关系；有关学者建立了玉米、大豆等作物的叶水势与气温和土壤可利用水的关系式，并用天气预报的气温指导灌溉。

表 6-7　　几种作物超过允许水分亏缺范围时的叶水势临界值　　单位：MPa

作物种类	生育阶段	受旱的叶水势临界值	作物种类	生育阶段	受旱的叶水势临界值
冬小麦	分蘖—拔节	−0.9～−1.1	夏玉米	出苗—抽雄	−0.6～−0.7
	拔节—抽穗	−1.1～−1.2		抽雄—灌浆	−0.5～−0.9
	灌浆期	−1.3～−1.6		灌浆—乳熟	−0.8～−0.9
	乳熟期	−1.5～−1.6	大豆	结荚—灌浆	−0.4～−0.5
春小麦	分蘖—拔节	−0.8～−0.9		灌浆—乳熟	−0.5～−0.6
	拔节—抽穗	−0.9～−1.0	甜菜	叶形成期	−0.6～−0.7
	灌浆期	−1.1～−1.2		根果生长期	−0.8
	乳熟期	−1.4～−1.5	苜蓿	苗期—再生期	−0.26～−0.52
棉花	花前期	−1.2		蕾期	−0.6～−1.1
	花铃期	−1.4		花期	−1.4～−1.8
	成熟期	−1.6			

（4）细胞液浓度。由于细胞液浓度测定方法十分简便，因而是应用最广泛的水分生理指标之一。干旱缺水条件下，作物吸水困难，叶片组织的细胞液浓度相应提高。当缺水使细胞液浓度达到一定数值时，就会开始对作物生长发育产生不良影响。表6-8为实测得到的冬小麦叶细胞液浓度与土壤含水量的关系，它表明了两者之间有明显的相关关系。因此，用细胞液浓度作为作物受旱的判别指标是适宜的。表6-9列出了春小麦、棉花和冬小麦在不同生育期允许受旱的临界细胞液浓度。

表 6-8　　冬小麦叶细胞液浓度与土壤含水量的关系

土壤含水量（占干土重%）	23.01	20.25	18.71	13.24	13.86
叶细胞液浓度（%）	6.82	7.5	8.07	8.95	10.37

（资料来源：康绍忠等，1994）

表 6-9　　几种作物允许受旱的临界细胞液浓度

作物	生育阶段	允许受旱的临界细胞液浓度（%）
春小麦	分蘖—拔节	5.5～6.5
	拔节—抽穗	6.5～7.5
	灌浆期	8～9
	乳熟期	11～12
棉花	蕾期	13.5～15.0
	花铃期	14.0～15.0
	吐絮期	16.0～17.0
冬小麦	分蘖—拔节	7.0～8.0
	拔节—抽穗	8.0～10.0
	灌浆期	9.5～12.0

（资料来源：康绍忠等，1994）

(5) 气孔阻力。植物气孔是 CO_2 进入叶绿体和水分由体内逸出的门户，气孔可在许多外部和内部因素的作用下，通过调节其开张程度来控制植物的光合作用和水分蒸腾速率。研究表明，气孔开度与土壤水分能态以及叶片水分状况密切相关，气孔阻力随着土壤可利用水的增加而线性下降，当土壤可利用水量达到某一临界值以后气孔阻力不再下降。因此可用其作为判别作物水分状况的重要生理指标。当气孔开度缩小到一定程度时就要灌溉。如有关试验表明，春小麦在分蘖至抽穗期，当气孔开张度开始小于 $6.5\mu m$ 时就开始受旱，在灌浆期当气孔开度小于 $5.5\mu m$ 时开始受旱；甜菜在叶形成期气孔开度小于 $6\sim 7\mu m$ 时就开始受旱，在根果形成期气孔开度小于 $5\mu m$ 时就受旱。但气孔阻力变化较大，其测定一直是个难点，不能单以叶片某一部位为代表，有些学者提出每 2cm 取一观察点测量较为准确。

2. 茎秆指标

(1) 茎秆直径变化。作物膨胀收缩与作物体内水分状况有密切关系，能实时准确地反映作物体内水分状况。20 世纪 60 年代后期学者就开始了相关试验研究，验证了茎直径变化与作物水分状况间的关联性。随后对茎直径变化与植株其他部位的水分信号之间的关系进行了研究，发现茎直径与叶水势之间存在滞后效应；证明了水分胁迫条件下茎秆发生的任何可测变化都归因于韧皮部及相关组织内活细胞的失水。国外将茎直径变化作为一个监测作物水分状况的指标，与灌溉自动控制系统相结合，对作物水分管理实现自动化。

(2) 茎流。近年来，与作物茎秆、叶片等植物器官有关的生理信息一直成为作物需水信息指标的研究重点，茎流测试技术在作物水分亏缺诊断中发挥了重要的作用。茎流指蒸腾作用在植物体内引起的上升液流，研究表明作物耗水量的 99.8% 用于作物蒸腾，而作物蒸腾与茎流之间存在着必然联系，当蒸腾速率等于或小于茎液流速时，作物处于充分供水状态，当蒸腾速率大于茎液流速时，将产生不同程度的水分亏缺。茎流的测定方法有重量法和热量法等，由于热量法不影响蒸腾过程，较多地应用于实践。

虽然利用植物生理指标可判断作物水分亏缺状况并用于农田灌溉决策，提高水分利用效率。但是植物生理指标的测定仅限于单个植物的叶片或叶柄，不能反映大面积植物水分状况，实际上各植株间变化很大，取样测定就可能使植物水分状况的热和实质性差异变的不明显。所以植物生理指标比较繁琐而且费时间，同时植物生理参数受土壤水分、大气条件和内部生理活动等多种因素的影响，只有将这些影响区分开来，才能为采取缓解水分亏缺的措施提供依据。

6.3.3.3 用气象学指标判别作物水分亏缺状况

气象学方法一般是采用气温、净辐射、水汽压和风速等作为蒸发蒸腾量模型的输入变量，计算一段时间内的蒸发蒸腾量，当其累积值达到一定量时，就表明作物开始缺水，需要进行灌溉。

1. 相对蒸发蒸腾量方法

蒸发蒸腾量是土壤—作物—大气系统水分状况的总体反映。而相对蒸发蒸腾量是指作物的实际蒸发蒸腾量 ET_a 与最大可能蒸发蒸腾量 ET_m 之比 ET_a/ET_m，这一比率可作为植物缺水的定量指标。由于在缺水条件下作物的气孔将会关闭，使得实际蒸

发蒸腾量 ET_a 减小，ET_a/ET_m 将会减小。国外有关学者在蒸渗仪上通过对大麦的研究发现，在叶水势降低以前，相对蒸发蒸腾量就开始减小，因此相对蒸发蒸腾量是一个比较敏感的作物缺水指标，这个方法的主要缺点是在田间条件下实际蒸发蒸腾量的测定不够准确。由于科学技术的发展，测定植物蒸发蒸腾的方法越来越多，数据精确可靠。如：波文比—能量平衡法、涡度相关法和空气动力学法等。

2. 气象—水量平衡方法

气象—水量平衡方法的依据是水量平衡原理，即

$$I = ET + D_r + W_E - W_B - P - R_u \tag{6-7}$$

式中：I 为灌水量，mm；P 为降水量，mm；ET 为蒸发蒸腾量，mm；D_r 为排水量，mm；R_u 为径流量，mm；W_E 和 W_B 分别为时段末和时段初的湿润层土壤储水量，mm。

如果在一点时间内 I、D_r 和 R_u 均取为零，则可计算时段末的土壤含水量，从而判别作物是否缺水，即

$$\theta_E = \theta_B - \frac{ET - P}{D_Z} \times 100\% \tag{6-8}$$

式中：θ_E 和 θ_B 分别为时段末和时段初的土壤含水量（体积含水量）；D_Z 为计划湿润层深度（与 ET 单位相同）。

采用气象—水量平衡方法可以预报未来的灌水时间和灌水量，存在的问题是 ET 的准确估算。以气象学为基础的方法还需要定期进行田间验证。

3. 用作物冠层温度指标判别作物水分亏缺状况

叶片温度是作物生长环境与作物内部因素共同影响叶片能量平衡的结果。用作物叶片温度反映植物缺水程度的理论基础是：作物叶片温度与能量的吸收与释放过程有关。当作物叶片吸收太阳辐射能，这种能量转化成热能，如果叶片不进行蒸腾活动，该能量就会使叶片温度升高。作物蒸腾将液态水转化为气态水的过程要耗热，使叶片冷却，从而叶片温度低于无蒸腾时所能达到的温度。如果水分充足，作物以潜在蒸腾，水分蒸发将导致叶片冷却。当水分供应逐渐减少时，蒸腾量也减小，蒸腾消耗的能量减少，当水分供应进一步减少超过某一临界值时，作物蒸腾作用将会停止，叶片气孔关闭，叶温升高就会造成作物萎蔫甚至死亡。但是由于单个叶片所处的方向不同，叶温也会有差异，面向太阳的叶片温度比倾斜叶片的温度高，水平叶片比垂直叶片的温度高。因此，要获得合理的田间平均值，必须测量很多叶片，这在实际上也不太可能。基于这一原因，在灌溉用水预测中主要用冠层整体的温度作为作物水分状况的评价指标。用冠层温度作为作物水分亏缺状况的指标有如下几种：

（1）温度胁迫指标。温度胁迫指标 T_{SD} 是指缺水与不缺水时冠层温度的差值。当土壤水分充足时，整个农田中的土壤处于湿润状态，如果作物长势很均匀，则整个农田的冠层温度差异很小。随着土壤水分逐渐减少，再加上土壤所固有的不均匀性，灌溉与降水分配的不均匀，就会导致土壤含水量分布不均匀，从而导致农田冠层温度的差异。根据这一现象，Aston 和 Van Bavel 提出用农田中冠层温度变异幅度来指示作物水分亏缺。在一定时间内，当缺水地块冠层温度的平均值高于不缺水地块冠层温度平均值 $1.0℃$ 时，说明作物开始受旱，就需要灌水。

(2) 日缺水度。日缺水度 S_{DD} 是指作物冠层温度 T_c 与气温 T_a 的差值，即

$$S_{DD} = T_c - T_a \tag{6-9}$$

S_{DD} 即能反映土壤水分条件、作物受旱程度，又能反映产量水平。S_{DD} 在全生育期中累积的数值越大（负值小），表示作物全生育期中累积的受旱状况越严重，产量会降低。

(3) 水分胁迫指标。作物水分亏缺是由土壤、作物、大气等诸因素的共同作用引起的，蒸发蒸腾量是土壤—作物—大气系统水分状况的总体反映。当供水不足，作物产生水分亏缺时，蒸发蒸腾量减少。因此，生产实践中常用相对蒸发蒸腾量的减少表示作物水分胁迫状况，即

$$C_{WSI} = 1 - \frac{ET_a}{ET_m} \tag{6-10}$$

式中：C_{WSI} 为作物水分胁迫指标；ET_a 为作物的实际蒸发蒸腾速率，mm/d；ET_m 为充分供水时的潜在蒸发蒸腾速率，mm/d。从式（6-10）可看出 C_{WSI} 在 0~1 之间变化，若土壤供水充分，无水分亏缺发生时，则 $C_{WSI}=0$；严重水分亏缺，作物气孔关闭，蒸腾停止时，$C_{WSI}=1$。

4. 其他诊断方法

同位素在作物水分亏缺判别中已得到了应用，由于物理的碳稳定同位素组成主要由植物本身的生物学特性决定，水分胁迫通过影响气孔和光合羧化酶对碳同位素的分馏效应 a、b 和细胞内 CO_2 浓度来影响作物碳同位素的比率，可综合作物长期光合特性及多种生理和形态指标使胁迫效应得以量化。另外，借助现代声学仪器，对植物喝水的"声音"进行破译，如果声音是从运送水分到叶子的细胞管发出，就表示"植物要喝水了"。利用声波基础检测作物水胁迫信号，植物缺水时植物体液浓度增高，导电率增加，电阻下降，因此可以用作物生理电阻反映植物体内的水分状况。对玉米茎秆生理电阻、电常数变化型平行平板电容传感器测玉米叶片生理电容进行观测，都能准确反映作物水分状况。

6.3.4 作物对灌溉排水的基本要求

在自然条件下，由于气候、地形、水文地质、土壤等多方面的原因，特别是水资源在时间和空间上的分配不均衡，降雨在年内和年季间变化很大，因而使作物所需水分往往得不到适时适量的满足，水分不足或过多的现象在很多地方存在，并且严重威胁农业生产。所以，因地制宜，开发水资源，修建灌溉排水工程，搞好用水管理，对作物进行合理的灌排。

作物的合理灌排，应根据作物生长发育和水分需求之间的关系，采取正确适宜的灌排措施。通过满足作物生理需水和生态需水的同时，与其他农业措施相结合，做到经济用水，达到高产、省水、节能、降低成本的目的。

6.3.4.1 作物对灌溉的基本要求

1. 采用合理的灌溉制度

作物的灌溉制度，主要是指灌水次数、灌水时间、灌水定额（每次灌水的灌水量）和灌溉定额（各次灌水定额之和）。对于水稻来说，灌溉制度还包括田面水层深度和土壤干湿程度等。

合理适宜的灌溉制度，应在一定的气候、土壤和农业技术条件下，根据作物生长发育和对水分的需求来制定。灌溉制度的关键是灌水时间和灌水定额，即要求适时适量地灌水以满足作物高产所需要的水分。为使作物不致因水分不足而减产，应在作物开始缺水受害之前及时灌水。适时灌水可根据前述的各种灌水指标进行。

(1) 气象指标。根据季节和降雨情况、气温高低、风的大小等气象情况来决定灌水时期。一般来说，炎热季节，气温高，湿度小，田间水分蒸发速度快，如果10天左右雨没下透，旱作物就要灌水。有时根据作物生理需求应当马上灌水，但是如果遇见大风（4级以上），灌水后会引起作物倒伏，所以就应该推迟灌水。

(2) 土壤指标。主要是根据土壤（田间）水分状况来进行指导灌水。一般根据土壤的田间持水量与作物适宜土壤含水量下限作指标。当土壤含水量下降至适宜范围的下限时就应该进行灌水。大多数旱作物适宜的土壤含水量下限大致为田间持水量的60%～70%，相应的土水势约为-0.08～-0.06MPa，但不同作物和同一作物在不同生育阶段，对适宜土壤含水量的下限值及土壤深度值要求有所不同，所以可以通过试验得出不同作物不同生育阶段所要求的土壤深度内适宜土壤水势和土壤含水量下限作为灌水的指标。

此外，灌水时还要考虑土壤其他性状。一般土壤质地较黏、土层较厚、土壤结构好、保水能力较强，则需要少灌、大量灌溉；反之，保水耐旱能力差的土壤，则需要勤灌小量灌。

(3) 作物指标。根据作物生长形态指标、水分生理指标和群体动态指标进行灌水。当作物缺水时，幼嫩的茎叶就会先凋萎，茎叶颜色转为暗绿或变红，生长速度缓慢。当作物出现这些现象时，就需要赶快灌水。而且一般当作物的外观已呈现明显缺水征象时，其内部生理活动往往已受到抑制，所以难以及时满足作物高产对水分的需要。实验证明，作物发生水分亏缺时，首先会反映在水分生理上，利用各种水分生理指标来指导灌溉，能及时合理地保证作物生长发育对水分的需要，从而获得较高的产量。例如：一般当棉花叶片的水势达-1.5～-1.4MPa时就需灌水；冬小麦功能叶的细胞液浓度，拔节到抽穗期以6.5%～8.0%为宜，9.0%以上表示缺水，应予灌溉，抽穗后以10%～11%为宜，超过12%～13%就应灌水；如果根据气孔开张度，小麦气孔张开度达5.5～6.5μm，都应进行灌水。但是不同地区、不同作物、不同品种、不同生育阶段的适时灌水生理指标都可能有所不同。因此，应用时根据作物各个阶段的灌水指标进行灌水。

2. 采用正确的灌水方法

对作物灌水要求将应灌的水量在需湿润的根区内达到湿润均匀，避免水的浪费，而且不破坏土壤结构和降低土壤肥力。为此，必须根据作物土壤类型和其他条件，采用正确的灌水方法。作物灌水方法有地面灌水（包括畦灌、沟灌和格田淹灌）、喷灌、渗灌和滴灌等。灌水时应根据每种灌水方法的技术要求，因地制宜、合理进行灌水。

3. 对灌溉水质和水温的要求

(1) 对水质的要求。灌溉水中的可溶性盐分的全盐量，一般要求小于0.2%～0.3%。由于各种盐类对作物危害程度不同，不同作物和同一作物的不同阶段的耐盐性也不同，故实践中还应根据盐分的种类和作物的具体情况而定。生产实践还证明，在水源条件差的地区，如能采用一定的灌水方法，并与农业技术措施很好地结合，注意防止土壤积盐，也可利用含盐量较高的咸水来进行灌溉。其方法有咸、淡水混浇；咸、淡水交替使用；作物幼小时用淡水，长大后有一定的耐盐能力时再用咸水等。我国于2005年公布了《农田灌溉水质标准》（表6-10），工矿废水和城市生活污水灌溉时，必须先进行分析化验，如水质不符合规定指标，就不能直接作为灌溉水源，而应先进行净化处理，达到标准之后方可用来灌溉。

表6-10　　　　　农田灌溉用水水质基本控制项目标准值

序号	项目类别	作物种类		
		水作	旱作	蔬菜
1	五日生化需氧量（mg/L）	≤60	≤100	≤40，15
2	化学需氧量（mg/L）	≤150	≤200	≤100，60
3	悬浮物（mg/L）	≤60	≤100	≤60，15
4	阳离子表面活性剂（mg/L）	≤5	≤8	≤5
5	水温（℃）	≤35		
6	pH值	≤5.5～8.5		
7	全盐量（mg/L）	≤1000（非盐碱土地区），2000（盐碱土地区）		
8	氯化物（mg/L）	≤350		
9	硫化物（mg/L）	≤1		
10	总汞（mg/L）	≤0.001		
11	镉（mg/L）	≤0.01		
12	总磷（mg/L）	≤0.05	≤0.1	≤0.05
13	铬（六价）（mg/L）	≤0.1		
14	铅（mg/L）	≤0.2		
15	粪大肠杆菌数（个/100mL）	≤4000	≤4000	≤2000，1000
16	蛔虫卵数（个/L）	≤2		≤2，1

具有一定的水利灌排设施，能保证一定的排水和地下水径流条件的地区，或有一定淡水资源能满足冲淤土体中盐分的地区。农田灌溉水质全盐量可以适当放宽。

（资料来源：中华人民共和国国家标准 GB 5048—2005）

（2）对水温的要求。一般农作物春秋灌溉水温不宜低于10～15℃；夏季水温不宜低于15～20℃，不宜高于37～40℃。如果灌溉水源的水温过高或过低时，应采用适当措施进行调节。

6.3.4.2　作物对排水的基本要求

1. 尽快排除涝水和土壤中的滞水

为使作物不受水涝的危害，应根据作物的耐淹能力，尽快在一定时间内排除地面涝水。通常采用的排涝历时与作物耐淹历时相一致。一般旱作物为2天，水稻为3～5天。排涝设计标准，还应随暴雨历时的不同而异。不少地区采用1日暴雨2日或3日排出，3日暴雨3日或5日排出。对由于犁底层或土壤中其他不透水层而造成的土壤中滞水，也应采取有效措施（例如用特制的深线沟犁划破犁底层）排出。

2. 降低和控制地下水位深度

在农田中，如果地下水位过高，不仅会使作物根层土壤含水率过高而产生渍害引起作物减产，还会使土壤的理化性质变坏，造成土壤次生盐碱化，影响作物生长环境。作物的抗渍能力，随作物种类和生育阶段不同而异。过高的地下水位，应在作物能忍受的时间内降至允许的深度。为了控制地下水位在一定的深度，最末一级固定排水沟的排渍水位应当低于作物要求的地下水位深度。一般旱作物的适宜地下水位埋深为 0.5~1.5m，有盐碱化威胁的地区，轻质土不少于 2.2~2.6m。

3. 采用适宜的排水措施

农田排水措施有工程措施、耕作措施和生物措施等。工程措施包括地面排水（明沟）、地下排水（暗沟、暗管、鼠道等）和竖井排水等。关于排水工程的规划设计，在《灌溉排水工程学》中详细介绍。

耕作措施，如垄作、开沟作畦（高畦深沟、沟洫台田）和中耕松土等，可以加强地面径流或土壤蒸发，减少土壤中水分过多对作物的危害。

生物措施主要是指通过种植根系深、耗水多的农作物或树木来降低地下水位，又称生物排水。

以上各种排水措施各有优缺点，应根据当地具体情况和条件合理采用。

复 习 思 考 题

1. 如何理解作物体内水分态势及其生理作用？
2. 如何理解作物的吸水方式及其动力？
3. 影响作物根系吸水的因素有哪些？
4. 如何理解作物的蒸腾作用及生理意义？
5. 如何理解作物的气孔运动及其机理？
6. 如何理解作物体内的水分传输和水分平衡？
7. 干旱和水分过多对作物有哪些危害？
8. 农田水分消耗途径有哪些？
9. 如何理解作物需水的基本规律和影响因素？

第7章 主要农作物的灌溉技术

凡有利于人类而由人工栽培的植物，统称为作物。据统计，全世界的作物共有1500余种，包括各种农作物、蔬菜、果树以及药用作物等。

各种农作物和其他各种作物都要求一定的自然环境和栽培条件。各种作物对气候、土壤和水分等的要求，是进行农田水利工程规划设计和灌溉管理时主要考虑的因素。本章仅论述我国几种主要农作物的合理用水的基本原理及技术措施。

7.1 概　　述

7.1.1 发展作物灌溉的重要意义

灌溉是调节农田水分状况的一种农田水利措施。灌溉是对农田土壤水分不足的直接补充。但在灌溉的同时，还应该注意土壤的水、肥、气、热条件及微生物状况，以提高土壤肥力，培肥高产农田，改良低产土壤，增加作物产量，改善作物品质。

7.1.1.1 灌溉的意义

当农田水分不足时，就必须借助这种措施人为地从水源取水输送到田间，以增加土壤水分，满足作物对水分的需要，保证作物高产稳产。在灌溉的同时，还应该注意保持土壤的通气状况、养分状况、热状况及土壤微生物状况，以提高土壤肥力，改善作物品质。

我国有50%的国土处于干旱、半干旱地区。由于降水受季风的影响，时空分布不均，差异悬殊，干湿周期长短不一。因此，尽管各类地区对灌溉的要求有所不同，但总体上农业生产对灌溉的依赖性是相当大的。

我国秦岭山脉和淮河以南地区，通称南方，年降雨量多大于1000mm，为水量充足地区，终年少见霜期，一年可以三熟。南方降雨虽较充沛，但由于降雨的时间分配与作物生长季节的田间需水不协调，经常遭受不同程度的春旱或秋旱，故仍需灌溉。

半干旱的华北平原、东北平原、淮北平原以及内蒙古东部等地区，年降雨量基本在800mm以下，虽然可以部分满足作物需要，但由于年际变化大和年内分配不均，因而常出现干旱年份和季节。在这一带地区，要发展农业必须发展灌溉。

干旱地区如新疆、甘肃、宁夏、陕西北部、内蒙古西部，以及青藏和云贵高原的部分地区，年降水量多在 100～200mm 之间，而年蒸发量平均值却高达 1500～2000mm，超过降雨量的几倍以至几十倍。其中的大部分地区若没有灌溉就很难保证农业生产的进行。

我国灌溉土地面积不足总耕地面积的 50%，而该面积上的粮食产量却占总产量的 2/3 左右。可见，灌溉在农业生产上起着重要的作用。为保证我国农业的可持续发展，发展灌溉事业仍是一项基本条件。

7.1.1.2 灌溉对作物生长环境及对作物的影响

灌溉除满足作物生长发育对水分的需要外，还多方面影响着作物的生长环境条件，影响土壤的理化性质，从而影响土壤肥力状况和土壤的形成过程以及作物的产量和品质。

1. 灌溉对土壤理化性质的影响

良好的灌溉，可以为作物创造适宜的农田水分状况，改善土壤理化性质，使土壤中水、肥、气、热状况得到协调。不合理的灌溉，则可能会破坏土壤团粒结构、使土壤养分淋失或土壤通气不良，如灌水量过大，还可能抬高地下水位，给土壤带来盐碱化的危险。

2. 灌溉对土壤中微生物和原生动物活动的影响

土壤中的好气性细菌、真菌、放线菌以及原生动物（如蚯蚓）等，受灌溉影响较大。如当土壤水分为田间持水量的 50%～80% 时，硝化作用强烈，有利于养分移动，增加作物的吸收范围；若灌水量过小，土壤水分不足，则会抑制微生物的活动和原生动物的繁殖。当土壤水分下降到田间持水量的 20% 以下时，硝化细菌即停止活动；超过田间持水量的 80%～90% 时，硝化作用也停止，并会发生反硝化作用，引起氮素显著损失。

3. 灌溉对土壤温热状况的影响

水的比热和导热性是土壤的 5～6 倍，所以灌溉后土壤的热容量增加，使土壤的升温增热变缓，降温冷却变慢，温度变化较为均匀，因而土壤温度受外界气温变化的影响得到缓和。如小麦冬灌后的土温比未冬灌的可提高 2～3℃；又如水稻田，控制田面水层深度可调节田间水温，早春灌浅水，有利于升温插秧，夏季灌深水可平抑田间温度。

4. 灌溉对田间小气候的影响

田间小气候是指农田地面以上 1～2m 范围内空气层的温度和湿度。灌溉可以改变近地表空气层的温度和湿度状况，灌水后，土面蒸发和叶面蒸腾都比未灌前大，使近地表气温降低，相对湿度增加。在蒸发强烈时，可使近地表气温降低 3～6℃，空气相对湿度增加 30%～50%（沈阳农业大学，1998），采用喷灌时这种影响更为显著。

5. 灌溉对作物产量和品质的影响

由于合理的灌溉可以供给作物必需的水分，使土壤中的养分易被作物吸收，又能调节土壤的水、肥、气、热，而且还可调节近地表层空气的温度和湿度，这就为作物的生长发育创造了良好的生活条件。一般情况下，灌溉地单产均高于非灌溉地。

灌溉不仅可以提高作物的产量，而且还能改善作物的品质（沈阳农业大学，1998），如灌溉适时适量，可使马铃薯色白并富有粉质，萝卜辣味降低，水果色泽变好且味道适口等。

7.1.2 作物灌溉的主要方法

对作物灌水，要求将应灌的水量在必须湿润的根区内达到湿润均匀，避免水的浪费，而且不破坏土壤结构和降低土壤肥力。为此，必须根据作物、土壤类型和其他条件，采用正确的灌水方法。作物灌水的方法有地面灌（包括畦灌、沟灌和格田淹灌）、喷灌、微喷灌、渗灌和滴灌等。每种灌水方法都有一定的技术要求。例如畦灌要求合理地选定畦田规格，控制入畦流量和放水时间；喷灌要求适宜的喷灌强度、喷灌均匀度以及一定的水滴直径等。

灌水方法一般是按照是否全面湿润整个农田和按照水输送到田间的方式和湿润土壤的方式来分类，常见的灌水方法可分为全面灌溉与局部灌溉两大类。

7.1.2.1 全面灌溉

灌溉时湿润整个农田根系活动层内的土壤，传统的常规灌水方法都属于这一类。比较适合于密植作物，主要有地面灌溉和喷灌两类。

1. 地面灌溉

水是从地表面进入田间并借重力和毛细管作用浸润土壤，所以也称为重力灌水法。这种方法是最古老的也是目前应用最广泛、最主要的一种灌水方法。按其湿润土壤方式的不同，又可分为畦灌、沟灌、淹灌和漫灌。

（1）畦灌。畦灌是用田埂将灌溉土地分隔成一系列小畦。灌水时，将水引入畦田后，在畦田上形成很薄的水层，沿畦长方向流动，在流动过程中主要借重力作用逐渐湿润土壤。

（2）沟灌。沟灌是在作物行间开挖灌水沟，水从输水沟进入灌水沟后，在流动的过程中主要借毛细管作用湿润土壤。和畦灌比较，其明显的优点是不会破坏作物根部附近的土壤结构，不导致田面板结，能减少土壤蒸发损失，适用于宽行距的中耕作物。

（3）淹灌（又称格田灌溉）。淹灌是用田埂将灌溉土地划分成许多格田，灌水时，使格田内保持一定深度的水层，借重力作用湿润土壤，主要适用于水稻。

（4）漫灌。漫灌是在田间不做任何沟埂，灌水时任其在地面漫流，借重力渗入土壤，是一种比较粗放的灌水方法。灌水均匀性差，水量浪费较大。

2. 喷灌

喷灌是利用专门设备将有压水送到灌溉地段，并喷射到空中散成细小的水滴，像天然降雨一样进行灌溉。其突出优点是对地形的适应性强，机械化程度高，灌水均匀，灌溉水利用系数高，尤其适合于透水性强的土壤，并可调节空气湿度和温度。但基建投资较高，而且受风的影响大。

7.1.2.2 局部灌溉

这类灌溉方法的特点是灌溉时只湿润作物周围的土壤，远离作物根部的行间或棵间的土壤仍保持干燥。为了要做到这一点，这类灌水方法都要通过一套塑料管道系统将水和作物所需要的养分直接输送到作物根部附近。并且准确地按作物的需要,将水和养分缓慢地加到作物根区范围内的土壤中去,使作物根区的土壤经常保持适宜于作物生长的水分、通气和营养状况。一般灌溉流量都比全面灌溉小得多,因此又称为微量灌溉,简称微灌。这类灌水方法的主要优点是:灌水均匀,节约能量,灌水量小,对土壤和地形的适应性强;能提高作物产量,增强耐盐能力;便于自动控制,明显节省劳力。比较适合于灌溉宽行作物、果树、葡萄、瓜类等。

1. 渗灌

渗灌是利用修筑在地下的专门设施(地下管道系统)将灌溉水引入田间耕作层借毛细管作用自下而上湿润土壤,所以又称为地下灌溉。近来也有在地表下埋设塑料管,由专门的渗水头向作物根区渗水。其优点是灌水质量好,蒸发损失少,少占耕地便于机耕,但地表湿润差,地下管道造价高,容易淤塞,检修困难。

2. 滴灌

滴灌是由地下灌溉发展而来的,是利用一套塑料管道系统将水直接输送到每棵作物根部,水由每个滴头直接滴在根部上的地表,然后渗入土壤并浸润作物根系最发达的区域。其突出优点是非常省水,自动化程度高,可以使土壤湿度始终保持在最优状态。但需要大量塑料管,投资较高,滴头极易堵塞。把滴灌毛管布置在地膜的下面,可基本上避免地面无效蒸发,称为膜下灌。

3. 微喷灌

微喷灌又称为微型喷灌或微喷灌溉,是用很小的喷头(微喷头)将水喷洒在土壤表面。微喷头的工作压力与滴头差不多,但它是在空中消散水流的能量。由于同时湿润的面积大一些,这样流量可以大一些,喷洒的孔口也可以大一些,出流流速比滴头大得多,所以堵塞的可能性大大减小了。

4. 涌灌

涌灌又称涌泉灌溉,是通过置于作物根部附近的开口小管向上涌出的小水流或小涌泉将水灌到土壤表面。灌水流量较大(但一般也不大于220L/h),远远超过土壤的渗吸速度,因此通常需要在地表形成小水洼来控制水量的分布。适用于地形平坦的地区,其特点是工作压力很低,与低压管道输水的地面灌溉相近,出流孔口较大,不易堵塞。

5. 膜上灌

膜上灌是近几年我国新疆试验研究的灌水方法,它是让灌溉水在地膜表面的凹形沟内借助重力流动,并从膜上的出苗孔流入土壤进行灌溉。这样,地膜减少了渗漏损失,又和膜下灌一样减少地面无效蒸发,更主要的是比膜下灌投资低。

上述灌水方法各有其优缺点,都有其一定的适用范围,在选择时主要应考虑到作物、地形、土壤和水源等条件。对于水源缺乏地区应优先采用滴灌、渗灌、微喷灌和喷灌;在地形坡度较陡而且地形复杂的地区及土壤透水性大的地区,应考虑采用喷灌;对于宽行作物可用沟灌;密植作物则以采用畦灌为宜;果树和瓜类等可用滴灌;水稻主要用淹灌;在地形平坦、土壤透水性不大的地方,为了节约投资,可考虑用畦灌、沟灌或淹灌。各种灌水方法的适用条件及优缺点见表7-1和表7-2。

表 7-1　　　　　　　　　不同灌水方法的适用条件

灌水方法		作物	地形	水源	土壤
全面灌溉	地面灌溉 畦灌	密植作物（小麦，谷子等）、牧草、某些蔬菜	坡度均匀，坡度不超过 0.2%	水量充足	中等透水性
	沟灌	宽行作物（棉花、玉米等）、某些蔬菜	坡度均匀，坡度不超过 2%~5%	水量充足	中等透水性
	淹灌	水稻	平坦或局部平坦	水量丰富	透水性小，盐碱土
	漫灌	牧草	较平坦	水量充足	中等透水性
	喷灌	经济作物、蔬菜、果树	各种坡度均可，尤其适用于复杂地形	水量较少	适用于各种透水性，尤其是透水性大的土壤
局部灌溉	渗灌	根系较深的作物	平坦	水量缺乏	透水性较小
	滴灌	果树、瓜类、宽行作物	较平坦	水量极其缺乏	适用于各种透水性
	微喷灌	果树、花卉、蔬菜	较平坦	水量缺乏	适用于各种透水性

表 7-2　　　　　　　　　不同灌水方法的优缺点

灌水方法		水的利用率	灌水均匀性	不破坏土壤的团粒结构	对土壤透水性的适应性	对地形的适应性	改变空气湿度	结合施肥	结合冲洗盐碱土	基建与设备投资	平整土地的土方工程量	田间工程占地	能源消耗量	管理用劳力
全面灌溉	地面灌溉 畦灌	○	○	−	○	−	−	○	○	+	−	−	+	−
	沟灌	○	○	○	○	−	−	○	○	+	−	−	+	−
	淹灌	○	○	−	−	−	○	−	+	+	−	−	+	−
	漫灌	−	−	−	−	−	○	−	○	+	+	+	+	−
喷灌		+	+	+	+	+	+	○	−	−	+	+	−	+
局部灌溉	渗灌	+	+	+	○	−	−	−	−	○	+	+	+	+
	滴灌	+	+	+	○	+	−	+	−	−	○	+	−	+
	微喷灌	+	+	+	○	+	+	−	−	−	○	+	−	+

注　表中符号：+代表优，−代表差，○代表一般。

7.2 水稻灌溉技术

水稻是我国主要的粮食作物，全国水稻种植面积约占粮食作物总面积的 30%，产量接近粮食总产量的 50%。我国水稻分布很广，但 90% 以上集中在秦岭淮河以南。其中华南各省、自治区气温较高，生长期长，年降雨量达 1500mm 以上，多种植双季稻。长江流域各省的气候和雨量均较适中，双季稻和单季稻均有栽培。秦岭淮河以北的广大地区，气温较低，无霜期较短，水源不足，多种植单季稻，稻田所占面积小，但发展潜力很大。

水稻是一种高产稳产作物，而且适应性强，可以在其他作物不能适应的一些土壤上种植。这与水的作用有密切关系。因此，进一步发展农田水利，搞好水稻的合理用水，扩大水稻种植面积和提高水稻单产与总产，对提高我国粮食产量以及促进整个农业生产的发展，都有着十分重要的意义。

7.2.1 水稻的栽培管理要求

水稻从种子发芽到成熟的过程中，一般以幼穗开始分化为界，分为营养生长期和生殖生长期两个时期。营养生长期包括秧田期（幼苗期）、移栽返青期、分蘖期和拔节期等生育阶段，生殖生长期包括孕穗期、抽穗开花期和结实成熟期等生育阶段。其中从幼穗分化开始到抽穗是营养生长和生殖生长并进期（图7-1）。两个生长期和各个生育阶段之间都是互相联系的，但又各有其生长发育特点，它们对环境条件和栽培管理都有着不同的要求与反应。

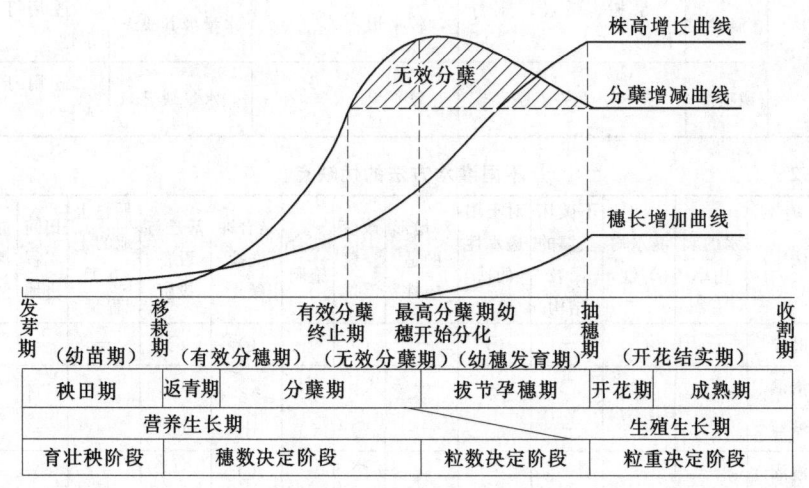

图7-1 水稻全生育期示意图

1. 发芽出苗期

从稻种吸水膨胀到出现第一片完全叶为发芽出苗期。稻谷发芽，要求一定的温度、水分和空气。一般当温度在12℃（籼稻）或10℃（粳稻）以上，种子吸水达本身重的25%（籼稻）或30%（粳稻）以上时，就开始萌发，逐渐破胸露白，长出种根和芽鞘。经过浸种催芽的稻谷，播种在湿润的秧田里，在有足够氧气供应的条件下，种根先长出并扎入土中，而且长出一些不定根（冠根），然后芽鞘裂开长出不完全叶，接着长出具有叶鞘，叶片、叶舌和叶耳的完全叶（图7-2）。如果种芽泡在水里，那就只长芽，不长根，易造成倒伏，浮秧和烂秧的不良后果。

2. 幼苗期

从出现第一片完全叶到起秧移栽为幼苗期，或称秧苗期。其中从第一片完全叶到三叶期，秧苗抗寒力减弱，早稻秧苗应特别注意用合理灌排来调节温度，以防幼苗受冻和烂秧。一般在出苗后至二叶期的日最低温度低于 4℃，三叶期的日最低温度低于 5～7℃，即需灌水护秧。在其他正常情况下，三叶期前宜湿润或浅水，以后随着秧苗的生长而逐渐加深水层。此外，三叶期是秧苗的断乳期，三叶期以前，秧苗生长靠自身的胚乳供应养分；三叶期以后，由于胚乳内的养分消耗殆尽，秧苗需要通过根系从土壤中吸收无机养分。故在三叶期必须注意搞好水肥供应，保证秧苗所需营养。

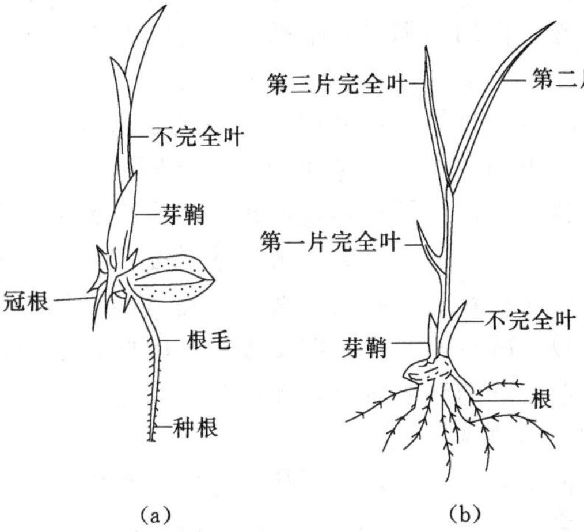

图 7-2 水稻的幼芽和幼苗
(a) 幼芽；(b) 幼苗

3. 返青期

秧苗从秧田拔出移栽到本田，因根系和秧叶受到损伤，吸水能力减弱，生长停滞，叶片呈现一定程度的萎黄，一般需经 6～7 天甚至 10 多天，才能长出新根和新叶而恢复青绿色，这一时期称为返青期。生产上要求尽量缩短返青期。为此，必须培育壮秧，提高本田整地质量和栽培质量。在拔秧苗前要追好"送嫁肥"，栽培后稻田要维持合适的水层，这样才有利于促进早返青，早分蘖。

4. 分蘖期

从开始分蘖到开始拔节为水稻的分蘖期。直播水稻在出现第四片完全叶时开始分蘖。育秧移栽的水稻多在返青后才开始进行分蘖。分蘖是由茎基部的分蘖节上发生。凡从主茎上发出的分蘖叫第一次分蘖。从第一次分蘖上发生的分蘖叫第二次分蘖，依此类推。一般早生的分蘖能够抽穗结实，称为有效分蘖；迟生的分蘖不能抽穗结实，称为无效分蘖。生产上要求采取适当的措施，促进分蘖早生快发，并抑制后期无效分蘖的发生，以提高成穗率。

水稻分蘖的最适温度是 30～32℃，不能低于 20℃和高于 37℃。光照弱则同化物质少，使分蘖发生迟缓。据测定，当光照减弱到自然光照度的 50% 时，分蘖就不能发生。如阴天多雨，过于密植，通风透光不良，都会使分蘖受阻。浅水或湿润多肥，能促进分蘖发生。深水能使稻秧基部光照减弱，温度降低，养分分解缓慢，也能抑制分蘖。此外，栽秧深度过深，会使分蘖节位上移（高位分蘖），分蘖时间推迟，分蘖少而瘦弱。

5. 拔节孕穗期

分蘖末期稻茎基部由扁平状变成圆筒状，节间随之伸长，称为拔节。同时，茎顶生长点细胞开始分化成幼穗，并逐渐孕育，使叶鞘膨大，称为孕穗。拔节孕穗期就是指从开始拔节和幼穗分化到孕穗完成的一段时期。水稻的幼穗分化大多在抽穗前 30 天左右开始，一般早稻的幼穗分化发生在拔节之前，中稻与拔节同时，晚稻则在拔节之后。

拔节孕穗期是营养生长和生殖生长并进的时期，植株生育旺盛，对水分、养分的吸收以及光合作用等都进入最高峰，这个时期是决定茎秆壮弱，穗子大小和粒数多少的关键时期。拔节孕穗期对光、热、水、气、肥等均有较严格的要求。如果长期阴雨，或植株封行过早，群体郁闭，对幼穗分化很不利。稻穗分化的最适温度为30℃左右，若低于20℃左右（粳稻19℃，籼稻21℃）或高于40℃，都不利于稻穗分化。孕穗期如遇干旱，会导致颖花退化，产生大量不孕花，造成严重减产。如果土壤长期淹水不排，通气性差，也会使根系活动受阻，对孕穗不利。穗分化需要充足的养分，肥料不足时穗小粒少，不实粒增加。在氮肥充足的情况下，孕穗期增施P、K肥，对增加颖花数，减少不实粒有明显效果。因此，必须加强拔节孕穗期的田间管理，为稻穗发育创造良好的环境条件，保证壮秆大穗。

6. 抽穗开花期

当幼穗发育完成后，稻穗从剑叶的叶鞘中伸出，称为抽穗。一个稻穗自露出到全部抽出约需3～5天，全田自始穗到齐穗约需5～7天。稻穗上每个小穗的内、外颖从开始张开到闭合的过程称为开花。一般水稻抽穗后1～2天就开始开花，全穗的小穗花7天左右开完。在正常条件下每天开花的时间是9：00～10：00开始，11：00～12：00最盛，午后开花渐减，14：00～15：00停止。

抽穗期的温度高低，影响抽穗的快慢。开花最适温度为30℃左右，如果低于20℃或高于40℃，会使花粉发芽和花粉管伸长受阻。抽穗开花期除要求一定的水分外，还要求较高的大气湿度。一般适宜的相对湿度是70%～80%，湿度过低，抽穗困难，花药易干枯，花丝不能伸长，影响受粉。适于开花的最好天气是晴朗有微风的天气。阴雨、低温、干旱和大风，均不利于开花受粉，而使空壳增多。

7. 结实成熟期

水稻开花受精后进入结实成熟期，即胚乳和胚开始发育，干物质迅速增加，米粒逐渐膨大而至完全成熟。一般从抽穗到成熟需30～45天。根据谷粒外观和内容物的变化，成熟期一般分为乳熟，蜡熟和完熟三个时期。乳熟期（又称灌浆期）茎、叶、谷壳均为绿色，米粒内开始积累乳白色浆液状的淀粉；蜡熟期（又称黄熟期）茎、叶由绿转黄色，继而谷色褪淡，米粒转白变硬。一般水稻在蜡熟末期收割，过晚会造成落粒减产和米质降低。

结实成熟期的适宜温度为25～30℃。光照充足，昼夜温差大，有利于干物质的积累，使籽粒饱满，腹白少，米质好。我国北方水稻的米质一般优于南方，这与成熟过程的夜温较低有关。水稻乳熟期仍要求适当的水分供应，若水分不足，叶片会黄落早衰，减少养分的制造和向籽粒输送，造成灌浆不饱，秕粒增多而减产。蜡熟期需水减少，可逐渐排水干田，以利收割。

水稻的单位面积产量是由每亩穗数、每穗粒数和粒重构成。这三个因素是互相联系和制约的，但它们分别形成和决定于不同阶段。为了获得水稻高产，首先应在秧田期培育好壮秧，然后在本田期的田间管理上，不同阶段应有不同的主攻目标。例如返青期、分蘖期是穗数决定阶段，主攻目标是早生快发争穗数；拔节孕穗期是粒数决定阶段，主攻目标是壮秆大穗争粒数。结实成熟期是粒重决定阶段，主攻目标是养根保叶争粒重。水稻的合理用水，必须针对这些目标，根据各阶段的需水特性，适时适量地进行灌排，才能促进水稻生长发育良好而获得高产。

7.2.2 水稻需水特性
7.2.2.1 水稻的生理需水和生态需水
1. 水稻的需水特点

水稻原产于热带、亚热带的沼泽地区，在长期的系统发育过程中，形成了不同于旱作物的喜水耐湿特性。水稻植株细胞内的原生质较少，液泡小，因而含水较少（据分析，水稻叶片含水量比小麦、马铃薯等作物要少 $1/3 \sim 1/2$），容易脱水受害；同时，稻叶细胞吸水力弱，根系在淹水条件下几乎不长根毛。因此，必须水分充足，才能保证根系吸水，满足叶片和其他部位正常生理活动的需要。这是水稻喜水的生理原因。

水稻植株体内细胞间有较大的间隙相连，形成一个完整的通气系统。光合作用产生的氧气可以通过这个系统从叶部输送到根部供根系呼吸，并通过根向外部放出氧气，形成一定的氧化圈，局部改善根系所处的缺氧环境；同时，稻根的外皮层与旱作物不同，有着高度木栓化的结构，以阻止土壤中还原物质进入细胞。所以水稻具有较强的耐湿能力，能在长期淹水的稻田中生长。

2. 水层对改善水稻生态环境的作用

稻田水层不仅可以保证水稻的生理需水，更重要的是能够创造一个适宜于水稻生长发育的生态环境。

（1）增加土壤养分。在淹水条件下，保持一定的嫌气环境，有机物分解慢，铵态氮易于保存，有效磷增加，铁、硅也易释放，有利于水稻的吸收利用。水层能提高生物固氮作用，据估计，水稻根际细菌所固定的氮素，每亩可达 $3.5 \sim 4 kg$。此外，水层还可以使土壤膨软，利于稻根伸展以吸收养分。

（2）改善田间小气候。例如低温时稻田灌水能保温，高温时灌流动水可降温，干冷风（寒露风、霜降风）和干热风时灌深水可调节田间温湿度，对防止水稻遭受不良气候的危害起一定作用。

（3）防治杂草病虫害。在淹水条件下，很多杂草种子发芽困难。实验证明，水层深 2.5cm 时，杂草群落显著减少；水深 7cm 时，没有禾本科杂草；水深 15cm 时，许多杂草都不能滋生。采用敌稗、除草醚等化学除草剂时，也需水层配合，才能收到良好效果。水层灌溉对减少稻瘟病（因稻田干旱时，水稻吸收硅酸量减少，易感染稻瘟病）和防治二化螟等也有良好作用。

以上是水层对水稻生理生态有利的一面。但必须看到，如果长期保持水层，特别是长期保持深水层也会对水稻带来不利影响。例如使土壤空气十分缺乏，有机质分解缓慢而不彻底，有毒物质增加，根系生长不良，吸收能力减弱；茎秆细长软弱，容易倒伏；通风透光不良，株间湿度过大，容易引起胡麻叶斑病、纹枯病、白叶枯病以及稻飞虱等的严重危害。因此，稻田不宜采用长期水层灌溉，而应在适当的时候，采取排水晒田或湿润露田的措施。

3. 晒田和湿润的作用

稻田排水晒田，可以改善水稻的生态环境，促进水稻生长发育健壮。

（1）改善土壤的理化性状。排水晒田，可促使土壤通气，土壤含氧量增加，氧化还原电位升高，还原物质得到氧化，减少对稻根的毒害。同时土壤的通透性增加，土壤好气微生物活动加强，矿化速度提高，使晒田复水后，土壤中有效养分含量显著增加。

(2) 改善田间小气候。晒田能提高土壤温度，增大昼夜温差，改善通风透光条件，使株间湿度下降，从而抑制病原菌的繁殖和传播，同时稻株抗病性能提高，可减少病虫害。

(3) 促进稻株健壮。由于土壤理化性状和田间小气候的改善，可促进根系生长，扩大吸收范围，同时白根增多，黄根、黑根减少，提高根的活力。据原武汉水利电力大学农田水利教研室与湖南韶山灌区科研所在早稻试验田测定，晒田的比不晒田的白根数多35.6%，白根鲜重增加72%，根鲜重与茎叶鲜重的比值高17%。另据中国科学院植物生理研究所测定，晒田能促进碳水化合物在茎秆和叶鞘中积累，使茎壁增厚，机械组织发达，茎秆坚韧，还能抑制基部节间伸长，从而提高抗倒伏的能力。

(4) 抑制无效分蘖。分蘖末期晒田，造成短期缺水停肥，能抑制无效分蘖发生，并促使幼小高位蘖死亡，使养分集中到主茎和大穗，从而巩固有效分蘖，提高成穗率。

湿润就是稻田土壤水分处于基本上饱和的状态。其作用可说是介于水层和晒田之间，既能在一定程度上满足水稻生理需水，又能在一定程度上协调水与气、热、肥的矛盾，改善水稻的环境条件。

7.2.2.2 稻田需水量和灌水量

1. 稻田需水量和需水规律

稻田需水量一般是指水稻本田的植株蒸腾量、棵间蒸发量和渗漏量之和（或称稻田耗水量）。此外，还有本田整地泡田水量和秧田需水量。稻田需水量的多少，因地区、栽培季节、品种类型、土壤及栽培措施等不同而异。表7-3综合了我国各地稻田需水量的试验结果。从表7-3中可以看出，我国稻田的蒸腾蒸发量、渗漏量和总需水量，都是北方多于南方，双季晚稻多于双季早稻，一季中稻多于双季晚稻，一季晚稻又多于中稻。从总需水量各组成部分所占比重上看，北方稻区渗漏量比重大，占总需水量的43%～63%；南方稻区蒸发蒸腾量所占比重大，占总需水量的67%～92%。

表 7-3　　我国不同地区稻田需水量

地区	稻别	时间	蒸腾量 (mm)	蒸发量 (mm)	蒸发蒸腾量		渗漏量		总计
					mm	%	mm	%	mm
长江以南	双季早稻	平均每天	2.33	1.77	4.10		1.18		5.38
		全生育期 90天	160～260	110～210	270～470	67～82.6	30～100	17.4～33	300～570
	双季晚稻	平均每天	2.83	2.11	4.94		1.21		6.15
		全生育期 90天	210～300	140～240	350～540	77～92	30～160	8～23	380～700

续表

地区	稻别	时间	蒸腾量（mm）	蒸发量（mm）	蒸发蒸腾量 mm	蒸发蒸腾量 %	渗漏量 mm	渗漏量 %	总 计 mm
长江与秦岭与淮河之间	一季中稻	平均每天	3.65	2.35	6.00		1.60		7.60
		全生育期 90～110天	330～400	180～290	510～690	71～93	40～280	7～29	550～970
秦岭、淮河以北	一季晚稻	平均每天	3.22	2.52	5.74		7.82		13.56
		全生育期 100～130天	240～500	240～340	480～840	37～57	360～1440	43～63	840～2280

（资料来源：《作物栽培学》南方本）

在一定地区和水稻类型品种条件下，稻田蒸发蒸腾量的大小主要与气候条件和栽培措施等有关。一般空气相对湿度低、温度高、日照多，以及密植多肥的，蒸发蒸腾量都相应较大。稻田不同水分状况的蒸发蒸腾量是：深水＞浅水＞湿润。高产田干物质积累多，蒸发蒸腾量较低产田大，但从生产单位重量的稻谷所需蒸发蒸腾量来看，则高产田比低产田反而减少。这就说明提高单位面积产量，同时也具有经济用水的意义。

水稻一生中的蒸腾强度随绿叶面积的逐渐增大而增加，到成熟期又随叶片枯黄而减少。蒸腾强度高峰一般出现在孕穗到抽穗期。稻田蒸发的强度则受植株荫蔽的影响很大。插秧后到分蘖初期植株幼小，蒸发大于蒸腾。分蘖末期直到成熟，蒸发小于蒸腾，而且变化很小，一般维持在每天2mm左右。因此水稻蒸腾强度的变化规律，能够基本上反映水稻的需水规律，是水稻合理用水的重要依据。

我国各地早、中、晚稻所处气候条件不同，因而蒸腾强度各有特点。双季早稻前期气温较低，蒸腾强度增长缓慢，蒸腾高峰多出现在抽穗开花期，后期由于温度较高，高峰的延续时间较长，下降幅度不大。双季晚稻插秧后气温较高，其高峰出现较早，通常在拔节孕穗期，后期由于气温下降快，高峰的延续时间较短，下降幅度很大。中稻的蒸腾强度略高于双季早稻，且上升也较快，高峰出现于孕穗期，后期下降幅度较早稻大。一季晚稻的蒸腾高峰出现和延续时间与中稻相似。

稻田渗漏量的大小，因土壤质地、地下水位高低、整地技术及灌水方法等不同而异。稻田适宜的渗漏量有利于将田面水中溶解的氧气带入根区，降低土壤还原性，减少有毒还原物质的积累和危害。近年来，一些地方调查总结出高产稻田均有较高的渗漏量，其范围大致为8～15mm/d。

2. 稻田灌水量

稻田所需水量，除一部分可由降雨直接供给外，一部分需要通过灌溉补给。一般将水稻本田期每亩各次灌水量（灌水定额）之和，称为稻田灌溉定额。另外加上泡田定额（每亩地泡田整地用水量）即为总灌溉定额。以湖北省的调查资料为例，中等干旱年各类水稻田的泡田定额和灌溉定额见表7-4。

表 7-4　　　　　　湖北省中等干旱年的水稻灌溉定额　　　　　　单位：m³/亩

项　目	早　稻	双季晚稻	中　稻	单季晚稻
泡田定额	70～80	30～60	80～100	70～80
灌溉定额	200～250	240～300	250～350	350～500
总灌溉定额	280～320	280～350	380～450	420～550

（资料来源：《实用水稻栽培》，1981）

由于各地稻田需水量和有效降雨量不同，因而稻田灌水量也有差异。一般北方稻田的需水量大而有效降雨量小，稻田灌水量大大高于南方。采用先进的泡田方法和水稻各生育时期的灌水技术，泡田定额和灌溉定额都可以降低，从而节省灌溉水量。

7.2.3　稻田灌溉技术

7.2.3.1　本田各时期的灌排技术

1. 泡田期

水稻本田在插秧前整地时，需要灌水泡田。一般习惯多采用深水泡田。先进经验证明，采用浅水泡田不仅可以节省灌水量，而且有利于土壤增温和保温，提高土壤肥力，促进秧苗早返青。例如广西宾阳县清平灌区的经验是，耕后灌浅水泡田。耙田时泥块（犁垡）半水半露，耙后保持湿润，以吸热增温。增温后维持 1～2cm 的水层至插秧。这样的浅水泡田与深水泡田对比，泡田定额节省 25m³/亩（深水的 85m³/亩，浅水的 60m³/亩），降雨利用率提高 37.3%，插秧后禾苗返青快 5 天（深水的插后 9 天返青，浅水的 4 天返青）。

2. 栽秧返青期

栽秧要求一定的质量。浅水栽秧有利于将秧苗栽得浅、直、齐、匀、稳，保证栽秧质量，并提高栽秧效率和秧苗成活率。一般早稻秧苗小，栽秧时稻田有一薄层遮泥水即可；双季晚稻栽秧时气温高，秧苗大，为了避免晒伤秧苗，水层应深些，一般以 3～5cm 为宜。

返青期的主攻目标是促进早返青。因为秧苗经过拔和栽，根系受伤，吸水力减弱，植株蒸腾增强，极易失去水分平衡，发生黄苗卷叶或死苗。所以栽秧后应适当加深水层，为秧苗创造一个温湿度比较稳定的条件，并减少蒸腾，以利早生新根，加速返青。水层深度应视水稻类型和当时气候情况而定。早稻返青期气温低，白天灌浅水（2～3cm）增温，晚上灌深水（4～5cm）保温，有利于秧苗成活。若遇寒潮来临，白天也应加深水层。一季中、晚稻返青期气温较高，日照强，水层较深（4～5cm），有利于成活返青。双季晚稻返青期气温更高，为防止高温热水烫伤稻苗，可采用白天灌深水（6～7cm），晚上排水的办法。无论哪种类型水稻，返青期水层最深，以不超过最上全出叶的叶耳为度。否则，基部叶片失去生活机能，反而延迟返青。

3. 分蘖期

分蘖期要求分蘖早生，快发。返青后采用浅水或湿润灌溉，既能满足稻苗的生理需水，又有利于阳光直接照射到土面和稻苗基部，提高温度，增进土壤通气，促进土壤微生物活动和养料分解，以利根系吸收。这样就可以促进早分蘖，提高有效分蘖率。对土壤肥力一般的稻田，分蘖前期以水深 2～3cm 的浅水层为好。

分蘖后期要求控制分蘖。排水晒田是控制分蘖的有效手段，但是必须掌握好晒田开始的时间和晒田程度。晒田开始时间可根据总苗数或栽秧后的天数来定。一般每亩苗数（主茎加分蘖）早稻和双季晚稻达 50 万苗左右，中稻 45 万苗左右，杂交稻 25 万苗左右即开始晒田，这称够苗晒田。如果早稻和双季晚稻移栽后已 20~25 天，中稻已 30~35 天，杂交稻已 20~25 天，即使总苗数不够上述指标，也要开始晒田，这称够时晒田。由于栽培条件和品种特性不同，各地或同一地区的不同品种够苗和够时的指标不可能一致，应通过试验研究确定。一般总的原则是要求在开始孕穗之前结束晒田。

晒田晒到什么程度，要晒多少天，应根据苗情、地形、土质、水源、天气和水稻类型等而定。稻苗分蘖早、苗数足、长势旺的田要早晒、重晒，反之迟晒、轻晒。低洼田、肥田、冷浸田、烂泥田、黏土田等要重晒。磅田、瘦田、砂性田，水源困难的田则轻晒或不晒。一般双季晚稻的晒田程度比早稻要轻，杂交水稻比常规水稻要轻。轻晒的标准是晒到田土紧皮，手压不黏泥，需晒 4 天左右。重晒的标准是田中开丝裂，田面不过白，白根露面，老根深扎，叶片挺直，叶色褪淡，需晒一星期左右。如遇阴雨，则应及早排水落干，并延长晒田时间。

为了保证晒田质量，要求田块平整，排灌沟渠完善，并在田中开沟，保证排灌通畅及时。

4. 拔节孕穗期

此时期稻穗进行分化发育，营养生长和生殖生长同时进行，生育旺盛，光合作用强。同时，气温高，稻田耗水多，占全生育期的 40% 左右。如果此时期缺水，则其他器官向幼穗吸水，使正在发育的幼穗先受旱。如缺水发生在幼穗分化前期，会使枝梗和颖花的形成受阻，造成穗小，粒少。若发生在后期，则细胞减数分裂受阻，形成大量秕粒。缺水时还会削弱有机物质的合成和运输，影响穗分化所需的养分供应，使得下部退化颖花增多。此外，如果遇到 40℃ 以上的高土温（中稻）或 15℃ 以下的低土温（双季晚稻），也会造成颖花大量退化。所以此时期一般应采用水层灌溉，以满足水稻生理和生态需水。但水层不能太深，最好是灌水 4~5cm 深，让其自由落干后再灌。如果长期深水层，会造成还原作用加强，根系生长不良，并易引起病虫害和倒伏。而在遇到高温或低温时，还应采取以水降温或保温的措施，以减少颖花的不孕和退化。对于地下水位高，保水力强和生长过旺的稻田，在抽穗前 3~5 天，穗的各部分已发育完成时，可排水轻晒 1~2 天，以改善土壤通透性，防止根系早衰。

5. 抽穗开花期

此时期也是水稻对水分敏感的时期，除要求土壤能供给所需水分外，还要求较高的空气湿度。如果缺水受旱，轻则延迟抽穗，重则抽不出穗，或穗抽出后，由于空气干燥，花粉和柱头失水干枯，不能正常受精而成秕粒。长江中、下游一带，在早稻抽穗期常有"火南风"，高温低湿，更应注意灌水防旱。抽穗开花期间一般宜维持稻田水层 3~5cm 左右。对地下水位高、保水力强以及肥力和产量水平较高的稻田，可采用活水浅水勤灌，保持较高的土壤和空气湿度，以利开花和受精，降低空壳率。

6. 结实成熟期

开花受精后的乳熟期间，要求根系仍有一定的活力，茎秆上部有三片绿叶能进行光合作用，以制造有机养分，并顺利向籽粒输送，使籽粒灌浆饱满，因而要求土壤有适当的水分和空气。如果水分缺乏或过多，都会使根、茎、叶早衰，灌浆不足，粒重减轻，秕谷增多。此时期一般以保持土壤湿润状态为宜，可采取灌跑马水的方式，即跑一次水后，过 1~2 天或 3~4 天再跑一次水，防止白田。但双季晚稻和北方一季晚稻灌浆期气温已下降，田间仍保持水层，对籽粒灌浆有利。

进入蜡熟期后，水稻生理需水显著下降，应适时断水，促进成熟。但如断水过早，会引起茎叶早衰，造成干枯逼熟，断水过迟，也可能引起贪青迟熟。都会降低粒重。断水时间既要考虑不降低产量，又要有利于后季作物的及时耕种。一般双季早稻于收割前 5~7 天断水（为了抢季节种双季晚稻，也可不断水），单季稻和双季晚稻于收割前 10~15 天断水。杂交水稻则忌断水过早，双季杂交水稻在收割前一周还要灌一次跑马水，以充分发挥杂交水稻优势，争取更高产量。

7.2.3.2 不同类型稻田的灌排模式

水稻田的灌排，主要应根据水稻的生理需水和生态需水来合理进行。就生理需水而言，各种类型水稻（包括不同类型的常规稻和杂交稻）的生育期长短和栽培季节虽有不同，但其需水规律基本相同，故对灌排技术的要求也就大同小异。从生态需水来说，如果水稻所处土壤和其他条件差异大时，则其生态需水的差异也大，必须因地制宜地采取合适的灌排模式。下面简要介绍几种。

1. 一般稻田

土壤肥力一般，质地较适中，地下水不太高，水源较方便的稻田，大多宜采用水层、湿润、晒田三结合的灌排模式。即根据水稻不同生育时期对水分的要求，分别采用浅水栽秧，深水返青，薄水（浅水或湿润）分蘖，适时晒田，足水养胎，有水抽穗，湿润灌浆，断水黄熟的灌排技术。这种模式既能利用水层对水稻的良好作用，又能通过晒田和湿润措施，克服长期水层对水稻的不良影响，促进水稻生长发育，且比长期水层省水。一些高产稻田也多采用这种灌排模式。

2. 冷浸型稻田

包括山丘峡谷、山垄的各种冷浸田以及平原低洼积水，地下水位高的烂泥田等。除了开明沟或设暗沟暗管排除冷浸水，降低地下水位外，在水稻全生育期内应采取以湿润为主、浅灌勤灌和多次晒田的灌排模式，以提高水温土温，增加土壤透气性，减少有毒物质的危害，从而促进水稻的生长发育。若灌溉水源温度低，应采取措施提高水温后再灌水入田。

3. 缺水型稻田

地下水位很低，灌溉水源无保证的水稻田，特别是分布于地势较高处的高塝田和"望天田"等，为了节约灌溉用水，可采用返青期和孕穗抽穗期间浅水灌溉，其他生育时期间歇灌溉的模式。为了尽可能充分利用降雨，也可全生育期采用浅灌中蓄模式。即干旱缺水时，向稻田灌水 3~4cm，大雨后保留稻田雨水 6~7cm。

4. 盐渍型稻田

整地后栽秧前要灌水泡田洗盐，使 30cm 土层内的氯化物含量降低至 1.5g/kg 以下，或全盐量低于 2~3g/kg。水稻生长期间，要求长期水层灌溉，不能脱水，以降低土壤盐分浓度。分蘖后期可采用深水抑制分蘖。其他生育阶段可采用前期浅水，中期深水，后期浅水，并及时换水，以排除咸水。换水时间及次数，应依田水中盐分浓度和水稻不同生育期的耐盐性及水源条件而定。一般在氯化物盐土上，返青期土壤含盐量不宜超过 1.5g/kg，分蘖期不超过 3g/kg，以后不超过 4～5g/kg。在碱化土上，前期碳酸盐含量不宜超过 1g/kg，后期可稍高些。

7.2.3.3 水稻节水灌溉技术

水稻是我国的主要农作物，也是耗水最大的作物，实行节水灌溉，可以节约大量农业灌溉用水，充分利用降雨，并相应减轻排水负担。

常规稻田灌水方式是"浅灌深蓄"或"浅灌中蓄"方式，即实行浅水灌溉，降雨则深蓄或中蓄。通过人工调节，将田面水层深度控制在适宜水层上、下限之间。其特点是水稻在整个生育期里，除分蘖期末有一次落干（落水晒田）外，其余阶段田面均有水层。这种灌水方式的优点在于，通过稻田拦蓄，能较多地利用天然降雨；缺点是田面长期保持水层，对水稻根系的生理功能往往有不利影响，稻田土壤通气条件差，难以满足水稻对氧气的需求，且不可避免地发生大量渗漏和灌溉水田间流失，同时遇干旱期稍长，就会增加灌水次数及灌水量。

我国灌区目前广泛采用浅湿灌溉技术，主要措施如下：插秧期、返青期、分蘖期维持浅水层（20～30mm），分蘖末期落干晒田，拔节期至黄熟期，水层时有时无，以土壤含水率下限为主要控制指标，并充分利用降雨，黄熟期自然落干。多年试验表明该方法虽可以较充分地利用降雨，节水效果也还比较显著，但节水技术适用于地力较好、施肥水平高、农家肥多（一般要求亩施农家肥 1 500kg 左右，磷肥 30～50kg，标氮肥 50～60kg）、单产达 500kg 左右的高产田。而且在降雨丰富的地区，降雨有效利用量还没达到最优化，生理生态上还具备很大的节水潜力。

水稻控制灌溉是指秧苗本田移栽后，田面保留 5～30mm 薄水层返青，返青以后的各个生育阶段田面不建立灌溉水层，以根层土壤水分为控制指标，确定灌水时间和灌水定额。不同生育阶段的土壤水分控制下限为土壤饱和含水率的 60%～80%组合，上限为饱和含水率。具有一定的节水、高产、优质、低耗、保肥、抗倒伏和抗病虫害等优点。但这种模式对灌排渠系及田间工程要求较高，要求灌排渠系反应灵敏，可快速灌溉和排水，因此在实际应用中要大面积推广，目前尚有困难。

1. 水稻节水中的水资源优化利用技术

（1）灌溉回归水利用技术。水稻节水可分为农田尺度和灌区尺度。对于水稻灌区渠系和田间渗漏水、退水、跑水产生的回归水，可收集起来重复利用或作为下游灌区水稻的灌溉水源，这部分所节约的水量是水稻节水的重要部分，潜力很大。但使用回归水之前，要化验确认其水质是否符合灌溉水质标准，确保农田生态环境安全。

（2）劣质水利用技术。劣质水包括城市生活污水、工业废水、微咸水和灌溉回归水。安全、高效利用是劣质水灌溉技术研究的重点。目前国内外普遍关注的是水稻的咸水灌溉技术、咸水灌溉利用对稻田生态环境的影响以及浅层地下咸水可开采量的评价技术。劣质水利用技术是水稻生态节水的重要组成部分，特别是对于水资源紧缺和水质性缺水的地区显得尤为重要。我国有些地区直接引用劣质水进行水稻灌溉，或处理后的污水未达标准即用于灌溉，不仅引起农田环境的污染，水稻品质的下降，而且危害人体健康，应当引起重视。

（3）井渠结合地表水、地下水互补技术。有些水稻自流灌区在干旱季节地表来水少，轮灌周期长，供水不足，可采用井渠结合，打一部分机电井，提取地下水补充地表水的不足。而抽取地下水以后，地下水位降低，又能起到"腾空"地下库容，增加雨季降水及水稻灌溉水入渗补给地下水的作用。地表水、地下水两者互为补充，提高了农田水资源的有效利用率。

（4）储水灌溉技术。储水灌溉可在用水不紧张的季节向休闲稻田灌水，把水存储于深层土体内，供水稻生长使用，减少了水稻生长期的灌水次数，并大大缓解了用水高峰期需水与供水的矛盾。在南方地区还可将冬季的雨水、灌溉水存蓄于水田中，称为冬水田，以供次年春耕之用。

（5）雨洪集蓄利用技术。在雨洪集蓄利用方面，新技术、新材料、新方法不断注入该研究领域。现代高分子材料、复合材料、生物材料以及智能决策系统、工程设计软件等先进技术已成为集雨工程研究领域的重要内容。现代集雨工程要求其集流方式和材料不但要具有高效、低成本、可靠的特点，而且正在向新型方便、绿色环保无污染的方向发展。

水稻的雨洪集蓄利用的主要形式是修建蓄水池和塘坝。池或坝为水稻提供灌溉水源的同时还可为当地农民提供部分生活用水以及牲畜用水。近年来，在池或坝里进行生态养殖十分受农民欢迎，在为农民提供一个很好的创收机会的同时，大大缓解了农田生态环境压力。尤其在水资源匮乏的地区，该技术经济效益、生态效益和社会效益显著。

2. 水稻节水工程技术

（1）渠道防渗技术。渠道输水是我国水稻灌溉的主要输水方式，但传统的土渠输水渗漏损失达50%～60%，有的高达70%，浪费严重，因此防治渠道渗漏是节约水稻用水的主要措施。为了减少输水过程中的这部分损失，采用建立不易透水的防护层，如混凝土护面、浆砌石衬砌、塑料薄膜防渗、暗管防渗等多种方法，进行防渗处理，既减少了水的渗漏损失，又加快了输水速度，提高浇地效率，深受群众欢迎，成为我国目前应用最广泛的节水技术之一。与土渠相比，混凝土护面可减少渗漏损失80%～90%，浆砌石衬砌减少渗漏损失60%～70%，塑料薄膜防渗减少渗漏损失90%以上。

渠道防渗除可提高水的有效利用系数，还具有防止渠道冲刷、淤积和坍塌，缩小输水时间和灌水周期，节省管理养护用工和管理费用，节约耕地，防止土壤次生盐渍化、沼泽化的作用。

（2）低压管道输水技术。低压管道输水灌溉简称"管灌"，是利用低压输水管道代替输水土渠将水直接送到田间灌溉水稻，以减少水在输送过程中的渗漏和蒸发损失的技术措施。低压管道输水灌溉系统一般由水源、水泵及动力机、连接保护装置、输水管道、给配水装置及其他附属设备（如量水设备、排水阀、逆止阀和田间灌水设施）等部分组成。用塑料或混凝土等管道输水代替土渠输水，可减少输水过程中的渗漏和蒸发损失，水的利用率可达95%。另外还可减少渠道占地，提高输水速度，加快稻田灌水进度。

3. 水稻"控灌中蓄"节水管理技术

为了把有限的灌溉水量在灌区内及水稻生育期内进行最优分配，达到生态节水、高产、高效、优质的目的，水稻灌溉制度需根据水稻的需水规律进行相应优化，并采用非充分灌溉、抗旱灌溉和低定额灌溉等措施，限制对水稻的水分供应，巧灌关键水，增加有效降雨的利用，加大稻田土壤的调蓄能力，同时对水稻进行抗旱锻炼，采用"促控"等技术，降低田间腾发量，提高水稻对农田水的利用效率。"控灌中蓄"灌水模式就是在充分考虑水稻生理生态特性（喜水耐水但不可长期水淹）的基础上，对控制灌溉、浅湿灌溉和淹灌技术进行优化后的新型生态节水模式，具有很大的生态节水潜力。

所谓"控灌中蓄"，即是指稻苗本田移栽后，田面保持 5～25mm 薄水层返青活苗，在返青以后的各个生育时期，以降雨量和根层土壤含水量作为控制指标，确定灌水时间和灌水定额。灌水时土壤水分控制上限为饱和含水率，下限则视水稻不同生育阶段，分别取土壤饱和含水率的 60%～80%。若有降雨，则充分考虑水稻的耐水性但不可长期被水淹的特性，据水稻不同生育阶段，蓄雨上限分别取 20～70mm，大约是不同生长阶段水稻最大耐淹深度的一半，即"中蓄"，最大限度地提高降雨的有效利用率。

7.3 小麦灌溉技术

小麦是世界性的重要粮食作物。全世界有 35%～40% 的人口以小麦为主食，是营养比较丰富、经济价值较高的商品粮。小麦籽粒含有丰富的淀粉、较多的蛋白质、少量的脂肪，还有多种矿质元素和维生素 B。小麦按播种季节分，可分为冬小麦和春小麦。小麦加工后的副产品中含有蛋白质、糖类、维生素等物质，是良好的饲料，麦秆还可用来制作手工艺品，也可作为造纸原料。小麦对气候条件的适应能力较强，既能在温度较高的南方生长，也能忍受北方零下 20℃ 的严寒，山地、丘陵、平原的砂土和黏土均可种植。

7.3.1 小麦的栽培管理要求
7.3.1.1 高产的土壤指标

小麦适应性广，各种土壤均可种植，但要达到高产、稳产，必须创造良好的土壤条件。高产麦田的耕作层深度一般为 20cm 以上，土壤容重 1.2g/cm³ 左右，孔隙度为 50%～55%（其中非毛管孔隙 15%～20%），水气比例为 1.0（0.9～1.0）；有机质含量：砂壤土 1.2% 以上，黏土 2.5% 左右，其中易分解的有机质要占 50% 以上；土壤含氮量 0.1% 以上，生长期间水解氮 70mg/kg 左右，速效磷含量大于 15mg/kg，速效钾含量大于 120mg/kg；土地平整，地面坡度小于 0.1%～0.3%，有利灌排；土壤 pH 值为 6.8～7.0。

7.3.1.2 麦田整地方法

整地质量直接影响到播种质量。麦田整地质量要求达到深、透、细、平，并保持适宜的土壤湿度。整地方法因地而异。

1. 稻茬麦田整地

稻茬田含水多，质地黏重，宜耕期短，耕整地难度大，一般应在水稻收割前 10 天左右停止上水。收稻时土壤表土发白，脚踩不下陷，耕出的土块易散碎时为宜耕期。早中稻收后距小麦播种有较充裕的时间，应进行耕翻晒垡，使土壤风化，改善理化性状。播种前，再浅耕，耙碎作畦。晚茬稻收割迟，种麦季节紧，必须边收割边耕边耙边播种。机耕整地可采用旋—耕—旋的方法，先旋耕灭茬，后用铧犁耕翻，再用旋耕犁碎垡。

南方麦区稻茬麦面积大，为减少稻田整地用工，缓解稻麦两熟季节紧、劳力紧张的矛盾，近年来发展了稻茬少耕免耕种麦技术和反旋灭茬秸秆还田技术。少耕免耕种麦，减少了耕作程序，比耕翻种麦省工节本，有利于适时播种。免耕麦田表土平整，播种深度一致，小麦出苗快而整齐，出苗率高，有利于苗期早发，前期干物质积累较快。但少耕免耕种麦杂草较严重，肥料施的浅，易流失，根系在土壤 0～10cm 分布比例大，在土壤下层根量比例小，在生长中后期，易出现早衰现象。因此，少耕免耕种麦必须推广应用综合配套技术，在播前要施用高效低毒除草剂，减轻草害；在人工或机械条播后，要开沟覆土，消灭露子；针对少耕免耕麦的吸肥特性，应施足基肥，早施苗肥，增施有机肥，化肥深施，平衡促进和适当增施拔节孕穗肥预防早衰。目前，各地少耕免耕种麦的方法有稻板茬撒播、条播、点播和免耕机播等方式。

2. 旱茬麦田整地

前期为玉米高粱等早熟作物，收获后采用秸秆还田反旋灭茬机旋耕灭茬，及时深耕耙地，并注意蓄水保墒。播种时墒情好，则浅耕，随耙随播种；墒情不足，及早耙地，抢墒播种，播后镇压。若前茬为甘薯、大豆等晚秋作物，收获迟，季节紧，应边收边耕，随耙随播，播后镇压保墒。棉麦两熟麦田，需加强棉田后期管理，促棉花早熟，尽早清茬，抢时抢墒，随耕随耙随播种，或在棉花行间套播。绿肥茬，要在小麦播种前 20～30 天耕翻掩青，顺犁沟翻压，做到不漏翻、不冒青。

7.3.1.3 小麦需肥特性与合理施肥

1. 小麦的需肥特性

小麦对 N、P、K 三要素的吸收量因品种、气候、生产条件、产量水平、土壤和栽培措施不同而有差异。综合种地资料分析，小麦每生产 100kg 籽粒和相应的茎叶，约需吸收 $N 3kg$，$P_2O_5 1.0～1.5kg$，$K_2O 3～4kg$。

冬小麦一生中对 N、P、K 吸收有两个高峰。对 N 的第一个吸收高峰在分蘖至越冬始期，吸收量占总量的 20% 左右；越冬期间吸收量仅占总量的 5% 左右；返青后对 N 的吸收量有所增加，拔节至开花期出现第二个吸收高峰，吸收量占总量的 30%～40%；开花后对 N 仍有少量吸收。小麦对 P、K 吸收在分蘖至越冬始期出现第一个峰值，占吸收量的 10% 左右，至拔节期 P 吸收量占总吸收量的 30% 左右，K 达 50% 左右。拔节至开花期出现第二个吸收高峰，吸 P 量达总吸收量的 40%，吸 K 量占总吸收量的 50%。开花后 P 吸收量仍达 20%，K 则停止。近年研究表明，增加拔节至开花期 N、P、K 的吸收比例有利于进一步提高产量。

2. 施肥量的确定

目前，生产上多采用以产量定施肥量的方法，小麦产量指标确定后，根据小麦吸

肥量、土壤基础肥力、肥料种类、数量和当季利用率及气候等条件综合确定。其计算方法是

$$计划产量需肥料量(kg/hm^2) = \frac{计划产量对养分吸收量(kg/hm^2) - 土壤当季养分供给量(kg/hm^2)}{肥料中营养元素含量(\%) \times 肥料当季利用率(\%)}$$

根据现有研究,一般每生产 100kg 小麦需施 N 4~5kg,4500kg/hm² 产量水平需施 N 180~220kg/hm²,6000kg/hm² 产量水平需施 N 240~270kg/hm²,7500kg/hm² 产量水平需施 N 270~300kg/hm²。弱筋小麦应适当降低施 N 量。注意增施 P、K 肥,N:P_2O_5:K_2O 应达 1:(0.4~0.6):(0.4~0.6)。

3. 肥料的运筹原则

根据小麦需肥特性,肥料运筹应掌握:在冬前分蘖期有适量的速效 N、P、K 供应,以满足第一个吸肥高峰对养分的需要,促进分蘖和发根,培育壮苗;越冬至返青期间是小麦一生中需肥较少时期,应适当控制肥料供应以控制无效分蘖的发生,培育高光效群体;拔节至开花是小麦一生中吸肥的最高峰,是施肥的最大效率期,必须适当增加肥料供应量,以巩固分蘖成穗,培育壮秆,促花,保花,争取穗大粒多;抽穗开花以后,要维持适量的 N、K 营养,延长绿色叶面积持续期,提高后期光合生产量,保证籽粒灌浆,提高粒重。

在确定肥料运筹方式时,应综合考虑小麦专用类型、肥料对器官的促进效应,以及地力、苗情、天气状况等因素。根据各地高产经验,中筋、强筋小麦生产中 N 肥可采用基肥:追肥为 5:5 的运筹方式,追肥主要用作拔节孕穗肥,少量在苗期施用或作平衡肥;弱筋小麦宜采用基肥:追肥 7:3 的运筹方式,以实现优质高产。晚茬麦采用独秆栽培法的群体,N 肥基肥:追肥可采用 (3~4):(6~7),以保穗数、攻大穗。秸秆还田量大的麦田基肥中,N 肥用量需适当增加。P、K 肥提倡 50%~70%基施;30%~50%在倒 4 叶~倒 5 叶追施。

7.3.2 小麦需水特性

7.3.2.1 小麦各生育阶段需水量及模系数

小麦各生育期由于时间长短、气候条件各异,因而各阶段总需水量与阶段的日需水强度不同。它不仅表明小麦各生育期的需水特性与要求,也反映出不同生育阶段对水分的敏感程度和灌溉的重要性。每个生育阶段的需水量占全生育期需水总量的百分比称为模系数。该值表明各生育期需水量占总需水量的权重程度。生育期需水量的多少是考虑灌水时期与灌水量分配的依据。水利部农田灌溉研究所的研究表明,需水量最多的阶段是抽穗—成熟期,即灌浆阶段。不同的产量水平条件其模系数的变化趋势基本一致。灌浆期需水量大的原因是由于该阶段生育期长,而且日需水强度高。但从日需水强度看,最大的阶段在拔节—抽穗期,该阶段日需水强度在 4mm 以上。这是因为此间冬小麦由营养生长阶段转为生殖生长与营养生长并进的阶段,生长旺盛、需水强度大,属于需水敏感期,因而保证这一阶段的水分需求,对冬小麦的增产、增收具有十分重要的意义。

从表 7-5 可以看出,不同的产量水平,不仅总需水量的大小不同,日需水强度也不一样。基本上随着产量水平的提高,日需水强度在加大。模系数的大小与产量之间没有规律可循。但模系数在生育期间的变化趋势是一致的。即在越冬—返青期最

小，抽穗—成熟期最大。这即是冬小麦需水的规律性所在。

表 7-5　　　　　　　　　　冬小麦生育期需水量与模系数

生育阶段　　项　目	播种—越冬	越冬—返青	返青—拔节	拔节—抽穗	抽穗—成熟	全期
阶段需水量（mm）	79.10	34.10	76.30	135.10	20.19	526.50
日需水强度（mm/d）	1.03	0.94	1.95	4.23	4.57	
模系数（%）	15.04	6.47	14.51	25.71	38.27	
阶段需水量（mm）	71.0	39.50	71.10	137.30	169.00	487.90
日需水强度（mm/d）	0.93	1.09	1.82	4.29	3.83	
模系数（%）	14.56	8.10	14.57	28.13	34.64	
阶段需水量（mm）	66.30	30.80	50.30	134.30	167.80	449.50
日需水强度（mm/d）	0.86	0.85	1.29	4.20	3.81	
模系数（%）	14.75	6.85	11.19	29.88	37.33	

（资料来源：陈玉民等编写《中国主要作物需水量与灌溉》）

春小麦的阶段需水量与模系数测定数据表明（表 7-6），春小麦需水量最大的生育阶段为灌浆期，即抽穗—成熟阶段。其模系数在 40% 以上。其次为拔节期，模系数在 20% 以上。阶段需水量最小的时期为播种—出苗期，模系数在 6% 以下。除甘肃武威地区外，日需水强度最高的阶段为拔节期，这一特点与冬小麦是一致的。因为此期是春小麦的生殖生长与营养生长最旺盛的阶段。其生理需水与生态需水均达到了最高峰，是春小麦需水最敏感的时期。此时水分状况如何对春小麦的生长与产量影响很大。

表 7-6　　　　　　　　　春小麦阶段需水量与模系数

地区（试验站）	生育阶段　　项目	播种—出苗	出苗—分蘖	分蘖—拔节	拔节—抽穗	抽穗—成熟	全期
青海（乐都）	阶段需水量（mm）	23.80	39.30	59.60	122.30	207.50	452.50
	日需水强度（mm/d）	0.68	2.07	1.92	4.89	3.92	
	模系数（%）	5.26	8.69	13.17	27.02	45.86	
甘肃（武威）	阶段需水量（mm）	35.70	56.40	102.80	139.90	251.0	585.80
	日需水强度（mm/d）	0.95	4.03	8.57	7.36	5.82	
	模系数（%）	6.10	9.62	17.55	23.88	42.85	
内蒙古（通辽）	阶段需水量（mm）	20.00	46.80	62.40	142.60	321.40	593.20
	日需水强度（mm/d）	1.08	2.38	5.44	10.32	7.26	
	模系数（%）	3.37	7.89	10.52	24.04	54.18	

（资料来源：陈玉民等编写《中国主要作物需水量与灌溉》）

7.3.2.2 棵间蒸发与叶面蒸腾变化规律

作物需水量主要由棵间蒸发与叶面蒸腾两部分水量组成的。棵间蒸发是一个物理过程，与土壤水分条件、棵间小气候状况、水汽压梯度和地面覆盖条件有关。一般来说，这部分水量对作物生产是无意义的。从节水角度来看，人们希望它越小越好，但它毕竟是不可避免的水分消耗，关键是如何提高栽培技术水平来降低棵间蒸发量。另外，棵间蒸发的水量在作物冠层上部空间散发后反过来又增大了田间小气候的湿度，对抑制作物的蒸腾量也有一定的作用。叶面蒸腾则是一个生理过程。蒸腾量的大小除与大气条件和土壤水分条件有关以外，也受植株本身的生理作用的制约。植株的生长条件，如叶面积大小等因素也影响着蒸腾量的大小。冬小麦生长初期，棵间蒸发量较大。如播种—越冬期，由于叶面覆盖少，棵间蒸发量占需水量的60％以上。以后，随着小麦植株群体的逐渐增大，棵间蒸发量逐渐降低，至拔节以后减到最小值，这时一般不足10％（表7-7）。因为这时正是冬小麦叶面积系数最高的阶段，棵间土壤覆盖程度大。而叶面蒸腾量的变化与棵间蒸发量的变化正好相反，由初期较少的蒸腾量逐渐增大，至拔节以后达到最大值。

表7-7　　　　　　　　冬小麦各生育期棵间蒸发与叶面蒸腾量

项目\生育阶段	播种—越冬	越冬—返青	返青—拔节	拔节—抽穗	抽穗—成熟
棵间蒸发量（mm）	46.49	11.78	22.91	9.57	11.51
叶面蒸腾量（mm）	32.55	22.70	53.34	25.52	189.64
棵间蒸发占需水量的百分比（％）	58.82	34.16	30.04	27.27	6.02
棵间蒸发量（mm）	47.48	12.74	23.46	8.83	11.26
叶面蒸腾量（mm）	23.55	26.79	47.63	128.44	157.74
棵间蒸发占需水量的百分比（％）	66.84	32.23	33.00	6.34	6.66
棵间蒸发量（mm）	50.00	12.71	25.39	11.00	15.43
叶面蒸腾量（mm）	16.34	18.05	24.89	123.27	152.31
棵间蒸发占需水量的百分比（％）	75.37	41.33	50.51	8.20	9.20

（资料来源：陈玉民等编写《中国主要作物需水量与灌溉》）

棵间蒸发量占需水量的比例与小麦产量水平有关，一般占20％～30％，产量水平高时所占的比例较小，反之则大。在接近500kg/亩产量时，棵间蒸发量所占的比例不足20％，说明在农艺水平高的情况下，水的利用率明显提高。棵间蒸发量所占需水量的百分比还与小麦品种类型有关。如叶面直立型品种，由于透光性好，到达地面的热量较多，棵间蒸发量亦大。反之披叶型小麦则小。江苏徐州地区灌溉试验站测定表明，产量水平在300～460kg/亩时棵间蒸发量占需水量的百分比在38.5％～53.1％之间。尽管百分比值与上述不同，但随着产量水平的提高棵间蒸发量变小的趋势是一致的。内蒙古丰田灌溉试验站对春小麦蓄水量的研究结果表明，产量由187.5kg/亩增加到366.0kg/亩时，棵间蒸发量占需水量的百分比由51.5％降至40.4％。河南新乡的试验也表现了产量水平的提高，棵间蒸发变小的趋势(图7-3)。

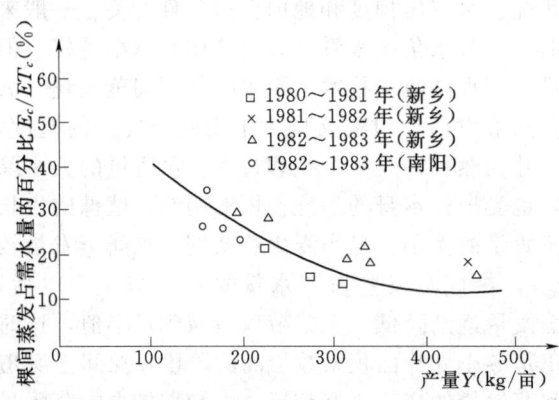

图 7-3 小麦不同产量水平与棵间蒸发关系
（河南新乡、南阳，1980～1983 年资料）

7.3.3 小麦灌溉技术
7.3.3.1 冬小麦各生育期灌溉
1. 播前灌溉与冬前壮苗

"麦收八、十、三场雨"，这是流行在北方麦区的农谚。八月（农历）恰是当地小麦播种时节。这个时间降雨对冬小麦及时播种与出苗具有重要意义。而此时往往干旱少雨、墒情不足。一般情况下要灌溉造墒以保证冬小麦及时播种与出苗，为冬前壮苗打下基础。

播前灌溉时间多在播种前 10～15 天。如豫北地区一般要 9 月底至 10 月初进行灌溉。根据灌溉方式，播前灌溉可分为三种形式，即茬水、踏墒水与蒙头水。

（1）茬水。在前茬（玉米）收获后先不耕地，撒施粗肥后直接灌水。利用原来的畦埂或垄沟灌水。灌水量较少，多在 50m³/亩左右。待稍干后及时耕、耙，进行播种。这种方式多在玉米收获期推迟，犁地不能及时进行，而轮灌时间已到，就先行灌水。否则，先耕地后再灌水往往由于灌水量过大影响按时整地与播种而推迟播种期。

（2）踏墒水。一般是玉米收获比较早，施用底肥后犁地，而后每隔 1m 左右冲一条沟，沿沟灌水。沟深一般在 30cm 左右即可，灌水量比较大，可达 70m³/亩左右。灌水后伺机及时耙平、播种。据调查，灌踏墒水的土地，土壤踏实出苗整齐、粗壮，有利于形成冬前壮苗。在条件允许的情况下宜采用这种灌水方式。

（3）蒙头水。它是在机耕、水源条件有限的情况下，实行的一种方法。犁地后播期已到。若这时先行灌水将会大大推迟播期，所以为了抓住播种期要先行播种，而后在畦内灌蒙头水。灌水量一般在 40m³/亩为宜。根据在河南温县一带调查，砂土地湛江蒙头水效果不好。灌水后易板结踏实，影响出苗。而在黏土地区效果较好，有时可收到踏墒水的效果。灌蒙头水时，灌后要及时松土，破除板结。有时为了保证出齐苗还要进行第二次灌水。

上述三种灌播前水的方法，以踏墒水效果最好，其次为茬水，蒙头水是在不得已情况下采用的方法。

2. 冬灌

北方麦区推行的冬灌措施，对小麦增产起了很大作用。小麦越冬期长达两个月之久，这段时间尽管小麦耗水量较小，但干旱仍不利于小麦越冬，尤其不利于根系生长。而北方麦区冬旱几率又高，所以冬灌是十分必要的。

关于冬灌的适宜时间，当地曾流行"不冻不消冬灌嫌早、只冻不消冬灌晚了，夜冻昼消冬灌正好"的农谚。说明冬灌选在夜间冻白天消的时候为最好。此刻土壤经过冻融交替作用会变得疏松，在表层形成一松软的土层，有利于保墒，确保小麦安全越冬。水利部农田灌溉研究所在豫北地区经过研究提出冬灌要考虑三方面因素，即土壤墒情、气温、苗情。综合考虑这三方面因素，决定是否冬灌及其适宜时间，可更好地发挥冬灌的效果。

（1）墒情。研究表明，越冬前土壤水分低于70％田间持水量时，冬灌有利于冬小麦生长；土壤水分高于70％田间持水量时冬灌无明显效果，有时还会起副作用，不利于节水高产。

（2）气温。在日平均气温为3℃左右时，冬灌有利于冻融交替作用，对疏松表层土壤、保墒等有利，此时也正是夜冻昼消的阶段。温度过低时冬灌，只冻不消，易造成凌抬损伤麦苗。温度过高时冬灌，由于冻融作用不能形成，蒸发大不利于蓄水保墒。

（3）苗情。过去冬灌与否很少考虑苗情，据调查，麦苗没有分蘖，单根独苗时冬灌效果不好。这时由于墒情大、麦苗很弱、土壤温度偏低，不仅不能促进分蘖，反而易形成大片黄苗，影响春季生长。在下湿地、水稻茬也不宜进行冬灌。这些田块由于土壤过湿，冬灌效果都不好。调查表明，在分蘖2～3个时，冬灌效果最好。

3. 返青、拔节灌水

小麦越冬后，一般在2月初开始返青，进入第二个分蘖高峰。这个时间水分不足明显影响春季分蘖。所以要及时灌返青水，促进春季分蘖高峰形成。但对于长势旺盛的麦田，由于冬前群体较大，返青期不宜灌水以控制春季分蘖滋生、防止倒伏。或把灌水时间推迟到两极分化开始以后，即大分蘖继续生长、小分蘖开始死亡之时进行。以促进大分蘖生长，加速小分蘖死亡。两极分化时间，从形态上看，一般是在小分蘖成喇叭口时，这时小分蘖的心叶已死，灌水后不再复生，有利于两极分化。但在群体不大时，适宜灌返青水则有利于穗分化和长大穗。据水利部农田灌溉研究所在豫北地区研究，适时灌返青水，小穗数要多0.2～0.4个/穗，比未灌者穗长0.7～0.8cm。返青期灌水，除考虑土壤水分外，群体数是很重要的指标。

4. 灌浆期灌水

灌浆期为小麦籽实形成的重要阶段，是夺取小麦高产的最后一关。小麦灌浆过程经历慢、快、慢节奏。即开始时较慢，以后逐渐增快，而后又减慢。据研究，灌浆前期灌水对促进灌浆十分有利。研究结果表明，灌水后3天，灌浆速度为2.86g/d（千粒重增加），而未灌水地段仅为1.66g/d，灌水明显加快了灌浆速度。

灌浆期灌水最重要的是要注意天气条件，这时小麦植株头重脚轻，灌水后土壤松软，遇风就会倒伏。根据在豫北地区观察，灌水后遇到4～5级风就会严重倒伏；一般2～3级风，灌水无倒伏危险。在灌浆初期倒伏将会严重减产，所以灌浆期灌水防倒伏是保证小麦高产的重要环节。

灌浆后期，北方麦区常有干热风出现，连续几天的干热风使小麦逼熟，甚至青干，千粒重大幅度下降。在中、低产地块，小麦灌麦黄水具有较好的效果。高产地块不宜灌麦黄水。豫北地区调查，在产量水平为300kg/亩以下的地块，灌麦黄水效果好；高于300kg/亩时，灌麦黄水，由于贪青晚熟，千粒重降低，造成一定程度减产。

7.3.3.2 春小麦各生育期灌溉及其效应

1. 播前储水灌溉

春小麦大部分在3月底或4月初播种。此时土壤表层刚刚解冻，因气温低，土壤冻结灌不进水，所以一般采用秋季储水灌溉，以满足春小麦播种后种子发芽、出苗对水分的要求。储水灌溉适宜时间与定额，由于各地所处的条件不同而不同。如内蒙古巴盟地区提倡早秋灌，一般在9月下旬至10月中旬进行储水灌溉。根据当地试验，早秋灌比晚秋灌（10月下旬）平均增产48.8kg/亩。秋季储水灌溉后，经过一个冬天的冻融作用，春季土壤比较疏松，且有利于杀死越冬害虫，并保证第二年春天有较好的墒情。秋季储水灌溉定额，试验结果表明以100m³/亩为宜，不宜高于该值。灌水过量不仅对春小麦出苗没有好处，而且明显地造成水量浪费。甘肃省灌溉试验站，连续3年的试验表明，储水灌溉定额为100～140m³/亩，播前土壤水分均在15%～22%之间（占干土重百分比），灌头水前土壤含水率在12.07%～13.01%之间，表明这两个处理都能满足春小麦出苗至灌头水前对土壤水分的要求（表7-8），关键是做好春季保墒工作。灌水量即使很大，春季保墒工作差，同样在小麦播种时墒情仍有可能不足。

表 7-8　　　　秋季储水灌溉与春季土壤含水率（质量含水量）

年份	储水定额 (m³/亩)	土壤含水率（%）		播前含水率（%）	出苗前含水率（%）	头水前含水率（%）
		灌水前	灌水后			
1980	100			23.32	19.86	13.21
	140			23.49	21.13	12.86
1981	100	14.25	20.41	20.45	17.43	13.33
	140	14.25	24.13	20.18	17.12	12.48
1982	100	12.86	18.88	15.82	15.46	12.08
	140	12.86	20.63	15.48	14.41	12.07

（资料来源：陈玉民等编写《中国主要作物需水量与灌溉》）

2. 三叶期灌水

三叶期是春小麦幼穗原始体形成生长锥伸长的重要时期。这时适量灌溉，保持适宜的土壤水分状况，有利于生长锥伸长，增长穗长。据甘肃武威地区农田灌溉试验站测定，三叶期及时灌水者比不灌水处理可使穗长增加16%。兰州灌溉试验站研究提出，三叶期灌水与否，要考虑三叶期前、后的降雨分布与土壤水分状况。三叶期土壤水分不宜低于60%田间持水量，若低于该含水率时要及时灌水，但高于此值时则不宜灌水。否则造成后期群体过大、透光不良等情况，并容易感染锈病。

3. 拔节孕穗期灌水

从拔节至孕穗期是春小麦幼穗分化阶段，其营养生长与生殖生长并进，小穗、小花原基相继分化形成，是决定粒数的关键时刻。此间细胞原生质黏性与弹性都急剧降低、承受与抵御干旱能力减弱，对水分的反应特别敏感。这个期间缺水不孕小穗增加，穗粒数降低。拔节至孕穗期灌水定额可考虑在50～60m³/亩。

4. 抽穗灌浆期灌水

春小麦抽穗后，穗分化进入雌雄蕊发育成熟阶段。适宜的土壤水分条件可促进小花发育与籽粒形成，增加穗粒数，否则将会导致减产。甘肃武威地区农田灌溉试验站

3年研究表明,抽穗期及时灌水较不灌水处理穗粒数平均增多18%～21%,灌水定额以60m³/亩为宜。

春小麦灌浆后,适宜的土壤水分状况可延长叶片功能期,促进光合产物的形成与运转。及时灌水对增加粒重有明显效果。根据甘肃武威地区农田灌溉试验站3年研究表明,灌浆期受旱及时灌水较不灌水处理粒重增加13%～24.6%,青海省水科所根据平安、乐都、民和等地研究提出灌浆阶段的土壤含水率以17%～18%为宜。低于此值,小麦因缺水造成籽粒干瘪、茎叶青干;水分过多则形成贪青晚熟,也不利于籽粒增重。

甘肃省武威地区农田灌溉试验站研究春小麦的经济灌溉制度,结果是春小麦生长期灌3～5次水,产量无明显差异,都在400kg/亩左右(表7-9)。灌水次数过多,无疑导致耗水量增大、降低水的经济效益。据分析,在灌溉定额相同的情况下,灌水次数每增加一次,总耗水量要增加30m³/亩,约占总耗水量的14%,这主要是地面灌水次数增多时,棵间蒸发量增大之故。因此,在西北干旱地区,蒸发量较大,宜提倡加大灌水定额、减少灌水次数的灌溉方式。这样可以减少无益的土壤蒸发,提高水的有效利用率。

表7-9　　　　　　　　春小麦灌水次数与产量的关系　　　　　　　单位:kg/亩

年份	产量		
	灌3次水	灌4次水	灌5次水
1983	456.9	452.1	482.1
1984	438.9	470.8	302.8
1985	349.3	420.4	465.7
平均	449.2	447.8	416.9

(资料来源:陈玉民等编写《中国主要作物需水量与灌溉》)

7.4　玉米灌溉技术

玉米是世界上主要的粮食作物之一,种植面积和总产量仅次于水稻和小麦,占世界粮食总产量的25%左右。我国玉米总产居世界第2位,占世界玉米总产量的20%。

7.4.1　玉米的栽培管理要求
7.4.1.1　玉米良种选用

选用品种要因地制宜。水肥条件较好地区,应种植耐肥、抗病的高产杂交种;在丘陵、山区或自然灾害频繁的地区,应选择耐旱、耐涝、耐寒、耐瘠、或抗逆性强的杂交种;两熟制的春玉米,应选用中迟熟高产杂交种;夏玉米或三熟制的秋玉米,应选苗期长势旺,后期灌浆快,丰产性能好的早中熟杂交种;套种玉米应选苗期耐阴、中后期生长旺盛、丰产性能好的杂交种。

7.4.1.2　土壤耕作

玉米适应性较强,对土壤要求不太严格,但需水、需肥量大,耐涝性较差。深耕结合增施有机肥，种植绿肥，可减轻雨水径流，提高土壤水分渗透量，增强土壤保水性，有利于玉米生长，防止倒伏。播种前的整地，一般要达到土壤细碎、平整，以利于出苗、保苗。在春旱情况下，只耙不耕翻，可以保持土壤水分。为了防止玉米受涝，应在整地作畦后，开好排水沟。夏、秋玉米由于季节紧迫，可先耕玉米播种行，待玉米出苗后再犁耕行间。

7.4.1.3 施肥

1. 需肥规律

玉米对 N 素的需要量最多，吸收 P 较 N 和 K 少。一般每生产 100kg 籽粒，需 N 2.2～4.2kg，P 0.5～1.5kg，K 1.5～4.0kg；三要素的比例约为 3∶1∶2。吸收量常受播种季节、土壤肥力、肥料种类和品种特性的影响。据全国多点试验，玉米植株对 N、P、K 的吸收量常随产量的提高而增多。

2. 玉米的施肥技术

基肥占总肥量的 50% 左右，过磷酸钙或其他磷肥应与有机肥堆沤后施用。基肥一般条施或穴施。一般 1hm² 施硫酸铵或硝酸铵 75～105kg 为宜。微量元素肥料用于拌种或浸种，用硫酸锌拌种时，1kg 种子用 2～4g，浸种多采用 0.2% 的浓度。

追肥可分别施苗肥、秆肥、穗肥和粒肥。①苗肥一般在幼苗 4～5 叶期施用，或结合间苗（定苗）、中耕除草施用，应早施、轻施和偏施。②秆肥又称拔节肥，一般在拔节期施用，即基部节间开始伸长时追施，约占总追肥量的 10%～30%。③穗肥是指雄穗发育至四分体、雌穗发育至小花分化期追施的肥料。此时为玉米大喇叭口期，距出穗 10 天左右，是决定雌穗大小和粒数多少的关键时期。穗肥一般应重施，施肥量约占总追肥量的 60%～80%，并以速效肥为宜。④粒肥的作用是养根保叶，防止玉米后期脱肥早衰，以延长后期绿叶的功能期，提高粒重。粒肥应轻施、巧施，施肥量约占总追肥的 5% 左右。

7.4.1.4 玉米田间管理

1. 苗期管理

播种后遇天气干旱，土壤水分低于田间持水量的 60% 时，应及时采取浇水和松土保墒。夏秋玉米播后遇大雨，土壤板结，应及时松土，破除板结，散墒透气，助苗出土。

对缺苗断垄的要及时催芽补种或带土移栽。适时间苗定苗，一般 3 叶间苗，4～5 叶定苗。对于地下害虫发生较重的地块，可以推迟定苗 1 个叶龄。间苗定苗应按密度要求，去弱留壮，去杂苗病苗。育苗移栽的，发现缺苗，要及时补栽。

玉米苗期中耕一般进行 2～3 次，定苗前进行第 1 次浅中耕（3～4.5cm 深）；拔节前进行 1～2 次中耕，苗旁宜浅，行间宜深（9～12cm）。苗期中耕对套播玉米尤为重要，在前作收获后，要及时进行中耕灭茬，追肥浇水，以保证全苗壮苗。

玉米苗期主要害虫有地老虎、黏虫、金针虫等，要及时防治。

2. 穗期管理

穗期一般进行 2 次中耕培土，在拔节前后至小喇叭口期，结合施攻秆肥进行深中耕小培土，将肥料埋入土中，行间的泥土培到玉米根部形成土垄。在大喇叭口期结合重施穗肥，再进行 1 次中耕高培土。

穗期主要虫害有玉米螟、黏虫、蚜虫、铁甲虫等；主要病害有大斑病、小斑病、纹枯病，要注意勤查，一旦发现，及时防治。

3. 花粒期管理

根据玉米的长势、长相，追施 1~2 次叶面肥，可用商品叶面肥，也可每次 1hm² 用磷酸二氢钾 3.0~7.5kg 和尿素 7.5kg，兑水 750kg 喷施。

7.4.1.5 收获与储藏

食用玉米一般于苞叶干枯变白、籽粒变硬的完熟期收获。玉米籽粒含水量在 13% 以下，粮温不超过 30℃，即可安全储藏；如果籽粒水分高于 13% 以上，需要晾晒后储藏。

7.4.2 玉米需水特性

7.4.2.1 不同地区玉米需水量

玉米生长期间长期处在高温条件下，通过叶、穗表面的蒸腾及株间地表的蒸发，不断地大量散失水分。据研究，平均每株玉米在生长过程中耗水 70~100kg，其中抽穗—开花期间日均耗水可达 1.5kg 左右。在任一生长阶段若水分供不应求，将抑制生长发育，并导致不同程度的减产。

试验和生产实践证明，单产在 400kg/亩以上的高产玉米全生育期需水量为 380~460mm。东北三省及内蒙古，春玉米 5 月上旬前后播种，9 月上、中旬收获，生育期为 125~130 天，需水量较高，达 430~480mm，产量也多在 450kg/亩以上。西北部的青海、新疆、甘肃等地，春玉米 4 月中、下旬播种，生长期长达 140~150 天，单产 350~450kg/亩的水平下需水量为 450~490mm。冀、晋、陕省北部和宁夏，春玉米生长期 115~125 天，需水量在 390~450mm 之间。黄淮海地区和秦岭南部，是我国夏玉米的主要产区，一般 6 月上旬播种，9 月中旬以前收获，生育期为 90~100 天，由于降雨，土壤肥力和栽培措施的不同，使得区内产量水平及需水量均有较大差异：亩产 300kg 左右，需水量 285~360mm；350~500kg/亩的玉米，需水量达 330~430mm。南方各省，玉米需水量均在 390mm 以下，长江中下游省，多在 6 月下旬播种，玉米生长期为 85~95 天，产量一般不超过 350kg/亩，需水量大致在 285~380mm。而广西、广东、海南、云南等省（自治区），玉米种植时间不固定，其生长时间多为 90~100 天，但产量大都在 250kg/亩以下，需水量变化范围为 255~360mm。

7.4.2.2 玉米需水量和产量的关系

1. 玉米需水量和生物学产量的关系

玉米的生物学产量指单位面积上它的根、茎、叶、穗总干重，它与生育期中的需水量有十分密切的关系。

玉米株体内的干物质绝大部分来自于光合产物的积累，而水正是这种同化过程的原料之一，不同的供水状况对玉米生物学产量的影响，也是通过制约光合强度的变化来实现的。1985 年河南省气象局研究得出，土壤水分状况同玉米的光合强度间呈三次函数关系。在田间持水量为 22.0% 的砂壤土地，当土壤含水率 θ 为 15.6% 时，光合强度最大，CO_2 同化量为 8.35mg/($dm^2 \cdot h$)。土壤含水率继续升高，直至田间持水量,光合强度不再上升,CO_2同化量保持在 8.24mg/(dm^2·h)以上。当土壤含水率降至 10.2%时,光合强度只有 6.24mg/(dm^2·h),θ 值降至 6%左右时,光合强度基本为 0。

玉米生育期中,在供水及时、水肥充足的情况下,单位面积上的叶面积较大,光合作用增强,同化产物增多,干物质总量也就加重。内蒙古巴盟是干旱缺水地区,春玉米生育期降雨一般只超过 160mm,因此,灌水对玉米生产非常关键。1981 年春玉米生育期灌 4 次水同 3 次水相比,叶片光合生产率平均提高 2.63g/(m^2·d),干物质积累量平均增长 8.38g/(m^2·d)。河北省灌溉中心试验站 1987 年在石家庄市郊研究得出,玉米对土壤水分的蒸腾蒸发消耗,拔节前不同供水条件下的干物质总量及日增干重差异较小,但从拔节期往后,高水分条件下日增干重明显加快,到受粉前后,日增干重可接近 30kg/亩,但这期间供水不足,光合过程及干物质积累过程都将受阻,日增干重也降至 18.58kg/亩。长期缺水严重,全生育期需水量仅 314.4 mm 的处理,灌浆期日增干重仅 5.33kg/亩(表 7-10)。

表 7-10　　　　　　　　玉米需水量同干物质积累量的关系

项目 需水量 (mm)	7月7日		7月21日		8月5日		8月31日		产量水平 (kg/亩)
	kg/亩	日增 (kg/亩)	kg/亩	日增 (kg/亩)	kg/亩	日增 (kg/亩)	kg/亩	日增 (kg/亩)	
314.4	3.99	98.0	5.88	339.5	18.58	478.0	5.33		250
331.7	5.04	129.6	7.78	420.0	22.34	591.1	6.58		300~350
401.6	4.65	134.6	8.12	514.3	29.22	701.9	7.22		350~400
398.1	5.34	123.1	7.35	471.6	26.81	734.5	10.10		400~450

(资料来源:陈玉民等编写《中国主要作物需水量与灌溉》)

2. 玉米需水量与经济产量的关系

玉米的经济产量,是指单位面积上玉米籽实的收获量,它是生物学产量中最重要的一部分。因此,在衡量玉米的水分效益状况时,主要是通过供水量、需水量同经济产量的关系来分析。经济产量在生物学产量中占的比例,是随着玉米的品种、土壤肥力、种植密度和栽培措施等因素的不同而有所变化的。一般情况下,玉米的经济系数为 37.0%~49.6%。同一品种,产量越高,经济系数也越高。一般情况下,经济系数越高,水的利用效益也越高。

从玉米的需水量同产量的关系中得出,品种和其他环境条件一致的情况下,一定范围内其需水量随玉米产量的提高亦呈上升趋势。天津市水科所近年来在静海县进行的春玉米灌溉试验表明:产量在 250kg/亩左右,需水量平均为 236.1mm;产量为 350kg/亩,需水量为 311.9mm;产量上升到 400~450kg/亩,需水量相应为 357.8mm;而 500~600kg/亩的高产春玉米,需水量也高达 423.0mm。陕西泾惠渠灌区、安徽新马桥试验站及山东、河南的有关试验结果同样证实,随着玉米产量的提高,需水量也逐渐增大。泾惠渠灌区夏玉米产量提高到 483.7kg/亩时,其需水量高达 498.8mm(表 7-11)。

表 7-11　　部分省区夏玉米的产量和需水量

地区	产量（kg/亩）	需水量（mm）	地区	产量（kg/亩）	需水量（mm）
安徽新马桥	254.1	272.3	陕西泾惠渠灌区	166.0	322.1
	323.6	373.2		258.0	370.8
	390.0	404.9		407.4	392.7
	423.2	470.0		483.7	498.8
山东中部	202.6	236.6	河南北部	225.0	231.0
	209.1	248.9		235.5	225.0
	212.0	251.4		306.5	258.0
	260.0	252.3		269.0	259.6
	395.0	322.2		347.0	302.4
	453.0	350.4		445.5	366.7
	477.7	439.4		455.0	379.3
	489.0	390.6		420.0	444.6
	490.5	421.1		395.0	458.4

（资料来源：陈玉民等编写《中国主要作物需水量与灌溉》）

各地通过对玉米多年来灌溉试验资料的统计分析，一致认为，玉米需水量同产量之间有显著的相关关系。但究竟为何种相关关系各地的结论不尽一致。国外一些学者认为，玉米需水量同产量呈直线相关，曲线关系出现的原因：一是超量供水，大定额灌溉引起深层渗漏及大量蒸发，使得需水量增大；二是各种灾害及限制因子制约了产量上升所致。

国内不少人则认为，玉米的籽实产量不可能随着需水量的增加而无止境地提高，当需水量达到一定值以后，若继续增加供水，虽能促进玉米株体的蒸腾与蒸发，但亦可能影响株体的协调生长及根系的发育，加重倒伏及病虫的危害，产量难以再增加。因此，需水量超过一定范围，同产量间不再呈直线相关。水利部农田灌溉研究所根据华北地区近几年的试验资料，对春、夏玉米需水量同产量间的关系进行了回归分析，并拟合成二次函数关系，分列于表 7-12。

表 7-12　　春、夏玉米需水量同产量间的关系

地区	玉米品性	拟合方程	相关系数 r
北京市	夏	$Y=-1528.1+16.645E_{tc}-0.0339E_{tc}^2$	0.954
冀北	春	$Y=-1291.84+11.672E_{tc}-0.019E_{tc}^2$	0.881
冀中	夏	$Y=-2208.29+22.092E_{tc}-0.0454E_{tc}^2$	0.961
晋中	春	$Y=-375.64+6.765E_{tc}-0.0117E_{tc}^2$	0.981
晋南	夏	$Y=-2261.45+19.662E_{tc}-0.0363E_{tc}^2$	0.992
鲁中	夏	$Y=-1332.56+13.537E_{tc}-0.025E_{tc}^2$	0.984
鲁南	夏	$Y=-2065.47+21.082E_{tc}-0.0439E_{tc}^2$	0.954
豫北	夏	$Y=-967.03+10.921E_{tc}-0.0211E_{tc}^2$	0.982

注　Y 为玉米产量（kg/亩）；E_{tc} 为玉米蓄水量（mm）。

（资料来源：陈玉民等编写《中国主要作物需水量与灌溉》）

玉米的产量，是由单位面积上的穗数、每穗平均粒数和粒重三个要素所决定的。需水量对产量的影响，也正是通过上述三个要素的变化而产生制约作用的。同样多的水量，在生育期内分配的合理，可促使玉米的穗数、粒数和粒重协调增长，获取相对较高的产量。若水量分配不当，也会对某个要素产生抑制作用而阻碍产量提高。

3. 玉米的需水系数

玉米的需水系数 K 值，是单位面积玉米的需水量同籽实产量的比值。它既是玉米用水效益好坏的标志，又是反映灌水技术及综合栽培措施合理程度的标尺。在同样的产量水平，如能充分利用降雨，供水适时适量，及时间苗、中耕除草，就能减少水量的消耗，从而降低需水系数。相反，不能用好雨水，盲目灌水，不注意中耕保墒，也会加大水分损耗，致使需水系数升高。一般情况下，玉米产量高，水分利用效率高，需水系数则低，即玉米的产量同需水系数之间呈负相关。陕西省汇总省内各站多年来的试验资料得出：夏玉米 200～300kg/亩产量水平，需水系数为 779.3～868.7kg/kg；300～400kg/亩的产量，需水系数为 699.3～798.0kg/kg；单产为 400～500kg/亩时，需水系数降至 590.0～664.0kg/kg；当产量提高到 500kg/亩以上时，需水系数仅为 498.7～664.7kg/kg。

位于广西西部的大龙潭站，早玉米 2 月上旬播种，6 月下旬收获，生育期降雨 433.1～493.5mm，蒸发量为 574.4mm，日平均气温为 19.2℃。在此条件下试验，当产量依次为 339.1kg/亩、349.1kg/亩和 357.7kg/亩时，需水量浮动在 339.4～347.1mm 之间，其需水系数分别为 666.6kg/kg、659.5kg/kg 和 646.9 kg/kg。在南宁市郊，晚玉米生长期内（7 月下旬至 10 月中旬）降雨 285.6mm，蒸发量为 481.8mm，日平均气温为 26.2℃。该地中产水平玉米试验结果：产量 190.8kg/亩，需水量为 291.0mm，需水系数为 1017kg/kg；产量提高到 226.0kg/亩和 235.2kg/亩时，需水量则分别为 269.6 和 266.9mm，需水系数也依次降为 795.1kg/kg 和 756.4kg/kg。由此可以看出，我国南方夏玉米产量偏低、需水量偏小的情况下，其趋势仍然是随着产量的递增，其需水系数渐次减低。

7.4.2.3 阶段需水模系数

需水模系数指各生育阶段需水量占全生育期总需水量的百分比，它可以反映玉米需水量在各生育阶段的分配状况。凡同需水量有关的所有因素，包括气候、土壤、降雨和灌水、品种、产量水平等对需水模系数都有影响。生育阶段的划分及上述因素的阶段性变化，是制约需水量分配的关键。不同的省区，玉米生育阶段的划分有别，上述因素有不同的变化组合需水模系数有所差异。同一地区的不同水文年型，需水模系数的分配也不相同。

无论是春玉米、夏玉米，北方玉米或是南方玉米，需水模系数的相似变化趋势在于：在生育阶段的连续性递变中，需水模系数均是由小到大，再由大到小。

播种—拔节阶段，植株蒸腾量很小，其水分多数消耗在棵间蒸发中，按持续时间相比，这段时间最长，春、夏玉米分别占全生育期天数的 32.4%～35.6% 和 30.3%～31.9%，但需水模系数最低，春玉米占 23.9%～24.2%，而夏玉米仅占 16.7%～22.8%。

拔节—抽雄阶段，不论是春玉米或夏玉米，都处在气温较高的季节。玉米在拔节以后，每2～3天就可以生出一片新叶，由于植株蒸腾的速率增加较快，日需水强度不断增大。该阶段经历的时间，春玉米34～40天，北方夏玉米25～32天，南方夏玉米仅18～25天。该阶段需水模系数普遍较高，春玉米为28.2%～33.5%，在灌溉条件下的夏玉米达28.3%～36.5%。

抽雄—灌浆阶段，是玉米形成产量的关键时期。该阶段时间较短，春玉米18～24天，夏玉米16～21天。需水模系数的区域性差异较大，辽宁省玉米平均为17.9%，山西北部春玉米达28.4%，安徽中部夏玉米为23.7%。

灌浆—成熟阶段，除部分春玉米外，多数地方气温渐降，叶片也开始发黄，该阶段持续的时间，春玉米30～36天，夏玉米22～28天。黄河以北地区，不论春玉米或夏玉米，需水模系数大都为25%左右。而南方多数省份，生育期正常供水的情况下，夏玉米需水模系数一般为29%～34%，春玉米也在27%以上。

7.4.3 玉米灌溉技术

不论是春玉米、夏玉米、北方或南方玉米，生育期大都跨越年内降雨较集中的季节。从玉米生育期内平均降雨量来看，即使在北方，同需水量间的差值（缺水量）也不算太大，最多100～200mm。南方不少省份，一般年份玉米生育期降雨也多在400mm以上，即高于玉米生长期内的需水总量。但在生产实践中，玉米生育期内往往都需要灌溉。这是因为：①水文年型各不相同，年际间降雨的分配变化甚大；②在玉米生育期内雨量分布也很不均衡，短时段内过量降雨，难以为玉米全部利用，便渗入深层或被径流带走，因而绝大多数地区玉米生长期内都存在着干旱缺水问题，玉米生长期间连续20天、30天甚至更长时间的持续干旱几乎每年都会发生；③玉米是长期处在高温下日耗水强度较大的作物，当供水满足不了株体正常生长的需要时，叶片容易呈现萎蔫症状，生长和发育会受到胁迫抑制，产量将受到影响。因此，为了满足高产玉米各生育阶段对水分的正常要求，必须在缺水症状刚出现时，及时地进行灌溉。

1. 玉米各生育阶段的适宜土壤水分

玉米苗期根系分布较浅，40cm以内土层的水分状况同幼苗生长速率关系最为密切。随着玉米株体地上部分的不断生长，根系活动层不断地加深。因此，其计划控制和调节含水量变化的土层深度，即计划湿润层深度也逐渐下移。苗期为40cm，拔节期为60cm，抽雄期以后为80cm。

高产玉米各个阶段所要求的适宜水分范围不尽相同，只有满足其每个阶段要求的适宜水分状况，才能保证玉米株体正常、健壮地生长，并获取高产。

玉米种子的含水率只有11%～14%，处在干燥的环境中，是难以萌发和出苗的。只有耕层土壤湿度达到某一界限以上，玉米籽实吸水后含水率上升到40%以上时，才会发芽、出苗。有关玉米出苗的试验表明：黏壤土含水率为22.8%的处理同17.1%小区相比，出苗时间平均提前1.6天，苗期单株叶片多1.5个，根数多3.1条。若与含水率为13.4%的低水分处理相比，差异更为显著，提早2.4天出苗，单株叶片多2.7个，根数多5.3条。山东省水科所根据胶东、冶源、绣惠等地的试验资料，由相关公式算出，在适宜温度条件下，当土壤水分分别为田间持水量的 40%、50%、60%、70% 和 80% 时，出苗所需的天数依次为 8.8 天、6.9 天、5.5 天、4.7 天和 4.5 天。

玉米抽雄之前，土壤水分对植株个体发育的影响，主要表现为制约株高、叶片数和叶面积增长的速率，并通过对光合过程的影响，制约干物质积累量的变化。有关研究表明，在玉米株体营养生长期间，土壤水分状况同株高呈二次函数关系。当土壤含水率由占田间持水量的 40% 递增到 80% 时，出苗—拔节期间的水分差值使株高最多相差 32cm，但拔节—抽雄期间的水分差值可导致株高相差 57cm。

不同阶段的适宜水分状况，春、夏玉米大致相似。播种—出苗期一般不低于田间持水量的 75%，拔节期宜保持在田间持水量的 70%~75% 之间，抽雄—灌浆期间为确保受粉过程的正常进行，应保持较充足的水分状况，但灌浆—成熟阶段，适宜水分下限可适当降低，春、夏玉米分别在田间持水量的 65% 和 68% 以上即可（表 7-13）。

表 7-13　　　　　　　　　高产玉米各阶段的适宜土壤含水量

生育阶段	土层范围 (cm)	适宜土壤含水量（占田间持水量%）	
		春玉米	夏玉米
播种—出苗	0~40	75~80	75~85
苗期	0~40	65~75	65~75
拔节期	0~60	70~80	70~80
抽雄—灌浆	0~80	75~85	75~85
灌浆—成熟	0~80	65~75	68~75

（资料来源：陈玉民等编写《中国主要作物需水量与灌溉》）

2. 各生育阶段不同土层的水分消耗状况

玉米生育期中不同土层水分的消耗状况，同主要根系各生育阶段分布的土层关系很大，同时也随土壤水分的变化而改变。河南省近年来研究得出，土壤水分下限为田间持水量 70% 的处理区，苗期近 95% 的水量消耗在 40cm 深以内的土层，40~60cm 间土层消耗的水量仅占 5.1%。拔节期根系吸水的范围延伸到 60cm，40~60cm 土层消耗水量占水量总消耗的 26.6%。到抽雄期 90.1% 的水分消耗在 80cm 深以内，但波及的最深土层达 1.4m。到乳熟期，绝大部分的用水来自 60cm 土层以内。土壤水分下限为田间持水量 50% 的处理区，玉米生育期中水分消耗的动态过程同上述处理区类似，其区别在于：下部土层水分消耗的比重有所增大。相比之下，0~40cm 土层水分消耗量呈减少趋势（表 7-14）。越往后期，40cm 以下土层水分利用比例增大的趋势也越明显。8 月上旬，40~140cm 土层内水分利用量占总消耗量的 47.9%，较水分下限为田间持水量 70% 条件下高 23.5%。8 月中旬和下旬，40~100cm 土层水分利用量分别占总消耗水量的 35.3% 和 49.7%，同样高于上述高水分处理区。由此得出，随着土壤水分的下降，其根系通过增强对较深层土壤水分的吸收，以弥补体内水分的亏缺，体现了作物在缺水条件下自身的调节机能。

表 7-14 夏玉米生育期对不同土层水分的消耗

水分下限	时间		各土层水分的消耗（%）						
	月	旬	0～20cm	20～40cm	40～60cm	60～80cm	80～100cm	100～120cm	120～140cm
田间持水量的70%	6	上	43.6	51.3	5.1				
		中	40.3	45.2	14.5				
		下	37.0	34.2	28.8				
	7	上	35.7	33.8	26.6	3.9			
		中	40.1	36.5	23.4				
		下	23.2	31.4	24.1	11.4	5.0	4.8	0.1
	8	上	36.7	39.0	4.8	3.8	7.7	8.0	
		中	35.4	37.2	16.2	10.2			
		下	34.2	35.3	27.6	2.4			
田间持水量的50%	6	上	35.9	36.6	27.5				
		中	38.2	21.2	35.5	5.1			
		下	14.6	26.6	20.6	19.0	19.2		
	7	上	43.6	37.1	19.3				
		中	30.9	35.3	29.5	4.3			
		下	27.5	26.5	24.8	14.6	6.6		
	8	上	28.1	24.0	18.0	11.4	11.4	6.3	0.8
		中	24.9	39.8	17.9	2.4	14.9		
		下	20.1	30.0	42.3	2.4	5.0		

（资料来源：陈玉民等编写《中国主要作物需水量与灌溉》）

陕西省宝鸡峡站通过试验还发现，在不同的水文年型，玉米对深层土壤水的利用量也不一样。在同样的灌水处理下，1m 以下土层水分消耗量，丰水年为 61.95mm，而平水年仅消耗 34.95mm。内蒙古水科所用坑测和田测两种方法测定春玉米不同土层的水分消耗情况，其结果同夏玉米相似。拔节前 40cm 以内水分消耗量占总消耗水量的 70.0%～85.3%；拔节—灌浆阶段，85% 以上的水分消耗来自于 0～80cm 土层（表 7-15）。

3. 不同时期灌水的作用和增产效应

高产玉米的每个生长阶段都必须有适宜的水分状况，多数地区仅靠降雨还不能满足玉米生育期间的正常需水，在缺水的情况下需要及时适量地供水，以促进株体的生长发育及提高产量。不同时期灌水的作用分述如下。

（1）储水灌溉与播种期灌水。玉米种子发芽和出苗，土壤水分的适宜范围为田间持水量的 75%～85%，在此范围以下者都应该进行播前灌水。

春玉米播前灌水，一些地方可推行冬前灌，即储水灌溉。冬前灌水有利于缓解不同作物在春季争水的矛盾，同时冬季气温低，蒸发缓慢，大定额灌水后水便于储存在待播田块的下层土壤中，开春后冻土解冻，有利于适时播种。与春灌相比，能适当地

表 7-15 内蒙古春玉米不同土层的水分消耗量

	项目 土层深 (cm)	播种—拔节		拔节—灌浆		灌浆—成熟	
		耗水量 (mm)	占总耗水 (%)	耗水量 (mm)	占总耗水 (%)	耗水量 (mm)	占总耗水 (%)
坑测	0~20	68.38	62.1	105.62	36.7	27.90	35.6
	20~40	25.58	23.2	81.52	28.3	12.30	15.7
	40~60	8.57	7.8	59.43	20.6	11.52	14.7
	60~80	4.05	3.7	25.82	9.0	12.15	15.5
	80~100	3.48	3.2	15.48	5.4	14.43	18.5
	合计	110.06	100.0	287.87	100.0	78.30	100.0
田测	0~20	61.58	49.3	80.63	39.1	30.45	34.5
	20~40	25.64	20.5	47.02	22.8	16.86	19.1
	40~60	16.16	12.9	28.98	14.1	12.50	14.2
	60~80	9.39	7.5	28.95	14.0	14.24	16.1
	80~100	12.25	9.8	20.62	10.0	14.18	16.1
	合计	125.02	100.0	206.25	100.0	88.23	100.0

(资料来源：陈玉民等编写《中国主要作物需水量与灌溉》)

提高播前地温。冬前储水灌溉，还能在上冻后冻杀某些害虫。"冬灌半年湿"正说明冬前灌踏墒水对春玉米是一种较好的灌水措施。在不具备冬前灌水条件的地区，灌后容易渗漏的砂质土地，冬季温度较高蒸发量大的地方，可以改冬灌为早春灌，通过灌水保证玉米播前较充足的水分状况。冬前灌多从储水方面考虑，灌水定额要大。一般以 70~80m³/亩为好。早春灌水目的在于保证播前适宜水分状况，灌水量以 50m³/亩左右即可。

复播夏玉米的前茬多是小麦，而小麦收获时土壤含水量往往很低，绝大多数站点的观测资料表明，这期间 0~40cm 土层内土壤水分含量一般在田间持水量的 55% 以下，很显然，夏玉米播种之前，土壤水分达不到田间持水量的 75% 时，为保证玉米苗全苗壮，最好都要灌水。

水利部农田灌溉研究所在中壤土地上试验表明，未灌播前水的田块，夏玉米播种前 0~40cm 土层土壤含水量平均为 13.4%，表土干旱，播后出苗不齐，出土的幼苗植株瘦小。而灌过播前水的处理，播种时 0~40cm 内土壤水分达到 21.9%，播种后较未灌小区提前 2 天出苗，并一次达到全苗。至拔节期调查，两种水分状况的小区内玉米株高相差 17.6cm，后者单株叶片多 0.7 片，叶面积为前者处理区的 1.7 倍（表7-16）。

灌过播前水的田块，苗期一般不再灌水，以便使玉米"蹲苗"，经受抗旱锻炼，促使植株的根系向侧面及纵深发展，以扩大吸收水分和养分的范围，并使得茎基部节间短粗，增强后期抗御干旱及抗倒伏的能力。

7.4 玉米灌溉技术

表 7-16　　　　　　　　拔节期测定夏玉米播前水的效果

处理	土壤水分（%）		株高（cm）	单株叶片数	单株叶面积（cm²）	叶面积指数
	0~20cm	0~40cm				
播前灌水	22.5	21.9	53.2	5.4	219.9	0.14
未灌水	12.1	13.4	35.6	4.7	131.2	0.08

（资料来源：陈玉民等编写《中国主要作物需水量与灌溉》）

（2）拔节期灌水。经过"蹲苗"的玉米，进入拔节期后，开始要求较高的水分条件，即 0~60cm 土层内土壤水分需保持在田间持水量的 70%~80%。这段时期内土壤水分若低于上述下限指标，如能结合追肥及时灌水，不仅可以弥补拔节—孕穗期间的水分消耗，促进养分的吸收，对于增强叶片的光合强度，增加茎叶干物质的积累与储存，增加果穗的长度与籽粒数，都有良好的促进作用。研究表明，灌拔节水，不仅见效快，持续的效益期限也长。水利部农田灌溉研究所 1987 年在商丘和郑阁测试结果，灌拔节水可使果穗平均增加 1.1~2.0 行，行粒数平均增多 2.8 个，穗粒重平均提高 29.7g，其增产幅度达 17.9%~22.7%（表 7-17）。

表 7-17　　　　　　　　拔节水对夏玉米产量构成因素的影响

地点	项目处理	每穗行数	每行粒数	穗粒重（g）	产量（kg/亩）	增产率（%）
商丘站	未灌	12.0	3.3	122.6	398.3	
	灌拔节水	14.0	6.1	153.2	469.6	17.9
	增值	2.0	2.8	30.6	71.3	
郑阁	未灌	12.5	35.5	123.8	399.3	
	灌拔节水	13.6	38.2	152.6	490.1	22.7
	增值	1.1	2.7	28.8	90.8	

（资料来源：引自河南省商丘试验站资料）

（3）抽穗期灌水。玉米抽穗期多处在高温季节，此期间的日平均气温，春玉米一般为 25~30℃，夏玉米达 30℃以上，该阶段是玉米生育期中（绿）叶面积系数最大（4.1~5.3），蒸腾蒸发作用最剧烈，日耗水强度最大（5.8~7.7mm/d）的一个时期。此期根系活动层内的含水率不宜低于田间持水量的 75%。如果供水不足，将会影响受粉过程；如果缺水严重，出现"卡脖旱"，受粉过程受阻，粒数粒重都会减少，甚至不结籽粒。山西省农科院对春玉米试验得出，未灌抽雄水的处理，平均减产幅度 24.3%。山东省绣惠有关试验则表明，灌抽穗水可使夏玉米产量平均提高 53.1kg/亩，增产幅度为 14.8%。

（4）灌浆期灌水。玉米籽粒形成后，进入灌浆期。于灌浆初期供水，可以延长绿叶的功能期限，同时能促进储存于茎叶中的光合产物及可溶性养分向穗部输送。此时土壤水分若低于田间持水量的 65%~68%，最好及时灌水。山东省临邑县和河南省辉县试验得出，灌浆水可使千粒重增加 18.3~36.7g。商丘站的试验结果则表明，在灌过播前水和拔节水的基础上再灌 1 次灌浆水，还可以使单株粒重平均增加 22g，果穗秃尖长度减少 0.9cm，单产平均提高 49kg/亩。

玉米生育期中不同阶段供水，通过对株体生长发育的促进作用，最终表现为促进产量构成因素——穗数、穗行数、粒数和粒重的增长。山西省 23 个站春、夏玉米灌溉制度资料统计分析得出，全生育期亩次平均灌水定额为 50.3m³，其中抽穗期灌水量稍大，为 52.9m³/亩，苗期灌水定额相对较小，只有 48.6m³/亩。全生育期灌水总增产玉米籽实为 186.1kg/亩。其中灌浆水增产量为 37.8kg/亩，拔节水平均增产 54.5kg/亩；抽穗水效益最好，平均增产 65.1kg/亩，最大增产幅度可达 90.2kg/亩。相比之下，苗期灌水效果最小，增产量也很不稳定，况且在足墒播种的情况下，该阶段水分尚不太缺，不一定非要灌水。若计算玉米各阶段灌水增产量占全部灌水增产的比例，最高的抽穗水达 35%，而效益相对最小的苗期灌水仅为 5.4%（表 7-18）。

表 7-18　　　　玉米不同时期灌水的增产效果（均值）

项目 灌水时期	灌水量 （m³/亩）	增产范围 （kg/亩）	平均增产 （kg/亩）	增产量占灌水总增产量 （%）
苗期水	48.6	17.3~47.2	28.7	5.4
拔节水	50.1	32.0~73.0	54.5	29.3
抽穗水	52.9	23.6~90.2	65.1	35.0
灌浆水	49.7	19.5~57.4	37.8	20.3

（资料来源：陈玉民等编写《中国主要作物需水量与灌溉》）

7.5　大豆灌溉技术

大豆是重要的粮食作物和油料作物，富含蛋白质、脂肪等营养物质。我国是大豆的原产地，在全国分布极广，但主要集中在东北松辽平原和黄淮平原。大豆属于需水较多的作物。据研究，形成 1g 大豆干物质需水 580~744g。大豆的抗旱能力比玉米强，能忍受短期干旱，大豆叶表密生茸毛，在干旱条件下叶表脂质浓度增高，均能减少水分蒸腾，使之比较抗旱。一方面，大豆需水较多；另一方面，因大豆根系组织对水分输导阻力较大，所以也相对地比较耐涝，故有"旱谷涝豆"之说。但土壤水分过多对大豆的生长发育也是不利的，特别是当土壤渍水同时又遇高温，植株受害会更加严重。

7.5.1　大豆的栽培管理要求
7.5.1.1　轮作与整地

大豆最忌重迎茬，在重迎茬地上，明显减产。大豆的前茬最好是玉米茬，其次是麦茬，再次为谷茬。一般在一定的轮作基础上进行整地。不同地区采用的整地方法不同。在麦茬和绿肥地采用秋翻秋整地，平播后起垄，也有采用平翻后起垄，然后在垄上机播大豆。对于玉米茬，一般在封冻后，用铁轨耪子耪冻茬，第二年用机械进行双条卡种大豆，用此法时应于大豆苗期进行一次垄沟深松。

7.5.1.2 施肥

大豆是需肥较多的作物。每生产 100kg 大豆需要 N 8.3kg、P_2O_5 1.64kg、K_2O 3.72kg。在相同产量情况下,大豆需氮素比谷类作物约多 4～5 倍。虽然大豆有根瘤,可供氮素,但只能供给大豆需要全量的 25%～66%,其余部分仍需从土壤中吸收,而且大豆所需的氮素和根瘤固氮在时间上不完全一致,因此,为提高大豆产量,适量施入 N 肥,以及 P、K 肥是完全必要的。

7.5.1.3 播种

选用适应性强、高产、抗倒伏、抗病和生育期适中的大豆品种是获得高产的前提。选大豆品种首先要注意品种的生育期,必须符合当地的气候条件,一般选保证霜前一周左右能够成熟的品种;其次要考虑当地的土质和栽培水平等具体条件,如采用机械化栽培,则要求品种性状必须适于机械化管理和收获,即要求结荚部位高、株型紧凑、杆强不易倒伏,成熟期一致、不易炸荚和种皮弹性好等性状。

7.5.1.4 田间管理

加强田间管理是获得大豆高产的重要保证。其主要任务是:疏松土壤、清除田间杂草,间苗培根、追肥、灌水和及时防治病虫害。

大豆出苗后往往由于多种原因出现缺苗断空。为了保全苗,应逐垄查苗情,及时采取补救措施。通过人工间苗,保证密度合理,使幼苗分布均匀,同时能拔除病苗和弱苗。大豆子叶张开后,就可以间苗,一般越早越好。间苗最好分两次进行,第一次间开死簇子,第二次定苗,同时除掉苗眼草,并进行松土培根。

豆田杂草是大豆的大敌。如不及时消灭,大豆苗就会遭受草欺,因此必须及时除草。在中耕除草的同时,又能破除地面板结,起防旱保墒,提高地温、增加土壤通透性和培根的作用。

7.5.1.5 大豆病虫害的防治

危害大豆叶部的病害主要是真菌性病害(如大豆灰斑病、大豆霜霉病、紫斑病)和细菌性斑点病。这些病害可使叶部产生病斑,早期枯黄影响大豆发育造成减产,并危害籽粒降低种子品质。危害大豆的虫害有多种,危害普遍而且严重的是大豆食心虫、根潜蝇、蛴螬和大黑金龟子等,必须及时防治。

7.5.1.6 收获

在大豆主茎的任何一节上出现一个正常的、已变成成熟颜色的豆荚,就标志为全株已达到生理成熟。生产上以完熟期作为农业成熟期,即指茎秆变褐。除少数品种外,大部分品种叶及叶柄全部脱落,摇动植株种子在荚内发出响声为标准。大豆种子已经归圆变硬,显现出原品种所固有的特征。

人工收割和机械分段收割应提早动手。一般比联合收割早 7～10 天。大豆成熟后应抓紧收获,以减少各种不必要的损失。大豆种子脱粒后,当种子含水量降至 13.5% 时,即可入库储藏。

7.5.2 大豆需水特性

7.5.2.1 大豆需水量的地区变化

大豆属于需水较多的作物,形成 1kg 干物质一般需消耗水 580～744kg,全生长期需水量大约在 325~625mm 之间。在此范围内随种植大豆所处的地理位置、生态环境、气象因素、品种类别、生长期长短、播种时期等因素的差异有所变化。

我国大豆分布很广，在不同纬度和地势种植的大豆，其适宜播种时期和生长期的长短均不同。按播种时期划分为春、夏、秋、冬四类大豆。其中北方春大豆，黄淮、长江流域的夏大豆的播种面积占全国大豆总面积的 91%，长江以南多种植秋大豆，广西、广东和云南等地习惯播冬大豆，秋大豆和冬大豆仅占全国大豆面积的 9%，产量也较低。这里仅叙述春大豆、夏大豆在种植区内需水量的变化规律。

1. 北方春大豆的需水量

北方大豆区的气候特点是气温低、日照长、年降雨量在 500~700mm 之间，大豆多在 4 月播种，生长期为 120~160 天。据试验成果表明，区内产量在 150~260kg/亩的情况下，大豆全生育期需水量为 370~540mm。由于春大豆各种植区内环境、气候条件的变化，其需水量差异也较大。如大豆的产量水平在 150kg/亩的情况下，黑龙江虎林地区需水量高达 561.0mm，河北山海关附近为 424.2mm，吉林四平地区为 398.3mm，相比之下，内蒙古辽河灌区一带及辽宁沈阳市郊区大豆的需水量则较低，分别为 375.0mm 和 370.0mm。

引起大豆需水量区域性变化的主要原因是气象因素的影响，以东北地区为例，大豆需水量由东向西呈现递增趋势，最低值在辽宁、吉林省东部的山区，春大豆需水量为 350~370mm，西部内蒙古的乌兰浩特与吉林省白城地区一带，大豆的需水量大都在 520mm 左右，部分地区高达 550mm 以上。相应北方春大豆生长期日照时数和总辐射量也是由东到西逐渐增多。

在东部敦化一带，大豆全生育期日照时数仅 1 117h。相应的需水量为 320mm；长春的日照时数和需水量均高于敦化；往西到白城附近，日照时数为 1343h，其需水量也相应地高达 510mm。由于日照时数增多，使得太阳总辐射量也相应增大，随着日照总辐射量增大引起大豆需水量增大的规律不仅在东北地区如此，而且整个北方地区也是这样。从北方春大豆生长期大豆辐射量看，基本变化趋势是由东北向西南递增。在新疆境内则是由西北向东南递增。辽宁、吉林省东部大豆生长期太阳辐射总量大都在 $211.4 \sim 223.7 kJ/cm^2$ 之间，需水量在 370mm 以下。而内蒙古中部、甘肃、新疆东南部大豆生长期太阳总辐射量多为 $240kJ/cm^2$ 左右，有时达到 $250kJ/cm^2$ 以上，需水量也相应高达 470~500mm。

2. 夏大豆的需水量

由于夏大豆生长期短，生育期内总日照也少，在生态、气候条件及生物学因素的综合作用下，其需水量低于北方春大豆，大致在 390~450mm 之间。

夏大豆种植范围较大，在不同的种植区域，气象因子各不相同。如在黄河流域，大豆生长期内太阳总辐射量为 $172.8 \sim 219.1 kJ/cm^2$，累计日照 700~900h，总积温 2552~2949℃；而南方的长江流域，总辐射量为 $166.1 \sim 187.5 kJ/cm^2$，累计日照 700~800h，总积温为 2363~2624℃。气象因子的变化影响到大豆需水量的差异，其总的趋势是：黄河流域大于长江流域，同时由东北、鲁南、豫北向西南的贵州、四川方向递减（表 7-19）。

表 7-19　　　　　　　　不同地区大豆生育期内气象因子及需水量（均值）

物候区 项目	春大豆 （北方地区）	夏大豆		秋大豆 （长江以南）	冬大豆 （广西、广东、云南）
		黄河流域	长江流域		
总辐射量（kJ/cm²）	211.4~247.6	172.8~219.1	166.1~187.5	143.8~171.2	103.1
日照（h）	1100~1200	700~900	700~800	550~650	400~450
积温（℃）	2691~2897	2552~2949	2363~2624	2133~2512	2015~2415
需水量（mm）	350~510	370~500	340~430	290~360	260~290
降雨（mm）	460~630	500~600	800~1000	1000~1600	900~1400

（资料来源：陈玉民等编写《中国主要作物需水量与灌溉》）

7.5.2.2　大豆的需水规律

大豆生长过程中不同生育时期的耗水量因植株生育的进程、植株大小、群体长势不同而有很大的差异，大豆从开花到鼓粒期间，需水量占全生育期耗水量的60%~70%，幼苗期和成熟期耗水量占30%~40%。

1. 幼苗期

大豆在此期需水较少，只占总需水量的5%左右。但此期土壤水分供应充足与否是出苗好坏的决定性因素，土壤水分以田间最大持水量的70%~80%为宜。土壤水分过少，影响种子吸胀萌发；过多，土壤通透性差，易于造成种子霉烂。

我国一般春、夏播大豆在播种至出苗阶段正值气候干旱季节，应力求整地保墒，适时精细播种。有灌水条件的应搞好播前灌溉。

2. 分枝期

分枝期需水量占生育期总需水量的20%左右。此期大豆茎叶已逐渐繁茂生长，花芽进行分化，开始生殖生长。土壤水分以田间最大持水量的65%~70%为宜。此期干旱应适量灌水。

3. 开花结荚期

此期是大豆需水的临界期，需水量多，对水反应最为敏感，需水量约占全生育期的45%。土壤水分以田间最大持水量的70%~80%为宜。此期干旱严重，会造成花荚脱落。在依靠自然降水的地区，应尽量做到大豆开花期与雨季重合，即"花雨相遇"。

4. 鼓粒期

进入鼓粒期，养分开始集中转运到籽粒中，充足的水分才能保证鼓粒充足，粒大饱满。干旱则发生早衰，百粒重降低，秕粒增加，影响产量。此期土壤含水量以田间最大持水量的70%~75%为宜。水分过多，会引起贪青晚熟。在大豆栽培管理中，很多措施都是围绕水分进行的，如伏秋整地、深松、少耕免耕、垄作、覆膜、播期调节、排水、灌溉等。据吉林省农业科学院对大豆耗水量的统计结果，春大豆开花结荚期耗水最多。夏大豆各生育时期的耗水量与春大豆有所不同。据山东省德州灌溉试验站的测定结果，夏大豆分枝期耗水最多，这一阶段的日耗水量也最大，达4.48mm/d，开花结荚期和鼓粒期的日耗水量则分别为3.92mm/d和2.61mm/d。李磊等（1987）采用阜阳250大豆品种，测定了各生育阶段的耗水量，结果表明，日耗水最大的时期正是在始花至盛荚阶段，盛荚至鼓粒中期阶段的日耗水量已经有所下降。说明夏大豆耗水量多的时间,与春大豆相比偏早一些。

5. 影响大豆耗水量的因素

大豆单株和群体的蒸腾量是受单株叶片数和群体叶面积指数制约的。随着叶片数和叶面积指数的增加,蒸腾量逐渐上升,大致在单株叶片已全面展开而下部叶片尚未变黄,群体叶面积指数达最大时,蒸腾量也达到高峰值。其后因叶片衰老和脱落,蒸腾量显著下降。

种植密度和植株田间配置方式对蒸腾量有明显的影响。将大豆行距从100cm缩小到50cm,蒸腾由129mm增加到226mm。大豆耗水量与种植密度有密切关系,当植株密度小,叶面积指数为2时,蒸腾作用占总蒸发—蒸腾量的50%;而种植密度大,叶面积指数等于4时,则占95%。另外,气孔密度和气孔的开闭均会制约大豆的蒸腾量,影响大豆的耗水量。

7.5.2.3 大豆需水量与产量的关系

大豆的产量可分为生物学产量与经济产量。从吉林省农业科学院土壤肥料与耕作栽培研究所就不同滴灌条件下大豆研究结果表明,代表大豆生物学产量的干物质重,除与其株高、茎粗、节数等形态特征有关外,还与构成经济产量的基本要素——荚数、粒数和百粒重有极显著的正相关性(表7-20)。

表7-20 滴灌大豆与其主要性状相关系数

项目	干物重	株高	茎粗	分枝	节数	荚数	粒数
株高	0.9967						
茎粗	0.9122	0.8908					
分枝	0.6566	0.6180	0.5400				
节数	0.9674	0.9590	0.9727	0.5394			
荚数	0.9982	0.9913	0.9209	0.6553	0.9691		
粒数	0.9828	0.9745	0.9033	0.5928	0.9552	0.9898	
粒重	0.9945	0.9877	0.9259	0.5904	0.9767	0.9942	0.9856

(资料来源:陈玉民等编写《中国主要作物需水量与灌溉》)

1. 生物学产量与大豆需水量的关系

大豆是典型的C_3作物,其光合产物在叶肉细胞内的转化需经过一系列的三羧酸循环过程,它在光合作用过程中所需的光饱和点较低,而补偿点较高,这在一定程度上限制了干物质积累量和产量的提高。大豆90%以上的干物重是利用日光能通过光合作用同化CO_2的结果,水则是其中最重要的原料之一。因此,"水"对大豆生物学产量影响很大。大豆生育期中所处的环境水分状况越好,叶面积就越大,其功能期越长光合积累的有机物质就越多。即在一定范围内大豆的需水量越高,以干物质积累所表示的生物学产量就越高。

2. 经济产量与需水量的关系

大豆的经济产量在生物学产量中所占的比例称为经济系数,一般在30%~42%范围内,大豆经济系数的高低取决于光合产物向籽实中的转移效率。这种转移效率又同灌水、施肥、密度、叶面积等栽培措施及形态状况密切相关。

各地的试验表明，大豆的经济产量与需水量之间存在着十分密切关系。当产量由 50kg/亩递增到 200kg/亩时，需水量也随之由 195mm 渐次提高到 535mm 左右。在此基础上要继续提高单产，则要通过更新品种、配方施肥、提高用水效益及改善株间小气候状况来实现，其需水量不能再明显增加。如果供水量无节制地增加，只会加速植株"旺长"、叶面积增大，长叶不长荚，产量反而会降低。

根据各地大豆需水量同经济产量的关系可总结出，产量在 50～230kg/亩范围内，其需水量随大豆产量的递增也由 200mm 逐渐增加到 530mm，在此范围之外，两者间不再密切相关。

3. 大豆的需水系数

大豆的需水系数 K 值，是其需水量与经济产量的比值。其意义是：每生产单位籽实所需要的水量。

由于大豆的形态特征和生理生化特点，所形成的产量低于一些禾谷类作物，大豆的需水量又较大，因此其需水系数 K 值也相应较高。据各地实测资料，亩产 150～250kg 的大豆，在正常情况下，其需水系数为 1400～1800。

据内蒙古自治区水科所在土质肥沃的通辽河冲积平原做的试验，亩产大豆 120.65～256.50kg，需水量为 289.59～533.37mm，需水系数则在 1440～2040 之间变化。黑龙江省水科所在该省虎林县的灌溉试验表明，大豆亩产 118.6～255.1kg 时，需水系数为 617.0～1430.8。辽宁中部地区，平均亩产大豆 200kg 时，需水系数为 1444.3。

夏大豆的产量一般低于春大豆，其需水系数比春大豆略大些。据安徽省水科所在淮北地区的试验，亩产大豆 100～200kg 时，需水系数为 1122.8～2936.2。

影响需水系数的因素是比较多的，即使是在同一地区，产量相同的情况下，不同的水文年其需水系数也不一样。因在不同水文年，各气象因子综合作用下，需水量不一样，K 值必然发生变化。以辽宁省的昌图县试验为例，当亩产大豆 200kg 时，保证率 50%，需水量 438.8mm，K 值 1462.5；保证率 75%；需水量 474.0mm，K 值 1580.1；当保证率为 95% 时，需水量 514.8mm，K 值达 1716。呈现出 K 值明显地随保证率的提高而增大的趋势。

7.5.3 大豆灌溉技术

7.5.3.1 大豆丰产灌溉制度

大豆在各个生育阶段，对土壤水分都有一定的要求，而我国主要大豆产区，特别是东北地区，年降雨量大部分集中在生育期的中后期，且分布不均，多数年份不能满足大豆对水分的要求。因此及时灌水，对大豆增产有极为重要的作用。牡丹江农场管理局作了灌溉对肥分吸收影响的试验表明：在同一施肥水平下，灌水比不灌水增产 29.7%。辽宁省昌图县连续 6 年进行了大豆灌溉与不灌溉的产量对比试验表明，灌溉的增产幅度为 16.6%～85.6%。据有关资料记载，灌溉不仅促进大豆增产，还能提高大豆的含油率。前苏联学者 H.H 夏波拉夫介绍了四个大豆品种在灌溉和不灌溉的条件下含量的变化，灌溉大豆的含量平均为 25.25%，而不灌溉的油分含量仅为 18.07%。西北新疆等地，大豆全生育期降雨量仅100mm左右的情况下，必须灌溉才能保证大豆正常生育和提高产生产量。就全国来说，要确保大豆高产都需要灌溉，只是生育期间的适宜灌水次数和灌水时期有所差异。因此，各地需因地制宜地制定丰产灌溉制度。

大豆的丰产灌溉制度随气候条件、水文年型、土壤、栽培条件等因素的变化而改变。由于我国幅员广阔，即使同一大豆品种若处在不同的地理位置，在制定灌溉制度时所采用的有关参数差异也比较大。

1. 北方地区春大豆丰产灌溉制度

灌溉的作用在于补充土壤水分不足，给作物创造良好的土壤水分条件，再配合相应的农业措施，以保证高产。为制定高产的灌溉制度，首先需知大豆各生育期的灌水效应，才能决定是否应该供水及供多少水，以达到合理用水下的增产目的。

(1) 播种—出苗期。如前所述，大豆的播种—出苗期的土壤湿度应在田间持水量的75%～80%。黑龙江省依兰县水利试验站的观测表明，土壤湿度低于田间持水量的65%时，对出苗和幼苗的生长都有影响，应该少灌水，灌匀水。在北方地区，春大豆播种都在4月下旬至5月上旬之间，处于干旱少雨蒸发大的季节，在吉林省北部和黑龙江省，土壤中的冰冻层还没有完全融通，遇到干旱，灌水比较困难，特别是在播种时期的灌溉，易使土壤表层板结，增加小苗出土难度。因为大豆种子萌发需水较多，一般都采取冬灌蓄水，这既可提高来年春季的土壤墒情，以保苗齐苗壮，又可消灭虫害。前苏联库班试验站的试验结果表明：在大豆播种时，土壤水分充足（大豆发芽吸水达本身重量的240%），则萌发快，出苗整齐，幼苗健壮，以保证后期能获得丰收。在一般年份，除了保证大豆出芽用水，北方地区还应注意播前保墒，创造疏松的播种床，选择适宜的播种期等。

淮北地区夏大豆播种时正值旱季，土壤墒情差，要灌溉造墒，然后播种或遇雨抢种，以达到足墒播种，一播全苗。对于比较平整的地块，可灌一次"跑马水"，对地块不平的要采用畦灌、沟灌、喷灌，做到受水均匀，防止漏灌和灌水过多。灌溉后应及时整地抢种，播后耪平保墒。

(2) 出苗—分枝期。出苗—分枝阶段是营养生长的逐渐旺盛期，日需水量随之逐渐增大。在北方地区，一般年份平均为2.8～3.6mm，土壤湿度应在田间持水量的65%～75%。此期，幼苗根系比地上部分生长快，应注意采取措施培育壮苗，给后期花芽分化等生育阶段奠定基础。综合黑龙江省虎林县水利局和友谊农场试验结果，分枝期灌水平均增产20.7%。不同的水文年降雨量的分配不同，分枝期灌水的效果也会有所差异。黑龙江省依兰县的试验证实，灌前土壤湿度控制在田间持水量的65%以下，对促进大豆生长发育效果较好。

(3) 分枝—开花期。从初花开始，大豆营养生长迅速，在始花期灌溉，随水文年的雨量分配不同，增产幅度也不尽一样，其增产幅度最高者可达32.4%。黑龙江省依兰县水利试验站资料表明，在大豆分枝—开花期，土壤含水率低于田间持水量的65%时，不仅影响分枝，还影响开花，甚至增加落荚率。在此时期及时灌溉，使土壤水分保持在田间持水量的70%～80%，可促进大豆保花并提高产荚率。

(4) 花荚—鼓粒期。花荚—鼓粒时期是大豆营养生长和生殖生长最旺盛、营养器官和生殖器官之间对光合产物竞争最强烈的时期，也是大豆一生中日需水最多（平水年也达到4~6mm)、灌水效益最佳的时期。辽宁省昌图八面城、吉林省公主岭、黑龙江省虎林等地试验资料分别证明,大豆花荚期灌水增产幅度为37%~65%。依兰县水利试验站结果表明:花荚期灌水比不灌水的大豆平均增加花朵19.4%~28.2%。结荚平均增多8.1%~12.4%。友谊农场灌水试验证明花荚期灌水平均增产幅度为28.2%。吉林省农业科学院的大豆滴灌试验得出:花荚期滴灌,比对照增产17.7%。

(5) 鼓粒—成熟期。鼓粒—成熟期是大豆的最后生长阶段,此期间水分供应多少对每荚粒数、百粒重及种子的品质(如含油量)都有影响。在种子归圆之前,仍要保持根系不衰老,叶片有较强的同化作用。这一阶段的日需水量虽然呈下降趋势,但在平水年日均耗水仍为2~3mm,高于播种—出苗期,与出苗—分枝期的日需水量相似。水分供应充足,有利于养根保叶,防止早衰,增加粒重,此期间灌溉增产幅度为7.6%~17.0%。若遇到秋旱年份,增产可达42.4%。若不能保持适宜的土壤水分,不仅使大豆减产,还影响大豆的品质。

由于大豆需水过程线是一单峰抛物线,在不同生育期灌溉,产生的效应是不相同的。黑龙江省虎林县水利局在不同时期灌水的增产效果:三叶期增产10.9%,分枝期56.8%,开花期65.1%,鼓粒期17.7%。如分枝、开花、结荚三个时期都灌水,可增产71.1%。可见各生育阶段中开花期灌溉增产最大,四个生育阶段都进行灌溉,效果更理想。

综合北方各地大豆灌溉试验成果,丰产大豆灌溉制度的基本模式是:土壤计划层湿度深度,播种—出苗期为0~20cm,出苗—分枝期为0~40cm,分枝—开花期为0~40cm,花荚—鼓粒期为0~60cm,鼓粒—成熟期为0~60cm。而滴灌、渗灌的计划润湿层,花期以前为20cm,花期以后为40cm(其灌水定额、次数、时期见表7-21)。各阶段灌水的适宜土壤湿度(占田间持水量的%)参照下限标准:播种—出苗期70%左右;出苗—分枝期65%左右,分枝—开花期68%左右,花荚—鼓粒期72%左右,鼓粒—成熟期约65%。各地应根据本地区的情况,因地制宜地确定大豆的丰产灌溉制度。辽宁省根据该省的四个不同的自然分区的综合生态条件,制定了不同水文年的大豆丰产灌溉制度如表(表7-21)所示。

表7-21　　　　　　　　辽宁省不同水文年春大豆的适宜灌溉制度

频率(%)	项目 分区	灌水定额（m³/亩）				灌水次数	灌溉定额 （m³/亩）
		苗期	分枝	开花	鼓粒		
50	中部		30	45		2	65~80
	西部	30	35	55	50	4	160~170
75	中部		30	30	30	3	80~100
	西部	40	60	70	60	4	220~240
95	中部	35	40	45	30	4	145~170
	西部	55	55	65	75	60	5	290~320
	南部		45	50		2	90~100
	东部		45	30		2	70~90

(资料来源:陈玉民等编写《中国主要作物需水量与灌溉》,略有改动)

2. 夏大豆的丰产灌溉制度

夏大豆生育特性和需水规律与春大豆基本相似，但由于夏大豆一般在 6 月播种，与春大豆相比，全生长期较短，生长发育、生理生化的变化时期也不相同。夏大豆营养生长时期短，生殖生长时间长，始花至终花日数与春大豆相近，相对时段较长。该阶段的需水模系数，需水量都相应比其他生育阶段大得多。夏大豆一般在麦收后播种。播种—出苗期，土壤水分消耗很大，播种—出苗后就遇高温，光照由短变长，田间蒸发量大，播种时经常缺水。播期灌水次数最多。这与春大豆相比，有很大区别，但在生长期灌溉也有一定的增产效果，由于水文年不同，地区的特点各异，灌水增产幅度不尽相同。因此，应根据土壤湿度、气象因素及不同阶段的需水特点来制定夏大豆的科学丰产灌溉制度。

(1) 播种期。夏大豆出苗对土壤水分要求较高，大部分地区前茬是麦田，6 月上旬以后，土壤水分消耗量很大，有些地区降雨较少，易出现干旱，淮北地区每两年就出现干旱一次。为保证大豆发芽，出苗时能有充足水分，$0\sim20\text{cm}$ 土层含水率应为田间持水量的 80% 左右，以使全苗壮苗，为大豆丰产打下基础，土壤水分在田间持水量的 75% 以下者，最好及时灌水予以补充。其灌水定额：地面灌 $35\sim45\text{m}^3/$亩，喷灌 $20\sim25\text{m}^3/$亩。

(2) 苗期—分枝期。苗期—分枝期耗水强度较小，处于在 6 月中下旬和 7 月，其间多年平均雨量大大超过大豆同期田间耗水量，受旱机遇很少，相反受涝机遇较多。大豆苗期应蹲苗，促进根系下扎，形成强大根系，增强大豆吸水吸肥能力。因此，在这时期一般不灌溉，灌水定额以 $35\sim40\text{m}^3/$亩为宜。

(3) 开花结荚期。大豆开花结荚期对土壤水分要求较高，如果土壤水分不足，会造成大量花荚脱落而减产，因此，花荚期是大豆第二个关键灌水时期。花荚期一般在 8 月，降雨量偏小，在淮北地区降雨比耗水量少 47.3mm，有效雨量就更少，花荚期出现干旱的机遇较多，约两年一次，群众称为"荚秋干"。因此，一般灌溉效果显著，但应注意控制植株过于旺长，以防倒伏而减产。$0\sim40\text{cm}$ 土壤含水量降至田间持水量的 70% 左右时，为减少落花落荚，应及时灌水，灌溉水量为 $40\sim45\text{m}^3/$亩。喷灌定额为 $25\text{m}^3/$亩左右。

结荚后期或鼓粒初期营养生长达到高峰；同时，生殖生长也迅速加快，干物质积累量猛增。开花期遇旱，单株荚数和粒数减少，直接影响产量。当土壤水分降至田间最大持水量的 80% 以下时，必须及时灌溉。

(4) 鼓粒期。在这时期 $0\sim40\text{cm}$ 土层内土壤平均含水量降至田间最大持水量的 65% 以下时，也应适量进行灌溉，否则影响其籽粒饱满并易因遭受逆境灾害而减产，灌水定额为 $40\text{m}^3/$亩。在鼓粒后期，大豆要求干燥条件，若土壤水分过多，反会引起贪青倒伏，影响产量和收割，故这时期一般不灌溉。

鼓粒初期，营养生长基本停止，逐步转入旺盛的生殖生长阶段。鼓粒初期植株需水多，之后逐渐减少，但对水分的反应仍很敏感。鼓粒前期遇旱，影响每荚粒数和粒重；鼓粒中后期遇旱，主要影响粒重。为了保证光合作用旺盛进行，当土壤水分降至田间最大持水量的 80%（鼓粒前期）和 70%（鼓粒后期）以下时，必须及时灌溉。

例如淮南地区由于地下水较淮北地区充沛，播种后要及时开挖田间排水沟，使沟渠相通，排灌顺畅，降雨时畦面无积水，防止烂种；遇天气干旱无法耕种时，要及时浇水造墒；若天气持续干旱，播后仍要浇水，防止豆芽脱水造成炕芽。灌溉时可沟灌、喷灌，切忌大水漫灌，影响出苗。

7.5.3.2 大豆的节水灌溉制度

在我国大豆种植区中，除长江流域及南方一些省份外，东北、华北及黄河流域的大部分地区都存在年降雨量偏少，水资源不足的问题，黄河以北大部分地方年降雨量只有450～600mm，由于水资源供需水不平衡，以节水灌溉取代丰产灌溉制度是大豆灌溉的发展方向。

大豆节水灌溉制度的制定，应从提高水的利用效益出发，测定不同灌水处理对产量构成因素的影响，根据各地在节水条件下不同时期（及其组合）灌水的增产效益，分区确定大豆的关键灌水时期及节水灌溉制度。

从各地大量试验资料来看，大豆开花结荚期茎叶生长旺盛，叶面积最大，蒸腾与光合作用最强，干物质积累也最多。这期间，大豆植株体内原来储藏的营养物质及新同化的光合产物大量往花荚中输送，大量的功能叶片蒸腾不断消耗，需要及时大量补充水分，这段时期内日耗水强度一般为4.5～6.0mm。如果水分供应不足，将会大量落花，影响受粉及灌浆过程，并直接影响到粒数和粒重的增加。因此，花荚期既是需水最多的时期，也是大豆各生育阶段中灌水效果最佳的时期。从大豆的需水规律来看，各生育阶段需水量按大小排列顺序是：花期＞鼓粒期＞鼓粒—成熟期＞分枝—开花期＞苗期—分枝期。

7.6 棉花灌溉技术

棉花是世界性经济作物，是纺织工业的重要原料，除生产种子纤维外，棉子壳、棉子油、棉子蛋白、棉秆和棉根等都具有重要的应用价值。棉花种植遍及亚、非、美、欧及大洋洲。全世界有150多个国家植棉，主要集中在亚洲和美洲，亚洲棉花面积和总产分别占全球的62%和64%，美洲棉花面积和总产量分别占26%和24%。我国常年种植棉花的省（自治区）有新疆、河南、江苏、湖北、山东、河北和安徽。

7.6.1 棉花的栽培管理要求

1. 选用良种，培育壮苗

在长江流域种植的多为中熟和早熟品种，一般选用优质、抗逆能力强的丰产良种，播前晒种2～3天，并采用浸种、拌种或催芽播种等方式。壮苗是早发、高产的前提。因此生产上应以育苗移栽为主。其优点是能为实现"早、全、齐、匀、壮"创造条件。在前作收获期较早、土壤瘠薄、肥水条件较差、移栽成活困难等条件下，亦可直播。

2. 合理密植

合理密植是增产的中心环节，也是当前中国棉花增产的基本技术途径，是提高棉花群体光能利用率的重要栽培措施。

棉花单位面积上的子棉产量是由株数×单株生产力（结铃数×单铃重）所决定

的。皮棉产量则还要乘以衣分。单位面积上产量的高低，是群体生产力的反映。因此，棉花的皮棉产量是由单位面积内的总铃数、铃重和衣分三个因素构成。在中国现有大面积生产条件下，从总体看，由于有机肥料不足，综合地力偏低，可适当增加密度。随着生产条件和栽培技术的改善，密植促早熟技术的推广，尤其是缩节安等生长调节剂的应用，改善了棉田通风透光条件，致使种植密度进一步提高。

3. 覆盖地膜

棉花地膜覆盖栽培是20世纪70年代末80年代初发展起来的，目前全国各棉区均有一定的推广面积。它是在棉花直播时或移栽后立即在地表覆盖一层塑料薄膜，是一项简单易行、早发、早熟、趋利避害、费省效宏的增产措施。南方棉区，由于棉花生长期较长、雨水较多、棉田耕作制度多样、复种指数高，覆盖地膜的增产率较北方棉区低，一般比直播棉增产5%～30%。

4. 合理施肥

棉花从出苗起，除了需要大量营养元素外，还需硼、锌、铁、铜和钼等微量营养元素。施肥总量的确定应以棉花的产量水平、土壤的供肥能力、肥料的种类与质量、肥料的吸收利用率为依据。在肥料的种类与搭配上，应以有机肥为主，无机化肥为辅；重视P、N肥的施用和N、P、K的配合比例；并注意硼、锰等微肥的施用。施肥时期与施用量应根据棉花生长发育规律及其吸肥特性，结合棉株的长势长相来决定。

5. 减少蕾铃脱落

在棉花生长发育过程中，由于光照、温度、水分和养分的供应等环境条件不适，常造成有机养分供应不足或分配不当；蕾铃中植物激素的形成与平衡失调，胚珠受精不良或完全未受精等，从而引起蕾铃脱落。要减少蕾铃脱落，必须根据棉花的生长发育规律与外界环境条件的变化，采取一套合理的综合栽培技术措施，使光、温、水、肥经常处于最适状况，协调棉株营养生长与生殖生长、个体与群体的关系，正确解决养料的制造、分配与供应。增加光合作用，增加有机养料的积累，促使有机养料向蕾铃运输，促使受精作用正常，保持棉株体内激素平衡，这是减少蕾铃脱落的根本途径。

6. 及时防治病虫

危害棉花的病虫种类较多，其发生时期与危害程度各有其特点。长江流域棉区的主要病害有炭疽病、立枯病、枯萎病、黄萎病以及红腐病、黑果病等铃病。主要虫害有棉蚜、蓟马、小地老虎、蜗牛、红蜘蛛、金刚钻、红铃虫、棉铃虫、卷叶虫和小造桥虫等，危害棉花生长点、叶片或茎的输导组织，或蛀食蕾铃，造成畸形苗或死苗，蕾铃大量脱落或僵铃、烂铃，严重降低产量与纤维品质。在防治方法上，应根据棉花病虫的发生规律，以预防为主，防治结合。

7. 控制株形

控制株形的目的是根据棉花生育状况与气候等环境条件，应用整枝摘心技术和喷洒生长调节剂，人为控制株形，改善棉田的通风透光条件，改善养分供应与分配状况，为蕾铃的正常生长发育创造良好的条件，保铃，增铃。

8. 优化成铃

棉株上 2~11 台果枝第 3 果节以内的各个果节是产量形成的主要空间，也是产生优质棉铃最多的部位。棉铃的时间变化，主要反映了发育期间环境条件造成的综合影响；空间变化则更多地反映出了棉株体内开花结铃期对各部位养分供应能力和各部位之间的养分竞争。优化成铃就是优化成铃数量和质量，即在培育健壮的个体，建立高质量群体，提高成铃率和每公顷铃数的基础上，突出抓优质铃的比率，提高铃重和单铃经济系数，实现棉花高产优质高效。20 世纪 80~90 年代相继提出的棉花"叶诊断成铃调控模式"、"同步成铃栽培模式"、"棉花高产优质结铃模式"等，其目的都是为了增结优质铃或提高优质铃在成铃中的比率。优化成铃可以通过选育良种、搞好良繁、塑造高质量群体、培育健壮多结桃的个体、提高铃重和单铃经济系数等途径实现。

9. 中耕、除草、培土

这三项耕作管理措施，常结合进行。土壤疏松有利于棉花根干重增加，紧实土壤有利于冠/根比增长，但过松过紧都不利于棉花生物学产量提高。在棉花生育前期，栽培上应通过覆盖地膜或中耕，以及施肥、灌排等措施，及时不断地改善土壤中的水、肥、气、热等状况，为根系的生长创造良好的条件，促早发。在中、后期应注意保护根系免遭损伤。

10. 适时灌、排

在出现夏旱与伏旱，棉株缺水时，应及时灌溉。于早晨或傍晚进行穴灌与沟灌，有条件可进行喷灌、滴灌或地下管道灌溉则效果更佳。并可结合灌溉进行追肥。当秋涝出现时，应及时开沟排水和加强整枝摘心，以降低土壤与田间湿度，以减少和防止烂铃。

11. 酌情催熟

在迟发棉田或秋季气温下降早且快时，常可施用生长调节剂乙烯利进行催熟。施用后可使棉铃期缩短，提早 7~10 天或更多，使单株吐絮铃数的高峰提前到来，僵黄花与残留青铃数减少，收到早熟、增产、改善纤维品质的效果。

12. 勤收细摘

当棉铃完全开裂后，应分批细收，特别注意雨前抢收。做好不同品种、好花与僵黄花的分收、分晒、分轧、分藏与分售的"五分"工作，以实现丰产丰收，提高品级，增加经济效益。

7.6.2 棉花需水特性

7.6.2.1 棉花的需水量及其影响因素

棉花需水量受气候、土壤、品种、栽培条件等影响，在时间、空间上都有一定的变化。在华北、陕西等地黄河流域棉区，属于半湿润气候区，这里年平均气温为 10~15℃，无霜期长达 180~230 天，棉花全生育期需水量变化在 550~600mm 之间。该区年降雨量为 550~600mm，但全年降雨分布不均，60%~80%的雨量集中在 7、8 两个月。一般春季干旱、多风、蒸发量大，9 月以后雨量逐渐减少，日光充足，适宜棉花吐絮。春季干旱往往影响棉花播种与出苗。因而实行冬、春蓄水灌溉，并做好春节保墒工作，对当地棉花生长十分重要。西北内陆棉区，如新疆、甘肃河西等地，属大陆干旱气候，年蒸发量达 1500～4000mm，而年降雨量仅为 20～180mm。棉花生长期平均气温为 5～10℃，由于蒸发力强，棉花需水量高达 800mm 以上。新疆吐鲁番地区，棉花生长期间干旱、炎热，需水量高达 1017mm，可见当地棉花生长与灌溉关系多么密切。我国的南方长江流域棉区，如江苏、安徽、湖南、湖北及浙江等地，棉花生长期平均气温为 5～18℃，年降雨量为 750～1500mm，雨水充沛。棉花需水量为 600mm 左右，当地棉花生长期间虽然有短期伏旱，花铃期有一定灌溉要求，但棉花排水问题更为突出。在东北辽河流域属特早熟棉区，由于生长期棉花需水量仅为 400～500mm。当地年降雨量为 400～700mm，如同黄河流域棉区一样，也多集中在 7、8 两个月。春季干旱多风，表墒不足影响棉花播种与出苗。

由于栽培水平、产量等因素的影响，即使在同一地区棉花需水量也会发生变化。如施肥水平，尤其是有机肥的大量施用，可改善土壤结构，使耕层容重减小，土壤变得疏松，多孔隙，这样毛管水不易直接达到地表，棵间土壤蒸发水量明显减少。但由于肥力条件好，棉株发育好，枝叶繁茂，叶面积增大，叶面蒸腾量则有所加大。

棉花种植密度对需水量的影响亦很明显。一般情况下，随着植株密度的提高，叶面积系数增大，叶面蒸腾量增大，需水量随之变大。不同棉花品种，由于株形结构、叶面积等不同，需水量亦不同。根据试验，品种对需水量的影响，变化幅度在 10% 左右。

7.6.2.2 棉花需水量与产量的关系

棉花需水量与产量关系的研究，是灌溉试验工作的重要方面。在全国范围内几乎得到一个共同的规律，即棉花需水量与产量基本呈线性关系。河北省根据多年试验结果分析认为，棉花需水量与产量关系为线性关系。

如果超过或低于需水量范围，即棉花生长期的水分条件是任意的，而不是规定的适宜土壤水分范围，那就变为产量与耗水量的关系。这样由于供水量范围的不同，可以形成不同的曲线。如在干旱与过量供水量之间变动，则可表现为二次抛物线的关系。山东省根据全省各地试验站资料综合分析得到：棉花产量与耗水量的关系为二次抛物线。耗水量在 700mm 左右时产量最高，低于 650mm 产量明显下降。大于 700mm 时，产量亦下降。

山西省根据多项研究结果归纳认为，在山西地区棉花产量与耗水量关系大致为：亩产皮棉在 75kg 以上时，平均耗水量为 554～584mm；亩产皮棉为 50～75kg 时，平均耗水量为 509～554mm；亩产皮棉为 25～50kg 时，平均耗水量为 389～495mm。在上述产量范围，产量与耗水量呈正相关。即随着产量增加，耗水量在增加。但供水量过大时，耗水量达到 645mm 以上，产量降低 10kg/亩左右。实际上也是二次抛物线的关系。

如上所述，棉花需水量主要是由棵间蒸发量与叶面蒸腾量组成。棵间蒸发量属物理蒸发，从因果关系方面分析，它与产量水平似乎没有关系。但它的大小与植株密度有关，不同密度情况下，田间覆盖度不同，棵间蒸发亦不同。而植株密度在一定范围内与产量是有关系的，这样，产量水平与棵间蒸发有间接关系，叶面蒸腾量与产量则有直接关系。因为叶面蒸腾与叶面积系数密切相关，叶面积系数大，蒸腾表面大，自然蒸腾量就大。棵间蒸发、叶面蒸腾与产量水平关系恰好相反，在产量水平低时，棵间蒸发要大，叶面蒸腾小。反之高产情况下，棵间蒸发就小、叶面蒸腾大。如何实现高产节水的目标，则是认清它们之间的内在关系，进行合理调节，实行综合措施，减少棵间蒸发，从而降低棉田耗水量。

山西省临汾地区水科所研究表明，覆膜后降低棉田耗水量达50%左右。不同产量水平测定结果表明，产量水平越低，降低效果越大。这也说明，减少的主要是棵间蒸发量。因为产量水平低时，地面裸露较大，覆膜后自然减少了棵间土壤蒸发量，测定还表明，棉田覆膜不仅减少了棵间蒸发量，而且可提高地温，改善生态环境，促进棉花生长。据测定，播种—出苗这一期间内，5cm处地温积温提高到54.9℃，10cm处地温积温提高到41.6℃。因而使棉花提早出苗7～8天，现蕾期提前4天。确实起到了节水增产作用。

7.6.2.3 棉花需水系数

生产1kg棉花所需水量称为棉花需水系数。一般情况下，随着产量水平提高，棉花需水系数在降低。华北地区产量水平（皮棉）在25～100kg/亩时，需水系数变化在2000～12000之间。据山西省测定，亩产皮棉在75kg以上者需水系数为3620～4300。亩产皮棉为50～75kg时，需水系数为5000～6140。亩产皮棉低于50kg者需水系数则高达4900～9170。河北省测定结果与山西省相近，亩产皮棉为50～75kg时，需水系数为5400～7080。据山东省资料，亩产皮棉低于50kg时，需水系数为7480；亩产皮棉50～75kg时，需水系数为6100～7980。河南新乡测定，亩产皮棉50kg时，需水系数为4280；亩产皮棉75～100kg时，需水系数为3160～3280。从上述数字看出，需水系数变化颇大，但总的规律是随着产量水平提高，需水系数在降低。

各地需水系数的明显差异与生态气候条件不同有密切关系。在干旱地区，蒸发力大，生产1kg干物质耗水量就大。湿润地区蒸发力小，生产1kg干物质耗水量就小。如新疆吐鲁番地区，气候异常干旱炎热，蒸发大，在产量水平为138kg/亩时，需水系数高达5580，是华北地区的2倍。需水系数除了与当地生态气候条件有关外，农业技术水平也有重要影响。如肥力水平高、土壤疏松、精耕细作条件下，产量不仅明显提高，需水量也小，这样需水系数自然降低。地面覆盖技术的大量推广，将会给农田需水带来很大变化，需水系数减小，水分生产率提高等。这些都说明，综合性农业技术措施已达到很高水平。因而需水系数大小，也是农业技术水平高低的标志。

7.6.3 棉花灌溉技术

除西北内陆棉区外，黄河流域棉区、长江流域棉区以及辽宁特早熟棉区降雨主要受季风气候的影响。雨季从南向北推移。降雨季节雨量集中，而非降雨季节干旱、少雨。年内降雨分布不均，年际间降雨变异很大。因而棉花生长期间的降雨情况复杂，而灌溉与排水问题也就特别突出。一成不变的灌溉制度难以适应多变的降雨条件。而更主要的是根据天气条件进行灌溉预报，实行动态水分管理，才更为科学与符合实际。

7.6.3.1 生长期灌溉技术

1. 苗期

从出苗到开始现蕾这一阶段称为苗期。北方棉区这一时段大约为 45 天,时间从 4 月底到 6 月初。此时风多、风大,蒸发量大,降雨少,寒流频繁。棉苗出土后常遇低温等不利条件而易感染病害。一般不要求灌水,习惯蹲苗,此时加强中耕松土措施既可保墒,又能提高地温,有利于促进幼苗生长,也可减轻病的危害。

试验资料表明,幼苗期灌水明显降低地温,一般降低温度的持续时间长达 10 天左右。表 7-22 是豫北地区试验资料,从中看出幼苗期灌水,不仅没有促进生长发育,而且病害率高。

表 7-22　　　　幼苗期灌水对棉苗的影响（5 月 1 日查苗）

处理	株高（cm）	真叶数（个）	病害率（%）
4 月 28 日灌水	4.5	2.4	33～36
未灌水	5.1	2.6	20

（资料来源：陈玉民等编写《中国主要作物需水量与灌溉》）

在天气干旱情况下,适当地提前灌水,对促进棉苗早发很重要。有利于早现蕾、多现蕾。苗期灌水尤其要注意天气预报,尽量避免灌后遇到冷空气入侵,否则不利于棉苗生长。苗期灌水量不宜过大,可采用隔沟灌的方法将灌水量控制在 30～40m^3/亩。长江流域棉区,苗期正值梅雨季节,细雨濛濛,排水问题更为突出,不需灌水。

2. 蕾期

棉花现蕾以后气温升高,生长发育加快,花蕾大量出现,对水分的要求也十分迫切。北方棉区此间干旱少雨,必须灌溉以保证棉苗生长发育对水分的要求。从表 7-23 中看出,现蕾期及时灌水,不仅有利于棉株生长,而且现蕾数也明显,有利增产。经验表明,蕾期适时灌水可以争取早座、多座伏前桃,进而控制后期植株徒长,减少了蕾、铃脱落率。

现蕾期灌水量以 30～40m^3/亩为宜,一般采用隔沟灌的方法。

表 7-23　　　　现蕾期灌水与不灌水对棉株生育的影响

项目 \ 调查日期	灌水前（6 月 2 日）		灌水后（6 月 30 日）		灌水后（7 月 13 日）		产量
现蕾期	株高（cm）	蕾数	株高（cm）	蕾数	株高（cm）	蕾数	(kg/亩)
现蕾期灌水	15.2	4.0	22.0	10.7	50.4	21.5	225.9
现蕾期不灌水	16.1	4.0	19.3	9.0	41.9	17.1	216.6

（资料来源：陈玉民等编写《中国主要作物需水量与灌溉》）

3. 花铃期

花铃期虽逢雨季,但由于降雨的不稳定性,灌水仍然很大。花铃期是棉花需水高峰期,植株蒸腾量大,对水分十分敏感。干旱或淹涝都会引起苗铃的大量脱落。另外,花铃期缺水与否不仅影响产量,而且对棉纤维品质也有影响。花铃期正值棉花生殖生长旺盛阶段,大量生殖器官的形成、生长,会有较多有机营养物质产生与积累。

在干旱时及时灌水不仅有利于干物质的形成、运转,而且有利于矿物质营养的吸收、利用。矿质营养的缺乏与否,对蕾、铃脱落有明显作用。

表7-24是几个地区花铃期灌水效果的调查,从中看出:花铃期干旱及时灌水降低了蕾、铃脱落百分率,也提高了成铃数。

表 7-24　　　　　　　　棉花铃期灌水与不灌水对生长的影响

地点	处理	脱落 (%)	成铃数 (个)	对照 (%)	地点	处理	脱落 (%)	成铃数 (个)	对照 (%)
河南新野	灌水	44.3	10.9	145	山东临清	灌水	59.3	10.3	115
	不灌水	68.0	7.5	100		不灌水	57.1	3.9	100
河南新乡	灌水	50.7	13.9	165	河北黄梅	灌水	68.9	18.6	126
	不灌水	72.7	8.4	100		不灌水	73.2	14.7	100

(资料来源:陈玉民等编写《中国主要作物需水量与灌溉》)

在黄河流域棉区,花铃期正值雨季,灌溉若不注意天气预报,灌后遇雨往往形成徒长致使中、下部蕾铃大量脱落。为了防止中、后期徒长,有经验的棉农注意抓伏前桃,低位果枝能座住伏前桃,就可以在雨季稳住棉株,不使其徒长,这样就可有效地减少蕾铃脱落。从表7-25可看出:棉株下部果枝结铃较多的脱落率就低,生长比较稳健。

表 7-25　　　　灌水时间对结果部位比例与蕾铃脱落的影响

灌水日期		5月30日,6月22日,9月17日,9月30日	7月上、中旬连续阴雨
成铃数		18.6	12.8
结果部位比例(%)	上	50.7	63.3
	中	41.9	33.6
	下	7.4	3.1
脱落率(%)		60.6	77.2

(资料来源:陈玉民等编写《中国主要作物需水量与灌溉》)

花铃期是棉田管理的关键时期,而管理的关键是保蕾、保铃、增蕾、增铃。土壤水分过高或过低都与蕾铃脱落有关。总之,根据土壤水分变化,通过灌溉或排水,使棉田土壤水分控制在适宜范围,是保蕾、保铃关键所在,也是这个时期棉田管理的中心。

4. 絮期

吐絮以后叶片逐渐老化,有的已脱落,叶面蒸腾量明显减少,对灌溉要求不高。但试验资料表明,絮期干旱时及时灌水,对产量与棉纤维品质都有重要影响。絮期土壤水分不足时及时灌水,不仅产量有所提高,而且衣分亦高、棉纤维品质亦好。有的研究成果表明,絮期及时灌水,明显增加秋桃数并增强已座成桃的棉纤维品质。

关于后期停水日期,主要依据秋季降雨、温度变化、霜期早晚情况来决定。秋雨少,生长期较长的地区,8月中旬的幼铃尚能吐絮,停水日期可放在8月30日左右,即在吐絮开始是为宜。如果 9 月天气干旱，还应继续灌水，以保证幼铃的生长与成熟。

7.6.3.2 棉花膜下滴灌技术

膜下滴灌是近几年发展起来的一项先进植棉技术，又称精准灌溉技术。1996 年，新疆生产建设兵团石河子 121 团开展膜下滴灌研究，试验面积 60 亩，棉花产量比常规沟灌增产高达 50%，滴灌增产效果极为显著。1998 年，北疆垦区示范面积达到 900 亩，1999 年即进入大面积应用。在 1999～2004 年的 6 年间，滴灌技术应用面积逐年增长，累计达到 959.5 万亩，其中 2004 年棉花膜下滴灌达到 391.4 万亩，占当年总播种面积的 57%。棉花滴灌技术适宜西北内陆棉区以及以灌溉农业为主的干旱地区。

1. 膜下滴灌效应

（1）节水效果显著。据新疆生产建设兵团农垦科学院、石河子大学、农八师等试验示范，棉花膜下滴灌平均灌溉定额为 218.6m^3/亩，比沟灌节水 45.7%，滴灌水产比（每方水产籽棉）为 1.56kg/亩，比沟灌提高 200%。

（2）增产效果显著。膜下滴灌棉田较沟灌平均增产率为 26.1%，增产籽棉 60.5kg/亩。

（3）保土保肥效果显著。膜下滴灌和施肥是通过封闭管网和灌水器将水、肥直接输送到作物根部附近的土壤中，不会产生任何肥料流失，提高资源利用效率。

（4）节地效果显著。采用滴灌技术，节省农渠、毛渠和埝子占地面积的 5%～7%；还可节省开沟、追肥、打药、化控、平地和修渠、打埝的机耕费和人工作业费。据测算，平均节约生产成本 88.9 元/亩。此外，还有定额灌溉，提高劳动生产率，一个职工管理棉花面积从 40～60 亩/人提高到 80～120 亩/人，有利于发展棉花规模化经营。

2. 棉花膜下滴灌栽培管理的关键技术

（1）膜下滴灌土壤水分运动规律。在正常滴灌条件下，棉田膜下滴灌的最大计划湿润层深度为 60cm，在 60cm 以下的土壤水分几乎没有变化。一般认为，滴灌适宜湿润土层为 50～55cm。对重壤土和中壤土而言，滴头流量为 3L/h，以滴头为圆心，地表湿润直径可达 90～1400cm。如果滴头流量大于 3L/h，则会产生地面径流。因此，在重壤土上，滴头间距选用 40～50cm。中壤土上，滴头间距选用 30～40cm 比较经济，并且滴头流量不宜超过 3L/h。

砂土湿润宽度较小，在不产生深层渗漏情况下，滴头流量为 3～4L/h，地表湿润直径仅为 60cm 左右，水分运动主要以垂直入渗形式湿润土壤，因此，滴头间距不宜大于 30cm。

（2）棉花膜下滴灌耗水规律。据实测，膜下滴灌棉花一生的耗水量：苗期为 1.06mm/d，蕾期为 2.16mm/d，花铃期为 4.8mm/d，吐絮期为 1.88mm/d，全生育期耗水量为 369～399mm。

在全生育期中，蕾期棉花耗水率急剧增加，花铃期耗水率最高，出现在 7 月下旬盛花结铃期，8 月初以后，耗水率迅速下降。

（3）棉花膜下滴灌灌溉制度。灌溉制度主要是确定合理的灌溉参数，含灌溉定额、每次灌水定额、灌水定额、灌水间隔时间和灌水次数。

根据多年试验结果及大田生产实践，皮棉130kg/亩，壤土棉田膜下滴灌适宜灌溉制度如下（砂性土壤可上浮20%）：

1) 棉花一生灌溉定额为180～200m^3/亩；每次灌水定额为15～25m^3/亩，花铃期一般取上限水量，每次灌水定额为25m^3/亩，苗期和吐絮期一般取下限水量，每次灌水定额为15m^3/亩。

2) 灌水周期。据膜下滴灌棉花耗水规律及生产实践，棉花各生育期的灌水周期，苗期和吐絮期每隔15天左右一次，蕾期每隔10天左右一次，花铃期每隔6～7天一次。

3) 灌水次数。棉花生育期灌水次数为10～12次，具体视气候及土壤水分变化情况，按棉花各生育时期土壤适宜含水量上、下限而定。

(4) 棉花膜下滴灌干旱诊断方式和指标。

1) 田间持水量指标。以土壤含水量作为灌溉控制指标，苗期为田间持水量的55%～70%，蕾期为田间持水量的60%～80%，花铃期为田间持水量的65%～85%，吐絮期为田间持水量的60%～75%，按照各次的上、下限作为控制参数。

2) 滴灌湿润层深度。苗期为20～30cm，蕾期为30～40cm，铃期为50～55cm，吐絮期为30～40cm。

7.7 甜菜灌溉技术

甜菜是我国制糖工业的主要原料之一，具有耐旱、耐寒、耐盐碱等特性，是一种适应性广、抗逆性强的作物，又是经济价值较高的作物。在我国东北、华北、西北地区大面积种植，在我国农业生产中占有重要的地位，对于增加农民收入、发展糖业生产、改善人民生活起着重要作用。

水分对甜菜的生长发育和高产优质有十分密切的关系。因为甜菜植株的细胞只有在含水充足的情况下，才能进行正常的生理活动。如果甜菜缺水受旱，叶细胞失去紧张状态而发生萎蔫，就会使有机物质的合成和分解，养料的吸收和输送等一系列内部代谢活动发生紊乱。因此，只有在水分供应适合的条件下，才能获得高额而稳定的产量，尤其在降雨不足的华北北部和我国西北地区栽培甜菜，实行灌溉并提高灌溉效益，对提高甜菜的产量和含糖率具有明显的效果。在我国东北地区的干旱年份或降雨分布不均匀的干旱季节，对甜菜进行灌溉，也能显著地提高甜菜产量。

7.7.1 甜菜的栽培管理要求

甜菜栽培要获得较好的产质量结果，就必须采用良好的播种技术，保证甜菜种子均匀地播在良好的种床上，以达到苗全、苗壮的目的，为甜菜丰产高糖奠定基础。在不同的自然条件下，采用相应的播种技术，不但对甜菜的生长发育和产质量有促进和提高作用，而且也利于田间管理，收获等项作业。

1. 播种量的确定

甜菜播种量的大小，应根据甜菜种子发芽势、发芽率、千粒重、播种方式和土壤情况而定。目前生产上所用的甜菜种子发芽率要求不低68%，否则应考虑增加播种量，种子千粒重以20~25g的中粒种子为标准。如土壤墒情不好或整地质量不良，可适当考虑增加播种量；如播种时土壤黏重或是轻度盐碱地，也应适当增加播种量；如果种子发芽势低，亦应增加播种量以保证全苗，正常情况下应以22.5kg/hm²为宜。

计算播种量时，要根据种子发芽结果，求得种子的发芽率和平均每粒种子的发芽数，再按预期的定苗前公顷出苗数，以种子的千粒重或每公斤种子粒数来确定每公顷的播种量，即

$$播种量(kg/hm^2) = \frac{预定每公顷出苗数}{每公斤种子粒数 \times 发芽率 \times 平均每粒种子发芽数}$$

若计划每公顷保苗在7.5万~9万株，计划保苗数应为理论出苗数的1/10。这样的播种量才能在定苗时选壮苗，从而增加抗逆性，提高保苗率，建立合理的群体结构，获得丰产高糖。如果播种时整地质量较好，特别是机械播种，播种量可以适当降低，18kg/hm²即可，如果用单粒种机械点播播种量会更低。

2. 播深的确定

甜菜种球内种子很小，破土能力较弱，因此播种时覆土切忌过深，一般以3cm左右为宜。在土壤墒情较好或黏性土壤，播种可适当浅些，播深在2cm左右为宜。如果是疏松性土壤，播种深度可适当加大，可采取深开沟、浅覆土的办法，使种子能够播在湿土上，覆土在3cm左右，干旱地区可以坐水埯种，有利于保苗。

3. 种肥的施用

甜菜施用种肥，可促进根系发育和叶子生长。施用种肥时，勿使种子接触化肥，种子和化肥距离5cm以上，以避免出现"烧苗"现象。

4. 播种方式

(1) 条播。条播广泛应用于我国的东北、华北和西北的甜菜区，条播形式因播种工具不同有不同方式，主要有机引播种机、畜力播种机、旧式耧以及人工撒播等，机械条播优点很多，播深一致，行距相等，种子分布均匀，有利于保墒保苗，出苗整齐，并且节省劳动力，提高工作效率。因地区自然条件，土壤类型不同，机械条播又分为平播和垄上播两种方式。平播由于在平翻整地基础上进行播种，为保证行距均匀，应在播种机上安装划印器。垄上播种主要有：①先起垄后播种，即起垄与播种时为两次单项作业。要求起垄时垄距必须一致，播种和开沟器距离与垄距相协调的复式作业法。即用万能中耕机按照行距要求，安装培土器进行起垄，在培土器后播种机随即播种，用这种方法播种必须注意土壤含水量，否则会严重影响播种质量。②随播种随起垄的复式作业，在播种机架的两个开沟器之间，起垄较低，不太明显。这种是我国东北及内蒙古东部垄作区广泛采用的播种方法。其特点是适合垄作，特别是在寒冷地区多采用垄作。特点是出苗整齐成一条直线，便于田间管理。耧种是我国华北、西北地区广泛应用的方法，需要有经验的农民才能掌握。

(2) 穴播。在我国各甜菜产区均有应用，尤以东北垄作区应用最多。穴播优点是可以穴施种肥，肥料集中，易发挥肥效，便于甜菜吸收利用，节省甜菜种子用量。在春旱地区，采取浇水穴播法可以促进种子发芽，有利于保苗。穴播特点是用工量大，下种集中，出苗成堆，需及时疏、间苗。随着农业机械化水平的提高，广大甜菜种植

区利用机械播种的地区越来越多,尤其是以黑龙江和新疆机械化水平最高。机械播种又分为机械穴播和机械精量点播。机械穴播主要在每穴中播种6～7粒,穴距在25～30cm;机械精量点播,每穴中只有一粒种子,穴距为4～6cm,机械穴播株行距均匀,下种深浅一致,覆土质量好,节约种子,出苗一致,大量节省人力,有利于大面积作业。随着育种水平的进步及经济的发展,机械播种必将取代人工播种或甜菜种植的主要播种方式。

7.7.2 甜菜需水特性

在栽培作物中,甜菜是喜水喜肥作物,水分对甜菜的生长发育不仅是必不可少的,而且土壤水分供应状况与甜菜的优质高产关系十分密切,只有在水分供应适时适量的情况下,甜菜才能获得优质高产。

甜菜生长发育的全过程需要大量的水分,其水分的1%用于建造本身,99%用于叶面蒸腾和棵间蒸发,所以甜菜一生的需水量也就是由叶面蒸腾和棵间蒸发之和组成的。

作物的需水量,根据联合国粮农组织认定为:"为满足健壮作物因蒸发蒸腾损耗而需要的水量深度"。这种作物是在土壤水分和肥料充分供应的大田土壤上生长的,并在这一环境条件下发挥全部产量的潜力。那么对甜菜而言,就是在土壤水分和养分均能满足甜菜正常生长发育的土壤条件下,甜菜能获得高产高糖时的需水量即为甜菜需水量。

7.7.2.1 甜菜需水量

根据国内外研究资料,甜菜全生育期的需水量大约是300～400m^3/亩。有研究表明,甜菜的蒸腾系数在108～652之间,一般为397。内蒙古自治区临河灌溉试验点1957年需水量坑测试验结果,甜菜一生的总耗水量为348.34m^3/亩。新疆维吾尔自治区五家渠灌溉试验站1955年测试结果,甜菜全生育期总耗水量为363.88m^3/亩。另据内蒙古自治区西部区各试验点的灌溉试验结果,在一般水文年,甜菜一生的总耗水量为320～340m^3/亩。内蒙古农科院甜菜研究所1987～1991年对甜菜灌溉制度研究的结果表明,在半干旱区不同水文年甜菜需水量为340～380m^3/亩。

1. 甜菜产量与需水量

由于灌溉农业是一个"灌溉—土壤—作物—大气"连续体的水分系统,所以作物需水量受土壤条件(如土壤质地、色泽、地面覆盖等)、气候条件(如气温、日照、风力、降雨等)、栽培技术(如品种、密度、肥料、种植方式等)的影响而有很大差异,甜菜亦不例外。

(1)临界需水量。在适宜的土壤水分条件下,随需水量增加,甜菜块根产量增加,产糖量亦呈增加趋势。即在适宜的土壤水分条件下,甜菜产量与需水量一般呈直线或近于直线的关系,超过这个范围,产量与需水量则成为曲线关系。所以把适宜土壤水分下限时的甜菜需水量叫临界需水量。这时的土壤水分值偏低,但还能满足甜菜正常生长发育的最低要求。据前苏联学者斯雷特科1962～1966年的试验结果,在甜菜生育期5～6月允许1m土层内灌溉前的土壤湿度降低到田间持水量的50%,7～8月为65%～70%,9月为50%。根据内蒙古农科院甜菜研究所的研究结果,在干旱的 1987 年，甜菜生育期降雨量仅有 214mm，在无灌溉的条件下，甜菜全生育期需水量为 272.74m³/亩，块根单产为 2621.6kg/亩。见表 7-26。

表 7-26　　　　　　　　甜菜全生育期需水量与产糖量的关系

项目 处理	产量 (kg/亩)	需水量 (m³/亩)	含糖率 (%)	产糖量 (kg/亩)	生育期降雨 (mm)	年降雨频率 (%)
不灌水	2621.6	72.74	1.53	64.4	14.0	86.0 干旱
6月25日灌1水	2694.0	297.27	20.80	560.4		
7月10日灌1水	2551.7	307.17	21.10	538.5		
7月25日灌1水	2771.6	310.66	20.93	580.1		
灌 2 水	2913.9	363.26	20.92	609.6		
灌 3 水	3013.5	372.82	20.33	612.7		

（资料来源：曲文章《中国甜菜学》）

（2）经济需水量。当土壤水分保持中等水分状态，虽不能全部满足甜菜正常生长发育的需要，但也能获得较高的块根产量，即单位水量的增产值较大，水的利用率较高。甜菜生长的前期和后期土壤持水量为其最大持水量的 40% 为宜，中期则以 60% 为宜，不仅产量高，含糖率也不低。而据斯雷特科的研究认为，5~6 月允许 1m 土层内灌溉前的土壤湿度降低到田间持水量的 50%，7~8 月为 65%~70%，9 月为 50%，这与一般的灌溉制度（全生育期里 1m 土层内灌溉前的土壤湿度保持在不低于田间持水量 70% 的水平上）比较，不仅全生育期能减少 2~3 次灌溉，块根含糖率还能提高 0.6%~1.0%，并不降低块根产量。从表 7-26 也可看出，在甜菜生育中期灌 1 水的，其根产量达 2551.7~2771.6kg/亩，含糖率为 20.93%~21.10%，属中等水平，需水量为 307.17~310.66m³/亩。

（3）最佳需水量。在甜菜生育的前期、中期和后期随土壤持水量增加甜菜产量呈上升趋势，含糖率有不同程度降低，但产糖量基本是增加的。各生育时期土壤水分为其最大持水量的 60% 的土壤湿度，可为产量形成提供最佳的需水量。据中国农科院甜菜研究所的试验，苗期和糖分积累期土壤水分以土壤最大持水量的 50% 为宜，叶丛形成期和块根增长期以 60%~70% 为宜，对增加产量和提高糖分是最适宜的。

在干旱年，随灌水量增加，需水量是增加的，甜菜产量也是增加的，在当地生产条件下，需水量达 372.82m³/亩时，块根产量达 3 013.5kg/亩，产糖量为 612.7kg/亩，是试验中块根产量最高的，此时的需水量比较适宜。

2. 甜菜生育期的需水过程

甜菜在生育期的需水量和在全生育期间的变化过程是其本身生物学特性与环境条件的综合反映，也是其需水规律的具体表现。

（1）甜菜旬需水过程。甜菜生育期的需水过程基本为前期需水强度小，中期大，后期也较小。

根据内蒙古农科院甜菜研究所 1987~1991 年的研究认为，由于甜菜各生育期天数不同，甜菜各生育期需水量不能准确反映甜菜需水量的大小，所以以旬为单位表示各阶段需水强度。甜菜的需水强度 4 月最小，为 0.75m³/(亩·d)。此时甜菜刚播种，种子处于萌动状态，气温也低，所以此时需水量不大。

5月甜菜出苗后，气温仍比较低，甜菜植株幼小，叶片又少又小，单株叶面积比较小，所以叶面蒸腾量不大，棵间蒸发量也较小，该阶段甜菜需水量也比较少，平均日需水强度为 $1.14m^3/$ 亩；到6月上旬，甜菜开始封垄，叶面积增大，需水量才逐渐增加，需水强度也增大，此时的日平均需水强度为 $1.27m^3/$ 亩，整个苗期平均日需水强度为 $1.08m^3/$ 亩。

到6月中旬以后，气温不断上升，甜菜进入旺盛生长阶段，叶片不断生出，叶丛逐渐进入繁茂阶段，叶面积迅速扩大，到7月下旬至8月上旬达最高峰。此时甜菜的新陈代谢最旺盛，干物质积累加快，叶面蒸腾量日趋增大，此阶段甜菜需水量呈上升趋势，日需水强度也逐渐增加，7月下旬为 $3.52m^3/$（亩·d），8月上旬为 $3.72m^3/$（亩·d），达最高峰，该阶段平均日需水强度为 $2.96m^3/$（亩·d）。此时也是甜菜一生中需水最多的时期，也是甜菜需水的临界期。此时如能满足甜菜的水分需要，则不仅有利于块根的膨大，也有利于糖分的积累。此时如缺水，则会影响产量。如缺水严重，造成叶片萎蔫，就会影响光合作用，从而导致甜菜大幅度减产。所以在水量有限的情况下，一定要首先满足此时甜菜需水要求，以保证获得较高的产量。

甜菜生长后期茎叶外围叶片变黄枯死，生理机能衰退，叶面蒸腾量减小，此时气温下降，需水量减少，该阶段的需水强度由8月下旬的 $2.97m^3/$（亩·d）逐渐减为9月下旬的 $1.61m^3/$（亩·d），平均需水强度为 $2.05m^3/$（亩·d）。

（2）不同生育期甜菜需水量与模系数。甜菜各生育阶段需水量又称阶段需水量，阶段需水量占全生育期需水量的百分比称阶段需水模系数。阶段需水模系数与该生育阶段的需水强度密切相关。

1）苗期。据甘肃数据，耗水量为 $36.7m^3/$ 亩，模系数为 7.3%；据内蒙古数据，耗水量为 $59.1m^3/$ 亩，模系数为 17.0%；据新疆数据，耗水量为 $42.8m^3/$ 亩，模系数 11.0%。内蒙古农科院甜菜所的研究结果（表7-27），该阶段需水量为 54.73%，模系数为 15.32%。

表7-27　甜菜各生育阶段需水量及模系数（内蒙古农科院甜菜研究所）　单位：$m^3/$ 亩

项目 年份	苗期 4.19~6.10 53天	叶丛形成期 6.11~7.31 51天	块根增长期 8.1~8.31 31天	糖分积累期 9.1~10.3 33天	全生育期 4.19~10.3 168天
1987	44.98	86.77	6.52	4.55	72.82
1988	77.27	121.60	83.37	56.89	342.13
1989	45.43	128.93	131.93	69.58	357.87
1990	51.25	148.83	88.44	54.53	338.05
平均	54.73	146.53	96.32	59.64	357.22
模系数（%）	15.32	41.02	26.96	16.7	100.00

（资料来源：曲文章《中国甜菜学》）

2) 叶丛形成期和块根增长期。甜菜此时耗水量为 254.7m³/亩，模系数为 50.8%。内蒙古为 190m³/亩，模系数为 54.7%；新疆为 269.2m³/亩，模系数为 73.9%。内蒙古农科院甜菜所的数据为，叶丛形成期需水量为 146.53m³/亩，模系数为 41.02%；块根增长期需水量为 96.32m³/亩，模系数为 26.96%。即生育中期甜菜需水量为 242.85m³/亩，模系数为 67.98%，该阶段模系数占 50%～74%，是全生育期需水量最多的时期此时如能满足甜菜对水分的需求，则对甜菜产量的形成至关重要。

3) 糖分积累期。该阶段的需水量为 51.3～210.3m³/亩，模系数为 14.2%～41.9%，甘肃地区干旱，甜菜生育后期仍需大量灌水，故其模系数偏高。在半干旱区，7、8月降雨较多，加上甜菜生育中期的灌溉所以后期需水量不大，模系数为 14%～28%。

7.7.2.2 不同生育阶段甜菜棵间蒸发与叶面蒸腾变化

1. 直播甜菜棵间蒸发与叶面蒸腾

甜菜各生育期阶段需水量是由棵间蒸发和叶面蒸腾两部分组成的，这两部分在不同生育期是变化的，见表 7-28。

表 7-28 　　　　　　　　　甜菜各生育期叶面蒸腾　　　　　　　　　　　%

项目\生育时期	幼苗期 (4～6月)	叶丛形成期和块根增长期 (7～8月)	糖分积累期 (9月)
叶面蒸腾	10.88	3.39	4.31
棵间蒸发	16.88	12.22	1.92
总失水	27.76	55.61	16.23

(资料来源：曲文章《中国甜菜学》)

苗期叶面蒸腾与棵间蒸发量都不大，棵间蒸发量高于叶面蒸腾量。生育中期，叶面蒸腾量占 60%～70%，棵间蒸发占 30%～40%。苗期叶面蒸腾占全生育期的 10.88%。生育中期占 43.39%，后期占 14.31%。从各生育阶段叶面蒸腾与棵间蒸发的变化看，苗期以棵间蒸发为主，棵间蒸发量占该阶段甜菜需水量的 75.91%～78.39%；叶丛形成期棵间蒸发急剧下降，占该阶段需水量的 28.90%～35.86%，而叶面蒸腾量迅速增加，占该阶段需水量的 64.14%～71.10%；块根增长期，棵间蒸发量继续下降，叶面蒸腾量达最高峰，占该阶段需水量的 70.11%～87.79%；糖分积累期，由于甜菜外围叶片大量枯死，棵间蒸发又有所升高，占该阶段需水量的 39.04%～40.18%，叶面蒸腾量占 59.82%～60.96%。

2. 地膜覆盖甜菜棵间蒸发与叶面蒸腾

甜菜地膜覆盖栽培后，由于地膜的增温保墒作用促进了甜菜的旺盛生长，叶面蒸腾量从苗期开始就比较大，而地膜的阻隔，又使棵间蒸发量明显减少。在苗期，无膜对照的棵间蒸发量占该阶段需水量的 73.71%，地膜覆盖的只占 45.32%，棵间蒸发减少了 28.39%。叶丛形成期，地膜覆盖的叶面蒸腾量达全生育期最高峰，占该阶段需水量的 79.75%，无膜覆盖的为 64.1%。块根增长期，无膜的叶面蒸腾达最高峰，占该阶段需水量的 74.35%，而地膜覆盖的叶面蒸腾已开始下降，占该阶段需水量的

67.72%。糖分积累期，无论直播还是地膜覆盖叶面蒸腾量都下降，叶面蒸腾量分别占该阶段需水量的59.89%和56.43%。从全生育期看，地膜覆盖的叶面蒸腾占全生育期需水量的71.22%，直播的占61.11%。

地膜覆盖减少了棵间蒸发，大大提高了土壤水分的利用率，在北方干旱少雨地区采用地膜覆盖栽培对甜菜保全苗促高产是十分有效的增产措施。

7.7.2.3 不同深度土层土壤水分利用量

甜菜生育期对不同深度土层土壤水分利用情况是不一样的，土壤表层水分的利用量最大，见表7-29。由于甜菜主根入土较深，可达2m以上，干旱少雨年份能扎深，所以能较多地利用土壤深度的水分，在甜菜生育期地下水位变动在2.5～3.5m之间时，地下80～100cm深土层的水分还可利用。根据内蒙古杭锦后旗试验站的测定结果，地下水位变动幅度1.5～2.5m，甜菜亩产2500kg时，土壤深层水分可利用90～102m³/亩。地下水位较高时，土壤深层水分利用得更多一些。所以在制定灌溉制度地，应当考虑当地地下水位的高低。

表7-29　　　　　　　　　　不同深度土层土壤水分利用量

年份	土层（cm）	需水量（m³/亩）	占总需水量（%）	总需水量（m³/亩）
1987	0～20	21.52	59.42	72.82
	20～50	91.81	24.63	
	50～80	23.64	6.34	
	80～100	35.85	9.61	
1988	0～20	90.20	55.60	42.03
	20～50	76.67	22.41	
	50～80	50.07	14.63	
	80～100	25.19	7.36	
1989	0～20	76.25	46.89	75.87
	20～50	114.72	30.52	
	50～80	62.74	16.69	
	80～100	22.16	5.90	
1990	0～20	54.09	5.57	338.07
	20～50	83.89	24.82	
	50～80	71.02	21.01	
	80～100	29.09	8.60	
平均	0～20	85.51	1.93	357.22
	20～50	91.77	25.69	
	50～80	51.87	14.52	
	80～100	28.07	7.86	

注　甜菜生育期地下水位埋深在2.55～3.50m之间。　　　　　　（资料来源：曲文章《中国甜菜学》）

7.7.3 甜菜灌溉技术

地面灌溉是甜菜主产区应用最为广泛的传统的灌溉方式。地面灌溉是使灌溉水在农田地面上流动，借助浸润作用使灌溉水渗入土壤，通过作物根部吸收利用，满足作物生长期对水分的需要。

1. 沟灌

甜菜采用的沟灌是在行间开沟，灌溉水由渠道进入灌水沟后，很快注满水沟，通过浸润向土壤下渗，供甜菜根系吸收利用。

(1) 普通沟灌。灌水沟的长度要适中，因土壤类型而异，据新疆甜菜产区的经验，矿壤土沟长 80～90m，壤土沟长 90～100m，轻黏壤沟长 110～150m。甜菜的行距 50～60cm。

灌水沟的坡降一般为 0.005%～0.02%，如坡降为 0.25%～0.5%时，沟应沿地面坡降布置。如坡度过大，则应将灌水沟与地面坡降方向成锐角布置，以使灌水沟获得适应坡降。

灌水沟的断面多为梯形或三角形，沟深一般为 20～25cm，上口宽 25～40cm，水深多为沟深的 1/3～2/3。沟灌流量一般为 0.5～0.3L/s，个别在 1.0L/s 左右。

(2) 细流沟灌。细流沟灌沟在水流动的过程中，借助毛管作用侵入沟的周围，浸润被灌土壤，放水停止后不致形成积水。对土壤的破坏比较小，土壤既能储存圈套的水量，又能节约灌溉用水量。

细流沟灌与普通沟灌所不同的是，在每个灌水沟口，放一个控制水流的小管，引入流量较少的水缓慢流入灌水沟，一般流量为 0.1～0.4L/s，一般沟深为 15～20cm，沟宽为 30～40cm。

细流沟灌的优点是灌水沟的顶部及背部土壤疏松，可减少一部分棵间蒸发，比较省水，可以减少中耕次数。缺点是由于水流慢，灌水时间长，深层渗漏比较大。

该方法比较适用于甜菜纸筒育苗移栽后的灌溉，既能使地浇透，又能保护纸筒幼苗叶片不被水淹沾土。

2. 畦灌

作物种植区用土埂将农田分割成若干畦田，灌溉水进入畦田内，在畦面上流动形成薄水层渗入土壤。甜菜主产区很多地方采用畦灌。

(1) 长畦灌。当甜菜地有稍缓的坡度时，为了使土壤灌溉时湿润均匀，要求畦面狭长，面积小。畦田以降坡方向布置，坡度大的时候，大的可以等高田布置，尽量做到灌溉水在畦田内分布均匀，灌深一致。

一般畦宽 1.8～4.0m，畦长一般为 50～150m，最长不超过 200m。畦埂底宽 30～40cm，埂高 15～30cm。

灌水速度靠畦边进水口大小来调节，甜菜苗期植株小，进水口水小些，以免淹埋小苗，当甜菜长大后，进水口可适当放大。

(2) 小畦灌。小畦灌溉是我国北方行之有效的一种节水灌溉技术，是对长畦灌溉的改进。由于畦长缩短，一般当水从畦首流到畦尾时，畦面的水正好全面渗入土壤内，减少了因畦长灌水时间长而产生的深层渗漏量。不仅提高了灌水均匀度和灌水效率，也节约了灌溉水的用量。

畦长 30~80m，以土质而定，轻壤土畦可短些，重壤土畦可长些。灌水定额以 45m³/亩为宜。水流不可太快，以 5~6L/s 为好，如有坡度，则以 3~4L/s 为宜。一般改水时间应为水流达到畦长 7 成或 8 成时就停止放水。在平坦地方，透水性强的土壤上，也可采用 9 成改畦。可根据各地情况灵活掌握。

该方法比较适宜于甜菜纸筒育苗移栽后的灌溉。

3. 膜上灌技术

凡是实行地膜覆盖种植的灌溉农业，都可采用膜上灌技术。膜上灌就是把膜侧水流改为膜上流，利用地膜带输水，通过放苗孔和膜侧旁渗浸润土壤供作物根系吸收利用。此方法既防止了地面灌的深层渗漏，又节约了灌溉用水。甜菜地膜覆盖栽培技术已推广多年，都采用的是膜上灌技术。

膜上灌的形式常用的有以下几种：

(1) 膜孔膜缝灌。甜菜地膜覆盖栽培平作区可用机械覆膜穴播机播种，膜宽 70cm，一幅膜上种 2 行，膜上行距 40cm，膜间距 40cm。甜菜生育期灌水时，利用放苗孔灌水，膜间缝也能渗入大量水分。所灌水分基本在甜菜根系周围，供根系吸收。

垄作地区，可将种植带起 5~20cm 高，40~60cm 宽的大垄背，垄背上覆膜种 2 行甜菜。灌水时，水主要从膜间缝渗入土壤中。

(2) 起垄膜上灌。在平作甜菜地膜覆盖地块，可在灌水前在两膜之间用开沟器开沟，在膜侧形成小土埂，水可以直接入地膜，经甜菜苗孔入渗土壤内，正好在甜菜主根部，水沿主根下渗供根系吸收。膜间开沟也可用犁起垄。

(3) 沟内膜孔灌。甜菜播种前，将土地整成沟垄相间的波浪形田面。地膜覆盖于沟底和两坡，甜菜种在两侧坡边上。灌水时，沟底膜为输水渠，水通过甜菜苗孔进入土壤。

膜上灌溉具有地面灌的性质，又有与其不同的地方，地面灌进水与尾水的差所造成的灌水均匀度不好控制，而膜上灌可通过调整膜畦首尾的渗水孔数为调节，因此灌水比较均匀。此外，由于膜上灌是局部灌水，地膜又光滑，水的阻力小，水流速度加快，减少了水的无效损失，因地膜覆盖，减少了大坡降地块的水土流失，还能保持土壤的通透性，土壤不板结，有利于甜菜的生长。

复 习 思 考 题

1. 发展作物灌溉的意义是什么？
2. 作物灌溉的方式有哪些？
3. 简述水稻的需水特性。
4. 简述小麦的灌溉技术。
5. 简述玉米需水量与产量的关系。
6. 简述大豆的丰产灌溉制度。
7. 简述棉花膜下滴灌技术。
8. 简述甜菜最佳需水量与产量的关系。

第 8 章 节水农作制

发展节水农业是关系中国社会经济的持续生存和发展的大事，预测 2030 年中国人口将达到 16 亿，人均粮食的需求量为 450kg，粮食的需求量为 7200 亿 kg 左右。我国现有耕地 1.3 亿 hm^2，但我国目前未利用的土地面积不到 3 亿 hm^2，其中可开发利用的农用地后备资源只有 4078 万 hm^2，而后备耕地资源仅 800 多万 hm^2，但这些后备耕地资源是长期开发利用后所剩余的那些有各种限制因素、质量不高、生态环境脆弱的土地，开发难度大，所以土地资源开发潜力不大。我国社会能否得以持续生存和发展的关键是：我国的农业生产是否能以现有的 4000 亿 m^3 灌溉水资源，将粮食产量从现有的 5000 亿 kg 提高到 7000 亿 kg，并满足其他农作物的需求。如提高灌溉水的利用率将现有的灌溉用水量节省 15%，可为扩大灌溉面积和提高灌溉保证率提供 600 亿 m^3 水量，超过黄河的年平均流量。因此，建立节水农作制意义重大。

8.1 概　　述

8.1.1 我国水资源形势
8.1.1.1 水资源自然状况
1. 水资源总量大，人均水资源量严重不足

根据 20 世纪 80 年代初水利部对全国水资源进行的评价，我国多年平均年降水总量为 6.2 万亿 m^3，除通过土壤水直接利用于天然生态系统与人工生态系统外，可通过水循环更新的地表水和地下水的多年平均水资源总量为 2.8 万亿 m^3。按 1997 年人口统计，我国人均水资源量为 2220m^3，预测到 2030 年我国人口增至 16 亿时，人均水资源量将降到 1750m^3。按国际上一般承认的标准，人均水资源量少于 1700m^3 的为用水紧张国家。因此，我国未来水资源的形势是严峻的。

2. 水资源的时空分布极不均衡

受季风气候影响，我国水资源的时间分布很不均衡，各地降水主要发生在夏季。由于降水季节过分集中，大部分地区每年汛期连续 4 个月的降水量占全年的 60%～80%，不但容易形成春旱夏涝，而且水资源量中大约有 2/3 是洪水径流量，形成江河

汛期洪水和非汛期枯水的特征。而降水量的年际剧烈变化更造成江河的特大洪水和严重枯水，甚至发生连续洪涝年和连续干旱年。

水资源的空间分布和我国土地资源的分布不相匹配。黄河、淮河、海河三流域的土地面积占全国的 13.4%，耕地占 39%，人口占 35%，而水资源量仅占 7.7%，人均水资源量约 500m^3，耕地平均水资源量少于 600m^3/hm^2，是我国水资源最为紧张的地区。

3. 气候变化加剧水资源供需失衡的矛盾

根据 1950~1997 年近 50 年的降水和气温资料分析，我国近 20 年来呈现北旱南涝的局面。20 世纪 80 年代，华北地区持续偏旱，京津地区、海滦河流域、山东半岛 10 年平均降水量偏少 10%~15%。进入 90 年代，黄河中上游地区、汉江流域、淮河上游、四川盆地的 8 年平均降水量偏少 5%~10%，黄河花园口的天然来水量初步估计偏少约 20%，海滦河和淮河的年径流量也都明显偏少。西北内陆地区，20 世纪 80 年代降水量略有减少（2.5%），90 年代略有增加（8.9%）。从全国范围看，估计未来气候变化对全国水资源总量的影响不大，但北方缺水地区持续枯水年份的出现，以及黄河、淮河、海河与汉江同时遭遇枯水年等不利因素的影响，会加剧北方水资源供需失衡的矛盾。

8.1.1.2 农业用水形势严峻

1. 水资源供需矛盾日益尖锐

水资源需求分为国民经济需水和生态环境需水两大类，需水总量的增长与社会经济发展和生态环境建设密切相关。据有关研究，我国人口高峰出现在 2030 年，而我国需水增长的极限发生在 2050 年前后，需水极限滞后人口高峰是由我国工业化进程和城市化进程所决定的。据预测，到 2050 年我国工业在发展速度年平均为 5.6%，耗水定额由 1997 年的万元产值 98.6m^3 下降到 9.9m^3 的条件下，需水量由 1997 年 1122 亿 m^3 增加到 1998 亿 m^3。我国农业在粮食总产量达到 7 亿 t，灌溉率达到 45%，灌溉综合定额由 7155m^3/hm^2 下降到 6305m^3/hm^2 的条件下，需水量由 1997 年的 4064 亿 m^3 增加到 2030 年的 4257 亿 m^3，到 2050 年下降到 4200 亿 m^3。全国生活需水量将有较快的增长，到 2050 年增加到 1100 亿 m^3。综上所述，依据基本情况预测，到 2050 年的国民经济需水量为 7300 亿 m^3。我国生态环境需水量以维持现状生态环境不再恶化并逐步得以改善为标准，应为 800 亿~1000 亿 m^3，其中考虑了流域水土保持、河道汛期冲沙和枯水期生态基流、西北内陆区的天然生态和人工生态用水、替代超采地下水等方面的必要需求。

据预测，全国可供水量到 2030 年为 6990 亿 m^3，缺水 129 亿 m^3；到 2050 年可供水量为 7300 亿 m^3，缺水 19 亿 m^3，供需基本持平。应该看到，上述供需分析是在充分挖掘供水效率和用水效率的基础上得出的，而且参与平衡的还包括了 450 亿 m^3 的"南水北调"水量，因此 21 世纪水资源的供需矛盾是十分尖锐的。

2. 工业和城镇发展挤占农业用水

1999 年全国总用水量为 5591 亿 m^3，比 1980 年总取用水量 4437 亿 m^3 净增 1154 亿 m^3，但是这十几年的农业用水，特别是灌溉用水的增长基本处于停滞或萎缩状态，从 1980 年的 3581 亿 m^3 减少到 1999 年的 3560 亿 m^3，净减少了 21 亿 m^3，但灌溉面积却从 1980 年的 4880 万 hm² 增加到 1999 年的 5400 万 hm²。华北地区取用水量不仅受水利工程条件制约，而且受水资源总量制约，工业和城镇生活用水大幅度挤占农业用水。1993 年与 1980 年相比，北京市、天津市、河北省和山西省在总用水量减少 27.35 亿 m³ 的情况下，工业和城市生活用水量还增加了 32.63 亿 m³，而同期农业用水量则减少了 59.98 亿 m³。

3. 农业用水水源开发难度加大

我国 1949～1996 年共修建了各类水库 8.5 万座，总库容 4600 多亿 m³，平均每年增加 100 多亿 m³。其中，1949～1979 年平均每年增加水库蓄水库容 136 亿 m³，1980～1996 年平均每年只增加 39 亿 m³，前者的发展速度是后者的 4 倍以上。可见我国水源开发经过几十年的大发展后，比较容易开发的水源大多数已被开发，尤其是北方地区，地表水资源开发程度已基本到了极限，地下水开采利用已超过或接近极限开发程度，引发了一系列生态环境问题。

4. 农业用水效率低

我国农田灌溉的灌溉水利用系数比较低，据山西省调查资料（表 8-1），大型灌区灌溉水利用系数仅为 0.389，中型灌区为 0.618，小型灌区为 0.672。我国目前采用传统畦、沟地面灌的面积约占总灌溉面积的 90%，而渠道防渗率约为 20%，田间因土地不平整、畦块过大和管理不善等原因，田间水利用系数也很低。粗略估算，全国现状灌溉水利用系数大致为 0.43。

表 8-1　　　　　　　　山西省各类典型灌区水利用系数调查结果

灌区类型	区系水	田间水	灌溉水
大型灌区	0.480	0.810	0.389
中型灌区	0.695	0.889	0.618
小型（井）灌区	0.800	0.840	0.672

（资料来源：钱蕴壁主编《节水农业新技术研究》，2002）

8.1.2 对节水农作制的发展需求

8.1.2.1 保障农产品的供给

我国人多地少，耕地后备资源有限。全国人均耕地仅为 0.1 hm²，相当于世界人均水平的 1/3。我国农业既面临人口增加、人民生活改善对农产品需求的巨大压力，又面临耕地减少、水资源紧缺的严重制约。据有关部门预测，全国每年大约增加 1400 万人，到 2030 年，我国粮食总需求将达到 7.2 亿 t。如果粮食自给率控制在 95% 左右，即通过世界粮食市场进口约 0.4 亿 t 的粮食，则国内粮食生产能力应达到 6.8 亿 t，比现在生产能力提高 33%。由于耕地资源不足，随着新开垦地难度加大，我国增加农作物产量的重点必须转向提高单产，而灌溉则是提高单产的重要途径。一般灌溉农田的粮食产量要比非灌溉农田的产量高 1～3 倍，而且越是干旱的地区增产幅度越大。我国目前灌溉面积约 0.53 亿 hm²，约占全国耕地面积的 41%，但却生产了全国粮食总产量的 80%、棉花总产量的 90%、蔬菜总产量的 95%。为了确保全国在中等干旱年实现农产品总供给与总需求基本平衡，预计到 2030 年有效灌溉面积要达到 0.7 亿 hm²，即每年要新增有效灌溉面积 100 万 hm² 左右（其中净增 60 万 hm²，弥补建设用地挤占已有灌溉面积 40 万 hm²)。考虑各地农业结构的调整、作物组成的改变以及灌水技术提高等因素，则每年需要增加 81 亿 m³ 的灌溉用水量，而现状灌溉用水已严重不足，新增这部分灌溉用水量只能通过内部挖潜解决。因此，大力发展节水农作制，从根本上改善农业生产条件和生态环境，提高抗御自然灾害的能力，对于确保农产品供给的稳定增长有着极其重要的作用。

8.1.2.2 提高农田用水的利用率和利用效率

目前我国灌溉水的利用系数只有 0.43 左右，也就是说，每年经过水利工程引、蓄的约 4000 亿 m³ 的农田灌溉用水量，有 57% 左右是在输水、配水和田间灌水过程中浪费了。而发达国家的灌溉水利用系数可达 0.8。因此，我国的农田灌溉节水潜力很大。如果采用先进的节水农业技术，将全国已建成的灌区灌溉水利用系数提高 0.1~0.2，则每年可节约灌溉水量 400 亿~800 亿 m³，这对缓解我国水资源供需矛盾将起到很大的作用。

当前我国包括灌溉水和降水在内的农田水利用效率也很低，1m³ 水生产粮食只有 1kg，还不到发达国家的一半，提高农作物产量需要有科学灌溉和农业综合技术措施为依托。因此，采用各种行之有效的节水农业技术，并与之组装配套，高度集成推广应用，对提高我国农作物产量，达到节水增产、优质高效的目的，有着重要的作用。

实践证明，凡是采用节水农业技术措施的，节水增产效果都十分显著。陕西省洛惠渠灌区，推广长畦改短畦、宽畦改窄畦、大水漫灌改小畦浅灌后，作物生育期灌水量降低 20%~30%；山东省济宁市汶上井灌区，实行低压管道输水灌溉后，输水利用系数从 0.6 提高到 0.95 以上，每公顷节水 600m³，节水率达 40%，节能 33%，节地 1.7%，省工 50%，灌水周期缩短 1/3；河南省偃师市关窑村，采用以半固定式滴灌为中心，井池结合，提蓄结合，限额供水和滴灌关键水的提、蓄、滴相结合的灌溉模式，利用每小时出水量 20m³ 的机井，年平均灌溉面积 57.9hm²，小麦每公顷平均用水量 759m³，增产 1522kg；东北地区发展人工或机械坐水种灌溉面积约 227 万 hm²，玉米每公顷可节水 900m³，增产 900~1050kg；新疆发展膜下滴灌，与常规沟灌相比，棉花节水 40.8%、增产 5.1%，玉米节水 58%、增产 51.8%。

8.2 作物节水增产的生物学依据

8.2.1 水分亏缺对作物生理生化的影响
8.2.1.1 作物叶片和冠层对水分胁迫的回应

叶片在水分亏缺时细胞壁先失水，然后原生质和液泡失水，导致叶片在形态上萎蔫、枯黄甚至脱落。其中，叶片的叶面积扩展对水分胁迫很敏感，作物缺水时叶片卷曲是叶片内部水势状况和渗透调节结果的外部形态表现，它能直观地反映作物对土壤水分胁迫的敏感程度。水分胁迫对叶片生理过程的影响研究主要集中于光合作用和冠层温度。

1. 光合作用

作物用于光合作用的水大部分是通过蒸腾所消耗的，水分亏缺时光合作用的降低有气孔因素和非气孔因素。当水分不足时，光合机构中首先受到影响的是气孔，气孔部分关闭和气孔导度的降低，一方面使通过气孔蒸腾损失的水分减少，另一方面使通过气孔进入叶片的 CO_2 减少，导致光合速率的降低。由于蒸腾降低的相对幅度比光合的大，轻度水分胁迫下气孔的部分关闭往往可以提高水分利用效率。干旱引起气孔关闭主要有被动关闭和主动关闭两种形式。被动关闭是因为干旱情况下保卫细胞水分丢失太快，来不及从邻近表皮细胞取得水分补充，造成气孔迅速关闭；而主动关闭在于干旱胁迫下，保卫细胞内部进行了一系列的代谢变化，如保卫细胞内溶质含量减少，膨压降低。

在高光强度（如夏季晴天的中午）、水分胁迫引起作物气孔的部分关闭时，作物会因光暗呼吸加强（光合作用出现光抑制）而出现"午睡"现象，"午睡"现象对于水分胁迫条件下作物的生存是有利的，但却使阳光能量最多的时候利用率降低，不利于作物的产量形成。

2. 冠层温度

作物冠层温度是环境和作物内部因素共同影响叶片能量平衡的结果。作物叶片吸收太阳辐射能后转化为热能，使叶片温度升高，而蒸腾过程将消耗能量使叶片温度下降，蒸腾强度受外界气象条件和根系供水状况的影响，水分亏缺导致作物气孔导度减小或关闭，限制了水分蒸腾。由于减少了能量潜热形式的消散，使叶温升高并使作物冠层温度随之升高，由于冠层温度还受环境温度的影响，故可用冠层温度与气温的差值来评价水分亏缺的程度。

8.2.1.2 作物根系对水分胁迫的回应

作物对各土层水分的利用状况取决于土层中根系分布量、根系吸水速率及有效含水量。根系在作物吸水过程中都起着非常重要的作用，它决定着作物吸水区域、吸收各土层水分开始及持续时间，并控制着吸水速率在土壤剖面中的相对强度，尤其在土壤干旱条件下，根系作用更大。根系吸水量能否满足作物蒸腾需水量，直接关系到水分是否会限制作物生长以及制约的程度。当土壤出现一定程度干旱时，作物根系迅速感知干旱，以化学信号（ABA）（也称为非水力根信号）的形式将干旱的信息传递到地上部分，在叶片水分状况尚未发生改变时即主动降低气孔开度，降低叶片生长速率，抑制蒸腾作用，平衡作物的水分利用，这就是所谓的根冠通讯学说。此外，作物根系在干旱环境下会将深层湿润土壤中的水分提升至浅层干燥土壤中释放，以维持处于干旱土壤中根系的活力，这就是作物根系的提水作用，不同作物具有不同的根系提水强度。通常干旱条件下，根系形态会发生明显变化，主根长度增加，根系分枝减少，细根数量明显增加，根冠比增加，而根冠比增加有利于改善作物的水分状况。大量研究也表明：在不同抗旱类型植物中根系形态并不相同，保水型植物根系为适应土壤干旱表现为根系表面增加不透水物质，大多为浅根系分布在表层土壤中，吸收雨水，并能形成雨根，根系导管很小；而耗水型植物根系则十分庞大，依靠强大的吸水能力和不断向有水源方向生长的特性寻找水源，1株小灌木根系可伸展到 $850m^3$ 土壤中去。植物的根系有明显的可塑性，土壤供水方式的改变会对其造成明显的影响，这些适应性变化特点将为创立节水灌溉新技术提供理论指导。

8.2.1.3 作物对水分胁迫的生理生化回应

1. 渗透调节与细胞质膜变化

渗透调节是作物耐旱的一种重要方式，它是指作物在逆境下通过代谢活动增加细胞内溶质浓度，降低其渗透势，从外界水势降低的介质中继续吸收水分，保持一定的膨压，维持较正常的代谢活动。许多作物都具有渗透调节能力，但不同作物及其品种间渗透调节能力大小不同，参与渗透调节的物质种类也不同。研究表明，高粱、玉米、棉花、小麦等在干旱条件下有很强的渗透调节能力，而大豆、豇豆则无渗透调节能力。农作物的渗透调节能力一般在 $0.5\sim1.0$ MPa 范围内。作物的渗透调节能力受许多因素的影响，其中主要有水分亏缺的速度及其程度，光强、CO_2 浓度、温度等。在轻度到中度水分亏缺缓慢发生时，作物具有高强度的渗透调节能力；当水分亏缺很严重时，渗透调节能力减弱或消失。在长期水分亏缺或短期水分亏缺缓慢发生时，不同小麦品种叶片均能发生渗透调节，而在快速脱水条件下均不能产生渗透调节。

渗透调节有许多生理作用：①维持细胞的膨压，这是其主要作用，从而维持其他生理过程的进行；②保持细胞持续生长；③维持气孔开放，保持光合作用正常进行；④延迟卷叶，能使气体交换及其他生理过程继续进行或在较高水平上进行，有助于抗旱性提高。

作物细胞原生质膜存在于细胞质和外界环境之间，是作物细胞最外层的屏障，许多生理过程的进行都与质膜有关。作物在逆境下的最初反应也表现在质膜上，水分亏缺的最初反应是细胞膜透性增加，随叶含水量的下降，膜透性增加。叶含水量在一定范围内的很小变化就会引起膜透性的明显增加，这可能使膜已受伤害。

2. 生物化学物质

在干旱胁迫下，作物会积累一些无机离子、糖类、多元醇、氨基酸和生物碱等低分子量的生物相溶性溶质，这些物质不仅能降低细胞质的渗透压而使细胞保持较高水势，从而有利于作物从环境中吸收水分，还有助于维持各种细胞器及细胞内酶系统的活性。当受到水分胁迫时，作物细胞内源 ABA（脱落酸）含量增加，同时产生新的 mRNA，然后可能对蛋白质活性及转换速率进行调控。另外，水分胁迫还会导致作物体内多聚核糖体解体、核糖核酸酶活性增加。在正常情况下，作物体内游离脯氨酸含量并不多，当作物受到水分胁迫时可引起脯氨酸含量的明显增加，脯氨酸对作物细胞渗透调节有重要作用，并且是细胞中的一种防脱水剂，还是植株早期还原氮的转移形式，复水后可被直接利用。干旱胁迫还往往会导致作物体内活性氧产生与清除机制的失衡，从而造成活性氧大量累积，对作物膜脂、蛋白质和其他细胞组分造成伤害。作物体内为保护自身免受伤害亦形成一套相应的抗氧化保护系统，如 SOD（超氧化物歧化酶）、CAT（过氧化氢酶）和 POD（过氧化物酶）等，来保护植物细胞膜和敏感分子免受活性氧的伤害。

8.2.1.4 作物不同生育阶段对水分亏缺的允许程度

不同生育期供水和水分亏缺对产量的影响差异很大，在研究灌溉诊断指标时，人们发现不同生育阶段作物耐受水分亏缺的能力差别也很大，即不同生育阶段允许水分亏缺的限度不同。

据康绍忠等（1994）研究，不同生育阶段作物允许的水分亏缺限度以叶水势表示（表 8-2），不同作物允许水分亏缺的限度差异很大，同一作物不同阶段差异也很大。

国内外研究表明，测定植物细胞液浓度较简单且较准确，便于在生产中推广应用。植物细胞液浓度受原生质的含水率所制约，原生质含水率在很大程度上又影响其细胞活力，即制约着植物生长发育过程进行的状况。因此细胞液浓度大小和植物生活过程有极密切的联系。在土壤水分充足的条件下，叶片细胞的含水率较高，也就使得细胞液浓度较低，植物生长旺盛；相反，土壤干旱时，细胞液浓度增高，当缺水使细胞液浓度达到一定数值时，就会开始对作物生长发育产生不良的影响。表8-3列出了春小麦、棉花和冬小麦在不同生育期允许受旱的临界细胞液浓度。

表8-2　　　　　　　　几种作物受旱的叶水势临界值　　　　　　　　单位：MPa

作物种类	生育阶段	受旱的叶水势临界值
冬小麦	分蘖—拔节	$-0.9 \sim -1.1$
	拔节—抽穗	$-1.1 \sim -1.2$
	灌浆	$-1.3 \sim -1.4$
	乳熟	$-1.5 \sim -1.6$
春小麦	分蘖—拔节	$-0.8 \sim -0.9$
	拔节—抽穗	$-0.9 \sim -1.0$
	灌浆	$-1.1 \sim -1.2$
	乳熟	$-1.4 \sim -1.5$
棉花	花前期	-1.2
	花铃期	-1.4
	成熟期	-1.6
夏玉米	出苗—抽雄	$-0.6 \sim -0.7$
	抽穗—灌浆	$-0.5 \sim -0.6$
	灌浆—乳熟	$-0.8 \sim -0.9$
大豆	结荚—灌浆	$-0.4 \sim -0.5$
	灌浆—乳熟	$-0.5 \sim -0.6$
甜菜	叶形成期	$-0.6 \sim -0.7$
	根果生长期	-0.8

表8-3　　　　　　　　几种作物允许受旱的临界细胞液浓度

作物	生育阶段	允许受旱的细胞液浓度临界值
春小麦	分蘖—拔节	$5.5 \sim 6.5$
	拔节—抽穗	$6.5 \sim 7.5$
	灌浆期	$8 \sim 9$
	乳熟期	$11 \sim 12$
棉花	蕾期	$13.5 \sim 15$
	花玲期	$14.0 \sim 16.0$
	吐絮期	$16.0 \sim 17.0$
冬小麦	分蘖—拔节	$7.0 \sim 8.0$
	拔节—抽穗	$8.0 \sim 10.0$
	灌浆期	$9.5 \sim 12.0$

（资料来源：康绍忠等，1994）

8.2.1.5 水分亏缺对作物产量和质量的影响

水分亏缺常常对作物的生长发育产生显著的影响，最终对产量造成影响。总的来说，是延缓、停止或破坏作物正常的生长发育；加快或促进生活组织、器官和个体的衰老、脱落或死亡。作物在不同生育阶段的生物量的积累对水分亏缺的反应或敏感性不同，某一阶段缺水对以后作物的生长发育和干物质的积累的后效性影响也不相同。在作物的中期和晚期缺水对生物量的累积影响最大，而早期缺水对生物量的累积影响较小。在早期缺水停止后恢复较快，与对照（无水分亏缺）处理的生物量相差不太明显。而中期和晚期在缺水消除后生物量累积恢复较快，即缺水停止后与继续缺水间的生物量累积相差明显，但缺水消除以后与不缺水对照处理的生物量累积相差也较大，虽然其生物量变化速率 dM/dt 在中期和晚期缺水停止后与不缺水对照处理的基本相等，但由于前期缺水的后遗影响，使总的生物量累积明显低于不缺水对照，因此缺水的后效性影响较大，在这两阶段继续缺水的 dM/dt 最小。在末期缺水消除后的 dM/dt 与继续缺水相差不太明显，即缺水停止后的恢复能力较低，继续缺水与不缺水之间的生物量相差没有中期和晚期显著。

作物水分平衡的动态特性和缺水对生长、产量的影响，在很大程度上决定于水分亏缺发生的时间、持续时间、亏缺的程度等因素。在不同的生育阶段，作物生长发育及产量对水分亏缺的敏感性不同。在发芽出苗阶段，一般土壤水分胁迫轻度会造成缺苗，严重则造成死苗。在营养生长阶段，水分亏缺既减少细胞分裂，又降低细胞扩张生长；水分亏缺不仅影响植株大小，还影响作物群体的干物质生产，也改变了碳水化合物在各器官间的分配，但短期的轻度水分胁迫在水分重新补充后的一段时间内，会获得很快的生长，这是由于作物的"补偿生长"能力，使作物不致因短期的轻度缺水而引起产量的下降。在生殖生长阶段对水分亏缺反应特别敏感，有的时期，如花期缺水所造成的影响，即使在以后生长阶段再充分供水，也难以由"补偿生长"的能力挽回其"后效性"影响，产量会严重降低。据水利部农田灌溉研究所（1986）冬小麦试验资料表明，不同时期和不同缺水程度对产量的影响很大（表8-4）。

表8-4 冬小麦不同阶段不同程度水分胁迫对产量的影响

生育阶段	处理	公顷穗数（万）	穗长（cm）	小穗数（个）	穗粒数（粒）	单株穗重（g）	株高（cm）	产量（kg/hm²）	减产（%）
出苗—返青	轻旱	382.50	9.3	15.4	36.20	4.61	60.3	5608.5	21.50
	中旱	360.75	9.3	15.3	36.30	4.26	55.9	4912.5	31.25
返青—孕穗	轻旱	405.75	9.9	15.8	35.70	4.72	61.9	5982.0	16.27
	中旱	388.50	9.3	15.3	34.75	4.50	54.2	5368.5	24.86
孕穗—成熟	轻旱	399.75	9.5	15.7	34.50	4.73	59.5	5277.0	26.13
	中旱	399.75	9.5	15.2	34.15	4.44	57.1	4881.0	31.69
正常对照		451.50	10.2	15.9	37.05	5.08	64.3	7144.5	—

由此可见，在水分不足条件下保持强而不早衰的库，供应充足的源，代谢活动较为旺盛的根系以及较高的补偿调运能力是达到理想的抗旱高产必要条件。因而可以应

用水肥措施来调节。在节水灌溉配水方案中，注意后期水分的调节延缓光合器官的衰老，从而提高产量和经济产量系数。

水分亏缺影响作物的产品质量。研究表明，在生长期土壤含水量较小时，小麦的氮素和蛋白质含量有所增加，而淀粉含量相应减少，同时木质素和半纤维素有所增加，纤维素不变，果胶质则减少。脂肪含量与蛋白质含量相反，土壤含水量增高时，脂肪含量和油的碘价（每100g作物油因其所含不饱和脂肪酸的种类和多寡不同所吸收碘的克数，碘价高则油质好）都有增高的趋势。同时，在土壤含水量较低的情况下，作物的导管发达，输导组织充实，纤维质量好。因此，纤维作物的纤维似乎也是在较干旱的环境下才比较发达。

水分亏缺对作物的有益贡献已被许多研究者所证实。例如，在水分亏缺反应的非敏感期给予一定程度的水分亏缺，还可抑制果树过旺的生长，增加栽培密度，促进花芽分化和可能减少采前落果；在人工控制的非充分供水条件下，能提高甘蔗含糖量；在甜菜成熟期适当缺水会使含糖量大增；在许多中草药栽培中，适当缺水能够提高药材内生物碱、甙类、氨基酸、黄酮等活性成分；水分亏缺还能提高烟草的芳香程度；增加薄荷、油橄榄、向日葵、油菜、大豆等油料作物的含油量；增加桃、苹果、梨、李等果品含糖量，提高着色度，增加其商业价值。

适宜调节亏水度对作物的益处主要表现在以下几方面。

1. 适度水分亏缺促进作物根系的生长

水分亏缺可促进根系生长，使根冠比增大，根冠比与土壤含水量呈显著的负相关。因而通过灌溉方法人为控制水分对根系大小和分布会起到一定的调节作用。在生产上的"蹲苗"正是利用根系生长的这一特性而获得高产。

2. 作物生长前期经历适度水分亏缺增加后期生长抗逆性

从目前的研究来看，前期水分亏缺能够增加后期抗性的生理学基础主要表现为：一方面，渗透调节能力增强，渗透势下降，渗透物质如糖、氨基酸、生物碱增加，原生质保水能力增强；另一方面，作物体内的防御系统得到加强，消除自由基的酶系统SOD、POD、CAT等活性升高，同时具有清除自由基能力的物质如维生素C、E含量增加，这些物质的累积既有利于增加作物抗性，又有利于提高农产品质量。再次，水分亏缺增加作物表面的蜡质层，有利于作物抵抗病原生物的入侵，同时也能提高与抗病有关的酶活性，产生作物抗毒素（phytoalexin），从而增加作物抗病性，减少农产品感病机会而改善质量。

3. 适度水分亏缺促进体内物质重新分配和提高经济系数

研究者对玉米在轻度、中度水分亏缺下的研究表明，在轻度、中度水分亏缺下，玉米生物产量比籽粒产量下降幅度大，使籽粒与干物质总量比例升高。其生理学基础可以概括为：在中等水分亏缺条件下，生长受到明显抑制，但光合作用基本不受影响，物质运输不受影响，同时根系生长和吸收功能增强，以及籽粒作为强库有较高补偿调运作用，而使经济系数提高。

8.2.2 节水增产的生物学依据

近年来，研究者通过对水分亏缺与作物生长和产量关系的研究得到了作物节水增产的生物学依据。干旱缺水对作物的影响有一个从"适应"到"伤害"的过程，不超过适应范围的缺水，往往在复水后，由于产生了生理上、水分利用和生长上的补偿效应，将对作物增产更为有利。

1. 水分亏缺对各生理过程的影响程度和顺序不同

作物生长对干旱的反应最为敏感，物质运输最为迟钝，不很严重的干旱反而对物质运输有促进作用。在轻度干旱的条件下，叶片生长受到抑制，而光合则未受影响，复水后反而略有升高；适度干旱情况下，小麦籽粒对花期光合产物的利用率高于正常供水处理。干旱对谷类作物不同生理功能影响的先后顺序为：细胞扩张（生长）→气孔运动→蒸腾作用（水分散失）→光合作用（CO_2同化累积）→物质运输（产物分配）。可利用这一结果采取诸如避免生长旺盛和授粉受精期严重干旱、灌浆期适度干旱等有利于节水增产的措施。

2. 作物不同的发育阶段对水分亏缺的敏感性不同

存在需水临界期和供水临界期问题，对于多数谷类作物而言，花粉母细胞形成到开花授粉期对水最为敏感。在水分敏感期保障水分供给，水分非敏感期适度干旱有利于节水增产。

3. 不同作物和品种对水分亏缺的反应不同

研究证明：作物品种间的水分利用效率存在很大的差异，通常可达到 2～5 倍。作物品种间的水分利用效率可相差 40%，这就意味着不同品种消耗相同数量的水分，其产量可相差 40%。选育抗旱品种，可以实现节水增产。

4. 控制供水能提高作物的根冠比

控制供水刺激作物根系伸展和发育膨大，有利于吸收深层土壤水分和养分。因此，作物水分利用效率的高值往往是在中等水分条件下，而不是充分供水条件下获得的。作物水分关系的上述研究结果，已通过种植结构的调整、关键灌溉期的选择、品种应用以及合理增肥等技术在缺水区得到一定应用，同时也为突破传统的灌溉，推行节水农作制和有限灌溉提供了有力的依据。随着作物水分代谢研究的不断进步，新的理论成果也将不断地应用于节水农业中。

8.3 发展节水农作制

水是我国可持续发展的战略重点，节水型农作制则是农作制可持续发展的方向与重要内容。发展节水农作制主要从三条途径入手：一是控制水分从源头（降水、灌溉水）到田间的损失，主要从农田水利与农田基本建设与灌溉制度着手；二是减少水分在田间的损失，主要是通过覆盖减少蒸发，以及通过工程与生物措施减少径流与渗漏；三是根据水分生态适应性原理，提高植物的水分蒸腾效率与光合效率，主要是通过生物措施着手。

8.3.1 农艺节水

主要是研究适宜当地自然条件的节水高效型作物种植结构，提出利用耕作覆盖措施和化学制剂调控农田水分状况、蓄水保墒等措施，提高农田水利用率和作物水分生产效率的有效途径。国内外已提出许多行之有效的技术和方法，如保护性耕作技术、田间覆盖技术、节水生化制剂（保水剂、吸水剂、种衣剂）和旱地专用肥等技术和产品正得到广泛的应用。

1. 耕作保墒技术

采用深耕松土，镇压、耙糖保墒，中耕除草，改善土壤结构等耕作方法，可以疏松土壤，增大活土层，增强雨水入渗速度和入渗量，减少降雨径流流失，切断毛细管，减少土壤水分蒸发，既可提高蓄集降水的能力，又可减少土壤的蒸发，使土壤水的利用效率得到显著提高。

2. 覆盖保墒技术

在耕地表面覆盖塑料薄膜、秸秆或其他材料可以抑制土壤蒸发，减少地表径流，蓄水保墒，提高地温，培肥地力，改善土壤物理性状，因此，起到蓄水保墒、提高水的利用率、促进作物增产的良好效果。秸秆覆盖一般可节水15%～20%，增产10%～20%。覆盖塑料薄膜，可增加耕层土壤水分1%～4%，节水20%～30%，增产30%～40%。

3. 水肥耦合技术

通过对土壤肥力的测定，建立以肥、水、作物产量为核心的耦合模型和技术，合理施肥，培肥地力，以肥调水，以水促肥，充分发挥水肥协同效应和激励机制，提高抗旱能力和水分利用效率。可在不增加施肥量的条件下，获得较大的经济效益，以节约水肥资源，减少污染，改善生态环境，增产增收。在不增加施肥量和水量情况下，肥料利用率可提高3%～5%，产量增加20%～30%。

4. 节水作物品种筛选技术

根据当地的降水分布、干旱发生规律和水分特性，因地制宜压缩需水量大、易旱的作物，扩大雨热同步的秋熟作物，选择耗水少而水分利用效率高的作物。通过调整作物布局，建立适应型高效种植制度，一般可使农田整体水分利用效率提高1.5～2.25kg/(mm·hm^2)，增产15%～30%。在优化种植制度下，选用抗旱、节水、高产品种一般可较原主栽品种增产10%～25%，水分利用效率提高1.5～2.25kg/(mm·hm^2)。

5. 化学制剂保水节水技术

合理施用保水剂、复合包衣剂、黄腐酸及多功能抑蒸抗旱剂和"ABT"生根粉等，可在作物生长发育中抑制过度蒸腾，防止奢侈耗水，减轻干旱危害，以及提高根系对土壤深层储水的利用，能显著增强作物抗旱能力和提高水分生产效率。小麦、玉米用保水剂拌种后，出苗率比不拌的提高20%～30%，增产15%～25%。喷黄腐酸可使作物叶片蒸腾速率降低19%～27%，田间耗水量减少7%～9%，增产9%～12%，水分利用效率提高25%～35%。用"ABT"生根粉拌种或浸种，可提高土壤储水利用率20%以上。

8.3.2 生物（生理）节水

将作物水分生理调控机制与作物高效用水技术紧密结合开发出诸如调亏灌溉（RDI）、分根区交替灌溉（ARDI）和部分根干燥（PRD）等作物生理节水技术，可明显地提高作物的水分利用效率。与传统灌水方法追求田间作物根系活动层的充分和均匀湿润的思路不同，ARDI 和 PRD 技术强调在土壤垂直剖面或水平面的某个区域保持土壤干燥，仅让一部分土壤区域灌水湿润，交替控制部分根系区域干燥、部分根系区域湿润，以利于使不同区域的根系交替经受一定程度的水分胁迫锻炼，刺激根系的吸收补偿功能，使根源信号 ABA 向上传输至叶片，调节气孔保持在适宜的开度，达到不牺牲作物光合物质积累而又大量减少其奢侈的蒸腾耗水的目的，与此同时，还可减少作物株间的土壤湿润面积，降低株间蒸发损失和因水分从湿润区向干燥区侧向运动带来的深层渗漏损失。RDI 是基于作物生理生化过程受遗传特性或生长激素的影响，在作物生长发育的某些阶段主动施加一定的水分胁迫（即人为地让作物经受适度的缺水锻炼）来影响其光合产物向不同组织器官的分配，进而提高其经济产量而舍弃营养器官的生长量及有机合成物的总量。因营养生长减少还可提高作物的种植密度，提高总产量，减少棉花、果树等作物的剪枝工作量，改善产品质量。国际上有关调亏灌溉的研究主要是针对果树和西红柿等蔬菜作物，对大田作物的研究较少。

近年来，国内外相继开展了对作物需水量计算方法的大量研究，但这些研究大多以单点的和单一作物的耗水估算为主，在此基础上采用插值法和面积加权平均法确定的区域作物耗水量的精度会受到气象等因素的空间变异性的影响。目前的重点是将单点的单一作物耗水估算模型的研究扩展到区域尺度多种作物组合下的耗水估算方法与模型研究上，根据作物及其不同生育期的需水估算，使有限的水最优分配到作物的不同生育期内，为研究适合不同地区的非充分灌溉制度提供基础数据和支撑。随着遥感技术的应用使得采用能量平衡法估算区域作物耗水量成为可能，通过遥感获得的作物冠层温度来估算区域耗水量分布的研究变得十分活跃，并在一些发达国家得到了一定的应用。

8.3.3　管理节水

1. 节水灌溉制度

把有限的灌溉水量在作物生育期内进行最优分配，以提高灌溉水向作物可吸收的根层储水的转化，以及光合产物向经济产量转化的效率。可采用非充分灌溉、抗旱灌溉和低定额灌溉等，限制对作物的水分供应，巧灌关键水，增加有效降雨的利用，加大土壤调蓄能力，同时对作物进行抗旱锻炼，采用"蹲苗"、"促控"等技术，降低田间腾发量，提高作物对农田水的利用效率。一般采用低定额灌溉可节水 30%～40%，而对产量无明显影响。

2. 土壤墒情监测与灌溉预报

用先进的科学技术手段，如张力计、中子法、电阻法等监测土壤墒情，数据经分析处理后配合天气预报，对适宜灌水时间、灌水量进行预报，可以做到适时适量灌溉，有效地控制土壤含水量，达到节水又增产。

3. 灌区配水技术

根据灌区各级输配水渠道的技术参数和灌溉农田及作物分布情况，按照水源可供水量和作物某生育阶段需水量及水分生产函数，以输配水过程中水量损失较小而增产值较大为目标，应用系统工程手段，编制灌区水量优化调度方案，合理调配灌溉水量，做到增产又节水的目标。

4. 灌区量水技术

采用量水设备对灌区用水量进行量测是搞好灌区经营管理、提高经济效益、实行按量收费、促进节约用水的重要手段。常用的量水设备有量水堰、量水槽、灌区特种量水器和复合断面量水堰等。随着电子技术、计算机技术的发展，半自动式或自动式量水装置已开始应用，可大幅度提高灌区的量水效率和量水精度。

5. 现代化灌溉管理技术

随着科学技术的迅速发展，采用计算机、电测、遥感等技术实行灌溉管理自动化是发达国家节水管理技术的发展方向。在美国，大型灌区都有调度中心，实行自动化管理。如灌溉面积达 20 万 hm^2 的全美灌区，管理人员只有 14 人；科罗拉多州的大河谷渠道采用电气化控制，仅有 1 人管理，调度中心的中央控制室通常设有大型屏幕，灌区各渠道位置、输配水情况以及各闸门的水位流量、闸门启闭等在屏幕上一目了然。中心的指令可通过微波系统传输到各建筑物、自动启闭闸门、水泵等，其运行情况及流量均显示在屏幕上。此外，许多灌区还采用卫星遥感技术，将从卫星接收站获得的信息图片输入计算机，进行灌溉用水量估算。日本于 20 世纪 80 年代初新建和改建的灌区大多从渠首到各分水点都安装有遥测遥控装置，中央管理所集中监测并发布指令，遥控闸门、水泵的启闭，进行分水和配水。目前日本对水管理系统自动化的目标是：有效利用水源，合理分水配水；节约管理费用，降低劳动强度；通信联系及时，防止灾害发生。以色列不论大小灌区，全部采用自动化控制，在灌溉季节前编好程序，灌水时按程序自动灌水。

采用电子技术对河流、水库、渠道的水位、流量、含沙量乃至抽水灌区的水泵运行工况等技术参数进行采集，输入计算机，利用预先编制好的计算机软件对数据进行处理，按照最优方案用有线或无线传输方式，控制各个闸门的开启度或调节水泵运行台数，实现自动化监测控制，可节省大量的管理劳动力，实现优化管理节水。

8.3.4 工程节水

1. 渠道防渗技术

渠道防渗技术是我国目前应用得最广泛的节水灌溉工程技术措施。通过对渠床土壤处理或建立不易透水的防护层，如混凝土护面、浆砌块石衬砌、塑料薄膜防渗和混合材料防渗等工程技术措施，减少输水渗漏损失，加快输水速度，提高灌水效率。与土渠相比，浆砌块石防渗可减少渗漏损失 50%～60%；混凝土护面可减少渗漏损失 60%～70%；塑料薄膜防渗可减少渗漏损失 70%～80%。

2. 低压管道输水灌溉技术

用塑料管或混凝土管等管道输水代替土渠输水对农田实施灌溉，可大大减少输水过程中的渗漏、蒸发损失，水的输送有效利用率可达 95%；还可减少渠道占地，提高输水速度，加快灌水进度，缩短轮灌周期，有利于控制灌水量。管道输水系统通常由地埋管道、给水栓和地面移动闸管组成，采用低压输水。在井灌区，可利用井泵余压解决输水所需的工作压力，因此在我国北方井灌区推广很快。在自流灌区，可采用大口径低压管道代替明渠输水。

3. 喷灌技术

喷灌是利用专门的设备将水加压，或利用水的自然落差将有压水通过压力管道送到田间，再经喷头喷射到空中散成细小的水滴，均匀地散布在农田上，达到灌溉目的。喷灌几乎适用于灌溉所有的旱田作物，如谷物、蔬菜、果树等，既适用于平原也适用于山丘区；既可用来灌溉农作物又可用于喷洒肥料与农药、防霜冻和防干热风等。但在多风情况下，喷洒会不均匀，蒸发损失增大。为充分发挥喷灌的节水增产作用，应优先应用于经济价值较高且连片种植、集中管理的作物；地形起伏大、土壤透水性强、采用地面灌溉困难的地方；水源有足够自然落差适合修建自压喷灌的地方；灌溉季节风小的地区。现阶段适合在我国大面积推广的主要有固定式、半固定式和机组移动式三种喷灌形式。与地面灌溉相比，大田作物喷灌一般可省水 30%～50%，增产 10%～30%。

4. 微灌技术

微灌是一种新型的最节水的灌溉工程技术，包括滴灌、微喷灌和涌泉灌。微灌可根据作物需水要求，通过低压管道系统与安装在末级管道上的灌水器，将水和作物生长所需的养分以很小的流量均匀、准确、适时、适量地直接输送到作物根部附近的土壤表面或土层中进行灌溉，从而使灌溉水的深层渗漏和地表蒸发减少到最低限度。微灌常以少量的水湿润作物根区附近的部分土壤，因此主要用于局部灌溉。微灌适用于所有的地形和土壤，特别适用于干旱缺水地区，我国北方和西北地区是微灌最有发展前途的地区，南方丘陵区的经济作物因常受季节性干旱影响也很适宜采用微灌。微灌系统可分为固定式和半固定式两种，固定式常用于宽行作物，半固定式可用于密植的大田作物及宽行瓜类等。与地面灌溉相比，微灌一般省水 50%～80%，增产效果也十分显著。

5. 覆膜灌技术

覆膜灌包括膜上灌和膜下灌。膜上灌是在地膜栽培的基础上，把以往的地膜旁侧灌水改为膜上灌水，水沿放苗孔和地膜旁侧渗对作物进行灌溉。通过调整膜畦首尾的渗水孔数及孔的大小，来调整沟畦首尾的灌水量，可获得较常规地面灌水方法相对高的灌水均匀度。膜下灌是在地膜下用滴灌供水灌溉，比膜上灌更省水。覆膜灌操作简便，便于控制灌水量，可大幅度减少土壤的深层渗漏和蒸发损失，因此能显著提高水的利用率。覆膜灌适用于实行地膜种植的中耕作物，与常规沟灌玉米、棉花相比，可省水 60%～80%，并有明显增产效果。

6. 地下灌溉技术

地下灌溉是把灌溉水输入地面以下铺设的透水管道或采取其他工程措施普遍抬高地下水位，依靠土壤的毛细管作用浸润根层土壤，供给作物所需水分的灌溉工程技术。地下灌溉根据供水方式的不同可分为地下浸润灌溉、地下管道灌溉和地下灌排两用系统。地下浸润灌溉适用于地下水位较高、地下水及土壤含盐量均较低、土壤透水性较好、又有一定排水条件的地区。地下管道灌溉适用于水资源紧缺、地下水位较深、灌溉水质较好、计划湿润土层以下有弱透水土层的地区。地下灌排两用系统适用于地下水位较浅，土壤无盐碱化的低洼易涝渍又有干旱威胁的地区。地下灌溉可减少表土蒸发损失，灌溉水的利用率较高，与常规沟、畦灌相比，一般可增产 10%

~30%。

7. 坐水种技术

坐水种技术是利用坐水单体播种机,使开沟、浇水、播种、施肥和覆土一次完成,特别适用于我国有小水源的旱地农业区。与常规沟灌玉米相比,可节水90%,增产15%~20%。

8. 沟、畦改造技术

沟、畦灌是我国当前最主要的田间灌水方式,为了节水增产,可在精细平整土地的基础上大畦改小畦,长沟改短沟,以使沟、畦规格合理化。一般可比常规沟、畦减少灌水定额50%,增产10%~15%。有条件的地方可采用间歇灌或利用激光控制平地实现水平畦田灌,以大幅度提高田间灌水的利用率。

复 习 思 考 题

1. 如何理解我国水资源状况和发展节水农作制的意义?
2. 如何理解作物节水增产的生物学基础?
3. 发展节水农作制有哪些节水技术?

附录 实验指导

实验一 土壤剖面观察与记载

土壤剖面的形态特征是土壤内在性质的外在表现。通过土壤剖面的观察与记载，结合室内的分析研究，不仅可以了解和掌握土壤的重要性状，为合理用土、改土和创造作物高产稳产的土壤环境提供科学依据，而且还可以为农田基本建设、流域规划、合理灌排等工作提供基本资料。

一、成土因素的调查

农业土壤是在一定的自然成土因素和人类耕作活动综合作用下形成的。因此，观察与描述土壤剖面，必须对影响当地土壤形成和发展的各种成土因素和生产情况进行调查了解，主要项目有：

（1）成土母质。按其形成的动力可分残积母质和运积母质；运积母质根据搬运力不同分为坡积母质、河流冲积母质、洪积母质、风积母质、海积母质等。

（2）气候。收集当地的气象资料，如温度、湿度、降雨、蒸发及特殊的灾害性天气等。

（3）地形。记载调查区所属的地形名称、土壤剖面所在位置的海拔高度、坡向、坡度等。

（4）植被。记载自然植被类型，如森林、草原、草甸、沼泽等；当地植被的生态类型，如湿生、旱生和中生；还要注意记载不同的指示植物。

（5）水文。灌溉水源、水量及水质、灌排设施和灌排技术、地下水埋藏深度、矿化度以及地下水位变化规律等。

（6）农业生产情况。土地利用情况、耕作制度、栽培管理水平、作物产量水平；水利、施肥状况；农业生产中存在的主要问题，旱、涝、盐、碱、次生潜育化、水土流失情况等。

二、土壤剖面位置的选择与挖掘

选择剖面时一定要注意典型性和代表性，不同土壤类型的剖面应设在该类型土壤代表性最大的地段，不能设在边缘或过渡地段。土壤剖面的具体位置，还应避开公路、铁路、水利工程、池塘、村旁、路旁、田埂边等受人为干扰活动影响较大的特殊地段。

在选择好位置后，进行人工剖面的挖掘。先挖一个 1m×2m 的长方形土坑，土坑的深度视实际需要而定，一般为 1~2m，一般要达到母质层或地下水即可。土坑四壁要求接近垂直，观察面要向阳，在另一端挖成阶梯状，以便观察人员上下工作。挖掘时要注意，应将表土堆于一侧，下层土壤堆于另一侧，观察完毕后，应将底土填回下层，表土填回上层，不影响土壤肥力。观察面上沿的地表不能堆土和走动，以免影响观察、采样。

三、土壤剖面的观察与记载

1. 土壤剖面层次

旱地耕作土壤的土壤剖面层次一般可分为耕作层、犁底层、心土层和底土层。而水田土壤则有耕作层、犁底层、斑纹层和母质层等。但这些层次不一定在所有的土壤中都出现，可能只有其中的部分层次，也可能没有明显的层次。观察剖面时，一般要先在远处看，这样容易看清全剖面的土层组合，然后走近仔细观察，主要根据其质地、颜色、松紧度、孔隙状况、新生体等情况进行土壤层次划分。土层划分后再自上而下地量出各层的厚度。土层厚度采用连续记数法。如第一层 0～15cm，第二层 15～25cm，第三层 25～40cm，……

2. 颜色

土壤颜色是土壤形态中最易觉察的一种，从颜色可以大致了解土壤的肥力高低、土壤发育的程度和土壤中的物质组成。如暗色和黑色的土壤，一般腐殖质含量较高；白色主要是石英、白云母、高岭石、长石等矿物所形成。红色是因含较多氧化铁所致。当氧化铁含水较多时则会变成黄色。如含有还原态的铁则土体又会呈现蓝色或灰蓝色。在一般情况下，黑、褐、灰等暗色为肥色，是土壤较肥沃的表现。白、黄、红等浅色为瘦色，是土壤瘠薄的表现。

由于土壤颜色是十分复杂而多样的，绝大多数呈复合色彩，其基本色调是红、黑、白三种，其复合关系可用土壤颜色三角图式来表示（附图 1）。加以每人对颜色的分辨力和理解不同，因而对土壤颜色的描述上存在的分歧也较大。

为了使土壤颜色的描述科学化（避免主观随意性），真正能反应土壤颜色的本质，目前已采用以孟塞尔颜色系统为基础的标准色卡比色法。在野外，应在斜射阳光下比色；也可取自然土块，阴干后进行比色。

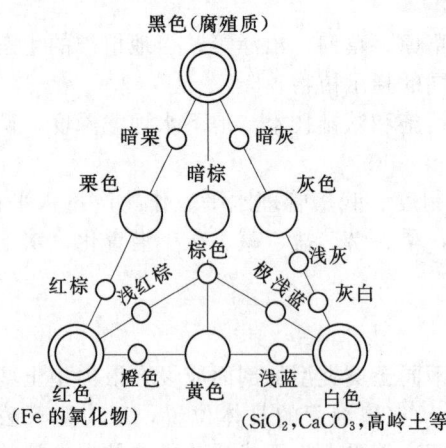

附图 1 土壤的基本颜色

3. 土壤干湿度

土壤干湿度是对土壤含水状况的描述。田间观察土壤湿度，以手摸时的感觉来确定：

(1) 干。把土放在手中无湿和凉的感觉。

(2) 稍润。手捏土有凉的感觉，稍有湿润感。

(3) 润。手捏土有明显湿润感，但不残留湿的痕迹。

(4) 潮。手捏土有湿的痕迹，可搓成球或条，但挤不出水来。

(5) 湿。粘手，用手捏压可挤出水来。

4. 质地

在田间鉴定土壤质地的最简便方法是指测法。指测法有干法和湿法两种，可相互补充，但以湿法为主（土壤加水充分湿润以挤不出水为宜）。干测时，取一蚕豆大的土块，用拇指和食指上下压捏，根据捏碎的难易和粉末的粗细及手指的感觉来测定。测湿时，取小块土样，拣掉土样内的植物根和结核体（铁子、石灰结核）后，加水充分湿润，调匀至不粘手为止，参考附表1中土壤质地湿测和干测指标，定出土壤类型。

5. 结构

挖取一较大土块，轻加外力，使其散碎成自然状态，然后按其形状鉴定出结构名称，如块状、片状、棱柱状、团粒状等。

6. 新生体

新生体不是成土母质中的原有物质，而是指土壤形成发育过程中所产生的物质。常见的新生体有：铁锰沉积物，如铁锰结核、铁锰胶膜等，多呈黑褐色或锈棕色；碳酸盐沉积物，如假菌丝体、石灰结核，常呈黄色、灰色，大小不等；盐碱土地表的盐结皮、盐霜；水稻田耕层及斑纹层中的锈纹锈斑，以及长期渍水形成的蓝色或灰蓝色亚铁化合物等。记载各种新生体的颜色、形状、分布的特点和深度等。

7. 侵入体

侵入体指由于人为活动由外界加入土体中的物质，它不同于成土母质和成土过程中所产生的物质。常见的侵入体有砖瓦碎片、陶瓷片、灰烬、炭渣、煤渣、焦土块、骨骼、贝壳、石器等。观察侵入体，首先要辨别是人类活动加入土体的物质，还是土壤侵蚀再搬运沉积的物质。由于其来源的不同，可说明土壤形成发育经历过程的差异。

对侵入体的观察和描述，不但要弄清是什么物质、数量多少、个体大小、分布特点，而且应探讨其成因，这样有助于对成土过程的深入了解。

附表1　　　　　　　　田间鉴别土壤质地的指标

质地名称	砂土类		壤土类			黏土类	石砂子土
	砂土	砂壤土	轻壤土	中壤土	重壤土		
泥沙比例	1：9	2：8	3：7	4：6	5：5	6：4	石渣超过5%
干测法	干时分散不能成块	疏松成块，手触即散	手捏即散，手摸有粗糙感	用力捏可散，手摸有面粉感	用很大力才能勉强捏碎	用很大力仍很难捏碎，有刺手感	
湿测法 手搓	不能搓成球	能搓成球，但不能搓成条	能搓成筷子一般粗状土条，拿起摇动即散	土条能弯成圆环，但产生裂缝	土条能弯成圆环，不产生裂缝	圆环压扁时也无裂痕	
湿测法 手挤			不能成扁条	能成扁条，但易断	能成扁条，不易断	扁条弯曲也不断	

8. 酸碱反应

可采用速测法——用混合指示剂比色法，或用pH值广泛试纸速测法。即用蒸馏水浸提土壤溶液,滴加 pH 值混合指示剂(或用 pH 值广泛试纸醮取浸提液),然后用标准颜色比色以确定其 pH 值的大小,从而判断该土壤属于酸性、微酸性、中性、微碱性、碱性。

9. 石灰反应

取一小块土样,放在白瓷板上,加入 10% 的盐酸 3~5 滴,如有碳酸盐存在,就会发生 CO_2 的泡沫反应。根据泡沫反应的强弱情况,可分为四级(附表2)。

附表2　　　　　　　　　碳酸盐反应的分级

反应程度	反 应 现 象	估计含量(%)	表示符号
无	没有气泡发生	0	—
弱	徐徐放出细小气泡	1 以下	+
中	有明显气泡发生,但很快消失	1~5	++
强	发生沸腾气泡,历时较久,并有响声	5~10	+++

10. 动物穴及其填充物

土壤剖面层次中,往往有土壤动物活动形成的洞穴和填充物,它反映土壤形成特性,尤其是土壤松紧度和有机质含量状况,因而动物活动状态在一定意义上反映土壤肥力状况。例如,蚯蚓活动频繁的土壤,有机质含量、土壤孔隙数量较多,土壤肥力也较高;草原土壤中,多啮齿类动物的洞穴和填充物。

描述土壤动物时,应记述动物的种类、多少、活动情况,以及动物在土层中的分布、动物洞穴、动物填充物特征等。

11. 根系分布

观察每一土层根系分布的多少、深度、粗细等。此外,若某土层无根系,也应加以记载(附表3)。

附表3　　　　　　　　　土壤剖面主要性状观测记录表

土壤剖面层次			
土层深度(cm)			
颜色			
质地			
干湿度			
结构			
pH 值			
新生体			
侵入体			
石灰反应			
根系分布			
土壤动物			
其他			
调查日期		调查人	

实验二 土壤样品采集、处理与保存

土壤样品的采集是土壤分析工作中的一个重要环节，是关系到分析结果和由此得出的结论是否正确的一个先决条件。采样不正确时，任何良好的分析工作都是无实际意义的。因此，土壤样品采集很关键。土壤不均一性普遍存在，其影响因素错综复杂，因此，采集的土壤样品必须具有最大的代表性。

一、土壤样品的采集

土样的采集方法根据分析目的不同而有差异。

1. 剖面土样的采集

如果是分析土壤基本理化性质，必须按土壤发生层采取剖面土样。在土壤剖面挖好并观察和记载后，按土壤剖面所划分的层次自下而上依次采取每一层次的土样，以免采取上层样品对下层土壤的混杂污染。为使样品能明显地反映各层次的特点，通常采集各发生层最具代表性中部位置的土壤，一般采样1kg左右，将所采土样放入土样袋并写好标签，标签上应注明采样地点、采集层次、采集时间、采集人等内容。要测定土壤容重、田间持水量及饱和含水量，计算孔隙度，评价土壤肥力性能时，须同时在剖面上用环刀取原状土样，每层3~4点重复，带回实验室进行测定。取好原状土样并在环刀外贴上标签，同样要注明地点、层次厚度、天气、时间、采集人等。

2. 混合土样的采集

以指导农业生产或进行田间试验为目的的土壤分析，一般都采取混合土样。混合土样多采集耕层土壤（0~15cm或0~20cm）。采样时按照"随机"、"等量"和"多点混合"的原则进行。一般采用S形布点采样，能够较好地克服耕作、施肥等所造成的误差。在地形变化小、地力较均匀、采样单元面积较小的情况下，也可采用梅花形布点取样，要避开路边、田埂、沟边、肥堆等特殊部位。采样点的多少可根据土地面积确定，通常为5~20多个点，将各个点的土样集中起来混合均匀得土壤混合样品。

3. 土壤盐分动态样品的采集

盐碱土中盐分的季节性变化很大，因此不能采用混合样品，而应分层采取土样。要进行土壤储盐量计算，分层采取土样时，不必按发生层次采样，一般自地表起每10cm或20cm采集一个样品，取样方法多用"段取"，即自上而下，整层地均匀地取土。在研究盐分在土壤剖面中分布的特点时，则多用"点取"，即在该取样层的中部位置取土。

在土样采集时，要特别注意，土壤中盐分和土壤有效养分的含量随季节而有很大变化这一问题。其影响因素比较复杂，其中土壤温度和水分是重要因素。为了减小测定差异，分析土壤养分供应情况时，一般都在晚秋或早春采集土样。要注意，同一时间内采取的土样分析结果才能相互比较。

测定微量元素的样品必须用不锈钢取土器采样。

二、土壤样品的处理

从野外采回的土壤样品，除原状土样外，都需经过一定的制备过程。风干、磨细、过筛、混合、制成分析样品保存，进行各项分析。

处理样品的目的是：①使分析样品可较长期地保存，不致因微生物活动而变质；②剔除非土样部分（侵入体如石粒、砖块等；新生体如铁锰结核和石灰结核等），使分析结果能代表土壤本身组成；③将样品适当磨细和充分混匀，使分析时所取的称样具有较高的代表性，减少称样的误差；④全量分析项目，需将样品磨细，增大土粒的表面积，使制备待试溶液时分解样品反应能够完全和匀致。

处理样品的方法步骤如下。

1. 风干

除了某些如田间持水量、亚铁、铵态氮、硝态氮等速效养分最好用新鲜土样（也可用风干土样）测定以外，一般项目都用风干样品进行分析，潮湿土样易霉变，故野外采回的土样应立即进行风干。其方法是将土样铺在木盆或干净的纸上，约2cm厚，置室内通风处阴干。在土样半干时，需将大块土壤捏碎（尤其是黏性土），以免全干后结成硬块，难以磨细，切忌阳光直接暴晒，防止酸、碱、蒸气和尘埃等侵袭。

在风干的过程中应首先拣去粗大动植物残体（根、茎、叶和虫体、石块、结核等），然后充分混匀，用四分法淘汰到所需的数量（通常为1kg左右）。四分法的方法是：将土样摊成圆形或正方形，划对角线分成四份，淘汰对角两份，再把留下的部分合在一起，即为平均土样，如果所得土样仍太多，可再用四分法处理，直到留下的土样达到所需数量，如附图2所示。

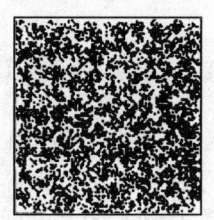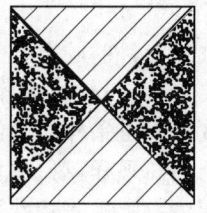

附图2 四分法取样步骤图

2. 磨细和过筛

风干的土样用木棍碾碎，细小已断的植物须根，可采用静电吸附的方法清除。压碎的土样要全部通过2mm孔径筛。未过筛的土粒必须重新碾压过筛，直至全部样品通过2mm孔径筛为止。但留在筛上的砾石切勿辗碎，需即行筛出、称重，以供机械组成分析结果计算之用。

通过2mm孔径筛的土样，经充分混匀后，即可供一般项目的理化分析之用，如速效养分及交换性能、pH值等。分析有机质、全氮、全磷时，则尚需另行磨细，方法是：将通过2mm筛孔的土样摊成薄层，划成许多小方样，用角匙多点取出样品约5g，在研钵中心研磨，直至全部通过0.25mm筛子（样品呈面粉状）。

如果样品需分析测试微量元素时，处理时应用尼龙筛和玛瑙研钵。

机械组成分析用的土样，严格地说需从采回的土样中直接制备，但为简便起见，也常用上述过2mm筛孔的土样进行机械分析。

筛孔的大小有两种表示方式：一种是筛孔的直径（常以mm为单位）；一种是筛

号。筛号又有几种体系，最常用的是指每英寸长度内的筛孔数。故筛号越大，孔径越小。孔径和筛号的关系可按下式核算

$$筛孔直径（mm）=16/每英寸孔数$$

例如，100 号筛的孔径约为=0.16mm；1mm 孔径的筛号为 16 号筛。

三、土壤样品的保存

保存生产和科研用的土样，通常应保存半年至一年，以备查核之用。保存的土样装在广口瓶中，瓶上贴上标签，需注明分析号、土壤名称、采集地点、深度等项目。放入广口瓶中保存的土样要尽量避免阳光、高温、潮湿和酸碱气体等的影响，否则影响分析结果的准确性。少数有价值需要长期保存的样品，需保存于广口瓶中，用蜡封好瓶口。

实验三 土壤 pH 值、电导率与可溶性盐的测定

一、土壤 pH 值测定

1. 目的和要求

学习电位计法测定土壤 pH 值的方法，掌握水浸提土壤氢离子的比例、时间。掌握酸度计的测定原理与操作步骤。

2. 内容与原理

土壤 pH 值以电位法测定土壤悬液 pH 值，通常用 pH 玻璃电极为指示电极，甘汞电极为参比电极。此二电极插入待测液时构成一电池反应，其间产生一电位差，因参比电极的电位是固定的，故此电位差之大小取决于待测液的 H^+ 活度或其负对数 pH 值。因此可用电位计测定电动势。再换算成 pH 值，一般用酸度计可直接测读 pH 值。

3. 主要仪器及试剂配制

（1）仪器：酸度计、烧杯。

（2）试剂配制：

1）1mol/LKCl 溶液。称取 74.6gKCl 溶于 400mL 蒸馏水中，用 10％KOH 或 KCl 溶液调节 pH 值至 5.5～6.0，而后稀释至 1L。

2）标准缓冲溶液。

pH 值 4.03 缓冲溶液：苯二甲酸氢钾在 105℃烘 2～3h 后，称取 10.21g，用蒸馏水溶解稀释至 1L。

pH 值 6.86 缓冲溶液：称取在 105℃烘 2～3h 的 KH_2PO_4 4.539g 或 $Na_2HPO_4 \cdot 2H_2O$ 5.938g，溶解于蒸馏水中定容至 1L。

4. 操作方法与实验步骤

称取通过 1mm 筛孔的风干土 10g 两份，各放在 50mL 的烧杯中，一份加无 CO_2 蒸馏水，另一份加 1mol/LKCl 溶液各 25mL（此时土水比为 1∶2.5，含有机质的土壤改为 1∶5），间歇搅拌或摇动 30min，放置 30min 后用酸度计测定。

5. 作业

掌握酸度计的测定原理与操作步骤。

6. 注意事项

（1）土水比的影响。一般土壤悬液越稀，测得的 pH 值越高，尤以碱性土的稀释效应较大。为了便于比较，测定 pH 值的土水比应当固定。经试验，采用 1：1 的土水比，碱性土和酸性土均能得到较好的结果，酸性土采用 1：5 和 1：1 的土水比所测得的结果基本相似，故建议碱性土采用 1：1 或 1：2.5 土水比进行测定。

（2）蒸馏水中 CO_2 会使测得的土壤 pH 值偏低，故应尽量除去，以避免其干扰。

（3）待测土样不宜磨得过细，宜用通过 1mm 筛孔的土样测定。

（4）玻璃电极不测油液，在使用前应在 0.1mol/L NaCl 溶液或蒸馏水中浸泡 24 小时以上。

（5）甘汞电极一般为 KCl 饱和溶液灌注，如果发现电极内已无 KCl 结晶，应从侧面投入一些 KCl 结晶体，以保持溶液的饱和状态。不使用时，电极可放在 KCl 饱和溶液或纸盒中保存。

二、土壤电导率、土壤可溶性盐的测定

1. 目的和要求

土壤可溶性盐是盐碱土的一个重要属性，是限制作物生长的障碍因素。在干旱、半干旱地区盐渍化土壤，以可溶性的氯化物和硫酸盐为主。滨海地区由于受海水浸渍，生成滨海盐土，所含盐分以氯化物为主。在我国南方（福建、广东、广西等省、自治区）沿海还分布着一种返酸盐土。

土壤中可溶性盐的分析，是研究盐渍土盐分动态的重要方法之一，对了解盐分、对种子发芽和作物生长的影响以及拟订改良措施都是十分必要的。土壤中可溶性盐分析，一般包括 pH 值、全盐量、阴离子（Cl^-、SO_4^{2-}、CO_3^{2-}、HCO_3^-、NO_3^- 等）和阳离子（Na^+、K^+、Ca^{2+}、Mg^{2+}）的测定，并常以离子组成作为盐碱土分类和利用改良的依据。

2. 方法和原理

土壤可溶性盐的测定可采用电导法。

土壤可溶性盐是强电解质，其水溶液具有导电作用。以测定电解质溶液的电导为基础的分析方法，称为电导分析法。在一定浓度范围内，溶液的含盐量与电导率呈正相关。因此，土壤浸出液的电导率的数值能反映土壤含盐量的高低但不能反映混合盐的组成。如果土壤溶液中几种盐类彼此间的比值比较固定时，则用电导率值测定总盐分浓度的高低是相当准确的。土壤浸出液的电导率可用电导仪测定，并可直接用电导率的数值来表示土壤含盐量的高低。

将连接电源的两个电极插入土壤浸出液（电解质溶液）中，构成一个电导池。正负两种离子在电场作用下发生移动，并在电极上发生电化学反应而传递电子，因此电解质溶液具有导电作用。

根据欧姆定律，当温度一定时，电阻与电极间的距离（L）成正比、与电极的截面积（A）成反比。有

$$R = \rho \frac{L}{A}$$

式中：R 为电阻，Ω；ρ 为电阻率。

当 $L=1\text{cm}$、$A=1\text{cm}^2$，则 $R=\rho$，此时测得的电阻称为电阻率。

溶液的电导是电阻的倒数，溶液的电导率（EC）则是电阻率的倒数，即

$$EC = \frac{1}{\rho}$$

电导率的单位常用 S/m。土壤溶液的电导率一般小于 1 个 S/m，因此常用 dS/m（分西门子/米）表示。

两电极片间的距离和电极片的截面积难以精确测量，一般可用 KCl 溶液（其电导率在一定温度下是已知的）求出电极常数。有

$$\frac{EC_{KCl}}{S_{KCl}} = K$$

式中：K 为电极常数；EC_{KCl} 为标准 KCl 溶液（0.02mol/L）的电导率（dS/m），18℃时 $EC_{KCl}=2.397\text{dS/m}$，25℃时为 2.765dS/m。$S_{KCl}$ 为同一电极在相同条件下实际测得的电导度值。

那么，待测液测得的电导度乘以电极常数就是待测液的电导率，即

$$EC = KS$$

大多数电导仪有电极常数调节装置，可以直接读出待测液的电导率，无需再考虑用电极常数进行计算结果。

3. 仪器与试剂

（1）电导仪。目前生产科研应用较普遍的是 DDSJ—308 型电导仪。此外还有适于野外工作需要的袖珍电导仪。

（2）电导电极。一般多用上海雷磁仪器厂生产的 DJS—1C 型电导电极，这种电极使用前后应浸在蒸馏水内，以防止铂黑的惰化。

（3）试剂。

1）0.01mol/L 的 KCl 溶液。称取于干燥分析纯 KCl 0.7456g 溶于刚煮沸过的冷蒸馏水中，于 25℃稀释至 1L，储于塑料瓶中备用。这一参比标准溶液在 25℃时的电导率是 1.412dS/m。

2）0.02mol/L 的 KCl 溶液。称取 KCl 1.4911g，同上法配成 1L，则 25℃时的电导率是 2.765dS/m。

4. 操作步骤

吸取土壤浸出液或水样 30～40mL，放在 50mL 的小烧杯中（如果土壤只用电导仪测定总盐量，可称取 4g 风干土放在 25mm×200mm 的大试管中），加水 20mL，盖紧皮塞，振荡 3min，静置澄清后，不必过滤，直接测定。测量液体温度。如测一批样品时，应每隔 10min 测 1 次液温，在 10min 内所测样品可用前后两次液温的平均温度或者在 25℃恒温水浴中测定。将电极用待测液淋洗 1～2 次（如待测液少或不易取出时可用水冲洗，用滤纸吸干），再将电极插入待测液中，使铂片全部浸没在液面下，并尽量插在液体的中心部位。按电导仪说明书调节电导仪，测定待测液的电导度（S），记下读数。每个样品应重读 2～3 次，以防偶尔出现的误差。

一个样品测定后及时用蒸馏水冲洗电极，如果电极上附着有水滴，可用滤纸吸干，以备测下一样品继续使用。

5. 结果计算

（1）土壤浸出液的电导率 C_{25} ＝电导度（S_t）×温度校正系数×电极常数（K）

一般电导仪的电极常数值已在仪器上补偿，故只要乘以温度校正系数即可，不需要再乘电极常数。温度校正系数（f_t）可查相关表。粗略校正时，可按每增高1℃，电导度约增加2%计算。

当液温在17～35℃之间时，液温与标准液温25℃每差1℃，则电导率约增减2%，所以 EC_{25} 也可按下式直接算出

$$EC_t = S_t K$$

$$EC_t = EC_t - [(t-25℃) \times 2\% \times EC_t]$$

$$= EC_t [1-(t-25℃) \times 2\%]$$

$$= KS_t [1-(t-25℃) \times 2\%]$$

（2）标准曲线法（或回归法）计算土壤全盐量。从土壤含盐量（%）与电导率的相关直线回归方程查算土壤全盐量（%，或 g/kg）。

标准曲线的绘制：溶液的电导度不仅与溶液中盐分的浓度有关，而且也受盐分组成的影响。因此，要使电导度的数值能符合土壤溶液中盐分的浓度，那就必须预先用所测地区盐分不同浓度的代表性土样若干个（如20个或更多一些）用残渣烘干法测得土壤可溶性盐总量（%）。再以电导法测其土壤溶液的电导度，换算成电导率（EC_{25}），在方格坐标纸上，以纵坐标为电导率，横坐标为土壤可溶性盐总量（%），划出各个散点，将有关点作出曲线，或者计算出回归方程。

有了这条直线或方程可以把同一地区的土壤溶液盐分用同一型号的电导仪测得其电导度，改算成电导率，查出土壤可溶性盐总量（%）。

（3）直接用土壤浸出液的电导率来表示土壤可溶性盐总量。目前国内多采用5:1水土比例的浸出液作电导测定，不少单位正在进行浸出液的电导率与土壤盐渍化程度及作物生长关系的指标的研究和拟定。

美国用水饱和的土浆浸出液的电导率来估计土壤全盐量，其结果较接近田间情况，并已有明确的应用指标（附表4）。

附表4　土壤饱和浸出液的电导率与盐分（%）和作物生长关系

饱和浸出液	盐分（g/kg）	盐渍化程度	植 物 反 应
0～2	<1.0	非盐渍化土壤	对作物不产生盐害
2～4	1.0～3.0	盐渍土壤	对盐分极敏感的作物产量可能受到影响
4～8	3.0～5.0	中度盐土	对盐分敏感的作物产量可能受到影响，但对耐盐作物（苜蓿、棉花、甜菜、高粱、谷子）无多大影响
8～16	5.0～10.0	重盐土	只有耐盐作物有收成，但影响种子发芽，而且出现缺苗，严重影响产量
>16	>10.0	极重盐土	只有极少数耐盐植物能生长，如耐盐的牧草、灌木、树木等

实验四　土壤含水量的测定

一、实验目的

进行土壤水分含量的测定有两个目的：一是为了解田间土壤的实际含水状况，以便及时进行灌溉、保墒或排水，以保证作物的正常生长；或联系作物长相、长势及耕作栽培措施总结丰产的水肥条件；或联系苗情症状，为诊断提供依据。二是风干土样水分的测定，为各项分析结果计算的基础。

二、测定原理

此法是在比水的沸点稍高的温度（105℃）下，将土样中的水分蒸发至土样恒质（前后两次称量差不超过0.005g），根据土样减轻的质量计算水分含量。

此法所用温度与水的沸点较为接近，其他成分损失甚微，测得的水分准确度高。其缺点是操作繁琐、费时。

三、仪器用具

（1）电热恒温烘箱。

（2）烘盒：内径4.5cm、高2cm。

（3）分析天平：感量0.001g。

（4）备有变色硅胶的干燥器（变色硅胶一经呈现红色就不能继续使用，应在130~140℃温度下烘至全部是蓝色后再用）。

（5）实验室用电动粉碎机。

（6）土壤筛。

（7）土钻。

四、操作步骤

1. 取样方法

（1）新鲜土壤。在田间用土钻取有代表性的新鲜土样，刮去土钻中的上部浮土，将土钻中部所需深度处的土壤约20g，捏碎后迅速装入已知准确质量的大型铝盒内，盖紧，装入木箱或其他容器，带回室内，将铝盒外表擦拭干净，立即称重，尽早测定水分。

（2）风干土样。选取有代表性的风干土壤样品，压碎，通过1mm筛，混合均匀后备用。

2. 测定方法

（1）新鲜土样水分的测定。将盛有新鲜土样的大型铝盒在分析天平上称重，准确至0.001g。揭开盒盖，放在盒底下，置于已预热至105±2℃的烘箱中烘烤12h。取出，盖好，在干燥器中冷却至室温（约需30min），立即称重。新鲜土样水分的测定应做三份平行测定。

（2）风干土样水分的测定。取小铝盒在105℃恒温箱中烘烤约2h，移入干燥器内冷却至室温，称重，准确至0.001g。用角勺将风干土样拌匀，舀取约5g，均匀地平铺在铝盒中，盖好，称重，准确至0.001g。将铝盒盖揭开，放在盒底下，置于已预热至 105±2℃ 的烘箱中烘烤 6h。取出，盖好，移入干燥器内冷却至室温（约需 20min），立即称重。风干土样水分的测定应做两份平行测定。

五、结果计算
（1）计算公式

$$水分(干基\ \%) = \frac{m_2 - m_1}{m_1 - m_0} \times 100\%$$

式中：m_0 为烘盒质量，g；m_1 为烘前土样和烘盒质量，g；m_2 为烘后土样和烘盒质量，g。

（2）平行测定的结果用算术平均值表示，保留小数后一位。

（3）平行测定结果的相差，水分小于 5% 的风干土样不得超过 0.2%，水分为 5%～25% 的潮湿土样不得超过 0.3%，水分大于 15% 的大粒（粒径约 10mm）黏重潮湿土样不得超过 0.7%（相对于相对相差不大于 5%）。

实验五　土壤水分常数的测定

一、吸湿系数的测定

1. 仪器用品

天平、烘箱、干燥器、铝盒、10% H_2SO_4（或 15% K_2SO_4 饱和液）。

2. 操作步骤

（1）称取通过 1mm 筛孔的风干土样 5～10g（砂土可取 15～20g）放入已称重的铝盒中，并平铺于盒底。

（2）将铝盒放入盛有 10% H_2SO_4（或 15% K_2SO_4 饱和液）的干燥器内的白瓷板上，加盖密闭后放在温度恒定的地方。

（3）放置 3～4 天后，取出铝盒，盖好干燥器盖，迅速在天平上称重，记下重量，然后重新将铝盒放回干燥器中，使其继续吸湿。而后每隔 2～3 天称重一次（注意保持干燥器中的 H_2SO_4 溶液浓度），直至恒重（即两次重量之差不超过 0.005g）为止。

（4）将达到恒重的土样置于 105～110℃ 的烘箱中烘至恒重。按照烘干法测定土壤含水量的计算方法计算出土壤的最大吸湿量。

二、凋萎系数的测定

测定凋萎系数有间接测定法和直接测定法两种。间接测定法是先测出吸湿系数，再乘以 1.5（或 2），即为凋萎系数。直接测定法是在作物生长发育的各个阶段中直接进行观察测定。现将幼苗法介绍如下。

1. 仪器用品

天平（感量 0.01g）、铝盒、作物种子、石蜡、凡士林（或厚纸）、干燥器（或玻璃罩）等。

2. 操作步骤

（1）取土样 50～60g 放入大铝盒或玻璃皿中，加水使土壤充分湿润。

（2）在盒中种下 5～6 粒已破颖的作物（如水稻、小麦、玉米等均可）种子，用厚纸将盒盖好，以免水分蒸发。待出苗后，移至光线充足的地方。

（3）当出现两片真叶时，摘除瘦弱的幼苗，留下健壮幼苗 2～4 株，然后用石蜡和凡士林（2∶1）熔合物灌封土表（灌封后应穿一些小孔，以便空气交换），或用穿有小孔的厚纸盖严，放于阳光不直接照射的地方，直到作物开始凋萎。

（4）当全部叶子萎缩和下垂到叶身的一半时，将铝盒放在相对湿度较高的地方（如放有 10% H_2SO_4 或放有浸水棉花的干燥器或玻璃罩内），经一昼夜还不能恢复常态时，即表示当时的土壤含水量已达凋萎系数。

（5）从铝盒内取出土样烘干、称重。按烘干法的计算方法，算出凋萎系数。

三、田间持水量的测定

田间持水量测定方法有田间法和室内法。一般应尽可能采用田间法，但有时由于条件所限（如地下水位接近地表），也可采用室内法。

1. 田间法

从土壤表层灌水至饱和状态后，待重力水下渗移动大致停止时，测定土壤中的含水量，即为田间持水量。

（1）仪器用品。铁铲、水桶、量筒、土钻、铝盒、台秤、木框、草席和雨布等。

（2）方法步骤。在田间选一有代表性的地块，划出 $4m^2$ 面积，周围筑以高 40cm、顶宽 30cm 的捣实土埂，中央插入面积为 $1m^2$ 的木框，木框插深 10cm，地面以上 30cm，框内作为试验区，周围为保护区（附图 3）。若无木框，也可作土埂代替。

在外土埂旁分层取土测定含水量和容重，再按下式求出试验区一定深度内的应灌水量

$$Q = H(a-w)vSh$$

式中：Q 为应灌水量，m^3；a 为土壤饱和含水量，相当于试验区一定深度内的孔隙率，%；w 为土壤现有含水量，%；v 为土壤容重，g/cm^3；S 为试验区面积，m^2；h 为土层需要灌水的深度，视测定田间持水量的目的而定，一般可定 1m；H 为使土壤达到饱和含水量的保证系数，通常用 1.5。

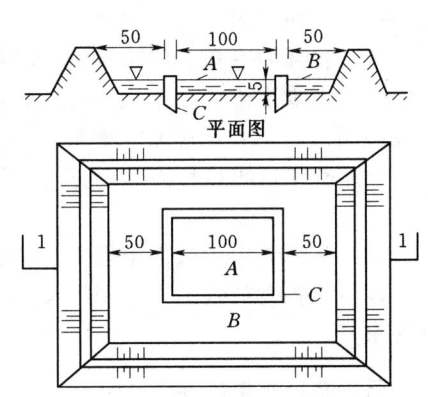

附图 3　田间持水量测定田块布置图（单位：cm）

A—实验区；B—保护区；C—方木框

（3）按计算出的应灌水量均匀分次灌入试验地块。保护地块也同时灌水，但可不计水量。每次灌水的水层深度，以不超过 5cm 为宜，直至将应灌水量灌完。为避免灌水时冲动表土，可在灌水处垫上草席或其他保护物。

（4）为防止土表水分蒸发损失及受降雨的影响，应在水层渗完后，用草席、油布或塑料布等封盖。

（5）当重力水下渗大致停止后，按正方形对角线布置 3 点打钻，从上到下分层取土，测定土壤含水量。以后隔天测定一次，直至各土层前后两天含水量变化

小于1%～1.5%为止。这时的土壤含水量即为田间持水量（按烘干法的计算方法计算）。

2. 室内法（环刀法）

（1）仪器用品。天平（感量0.01g）、环刀（100cm³）、土壤筛（筛孔1mm）、烘箱、铝盒、干燥器、滤纸、搪瓷盘等。

（2）方法步骤。用环刀采取原状土样，带回室内。在有孔的底盖中铺一滤纸，盖在环刀的一端，并将此端向下，放在白搪瓷盘中。向盘内加水，水面高度保持在距环刀上缘1～2mm处，切勿使环刀面上淹水。

在相同的土层中采土，风干后通过1mm筛孔，装入另一环刀中，装时要轻拍击实，并稍装满一些。将经饱和的湿土环刀底盖打开，连同滤纸一起放在装有同类风干土的环刀上，为使其紧密接触，可在环刀上加压重物。

两环刀接触8h后，从原状土的环刀中取土10～20g，置于铝盒中，立即称重。经烘箱烘干（6～8h），测其含水量，此值即为接近该土壤的田间持水量（计算方法同烘干法）。

四、毛管持水量的测定

1. 仪器用品

天平（感量0.01g）、烘箱、铝盒、干燥器、环刀、滤纸、搪瓷盘、毛巾布等。

2. 方法步骤

（1）用环刀采取自然状态土样2～3个（取土方法同土壤容重测定取土法）将两端切齐，带回室内。

（2）将环刀有孔盖的一端垫上滤纸，直立放入盛有薄层水（内放毛巾布）的搪瓷盘内。盘内水层维持在2～3mm。水分通过毛管作用沿毛管孔隙上升，使环刀内土面呈现湿润（约12h可达毛管饱和）时，进行称重（准确到0.1g）。

（3）称重后再将环刀放回盘内，继续吸水2h左右，取出再称重，直至达到恒重为止。

（4）从环刀中心取出土样15～20g，放入铝盒，称重（准确到0.01g）。

（5）将铝盒放入105～110℃烘箱中烘干至恒重（准确到0.01g），再按烘干法计算含水量。

五、全持水量的测定

1. 仪器用品

天平（感量0.01g）、取土环刀、削土刀、滤纸、大烧杯和烘箱等。

2. 方法步骤

（1）用取土环刀采取自然状态土样2～3个，两端切齐，将一端垫上滤纸，并直立放在盛水的大烧杯中，使杯中水面几乎与环刀筒面一样高度（但不能淹没环刀筒面，以免封闭空气，影响饱和水量），放置4～12h，直至土壤表面现水为止。

（2）从杯内取出环刀，擦干称重，再放入盛水的烧杯内2～4h，再取出称重，直至恒重。

（3）将环刀内的土样全部取出，仔细混合，然后从中取出一部分平均土样，用烘干法测定出含水量,即为土壤的全持水量。

实验六 土壤水分特征曲线的测定

目前测定土壤水吸力的方法较多,除张力计法、压力膜法外,还有水汽压法、离心机法等,现仅介绍前两种测定方法。

一、张力计法

张力计又称土壤湿度计、负压计、灌溉计等,其真空表式湿度计的构造如附图 4 所示。

1. 张力计的使用和观测方法

(1) 使用前必须先仔细检查,保证仪器密封,各部件符合要求,再充水排气。排气方法是:打开集气管的盖子和塞子,并使仪器倾斜,慢慢注入煮沸后冷却的无气水。充水时要避免有气泡堵塞在仪器管道中,务使整个仪器内部充满水。盖上塞子和盖子,使陶瓷头在空气中蒸发,数小时后,可见负压表上的负压升至 60kPa〔相当于 450mmHg,60cbar;我国法定计量单位中的压力、压强单位为 Pa(帕斯卡),鉴于当前国内外用以测定土壤水吸力的张力计和压力膜等一般都以 cb(厘巴)、bar(巴)、cm Hg 等为计量单位,故这里仍暂保留这些单位〕或更高。此时轻轻振动仪器,便可见有气泡从陶瓷头

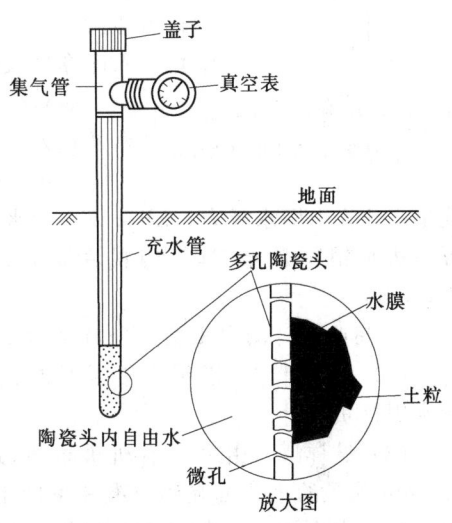

附图 4 真空表式土壤湿度计

连接管及负压表逸出而聚集到集气管中。使所有的气泡集中后,再将陶瓷头浸入无气水中,此时指针即回至"零"位。打开集气管的盖子和塞子,重新充满水,按上述步骤反复进行数次,最后负压可达 85kPa(640mmHg)以上,此时如果不再有小气泡出现,即说明仪器的空气已被除尽,可供使用。使用过程中还应定期检查排气,若发现集气管中空气容量在 2mL 以上时,应重新充水排气。

(2) 在需要测量的有代表性的田块上开孔(孔的直径应与陶瓷头的直径相同),将土壤湿度计插入(孔底应垫有少量碎土,并灌水少许,然后插入仪器,再填少量碎土,将仪器上下移动,以使陶瓷头与周围的土壤紧密接触,最后再填上其余的土)。仪器安装好后,一般需 2h 至 1 天与土壤吸力达到平衡,平衡之后即可进行观测读数。读数时间一般宜在早晨,以避免土温和仪器的温度差别过大。

(3) 读数时先轻轻敲打弹簧管负压表,以消除读盘内的摩擦力,使指针达到应指示的吸力刻度。

2. 零位校正及结果计算

由于埋藏在土中的测管与地面上的负压表之间有一段距离,在仪器充水时,陶瓷

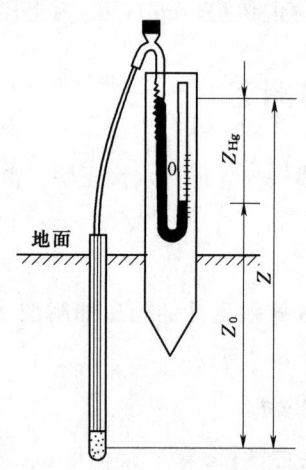

附图5 使用U形水银柱负压表计算土壤水吸力图

头会产生一静水压力,负压表上的读数实际上包括了这一静水压力。因此,应消去这一静水压力(也就是作零位校正),才能准确地表示出陶瓷头所在测点的土壤水吸力。

若用弹簧管负压表,可量出陶瓷头中部至负压表的距离,以10cm为1kPa计算零位校正值。将测量值减去零位校正值,即为测点的实际吸力。一般测表层土壤水吸力时,此校正值可忽略不计。

若使用U形水银柱负压表,其零位校正值为陶瓷头中部至U形管"0"点的距离再加上左边水银柱以上高度(附图5)。实际上,在计算吸力结果时已把零位校正值纳入计算公式中,所以无需另行校正。

如附图5所示,使用U形水银柱负压表的吸力值计算公式为

$$S = 13.6 Z_{Hg} - Z \qquad Z = Z_0 + Z_{Hg}$$

式中:S为土壤水吸力,kPa;Z_{Hg}为水银柱高度,即左边水银柱顶至"0"点的距离加右边水银柱顶至"0"点的距离,cm;Z_0为陶瓷头中部至右边水银柱顶的距离,cm。

3. 用张力计测定土壤水分特征曲线的步骤

(1) 张力计。一般采用负压表式张力计(陶瓷头测管直径1.2~2.0cm)或用U形水银柱负压计。

(2) 试样罐。由厚壁有机玻璃管或厚壁硬质塑料管制成(附图6)。罐底钻有1.5mm孔径的小孔可湿润与饱和罐内土壤。另有一底托盘。为防止蒸发,上有一顶盖。顶盖中央钻有一直径比所用张力计陶瓷头(或充水管)直径稍大的圆孔,以便安装张力计。

其他设备及工具:小土钻、击实锤、刮土刀、称量盒、天平、磅秤、烘箱等。条件可能时,应备有真空饱和装置,小型鼓风机或风扇等。

(3) 方法步骤

1) 张力计的检查与准备。张力计使用前应先充水排气(方法见前)。然后检查张力计的读数范围及灵敏度,要求最大读数能达到640mmHg(85kPa)以上。将检查合格的张力计浸泡在无气的水中备用。

2) 土样的制备与装填。制取通过1~5mm筛孔的风干土样,同时测定其含水量。填装土样时为控制一定的土壤容重(模拟实际土壤的容重)可按下式计算出需要装填的土样重量(G)

$$G = \gamma_c V(1 + \theta_m/100)$$

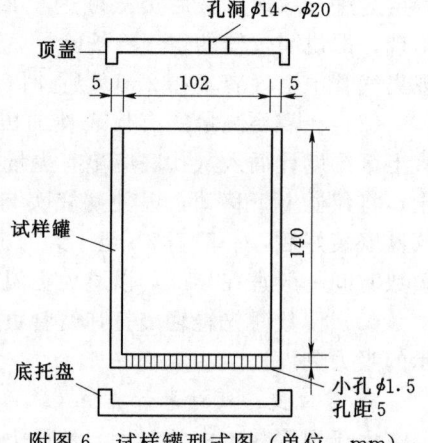

附图6 试样罐型式图(单位:mm)

式中：γ_c 为要求达到的干容重，g/cm³ 或 t/m³；V 为试样罐的体积，cm³；θ_m 为土样含水量，%。

然后将按计算称好的土样分次装入垫有滤纸的试样罐内。边装填边用击锤夯实土样。装土的同时，应安装好张力计，保证陶瓷头与土样紧密结合（附图7）。装填完毕后，刮平土壤表面加盖称重，准确求得其干容重。

(4) 试样的饱和。将装好土样的试样罐放在水池中（或白瓷盘中），向池中加水，保持水面高度距试样罐上缘 1~2mm，使其自然饱和（在条件具备时，最好采用真空饱和法）。然后计算试样的饱和度。并称量、记录盛满土样的试样罐和张力计的总重。仪器安装好并经饱和之后，即可测定土壤水吸力和含水量的相互关系。

1) 脱湿过程。为加速脱湿，可打开顶盖，放在小型风扇下吹干。定期（每日 1~2 次）观测，记录张力计的读数，并同时称重，记录试样罐及张力计的总重，即可求得与各吸力值相应的土壤含水量。连续观测直至张力计读数达到 640mmHg（85kPa）为止。

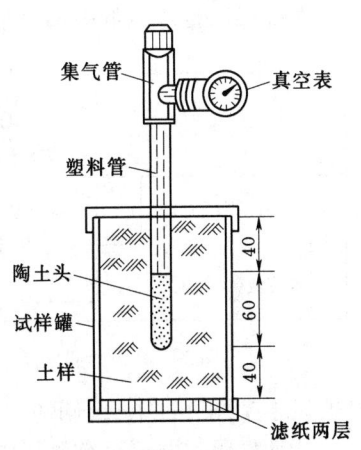

附图7 张力计安装示意图（单位：mm）

2) 吸湿过程。脱湿结束后，将试样罐顶盖盖紧密封（防止水分蒸发），然后将其浸置水中，水面高度不应高于土样底面 2cm。水分通过罐底小孔靠毛管作用被吸入土壤，使土壤含水量不断增高。每次吸水量以 5~10g 为宜。每次吸水后，张力计读数需较长时间才能稳定。稳定标准以 3 天内读数变化不超过 10mmHg（1.33kPa）为宜。当读数稳定时，该读数值即为此含水量下土样的吸力值。以后可继续浸水，求得下一级含水量时的吸力值，直到张力计读数降低到 20mmHg（2.67kPa）以下时结束。

二、压力膜法

压力膜法测出的土壤水吸力值范围较宽（<0.1~3.0MPa）。当测定低吸力（<0.1MPa）时，可用"压力板"（陶土板），测定高吸力时（0.1~3.0MPa）可用"压力膜"（玻璃纸）。

1. 仪器构造

压力膜装置由以下三部分构成（附图8）。

(1) 压缩气源。一般采用压缩机制备压缩空气流，亦可用钢瓶储存的压缩空气加压。

(2) 压力控制器。通过减压阀门调节气流压力，输出气流分为供应低压和供应高压两路。每一通路均设有粗细调节阀门。

(3) 压力室。其规格大小不一，大者可容十几个标本，小的仅容一个标本。它可分为底盘、室身和室盖三部分。底盘中央有凹槽可放陶土板，旁侧有水口，可让水出进。顶盖中央有输气管与压缩气源相接。压力室中最重要的是多孔陶土板和玻璃纸的选择。多孔陶土板能透过水和溶质，浸水后，因其孔隙水膜具有一定张力，能阻止空气通过。当水膜在一定压力下破裂时，此压力即称为漏气值。测定小于0.1MPa的土壤吸力的陶土板，漏气值应大于0.1MPa；测定大于0.1MPa的土壤吸力时，需采用孔隙更小的压力膜（玻璃纸），其漏气值应大于1.5MPa（或更大）。测定时，将玻璃纸铺在陶土板上，安放土样后即可进行测定。陶土板或玻璃纸都应具有一定的透水性，在确保测量压力低于漏气值时，其透水性越大越好。

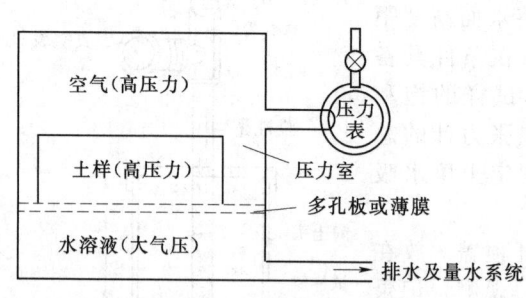

附图8　压力膜法示意图

2. 方法步骤

测定前应首先检查压力室的密封性能。检查方法是在压力室内陶土板上加适量水，夹紧压力室上的螺丝，将压力室封严，通入最大测量压力流，见出水管水流停止后，用肥皂水涂其接缝处，如无漏气现象，则压力室可以使用。

在陶土板上的盛土环中装入1cm厚的风干土样（过1mm筛的），毛管湿润至饱和，放入压力室中，把压力室密封。

开动气源，并调至欲测压力（通过压力表或水银压力计读出压力值），通入压力室。土样受压后，即有水流出。

用陶土板测定较低的土壤吸力时，加压8～12h，如测高压值时，需加压24～48h，土样越厚，其平衡时间越长。

如用同一土样连续测定各级压力的含水量，需记载各级压力下的出水量。

加压后，取出土样，装入称量瓶中称重（感量为1/1000的天平），于烘箱中烘干，测定其含水量。

最后，将土壤吸力值与其含水量值于坐标纸上作出脱湿过程的土壤水分特征曲线，其试验记录表见附表5。如果逐渐降低压力，则可求得吸湿过程的土壤水分特征曲线。

附表5　　　　　　　　　　实 验 记 录 表

脱湿曲线（湿→干）				吸湿曲线（干→湿）			
含水量(θ)		吸力(s)		含水量(θ)		吸力(s)	
θ_m（重量含水量）	θ_v（体积含水量）	mmHg	kPa	θ_m	θ_v	mmHg	kPa

实验七　土壤饱和导水率的测定（环刀法）

一、范围

本方法适用于室内土壤饱和导水率（渗透系数）的测定。

二、原理

用环刀取原状土样,浸水后,在单位水压梯度下,根据达西定律,求得通过垂直于水流方向的单位土壤截面积的水流速度,称为土壤的饱和导水率(渗透系数)。

三、仪器

环刀(容积 100cm³ 或 200cm³)、量筒(100mL、10mL)、烧杯(100mL)、漏斗、秒表、温度计。

四、操作步骤

(1) 在室外用环刀取原状土样,带回室内浸入水中。一般砂土浸 4～6h,壤土浸 8～12h,黏土浸 24h。浸水时要保持水面与环刀上口平齐,勿使水淹到环刀上口的土面。

(2) 在预定时间将环刀取出,除去盖子,在上面套上一个空环刀,接口处先用胶布封好,再用熔蜡黏合,严防从接口处漏水。然后将接合的环刀放到漏斗上,漏斗下面用 100mL 烧杯承接。

(3) 向上面的空环刀中加水,水面比环刀口低 1mm,水层厚 5cm。

(4) 加水后,自漏斗下面滴下第一滴水时用秒表计时,每隔 1、2、3、5、10、……、$t_n$min 更换漏斗下的烧杯(间隔时间的长短,视渗透快慢而定),并分别用 100mL 或 10mL 量筒计量渗出水量 Q_1、Q_2、Q_3、……、Q_n。每更换一次烧杯,要将上面环刀水面加至原来高度,并用温度计记录水温。

(5) 试验一般持续约 1h 才开始稳定。如果仍不稳定,应继续延长时间直到单位时间内渗出水量相等时为止。

五、结果计算

(1) 渗出水总量计算式为

$$Q = \frac{(Q_1 + Q_2 + Q_3 + \cdots + Q_n) \times 10}{S} \tag{1}$$

式中:Q 为渗出水总量,mm;Q_1、Q_2、Q_3、……、Q_n 为每次渗出水量,mL;S 为环刀横截面积,cm²;10 为由 cm 换算成 mm 所乘倍数。

(2) 渗透速度计算式为

$$V = \frac{10Q_n}{t_n S} \tag{2}$$

式中:V 为渗透速度,mm/min;Q_n 为 n 次渗出水量,mL;t_n 为每次渗透所间隔时间,min。

(3) 饱和导水率(渗透系数)计算式为

$$K_t = \frac{10Q_n L}{t_n S(h+L)} = V \frac{L}{h+L} \tag{3}$$

式中:K_t 为温度为 t(℃)时的饱和导水率(渗透系数),mm/min;Q_n 为 n 次渗出水量,mL;t_n 为每次渗透所间隔时间,min;S 为环刀的横截面积,cm²;h 为水层厚度,cm;L 为土层厚度,cm;V 为渗透速度,mm/min。

(4) 为了使不同温度下所测得的 K_t 值便于比较,应换算成 10℃时的饱和导水率

（渗透系数），计算式为

$$K_{10} = \frac{K_t}{0.7 + 0.03t^o} \tag{4}$$

式中：K_{10} 为温度为 10℃ 时的饱和导水率（渗透系数），mm/min；K_t 为温度为 t（℃）时的饱和导水率（渗透系数），mm/min；t^o 为测定时水的温度，℃。

(5) 重复测定 4 次，取其算术平均值，取两位小数。

实验八　植物组织含水量的测定

一、原理

植物组织含水量、相对含水量、水分饱和亏是反映植物水分状况，研究植物水分关系及农产品质量检验的重要指标。表示组织含水量的方法有两种：一是以干重为基数表示；一是以鲜重为基数表示，从而分为干重法和鲜重法。

$$组织含水量(占鲜重,\%) = \frac{W_f - W_d}{W_f} \times 100\% \tag{5}$$

$$组织含水量(占干重,\%) = \frac{W_f - W_d}{W_d} \times 100\% \tag{6}$$

式中：W_f 为组织鲜重；W_d 为组织干重。

植物组织相对含水量 RWC 指组织含水量占饱和含水量百分数，有

$$RWC = \frac{W_f - W_d}{W_t - W_d} \times 100\% \tag{7}$$

式中：W_t 为组织被水分充分饱和后的重量。

水分饱和亏（WSD）指植物组织实际相对含水量距饱和相对含水量（100%）的差值的大小。常用下式表示

$$WSD = \frac{饱和含水量 - 原含水量}{饱和含水量} \times 100\% \tag{8}$$

实际测定时，可用下式计算

$$WSD = \frac{饱和后鲜重 - 原鲜重}{饱和后鲜重 - 干重} \times 100\% \tag{9}$$

或

$$WSD = \frac{W_t - W_f}{W_t - W_d} \times 100\% \tag{10}$$

或

$$WSD = 1 - RWC \tag{11}$$

二、仪器设备与材料

天平（感量 0.1mg）1 架、烘箱 1 个、剪刀 1 把、烧杯若干个、铝盒若干个、吸水纸等，各种植物器官。

三、方法步骤

(1) 剪取植物组织，迅速放入铝盒，称出鲜重（W_f）。

(2) 放入烘箱，于 105℃ 下 30min 杀青，然后于 80℃ 下烘至恒重，称出干重（W_d）。

(3) 欲测相对含水量，在称鲜重后，将样浸入水中数小时，取出，用吸水纸擦干

样品表面水分，称重；再将样品浸入水中 1h，取出，擦干，称重，直至样品饱和重量近似，即得样品饱和重量（W_t）。然后烘干、称重（W_d）。

（4）将所得的 W_f、W_d、W_t 值，代入式（5）、式（6）、式（7）、式（10），算出样品含水量、相对含水量及水分饱和亏。

实验九　植物组织水势的测定

一、小液流法

1. 原理

当植物组织和外界蔗糖溶液接触时，若组织水势小于外液渗透势，水分浸入植物组织，外液浓度增高；相反，组织水分进入外液，使外液浓度降低；若两者水势相等，组织不吸水也不失水，外液浓度不变。溶液浓度不同，比重也不同，取浸过组织的蔗糖溶液 1 小滴（为便于观察加入少许甲烯蓝），放入未浸植物组织的原浓度溶液中，观察有色溶液的浮沉：液滴上浮，表示浸过样品后溶液浓度变小；液滴下沉，表示溶液浓度变大；若液滴不动，表示浓度未变，该溶液水势即等于植物组织水势。实际测定时，常常不易找到有色液滴不动的溶液，而是取接近植物组织水势的相邻两种溶液浓度的平均值。

2. 仪器设备、试剂、材料

（1）仪器设备。水势测定取样箱（大小根据需要确定，其中放湿润滤纸，保持高相对湿度）；青霉素小瓶或小试管（12mm×100mm）36～48 个，洗净烘干；大试管 15mm×150mm，18～24 个，洗净烘干；毛细移液管 36～48 个，洗净烘干；试管架 2 个；剪刀或刀片或打孔器 1 个；干净硬纸片 20cm×20cm，2 张；镊子 1 把。

（2）试剂。蔗糖溶液：按重量法试剂配制要求配制蔗糖溶液，或按附表 6 配成不同水势的蔗糖溶液。甲烯蓝（研成粉末或配成不同水势的甲烯蓝蔗糖溶液）。

（3）材料。欲测的植物组织。

附表 6　　　　　100mL 不同水势蔗糖溶液的配制方法

蔗糖溶液水势（MPa）	100mL 蒸馏水加入蔗糖克数（g）	蔗糖溶液水势（MPa）	100mL 蒸馏水加入蔗糖克数（g）
0.2	2.74	1.6	20.99
0.4	5.45	1.8	23.42
0.6	8.11	2.0	25.86
0.8	10.74	2.2	28.28
1.0	13.34	2.4	30.68
1.2	15.91	2.6	33.04
1.4	18.44	2.8	35.38

3. 方法步骤

（1）取 5～6 个洁净的青霉素小瓶（或小试管）和相同数量的大试管（15mm×

150mm），贴不同水势（或浓度）标签。向各个大试管中分别注入不同水势的蔗糖溶液 10mL。

（2）剪取预测叶片，用刀片切成 0.5cm×0.5cm 的小片，混匀，分别装入青霉素小瓶（或小试管）底部，每瓶装 8 片左右，向各瓶分别加入不同水势蔗糖溶液 4～5 滴，加盖，摇匀，放少许甲烯蓝（或 1 小滴相同浓度的甲烯蓝溶液）。

（3）用干净的毛细移液管，吸挤小试管底部蓝色溶液，使其充分混合均匀，并吸取 1～2 滴，小心地插入装着相对应同浓度蔗糖溶液的大试管中部，轻轻挤出 1 小滴蓝色溶液，慢慢转动毛细管头部，抽出毛细移液管，观察蓝色液滴流动方向。

4. 结果计算

蓝色溶液不动的试管或蓝色液滴上浮、下沉的两个相邻试管蔗糖溶液浓度的平均值，即为等势点。

假如蔗糖溶液按水势值配制，测出结果不必再进行运算。若蔗糖溶液按克分子浓度配制，则需按下式计算植物组织水势

$$\Psi_w = -iRTC$$

式中：Ψ_w 为由蔗糖溶液换算为植物组织水势，MPa（1MPa=10 巴）；C 为溶液的质量摩尔浓度，mol/kg；R 为气体常数，0.008314MPa／（L·mol·K）；T 为热力学温度，即 $273+t$（t 为当时温度）；i 为解离常数（蔗糖=1）。

二、压力室法

1. 原理

白天大部分时间内，由于蒸腾作用，植物木质部水链系统的水分，常处于一定的张力之下。如果遮住叶片，阻止蒸腾，短时间后水分会接近平衡状态，意味着木质部中水势接近或等于叶片细胞水势。当切下叶片，叶片木质部张力解除，导管中汁液缩回木质部（水势愈多，缩回愈多）。将切下的叶片放回压力室中，加压，使木质部汁液正好推回到切口处，此时的加压值等于切去叶片之前木质部张力的数值，即加压值（平衡压）大致等于叶片水势值。

若以 $\Psi_w^{叶片}$ 代表所测叶片水势；$\Psi_w^{加压叶}$、$\Psi_w^{加压木}$、$\Psi_s^{加压木}$、$\Psi_p^{加压木}$ 分别代表加压至平衡压的叶片水势和木质部水势、渗透势、压力势；P 代表平衡压值，那么，他们之间的关系为

$$\Psi_w^{加压叶} = \Psi_w^{加压木} = \Psi_s^{加压叶} + \Psi_p^{加压木} \tag{12}$$

$$\Psi_w^{叶片} = \Psi_w^{加压叶} - P \tag{13}$$

将式（12）代入式（13）得

$$\Psi_w^{叶片} = \Psi_s^{加压木} + \Psi_p^{加压木} - P \tag{14}$$

式中 $\Psi_p^{加压木}=0$，$\Psi_s^{加压木} \to 0$（假设为零），则 $\Psi_w^{叶片}=-P$，即等于平衡压。

2. 仪器设备、材料

（1）仪器设备。

1）压力室：在国内多用美、日进口压力室。兰州大学生物系已成功制成压力室。无论哪种压力室，其构造原理相同（附图 9）。

2）剪刀 1 把、刀片、纱布 1 块。

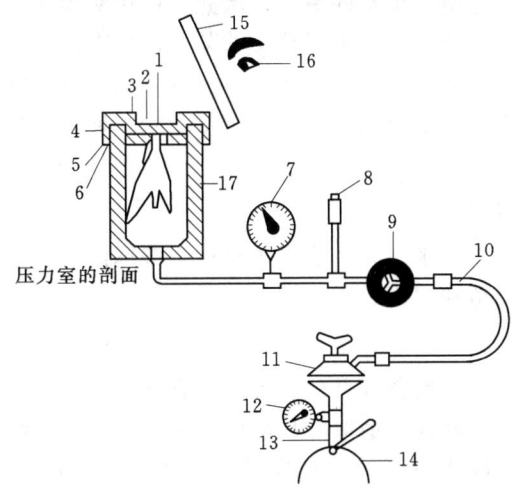

附图9 压力室的构造简图（引自 Winter，1978）

1—溢出液被观察到的地方；2—压紧封口的圆环；3—高度抗强的钢螺栓；4—外侧的螺丝压制环套；5—密封垫圈；6—软橡皮封口（或特制的硅橡胶密封垫圈）；7—精密压力表；8—安全阀和泄压阀；9—主要的控制阀；10—柔韧的高压软管；11—最大压力调节阀；12—钢瓶气量储存表；13—关钢瓶的阀门；14—压缩氮或空气钢瓶；15—密封失效时的防护；16—肉眼观察或用显微镜的物镜；17—压力室的钢筒

（2）材料。植物叶片或枝条。

3. 方法步骤

从植株上切取叶片，用湿纱布包裹（或事先用湿滤纸条贴于钢筒内壁，避免样品失水），迅速插入橡皮塞空隙中，使切口露出密封垫圈几毫米（以便观察），放入钢筒中，旋紧螺旋环套。有些仪器还要旋好高密封螺栓。

将压力控制阀转向"pressurize"位，打开主控阀，以每秒 0.05MPa 速度加压。接近叶水势时，加压要慢一些，以免加压过量。当切口出现水膜，马上关闭主控阀，读出加压值（叶水势值）。

将压力控制阀转向"Exhaust"位，放气，压力表指针退回至零，扭动螺旋环套，取出叶片，进行第二个叶片测定。

4. 注意事项

（1）加压所用气体为 N_2，如含 CO_2 太多的气体，对细胞有伤害。

（2）钢瓶的搬运和使用要遵照钢瓶使用规定。

（3）加压速度不能太快，否则会影响测定精度。

实验十　快速称重法测定作物蒸腾强度

一、原理

作物蒸腾强度是指单位面积（或单位重量）的作物蒸腾表面在单位时间内所失去的水量，通常以 g/（m² · h）、g/（kg · h）或 mg/（g · h）表示。

作物蒸腾失水后，会引起重量的减轻，因此可以用称重法，测得一定时间内所失去的水量。并由此计算蒸腾强度。由于植株的某一部分在剪离母体以后，短时间内生理上不会有明显变化，因此可以在植株上剪下一个小枝条或叶片，立即称重，然后，经一定时间的蒸腾作用，再进行称重，两次重量之差，即为在该段时间内因蒸腾失水而减轻的重量。

二、仪器设备、材料

（1）仪器设备。扭力天平1架；手表1只；干湿球温度计1只；剪刀1把。

（2）材料。欲测的植物组织。

三、方法步骤

（1）检查校正天平，并准备好其他有关的工具。

（2）在选定好的待测叶片上剪取叶片前面3～4cm长的一块，迅速在扭力天平上称重。将称过的叶片，放于原来的生长部位，经2～3min后，再迅速称重，并记录当时的温、湿度。

（3）重复测定4～5次，求平均失水重。

（4）在植株不同部位可作同样测定，以供比较。

四、结果计算

1. 测定结果记录（附表7）

附表7　　　　　　　　蒸腾强度测定记载表

叶片或枝条在植株上的部位	第一次称重（A）		第二次称重（B）		3min 蒸腾量（平均）(A−B)	去叶片的枝条重（C）	蒸腾强度[mg/(g·h)]	测定时的温、湿度
	重复次数	平均	重复次数	平均				

2. 计算公式

$$\text{蒸腾强度}[mg/(g \cdot h)] = \frac{\text{蒸腾失水毫克数}(A-B)}{\text{蒸腾器官的鲜重克数}(A-C)} \times \frac{60}{\text{测定时间}(min)}$$

式中：$A-B$ 为3min内被测作物的蒸腾总量；$A-C$ 为供试叶片的鲜重（若供试作物不是枝条而全部是叶片时，测鲜重即为 A），由此可算出每小时每克鲜叶的蒸腾量。如果将剪下的叶子求出叶面积，还可以算出每小时每平方米叶面积的蒸腾量[g/($m^2 \cdot h$)]。

参 考 文 献

[1] 朱祖祥. 土壤学（上册）. 北京：农业出版社，1983.
[2] 朱祖祥. 土壤学（下册）. 北京：农业出版社，1983.
[3] 黄昌勇. 土壤学. 北京：中国农业出版社，2000.
[4] 陆欣. 土壤肥料学. 北京：中国农业大学出版社，2002.
[5] 林大仪. 土壤学. 北京：中国林业大学出版社，2002.
[6] 沈善敏. 中国土壤肥力. 北京：中国农业出版社，1998.
[7] 王申贵. 土壤肥料学. 北京：经济科学出版社，2000.
[8] 林成谷. 土壤学（北方本）. 2版. 北京：农业出版社，1996.
[9] 王荫槐. 土壤肥料学. 北京：中国农业大学出版社，1992.
[10] 全国土壤普查办公室. 中国土壤. 北京：中国农业出版社，1998.
[11] 柯夫达著，陈宝书译. 土壤学原理（上、下册）. 北京：科学出版社，1981.
[12] 张风荣. 土壤地理学. 北京：中国农业出版社，2002.
[13] 桑以琳. 土壤学与农作学. 北京：中国农业出版社，2005.
[14] 陆景岗. 土壤地质学. 北京：地质出版社，1997.
[15] 袁可能. 土壤化学. 北京：农业出版社，1991.
[16] 熊顺贵. 基础土壤学. 北京：中国农业科学技术出版社，1996.
[17] 陈震，吴俊兰. 土壤肥力学. 太原：山西高校联合出版社，1992.
[18] 金为民. 土壤肥料. 北京：中国农业出版社，2001.
[19] 李远华. 节水灌溉理论与技术. 武汉：武汉水利电力大学出版社，1999.
[20] 钱蕴壁，李英能，杨刚，等. 节水农业新技术研究. 郑州：黄河水利出版社，2002.
[21] 赵聚宝，徐祝龄，钟兆站，等. 中国北方旱地农田水分平衡. 北京：中国农业出版社，2000.
[22] 雷志栋，杨诗秀，谢森传. 土壤水动力学. 北京：清华大学出版社，1988.
[23] 邵孝侯. 农业环境学. 南京：河海大学出版社，2005.
[24] 林大仪. 土壤学实验指导. 北京：中国林业出版社，2004.
[25] 邵孝侯，朱亮，姜谋余，等. 生态学导论. 南京：河海大学出版社，2005.
[26] 朱庭芸. 水稻灌溉的理论与技术. 北京：中国水利水电出版社，1998.
[27] 董钻. 大豆产量生理. 北京：中国农业出版社，1999.
[28] 杜维俊. 大豆科学种植技术，北京：中国社会出版社，2006.
[29] 邓建平. 无公害大豆标准化生产，北京：中国农业出版社，2006.
[30] 张忠学，曾赛星. 东北半干旱抗旱灌溉区节水农业理论与实践. 北京：中国农业出版社，2005.
[31] 农业部种植业管理司. 优质专用大豆品种及高产栽培技术. 北京：中国农业出版社，2003.
[32] 龚振平. 大豆优质高产技术. 哈尔滨：黑龙江科技出版社，2003.
[33] 陈玉民，郭国双，王广兴，等. 中国主要作物需水量与灌溉. 北京：中国水利水电出版社，1995.
[34] 林汝法，柴岩，廖琴，等. 中国小杂粮. 北京：中国农业科学技术出版社，2002.

[35]　王维金. 作物栽培学. 北京：科学技术文献出版社，1998.
[36]　杨文钰. 作物栽培学各论. 北京：中国农业出版社，2003.
[37]　金聿，陈布圣. 棉花栽培生理. 北京：农业出版社，1987.
[38]　毛树春. 棉花优质高产新技术. 北京：中国农业科学技术出版社，2006.
[39]　王立祥. 耕作学. 重庆：重庆出版社，2001.
[40]　张继澍. 作物生理学. 西安：世界图书出版公司，1992.
[41]　潘瑞炽. 植物生理学. 北京：高等教育出版社，2003.
[42]　武维华. 植物生理学. 北京：科学出版社，2003.
[43]　张明柱，黎庆烓，石秀兰. 土壤学与农作学. 北京：中国水利水电出版社，2002.
[44]　高俊凤. 作物生理学实验技术. 西安：世界图书出版公司，2000.
[45]　山仑，黄占斌. 节水农业. 北京：清华大学出版社，2000.
[46]　康绍忠，蔡焕杰. 农业水管理学. 北京：中国农业出版社，1996.
[47]　陈亚新，康绍忠. 非充分灌溉原理. 北京：中国水利水电出版社，1995.
[48]　高焕文. 保护性耕作技术与机具. 北京：化学工业出版社，2004.
[49]　李生秀. 中国旱地农业. 北京：中国农业出版社，2004.